Verrückt

Noja Dhinbe Mc Village

Autobiographisches Zeitdokument

epubli - Berlin

Die Informationen in diesem Buch wurden von mir sorgfältig erwogen und geprüft, dennoch kann eine Garantie nicht übernommen werden. Eine Haftung meinerseits für Personen-, Sach- und Vermögensschäden ist ausgeschlossen.
Sämtliche Namen (bis auf zwei genehmigte Ausnahmen) wurden von mir geändert.

Umwelthinweis: Dieses Buch wurde mit chlorfrei gebleichtem Recyclingpapier hergestellt.

Erste Auflage

www.noja-dhinbe-mc-village.com
Druck: epubli GmbH
Prinzessinnenstraße 20
10969 Berlin
Satz, Layout und Umschlaggestaltung:
Noja Dhinbe Mc Village

ISBN 978-3-7375-6112-9

Verrückt

Tagebuch

November 2010

bis

September 2014

Autobiographisches Zeitdokument

Noja Dhinbe Mc Village

epubli - Berlin

In Respekt und Dankbarkeit
aber vor allem in Liebe

Noja

Liebe

Hab gegraben und gegraben
hast mich fündig werden lassen
mich zum Erstaunen gebracht
war oft fassungslos -
Wurde zurück gestoßen
und in Deine Arme geschlossen
warst zornig wie Göttervater Zeus
hab Dich zu Tränen gerührt -
Deine feine Seele von Beginn an vor Augen
mit den dunkelsten Farben verdeckt
hab immer an Sie geglaubt - war immer rein
hast sie niemandem zu erkennen gegeben -
Durch die Schmerzen waten
das Herz stolpern spüren
die Zweifel niederkämpfen
würde es sofort wieder tun -
Äußere Widerstände überhören
die Seele sich aufbäumen lassen
im Kampf gegen die Kopfvernunft
als Seelensieger hervorgehen
würde es sofort wieder tun -
Kennst die Schattenseiten meiner Seele
habe Deinen schwarzen Zwilling erblickt
lässt mich nicht in die Tiefe stürzen
behüte Dich wie meinen Augapfel -
Gemeinsam erspürt
wovon wir beide keine Ahnung
auch Liebe muss man erfassen lernen
und glaubhaft inhalieren -
Haben uns nichts geschenkt
gegenseitig unsere Untiefen erblickt
gemeinsam wie unschuldige Kinder
in die Sonne geblinzelt
und wurden durch alles belohnt

Kapitel **Inhaltrsverzeichnis** Seite

Seele

Ende

1. Teil Vorahnung 6. November 2010

Muss meine Gedanken, meine Gefühle, meine Empfindungen, verursacht durch Deine Worte, unbedingt niederschreiben, es zumindest versuchen. Um Klarheit zu erlangen.

Ich bin völlig durcheinander. Völlig! Es hat mich beim ersten Treffen ein Gefühl überwältigt, von dem ich nicht sagen konnte, ob es mir Furcht einflößte, Freude oder Ehrfurcht. Jede andere würde sagen, der ist verrückt. Hab ich ja auch schon gehört. Aber Du bist das, was Du sagst, das spür ich. Aber verstehen – im Kopf verstehen - tu ich gaaar nichts!!! Gar nichts.

Nach dem ersten gemeinsamen vierstündigen (!) Frühstück ganz neutral in aller Öffentlichkeit in einem Cafe hab ich mich zu Hause auf die Couch gelegt und konnte mich - vor Freude? Schwäche? Angst? **Vorahnungen**? - acht Stunden kaum bewegen!

...Ich muss nachdenken! Und Deine Worte niederschreiben:

„Du bist meine Königin. Ich habe deine vier Gesichter gesehen. Du hast vier Persönlichkeiten in dir. – (???) - Es ist unglaublich, so etwas hab ich noch nie gesehen. Du bist eine Königin. Aber [.......] ich bin dazu da - meine Aufgabe ist es, dreißig Prozent deines Auftretens dieser Königin weg zu retuschieren, das, was man dir im Laufe deines Lebens drauf gedichtet hat, was du dir hast drauf dichten lassen, zu entfernen. (???) Dann bist du unglaublich, dann bist du perfekt. Das WAHRE sichtbar zum Ausdruck bringen. Den Diamanten. (???) Wir spüren uns so sehr, wir haben so viele Gefühle füreinander, ich fühle dich, wie ich noch nie jemanden gefühlt habe. Und ich weiß, bei dir ist es ganz dasselbe. Aber...... Wir kommen aus völlig verschiedenen Welten, unsere Vergangenheiten sind sehr, sehr konträr, wir haben gegensätzliche Lebensgeschichten und deshalb wählen wir, um uns etwas mitzuteilen, beide die falschen Worte, obwohl wir dasselbe fühlen und denken und zum Ausdruck bringen wollen und dann passiert es. Ja, und dann passiert es:

wir verletzen uns ganz, ganz furchtbar! Und deshalb bitte ich dich: Wir dürfen NICHT durch Worte kommunizieren sondern nur durch unsere Gefühle, nur durch das, was wir gegenseitig füreinander fühlen. Ich weiß, dass du das kannst, dass wir das können. Es dauert mindestens 10 Jahre (!!!), bis wir gelernt haben, dieselbe Wortwahl zu treffen. Und bis dahin werden wir nur über unsere Gefühle kommunizieren, denn es wär furchtbar schade - UNVERZEIHLICH – wenn wir unsere gemeinsame Einzigartigkeit, die wir erreichen können, mit Worten zerstören würden. Durch unser gemeinsames Auftreten hätten wir die Möglichkeit, so vielen Menschen wieder Mut zu machen, zuversichtlich zu sein, wie es gemeinsam gehen könnte. Dass es doch etwas gibt, das man schon vor langer Zeit verloren hat. An das man nicht mehr geglaubt hat. Das wichtigste im Leben, die LIEBE, das gegenseitige Vertrauen, die Treue, die absolute Treue. Gemeinsam werden wir unschlagbar sein, gemeinsam sind wir viel stärker als ich allein, als du allein. Ich weiß, du verstehst das noch nicht. Es ist meine Aufgabe, dir das beizubringen. Aber ich brauche jemanden, der das versteht und das bist du. So ist es. Ich weiß so viel [....] Überall, wo ich hinkomme, spüre ich das Elend, die Sorgen, die Sehnsucht, die Verzweiflung der Menschen. Ich höre sie zu mir sprechen, sie scharren sich um mich. Ich halte das oft nicht mehr aus [...]. Manchmal kommt mir in den Sinn, verrückt zu sein - Aber mit dir würde ich es schaffen, es lernen, damit umzugehen lernen. Oder den Menschen zu helfen. Du tust mir so gut, du machst mich so ruhig, ich fühle dich so sehr, ich spüre dich so wahnsinnig gern. Und ich weiß, dir geht es nicht anders. Darum hör auf, dich dagegen zu wehren, lass es zu, BITTE. Es ist wichtig für mich, für die anderen, für dich. Ich weiß, du hast schon so viel erlebt, hast solche Trottel kennengelernt, entschuldige, ist doch wahr, aber vertrau mir, das muss so sein mit uns, es geht nun mal nicht anders. Ich brauche dich, wir sind füreinander bestimmt, es muss so sein. Ich habe eine besondere Gabe, eine besondere Aufgabe (spricht die „7“, denke ich heimlich). So wie du, du hast auch eine besondere Gabe, eine besondere Aufgabe (in dem Wort „Aufgabe“ steckt „aufgeben“ – muss / soll ich etwas aufgeben ???; und „Gabe“ und Du redest wie ein Wasserfall …., aber es bleibt keine leere Sprechblase für mich übrig). Innerlich weißt du es, aber du musst erst dahinter kommen. Es ist unglaublich, du wirst sehen und wenn du dir dessen erst einmal bewusst bist und diese Gabe einsetzt, wirst du unglaublich erfolgreich sein in deiner Berufung. Es wird dir mehr zufallen, als du dir jemals erträumen hättest können! Erst, wenn du „DU“ bist, wenn du identisch bist, wird es so kommen, du stehst ganz kurz davor, du weißt es nur noch nicht. Und meine Aufgabe ist es, dich dorthin zu bringen.

Du bist eine Königin und du weißt es. Du hast in deinem Leben bereits enormes geleistet, drei Kinder groß gezogen, stehst toll im Leben, so viel hast du alleine geschafft, ein Haus gekauft, bist beruflich enorm erfolgreich, ehrgeizig und zielstrebig. Aber du wirst in einem Jahr nicht mehr in dieser Firma arbeiten. Auch wenn dir das im Moment absurd vorkommt. Ich weiß. […] Das ist die eine Seite deines Lebens, ich bin unglaublich stolz auf dich, es ist Wahnsinn, wie du das alles im Griff hast. Ich bewundere dich sehr dafür, und ich weiß, ich muss oder möchte noch viel von dir lernen. ABER, wie gesagt, das ist nur die eine Seite deines Lebens. Dein wahres Leben beginnt erst jetzt, du weißt es nur noch nicht. Lass mich dir dabei helfen, so muss es sein. Und wehre dich nicht dagegen! Ich bin anders als andere, ich habe eine besondere Gabe, doch ich muss erst lernen, richtig damit umzugehen und deshalb sind wir zwei füreinander bestimmt. Ich brauche dich, glaub mir, und ich werde dir noch sehr viel beibringen, ich werde enorm in dich investieren, und ich werde noch sehr viel von dir lernen müssen und wollen. Denn gemeinsam werden wir einzigartig und unschlagbar sein. Durch unser zukünftiges gemeinsames Auftreten könnten wir vorzeigen, worauf es im Leben wirklich ankommt. Auf die Liebe. Und deshalb müssen wir sehr behutsam mit uns umgehen und SO lange NUR mit unseren Gefühlen kommunizieren, bis wir beide nach langer Zeit gelernt haben, auch gegenseitig die richtigen Worte füreinander und untereinander gefunden zu haben. Weil wir ja sowieso dasselbe meinen, das weiß ich. Aber wir verstehen die Worte des anderen völlig falsch und würden uns dadurch furchtbar weh tun und wir würden uns unsere einzigartige Einzigartigkeit zerstören. Das aber darf NIE passieren! Weißt du, ich bin einzigartig. Und du bist einzigartig. Und damit beende ich unser langes Telefongespräch und meine Wiederholungen, entschuldige, für heute zumindest ….".

Wer bist Du?

Wer bist Du ?

Wer bist Du ?

Was redest Du da??? Bist Du verrückt?

Wobei willst Du mir helfen? Ich brauch ja gar keine Hilfe. Und ich will auch KEINE!!! Welche Gabe hast DU? Hiiiiiilfe. Mein wahres Leben beginnt erst jetzt??? Vier Gesichter??? Warum nennst Du mich eine Königin? Schmeichelhaft, ich bin aber keine! Bist Du doch verrückt??? Hiiiiilfe!!! Muss nachdenken!

Mitternacht ist vorüber. Ich denke immer noch nach.
……. Ich glaube, mir wird etwas klar. Ich war ja so was von völlig auf dem Holzweg. Vielleicht kann ich es für mich in Worte fassen ….. Schuppen fallen von meinen Augen: Ich bin es gewohnt, dass ich dort, wo ich auftrete, erscheine, wenn ich den Raum betrete, Aufsehen errege. Immer und überall. Seit ich denken kann, war das so, hab ich das immer schon so verspürt. Mein Vater hat immer zu mir gesagt: „Du bist etwas ganz Besonderes". Im Nachhinein betrachtet, habe ich mir deshalb diesen meinen Vater ausgesucht oder wurde ich deshalb zu ihm

hingeschickt, hineingeboren, zur Vorbereitung - um mein Rückgrat (….. die numerologische „ 9“) stärken zu lassen? Um die Fähigkeit zu erlangen, irgendwann einmal unegoistisch zu lieben, ….. weil eh schon so viel Liebe von meinem Vater erhalten? Im Übermaß ….Ich dachte immer, dass das halt so ist zwischen Vater und Tochter. Bin erst in späteren Jahren dahinter gekommen, dass das so nicht üblich ist ….

Eine Suggestion, die Wirklichkeit geworden ist in Bezug darauf, etwas Besonderes zu sein? Die aber in späteren Jahren mit Füßen getreten worden ist - oder besser, so sehe ich das jetzt: die ich aber in späteren Jahren mit Füßen hab treten lassen? Aber! ……… Und jetzt kommt´s: Auf einmal betrete ich den Raum und werde NUR mehr als Deine Begleiterscheinung, als Schatten, wahrgenommen. Zweitranging. Nein, wieder falsch, das Erscheinungsbild ist jetzt vollkommen?

….. Wie kommt mir dieser Gedanke? Habe ich in der Vergangenheit versucht, als Mann und Frau in einer Person aufzutreten? Darf ich endlich den männlichen Part abtreten an jemanden, an den einzigen, dem dieser Platz, dieses Podest zusteht? Darf ich endlich NUR die Frau - das weibliche - sein, kann ich nun getrost, voller Vertrauen meine männlichen Attribute, meine männliche Verantwortung, meine männliche Stärke an die besten Hände abtreten, voller Urvertrauen?

Oh, ja, so ist es. So fühlt es sich zumindest richtig an, obwohl ich gar nichts von dem, was ich da schreibe, verstehe, gar nichts! - nur fühle – intuitiv. Fühle mich, als wäre ich lediglich dazu da, meine Finger der Tastatur zu überlassen und erfahre dadurch meine Wahrheit.

Welche Sehnsucht, welcher Stein fällt von meinem gekränkten, einsamen Herzen. Ich bin nicht mehr allein, nicht mehr einsam.

Meine ewig in mir schlummernde Sehnsucht - nicht manifestierbare, nicht in Worte zu fassende Sehnsucht - das mich ewig begleitende, unerklärliche, mir die Luft nehmende Druckgefühl am Herzen, in der Seele, hat sich aufgelöst. Auf einmal.

Nachdem ich endlich aufgehört habe, mich gegen Ihn zu

wehren, gegen dieses mir fremde, fast beängstigende Gefühl (was ist das um Gottes Willen?).

Fürchte dich nicht davor, dich endlich zu öffnen. Ihm - dem Seelenpartner. - ? - Dem du in diesem deinem Leben wirklich nicht mehr erhofft hattest, zu begegnen …… eine verrückte Illusion -

Ihm gegenüber nicht zu verheimlichen, wer ich wirklich bin, scheiße …... der es ja sowieso weiß. Der jede Schauspielerei mit einem wissenden, arroganten, süffisanten Lächeln abtut. ABER Hilfe! ...... Denn, wenn ich mich öffne, zeige, wer ich wirklich bin, laufe ich Gefahr, tödlich verletzt zu werden …..

Nun denn, ich werde dieses Risiko eingehen. Denn es ist kein Risiko, es ist DAS Geschenk (verstehe in Wirklichkeit nihihicht, was ich da schreibe). Und wir werden das, was da zu entstehen beginnt, wie den kostbarsten Schatz hüten, hegen und pflegen und wachsen lassen und niemandem und nichts werden wir von außen eine Angriffsfläche bieten. Wir werden bei Bedarf ganz, ganz eng zusammenrücken, damit wir eine gemeinsame glatte Oberfläche bilden können, an der alle abprallen, alles abrutschen wird.

„Das Paar", so haben wir es schon gelebt, so werden wir es wieder leben (wir werden uns immer mehr daran erinnern können).

Voll Demut werde ich in Deinem Schatten gehen. Wenn Du aber manchmal Ruhe benötigst, werden wir die Plätze tauschen (Was schreib ich da?). Auch Frau Femina darf mal schwach sein und sich bei Herrn Maskulin anlehnen. Gegenseitiges Nähren und Stärken und Wachsen. Und glücklich sein. Es wird mir eine Ehre sein. Ich bin Deine starke Frau, wenn Du einmal schwach sein solltest.

….. Es ist unglaublich, wie Du die Menschen, die Seelen anziehst. Hätte ich es nicht mit eigenen Augen gesehen, bereits mehrmals miterlebt, ich hätte es Dir und niemandem glauben können. Du bist wie ein Magnet – unglaublich. Es ist UN-GLAUBLICH, wirklich. Die Menschen wünschen sich Deine

Aufmerksamkeit und Nähe. Von der Greisin über das Kleinkind bis zum Hund. Welch eine Gabe. Ich werde lernen müssen, meine Person in den Hintergrund zu stellen und mit dem wissenden Lächeln Dir den Überblick bewahren. Mit Demut und Freude werde ich an Deiner Seite auf unserem gemeinsamen, vorgezeichneten Weg wandeln.

Aber ich bitte Dich auch, ich flehe Dich an, lass mir ab und zu meine eigene kleine Nische, in der ich „ich" sein darf, als einzelner Mensch, ab und zu auch wertvoll ohne Dich. Vergiss das bitte nie.
Und ich verspreche Dir, Deinen eigenen „Ichraum" auch niemals zu betreten.

Bitte sei gnädig und geduldig mit mir, ich hinke hinter Dir nach, ich muss das alles ein wenig einwirken lassen, mich ganz neu orientieren. Vielleicht brauche ich nur drei Monate dafür, vielleicht aber auch drei Jahre, oder, wie Du sagst, sogar zehn. Ich weiß es nicht. Eigentlich weiß ich überhaupt gar nichts mehr.

Bin so müde ….. drei Stunden schreiben, bin das nicht gewohnt, bin erschöpft. Und unglaublich verwirrt.

Ich liebe Dich, das darf ich Dir aber nicht sagen, mein Gefühl (meine Intuition) sagt mir, dann verjag ich Dich wie ein scheues Reh.

Hab das Gefühl, dass es bei dieser Geschichte nicht um mich geht, sondern darum, den Weg für Deine Lebensaufgabe (oder unsere? Oder doch auch meine?) vorzubereiten.

Kann jetzt nicht mehr denken. Und bin verwirrter denn je. Obwohl ich in Worte fassen wollte, um zu verstehen. Hat nicht funktioniert. Bin erschöpft. Und müde. Und sehr verwirrt.

Wer bin eigentlich ich?

Und wer bist Du?

Zum zweiten Mal seit wir uns kennen, greife ich erneut zur Tastatur. Alle sechs Monate. Das wird ein spärliches Tagebuch. Aber so wie beim ersten Mal brauche ich für mich Klarheit. Bevor ich beginne, muss ich aber fairerweise festhalten, wie schön, schön, schön die letzten sechs Monate mit Dir waren. Atemberaubend schön. Aber auch turbulent. Und sooo schön! Du bist UNGLAUBLICH. Und ich bin sehr verliebt.

Du sprichst zu mir: „[…] Und ich halte es nicht mehr aus, dass du nicht das sagst, was du denkst oder fühlst. Wie soll ich denn wissen, was du denkst oder fühlst, wenn du immer das falsche sagst? Wenn du nie sagst, was du denkst oder fühlst, sondern immer den Mund offen hast, ohne nachzudenken? Wie soll ich jemanden verstehen, der nicht wirklich mit mir redet? Wie kann ich mit jemandem leben, der mich nicht versteht? **Worte** können unglaublich verletzen….. " sagst Du.

Wie recht Du hast, unglaublich recht. Mir wird übel, ich sage nie, was ich denke!

Vielleicht seit gestern. Vielleicht. Ja, Du hast völlig recht. Aber ich weiß auch, dass das outen unglaubliche Wunden hinterlassen kann. Das ist mein Muster aus meiner Vergangenheit. Sich nie jemandem offenbaren! Denn ich weiß es aus Erfahrung, dass man dann nur verletzt wird. Immer schön verdeckt bleiben! Das hat sich hinein gebrannt – ich möchte nicht mehr als „burschikos-belesene - die, die im Vorleben mal eine Inka oder Maya oder vielleicht sogar ein Stein war, ha, ha - die, die die Bäume fühlt ….. lächerlich gemacht werden. Ich weiß, wer ich bin, oder ich weiß es nicht bewusst, aber ich bin ich.

…. Schmerzhaft - aber befreiend, die Augen öffnend waren Deine Worte, Deine Blitze schlagenden Augen mit Donnergrollenwortenbegleitung für mich.

Ich hab jetzt aber nicht mehr die Möglichkeit, DAS in meinem Leben mit dieser Erkenntnis mit Dir zu leben: Die Wahrheit zu sagen, dem ersten Menschen, dem ich mich völlig anvertrauen

könnte. Die Chance, es Dir vorzuleben, verbietest Du mir nun. Ich bin unglaublich traurig, das ist nicht fair!
DerSchmerzdieTrauersitzentiefmiristübelichbinunglücklichdas HerztobtdieKniesindweichdieAugentränenderMagenziehtsich … zusammenderKopfbrummt – Gefühle.

Die Erleichterung (überraschend) ist aber auch da. Ich bin nun wieder Herr (Frau) über mein Leben. Ich kann mein Leben auch endlich wieder allein genießen. Ich hab vergessen, was ich mir ganz fest vorgenommen hatte: Dass mein Lebensglück NIE wieder von einem Mann abhängen soll. Wie konnte ich nur!!!

Im Moment bin ich dankbar, dafür, dass Du mich zurückgewiesen hast, nicht mehr mein Freund sein willst. Bin zwiegespalten – klassisch ambivalent.

Was ist das eigentlich - EIN FREUND? Der Mann, der mit der Frau ins Bett geht? Der Kumpel? - nüchterne, böse Gedanken - das Hirn schaltet sich ein.

Ich sitze an der Westseite meines Hauses (das der Bausparkasse, sagst Du, ha, ha, NICHT deines!), auf der alten, frisch gestrichenen Gartenbank (inspiriert durch Dich - danke) in der letzten Maiabendsonne. Ich spüre die Sonnenstrahlen, die innere Ruhe, das EINSSEIN mit allem, die Harmonie mit mir selbst. Dieses Glücksgefühl war schon lange weg. Ich höre die Vögel zwitschern – wieder; nimm die Wiese mit den Blumen wahr – wieder; höre Dominique und Elias im Haus Schlagzeug spielen – wieder; spüre meine Fingerkuppen, die vom trommeln „wurln“ wie ein Ameisenhaufen - wieder; rieche die Pfingstrosen, die in voller Pracht stehen - wieder. Wann hab ich das alles zum letzten Mal wahrgenommen?

Ich weiß, wenn ich mich heute alleine ins Bett lege, werde ich glücklich sein und mich auf morgen freuen. Auf mein altes, ruhiges Leben. Ich DANKE DIR – heute. Vielleicht bin ich morgen wie am Boden zerstört.

Ich weiß nicht, ob Du diese Ent-Scheidung getroffen hast, damit ich wieder zu mir selbst finde, aber ich danke Dir - für vieles, aber nicht alles. Ob Du diese Entscheidung getroffen hast, weil

Du Angst hast? Hast Du diese Trennung getroffen, weil Du durch mich unglücklich bist? Oder weil ich nicht in Deinen Plan hineinpasse? Oder ist diese Entscheidung gefallen, weil es Dir nicht gefällt, dass man sich so nahe kommen kann? Oder weil Du von Dir selbst erschüttert bist? Weil Du immer wieder die Grenze überschreitest? Oder weil Du Angst vor der Liebe hast, was auch immer das heißen mag .... Oder sind die Gründe Deiner Entscheidung wirklich meine Worte, die nie dem entsprechen, was ich tatsächlich denke oder fühle? Oder weil Du endlich eingesehen hast, dass es nicht gut gehen kann, sich so in das Leben eines anderen Menschen einzumischen? Respekt heisst, dem Gegenüber seine eigene Freiheit zu lassen. Oder? Viel zu viele „Oder".

Du fragst mich nach meinem Lebensziel! Pah!!! Wie kann ich da eine Antwort geben, mich völlig offenbaren! Das ist das Intimste überhaupt! Ich muss mich schützen, ich hab Angst, zum x-ten Mal verletzt, lächerlich gemacht zu werden. Du belächelst ja auch meine Ansichten, verletzt mich unglaublich, verurteilst mein Leben, anscheinend hab ich ja alles falsch gemacht. Und tu es immer noch. Ich verstehe nichts, bin nicht lernfähig, kann nicht zuhören, versteh Dich nicht usw. usw.

Ich hab es aber verdient, wie ein gleichwertiger Partner behandelt zu werden – auf gleicher Ebene. Nein, nicht ganz, der König sitzt ein wenig höher, das ist ganz, ganz wichtig. Aber der König darf nicht IMMER maßregeln, auch er darf ab und zu auf jemanden hören, wirklich zuhören.

Ich hab meine Vergangenheit, Du die Deine. Die Kombination aus beiden Erfahrungen könnte eine unglaubliche Symbiose ergeben. Wir könnten uns gegenseitig auf den Thron heben. Nicht aber, wenn man Angst davor hat, dass dies Endgültigkeit bedeutet, unglaubliche Verantwortung einem anderen Lebewesen, einer anderen Seele gegenüber. Beängstigend. Ja. Es schleicht sich auch der Gedanke, die Ahnung ein, dass diese enorme Verantwortung einen manchmal niederdrücken könnte.

Wenn man einen Hund hat, dann hat dieser Vertrauen, er

weiß, egal, was passiert, man wird für ihn da sein. Wenn er krank ist, wird man ihn pflegen, wenn er Hunger oder Durst hat, wird man seine Bedürfnisse stillen. Man wird ihn streicheln, manchmal wird man ihn tadeln. Er wird einem bis zum Tod treu sein. Er wird sich nachts zu dir legen. Er wird dir deine Füße wärmen, wenn dich friert. Er wird traurig sein, wenn du ihn eine Zeitlang bei jemandem unterbringst, um vielleicht auf Reisen zu gehen oder einen Ausflug zu machen. Weil du weißt: es geht ihm besser, wenn er bei manchen Dingen nicht dabei ist. Also: Du übernimmst für ihn die Verantwortung, du triffst eine Entscheidung allein, obwohl sie zwei Lebewesen betrifft. Er wird spüren, wenn es dir nicht gut geht und er wird sich OHNE **WORTE** zu dir legen. Wenn du böse auf ihn bist, wird er den Schwanz einziehen und sich außerhalb deiner Sichtweite irgendwo verkriechen in dem Vertrauen, dass du ihn wieder zu dir rufen wirst. Demut? Treue? Du bist vielleicht manchmal traurig oder einsam oder unsicher. Er wird dir Gesellschaft leisten. Dir seine Liebe spüren lassen, seine bedingungslose Treue. Du hast jemanden, um den du dich kümmern darfst, du bist für ihn das wichtigste. Ich nenne dies Urvertrauen.

WIR aber können frei wählen, wir sind uns nicht gegenseitig ausgeliefert, wir sind durchaus alleine lebensfähig. Aber wir könnten uns aus freien Stücken für Urvertrauen entscheiden. Das macht enorm verletzlich. Man gibt jemandem die Chance, sich verletzen zu lassen – freiwillig!

Ich sehe gerade ein Bild vor mir / heute hab ich es mit den Fabeln, ha, ha:

Eine Schildkröte liegt am Rücken auf ihrem Sicherheitspanzer - den sie im Laufe ihrer Jahrzehnte mühselig vergrößert und gehärtet hat - und der sensible, leicht verletzbare, weiche Bauch wird für alle eine leichte Beute sein. Wenn aber zwei Schildkröten aufeinander aufpassen, sich gegenseitig beschützen …. Wenn eine am Rücken liegt, dann wird die andere sie auf den Bauch drehen, oder auf sie raufkrabbeln und somit entsteht ein Rundumpanzer. Und wenn dann der Feind kommt, gibt das unglaublichen Schutz vor der Außenwelt, und Vertrauen dem Partner gegenüber. Wie ein Gelübde.

Vielleicht aber geht die Schildkröte jeden Tag einmal oder jede Woche oder jeden Monat allein auf Entdeckungsreise, auf die Suche nach eigenen Eindrücken, auf die Suche nach sich selbst. Sucht sich einfach nur einen Platz, der nur für sie bestimmt ist. Wenn ich jetzt sarkastisch sein will – und der Sarkasmus schleicht sich gerade in mein Skorpionhirn – dann würde ich ihn auf den Namen „Götz von Berlichingen-Platz" taufen ..... Wo niemand sonst etwas verloren hat. Und stell dir vor! Die andere Schildkröte fragt nicht: Was hast du gemacht? Wo warst du? Und mit wem warst du wo? Wie hast du das gemacht? Wann kommst du wieder? ...

Die Grenze, der Respekt vor dem anderen. Irgendwo trifft man sich dann wieder. Dein Platz, mein Platz, unser Platz.

Ein Lebensziel kann es sein, in diesem Leben so viel als möglich zu lernen, um im nächsten schon einen gewaltigen Vorsprung zu haben. Vielleicht eine bessere Poolposition, vielleicht weniger Stolpersteine, vielleicht kann man die Weisheit dieses Lebens mitnehmen. Vielleicht besteht der Sinn darin, immer höher zu steigen.

Ganz bestimmt erreicht man dieses Ziel aber NICHT dadurch, sich nur um sich selbst zu kümmern, sich nur mit seiner eigenen Person zu beschäftigen, als Priorität nur das eigene Glück zu verfolgen. Es ist schon richtig, dass man andere nur dann glücklich machen kann, wenn man selbst glücklich ist. Bla, bla, bla. Es ist bestimmt auch richtig, dass man nur dann lieben kann, wenn man sich selbst liebt.

Es ist ein leichtes, auf die eigenen Bedürfnisse zu achten, um seinen persönlichen Ego-Weg zu finden und zu erfüllen. Es ist manchmal KEIN leichtes, nicht auf die eigenen Bedürfnisse zu achten, weil ein anderes Lebewesen, ein anderer Mensch oder mehrere von dir abhängig sind und würdest du egoistisch – ICH-bezogen – handeln, würdest du anderen Schaden zufügen. Man kann das „Sich - Selbst - Zurückstellen" als Tugend oder auch als Dummheit bezeichnen. Wer hat das Recht, zu urteilen? DU?

Natürlich kannst Du Dich fragen: Warum war ich so krank, warum musste das ausgerechnet MIR widerfahren? Warum hat man mich so im Stich gelassen, wo man mich doch angeblich so geliebt hat? Warum hat man mich so enttäuscht, ist mir so in den Rücken gefallen? Das aber ist Deine Geschichte, Deine Vergangenheit!

Und dies ist unsere Geschichte, unsere Vergangenheit:
Wir können uns fragen: WER hat zum ersten Mal wen verletzt?
Wir können uns fragen: WAS haben wir falsch gemacht?
Wir können fragen: WIE hätten wir es anders machen können?
Wir können uns fragen: WANN ist der erste Fehler passiert?
Wir können uns fragen: WO sind wir vom Weg abgekommen?
Wir können uns fragen: WARUM haben wir das Falsche getan?

Die Vergangenheit ist nicht mehr zu ändern, sehr wohl aber prägend, nun aber nicht mehr relevant. Aber ja, sie hinterlässt Spuren.

ICH frage mich, WER soll mich umgeben?
ICH frage mich, WAS ist mein Lebensziel?
ICH frage mich, WIE kann ich es erreichen?
ICH frage mich, WANN beginne ich damit?
ICH frage mich, WO möchte ich hingehören?
ICH frage mich, WARUM ist mir wer/was wichtig?
Ist die Zukunft relevant?

Während wir über die Vergangenheit redeten, wurde die Gegenwart zur Zukunft. Ich will **jetzt** in der Gegenwart und später in der Zukunft (die ja dann auch wieder Gegenwart ist) glücklich sein. Und ich könnte tausend Sprüche „klopfen". Dafür ist jetzt keine Zeit mehr. Ich werd jetzt Schritt für Schritt umsetzen. Step by step.

Ich möchte am Ende dieses Lebens mit dem Wissen, geliebt zu haben, geliebt worden zu sein, etwas bewegt zu haben, etwas bewirkt zu haben, geholfen zu haben, glücklich gewesen zu sein, gut gelebt zu haben und richtig, ins neue Leben hinüber gehen.

Ich hatte schon lange ein Ziel: Ohne Partner glücklich zu sein. Das war ich auch immer - für mich allein, nur hab ich mich immer unglücklich machen lassen, ich dumme Kuh! ... und ich hatte immer schon die Gewissheit, einen Seelenpartner in diesem Leben zu finden, aber ich war schon lange nicht mehr auf der Suche danach. Ich liebe die Einsamkeit, die Freiheit, die Unabhängigkeit. Ich brauche keine Bevormundung!

Aber ich genieße nun die Zweisamkeit (von der ich bereits abgeschworen hatte). Ich gebe gerne von meiner Freiheit, ich hab mich vertrauensselig in die Abhängigkeit begeben, ich genieße die Bevormundung (falsche Beschreibung, Ratschlag ist besser. Aber, phu, welch ein hartes Wort!) Noch mal: Ich genieße es, auf Deine Lebenserfahrungen zu hören und sie mir zu Herzen zu nehmen, da ich weiß, dass ich enorm daraus profitieren werde, wenn es auch manchmal unglaublich weh tut und verletzt, wohl, weil ich Dich immer noch falsch verstehe. Oder Du nicht die richtigen **Worte** für mich findest?! Aber ich fühle mich trotzdem dadurch noch wertvoller. Auch Du profitierst, vielleicht bist Du jetzt mehr von Dir selbst als von mir enttäuscht, weil Du nur so langsam mit mir „vorankommst"? Wenn ein Mensch so viel Zeit und Energie für jemanden aufwendet, kann man dafür aber nichts anderes als Dank (manchmal auch mit der Verwunderung: Warum beschäftigt er sich sooo intensiv mit mir?) empfinden. Was willst Du von mir? Welches Ziel verfolgst Du? Wo willst Du hin?

Aber alles hat eine Grenze!

Vielleicht liege ich auch falsch.

Vielleicht aber solltest Du das umgekehrt genauso mit Dank sehen. Vielleicht helfen wir uns gegenseitig. Vielleicht ist man gleich viel wert. Vielleicht wurde der eine zum anderen gesandt? Vielleicht bin ich wirklich nur Dein Schutzschild, Dein Panzer, Dein Rückgrat. Vielleicht öffnest Du mir die Augen? Vielleicht ergänzen wir uns. Vielleicht aber stehen wir uns gegenseitig nun im Weg, weil das wesentliche bereits erledigt ist.

Ich hab einen Mann kennen gelernt, von dem ich mir niemals erträumt hätte, dass es ihn wirklich gibt. Unglaublich begabt, weise, wissend, voll an Gefühlen, mächtig, nicht einordenbar, ein Denker, ein Analytiker, ein „I am from Europe", wer's glaubt - eine Kombination aus Schönheit in Körper, Geist und Seele. Ein unglaublich schöner Mann, der fühlen kann und sehen und denken und hören. Aber in erster Linie denken und hören! Vielleicht solltest Du das Denken vorzugsweise mehr ins Fühlen umsetzen, vielleicht ich das Fühlen mehr ins Denken.

Du hast durch mich in den letzten sechs Monaten wieder zu fühlen gelernt, sagst Du. Na, das ist ja immerhin einiges wert. Bitte nicht vergessen, auch mal danke zu sagen. Da pfeif ich doch auf ein Leben, wenn ich zwar alles checke, es aber nicht erleben (= fühlen) kann. Ich pfeif ja mittlerweile auch auf ein Leben, in dem ich zwar alles fühle, es aber nicht in die richtigen Laden einordne, die ja angeblich alle offen stehen und Kraut und Rüben darin durcheinander liegen, ha. Und immer, wenn ich was brauch, die falsche Lade viel zu schnell durchwühle, ha, ha.

Ich will nicht schwermütig durchs Leben gehen, sondern voll Freude, Glück, Zufriedenheit und Humor und mit einer Leichtigkeit. Ich will lachen und fühlen und glücklich sein und ein Ziel verfolgen, wenn möglich zu zweit - ach ja – und DENKEN und clever sein. Zu meinem Wohl und zum Wohle meiner Mitmenschen. Und überlegen, bevor ich spreche, und wenn ich etwas sage, dann die Wahrheit – zumindest Dir gegenüber, hab ich Dir versprochen.

Meide Menschen und Dinge, die dir nicht gut tun, denke ich mir seit Jahren immer und immer und immer wieder. Wann tu ich es endlich?

Und auf keinen Fall soll es Dir durch mich nicht gut gehen. Das kann ich mir nicht verzeihen. Ich möchte Dich nie wieder so wie gestern leiden sehen. Weil ich die Ursache war. Aber ich will auch nie wieder durch Dich leiden müssen! Das haben wir beide nicht verdient. Weißt Du, Du bist einzigartig, die Wahrscheinlichkeit, noch einmal einen Menschen wie Dich kennen zu lernen ist so groß, wie zweimal einen Lottosechser zu erzielen.

Ich bin gerufen worden, um Dir etwas beizubringen
keiner hat gefragt, ob ich die Kraft dazu hab
Du bist gerufen worden, um mir etwas beizubringen
keiner hat gefragt, ob das zu Deinem Plan passt
Ich geh nun meinen Weg mit dem
was ich von Dir gelernt habe
alleine weiter
Du gehst nun Deinen Weg mit dem
was Du von mir gelernt hast
alleine weiter
Oder wir gehen unseren Weg mit dem
das wir gegenseitig gelernt haben
gemeinsam weiter
Und lernen dazu. Und stärken uns
Aber ich weiß gar nichts und alles

Ich schreibe Dir eine e-mail: Ich könnte, wenn ich wollte,... so weiterleben wie bisher.
Du: Ich kann und will aber nicht ...
Ich: Du fehlst, und ich freu mich darüber, auch wenn´s ein wenig weh tut. Ich sitz allein auf meiner Terrasse und Du wahrscheinlich auch. Aber ich rede erst wieder ernsthafte Dinge mit Dir, wenn der ach so liebe Vollmond abgeklungen ist. Und danke - nicht nur für die Musik - ich werde mein Versprechen bzgl. meiner **Wort**wahl halten. Ist für mich ein Gelübde.

24. Mai 2011 - Ich: Hallo! Ich hätte, wenn Du Zeit hast und es Dich freut, heute von 13 bis 15 Uhr 30 Zeit. Komm da mit einigen Dingen nicht auf die Reihe.
Du: „Hallo! Hab erst jetzt deine Nachricht gelesen. Kannst gerne vorbei kommen".

…..… Und ich war bei Dir. Es war kein schöner Nachmittag. Nein. Und ich will auch nicht darüber berichten ……..

Ich schreibe Dir am nächsten Tag eine e-mail: Lach mich bitte nicht aus. Es tut mir so leid, so weh, wenn Du traurig bist. Bitte verzeih mir, ich wusste es nicht besser. Meine Wahrheit ist so tief verschüttet, dass ich sie zwar immer bei mir trage, aber fast nie ans Tageslicht lasse. Verzeih mir bitte, ich bitte Dich aus ganzem Herzen. Ich spüre Deine Trauer so sehr.

…. Es hat nichts genützt, mir meine langen Haare schneiden zu lassen, ich dachte, dann kann und brauche ich ja niemandem die Füße zu trocknen. Ich dachte, HERR, LASS DEN KELCH AN MIR VORÜBER ZIEHEN. Jetzt bettle ich darum, ihn nicht vorüber ziehen zu lassen. Manchmal begreift man fast zu spät. Hoffentlich nicht zu spät.

Der Abschied - 25. Mai 2011: Du sendest mir eine e-mail:
„Gedanken niederschreiben liegt dir besser als reden ……. Pass auf Dich auf – Danke“

Ich schreibe zurück:

Ich bin nicht Deine Sonne
Ich bin nicht Dein Mond
Ich bin nicht Deine Sterne
Ich bin Deine Erde.

Ohne Erde ist gar nichts.

Will mit Dir den Sommer genießen
mit Dir das Leben leben
mit Dir ein Lagerfeuer entfachen
ans Meer
in die Berge
die Welt sehen
in fremde Kulturen eintauchen
beobachten, wie der Melonenkern sich teilt und wächst

will mit Dir die Karotten ernten
mit Dir den ersten Salat kosten
Dir helfen, Deinen eigenen Weg zu finden
Dich dabei unterstützen
Dir Rückendeckung geben
Dich streicheln
Dich spüren
will, dass Du spürst, dass ich immer für Dich da sein werde
will, dass Du spürst, dass ich Dein Fels in der Brandung bin
will, dass Du spürst, dass ich Dein Petrus bin
will, dass Du mir blind vertrauen kannst
Will, dass Du endlich begreifst
dass die Liebe das Wichtigste ist
dass Du die Liebe endlich zulässt
dass Du begreifst
dass in der Liebe das Hirn
an zweiter Stelle steht
an erster steht das Herz
So, wie Du mich gelehrt hast
bei Dir die Wahrheit zu sagen
und ansonsten Schau zu spielen:
Bei Dir liebe ich
bei der Arbeit denke ich

Ich bringe dem Auserwählten das Lieben bei
Ich lehre Dich die Liebe. LASS SIE ZU
Das ist meine Berufung

Du bringst dem Liebesengel das Denken bei:
Du lehrst mich das Denken
Das ist Deine Berufung

ICH WERDE MICH DARAN HALTEN

Du hast aber auch gesagt, mit **Worten** werden wir es gemeinsam nicht schaffen (weil ich das nicht kann, ha) nur mit dem Gefühl. Nur dies sei unsere persönliche Kommunikation, weil wir uns gegenseitig so sehr spüren. Das genügt ...... Du hast mich aber am Samstag gelehrt, dass ich auch das mit den **Worten** lernen muss, sonst verliere ich Dich. Das will ich NICHT!!!

Ich würde Dir jetzt gerne beweisen – vorleben - dass ich das auch mit den **Worten** kann, seit Sonntag hab ich es kapiert. Gib uns eine Chance! Wenn etwas Beständigkeit haben soll und Wert und Qualität, ist das kein kurzer Weg und auch kein leichter, niemand weiß das besser als Du.

Es genügt ja einmal pro Woche, oder so ..... Es genügt ja die Gewissheit, dass wir für uns da sind. Besser einmal mit Qualität und Achtung und Wertschätzung und Ehre und Respekt, als viermal mit Selbstverständlichkeit, das wäre Alltag. SO würde ich gerne mit Dir leben - mit Abstand und Freiheit - lass mir mein Leben! BITTE, ich flehe Dich an!!! Komm mir nicht zu nahe! Oder lass mir zumindest Zeit. Ich lass Dir auch Dein Leben und komm Dir nicht zu nahe.

Jeder braucht seinen eigenen, ganz persönlichen Radius. Ich möchte mit Hirn und Erwachsensein und Weisheit und Herz lieben. Gemeinsam mit Dir. Und mit Abstand.

WIR KÖNNEN, WENN WIR WOLLEN, SO LEBEN!

Und dies ist meine Lebensaufgabe, MEIN LEBENSZIEL:

Mein Lebenssinn – meine Lebensbestimmung – liegt vielleicht darin, im Hintergrund für jemanden da zu sein, diesen jemand zu stärken. Ich wurde nicht gefragt! Man hat mir aber auch NICHT gesagt, dass dieser JEMAND erst von mir überzeugt werden muss, damit ich meine Lebensaufgabe erfüllen kann und in erster Linie ER an seine Lebensaufgabe herankommt, sie sieht und ausführen kann. Ich war mir bis Samstag nicht ganz sicher, aber dieser JEMAND bist DU.

Meine Vergangenheit war dazu da, mich darauf vorzubereiten, zu lernen, mich zurück zu stellen, meine Person nicht so wichtig zu nehmen, denn sonst könnte ich nun nicht die Kraft aufwen-

den, die dazu nötig ist. Und rüge mich nicht dafür, dass ich manchmal so selbstlos bin, Du wirst daraus profitieren, glaub mir. Rüge mich nicht dafür, dass ich manchmal so egoistisch bin, Du wirst auch daraus profitieren, glaub mir.
Aber lass mir bitte, bitte ein kleines eigenes Leben und drück mich bitte manchmal und lieb mich bitte manchmal. Ich werde immer für Dich da sein.
Jetzt hab ich Dir meine ganze Wahrheit dargelegt. Die Schildkröte liegt am Rücken.

Ich will mit Hirn lieben,
Du hast es verdient
Ich liebe Dich
Ich will Dich lieben
Ich will mit Dir lachen
Ich will mit Dir lieben
Ich will mit Dir lernen
Ich will mit Dir leben

Am 27. Mai – übermorgen - ist es ein Jahr her, da wurde mir das Leben ein drittes Mal geschenkt. Jetzt wird es Zeit, etwas daraus zu machen ..... Ich hätte diesen Geburtstag gerne mit Dir gefeiert. DU bist der einzige, der versteht, was ich meine. Ich danke Dir – Noja

---

Ich habe sooo viele Stunden gebangt und gehofft. Und gebetet. Und auf Deine Antwort gewartet. Und bin im Kreis gelaufen. Mit Schweißausbrüchen und 200 Blutdruck. Und Nägelabdrücken in den Handinnenflächen. Und dann kam sie!!!!
Deine Antwort:
Also dann bis morgen - Bussi – Freu mich auf dich! - Oliver

Ja, ja, ja!!!!! Mein Herz war mir in die Hose gerutscht. Aber wie! Vor soooooooo großer Freude! Acht Seiten von mir und …….. neun **Worte** von Dir.

Wir haben uns versöhnt. Das hat uns beide sehr, sehr glücklich gemacht. Ich hatte riesiges Herzklopfen auf dem Weg zu Dir. Wie sehr ich sie spüre, Deine Liebe zu mir. Wir müssen noch viel lernen und unser verdammtes Ego wegschicken.

Ich kenne keinen Menschen, der so lebt wie Du. **So ganz anders** als alles, das ich bis dato kennen gelernt habe. Bei Dir dirigiert nicht die Arbeit den Tagesablauf. Wenn es Dich freut, machst Du Dir ganz einfach am Abend alleine ein Lagerfeuer oder baust Dir eine Schamanenschwitzhütte und saunierst darin. Oder Du nimmst Deinen Hund und einen Schlafsack und gehst um Mitternacht zum See runter, schwimmst ein paar Runden und verbringst die Nacht im Freien. Oder Du setzt Marcinho – Deinen süßen, kleinen, weißen Hund – in Deinen berühmten, Aufsehen erregenden roten Designer-Rucksack, schwingst Dich aufs Fahrrad und fährst eine Stunde der Donau entlang und gehst in das Cafe, in dem wir unser erstes gemeinsames Frühstück eingenommen haben. Einfach so. Mitten unter der Woche. Ich hab jedes Mal, wenn ich zu Dir fahre, das Gefühl, einen Urlaub anzutreten. Du gehst zu Bett, wann es Dich freut. Du stehst morgens auf, wenn Dein Körper genug Schlaf genossen hat. Du hast Deiner früheren 100-Stunden-Arbeitswoche den Rücken gekehrt. Und alle Kontakte abgebrochen. Dich zur Gänze zurückgezogen und über ein Jahr nach Deinem ganz persönlichen Lebensstil gesucht. Und gefunden, wie mir scheint.

Wenn ich um zehn Uhr abends oder später nach einem Termin oder einer Firmenschulung zu Dir komme, hast Du bereits das Badewasser vorbereitet. Dir ist nichts zu spät oder zu dumm. Am Wannenrand stehen Kerzen und zwei Gläser Wein für uns bereit. Wie schön. Wie romantisch und aufmerksam Du bist. Und dann kochen wir uns etwas Ausgefallenes, oder Du hast bereits einen Festschmaus vorbereitet, und dann dinieren wir am Boden sitzend vorm knisternden Kamin. Wieder mit Kerzen

und immer mit der besten Musik, die ich je in meinem Leben gehört habe.
Nie vergesse ich die Lieder unserer ersten gemeinsamen Nacht.

Unglaublich bist Du. Du hast niemals Stress mit irgendwelchen Terminen oder Menschen. Bist immer souverän und ruhig. Bist immer chillig unterwegs. Und genießt auf beinahe unverschämte Art und Weise das Leben.
Niemals ist mir ein Mann begegnet, der so schön, so spirituell ist und sich so anmutig bewegt. Und eine derartige Beobachtungsgabe und Analysefähigkeit hat. Du lässt Dich in kein Schema drücken. Nicht mehr. Du bist mit Dir alleine sehr glücklich. Wirklich. Man spürt es. Und wenn Du arbeitest, dann wirkt es, als gingest Du einem Hobby nach. Mit Freude.

Als Du heute vom Bett aufgestanden, Dir ein Badetuch um die Hüften geschlungen hast und zur Küche gegangen bist, hab ich Dir nachgesehen. Nachsehen müssen! Hab ich so etwas Schönes schon jemals vor Deiner Zeit gesehen? Nein. Du bewegst Dich beinahe feminin, und Dein Körper steht dem von Achilles in nichts, aber auch gar nichts nach. Ich hab meinen Kopf in den Polster gedrückt und - genauso wie bei unserer ersten gemeinsamen Nacht - gemurmelt: Ich fass es nicht. Ich fass es nicht. Oh, Gott, wie schön. Ein Traum. Dieser Körper! Das ist ja alles unglaublich. Bin das wirklich ich, die da im Bett auf dieses Bild von einem Mann wartet? Bin ich verliebt? Und wie. - Ah! Und dann kamst Du wieder herein. Und erst Deine Augen, Deine Brustmuskeln. Deine gesamte Erscheinung! Ich kann nur zu gut verstehen, dass da sämtliche Frauen schwach werden. Der Gedankenblitz, warum ein solch gelungenes Werk der Schöpfung mit 40 Jahren aber noch frei ist, war natürlich auch da. Ich werde es herausfinden. Oh, ja! Mein Gefühl aber sagt mir, dass ich da ein ganz besonderes Kleinod gefunden habe. Wunderschön, stark und gleichzeitig sehr fragil. Sensibel und äußerst männlich. Ja, Du hast absolut andere Attribute als Deine Geschlechtsgenossen. **So ganz andere**. Zum Glück! Sogar beim Schreiben krieg ich gleich wieder weiche Knie. Mein König.

Hab noch so viel zu tun, um auf den richtigen Weg zu kommen, die Arbeit, das Haus, das Geld ….. Aber das sind diese weltlichen, westlichen Richtlinien. Hab noch so viel zu lernen, um in Würde an Deiner Seite gehen zu dürfen. Kann mich nicht (mehr) von Herzen mit Geld, Konsum und Arbeit assoziieren. Auch nicht mit einem Haus – aber mit einem Zuhause - ja.

Bin eh geduldig und tapfer und harre da der Dinge, mache gute Miene zum bösen (Schau-) Spiel. Meine Arbeit kotzt mich an! Der Kapitalismus kotzt mich an! Das „Was werden sich die anderen denken – Denken" kotzt mich an!

In Wirklichkeit aber …….

Kann im Winter stundenlang am Fenster stehen und zusehen, wie der Schnee fällt …. bis ich ganz, ganz leicht werde und zu schweben beginne …. der Winter. Werde zum ungeborenen Kind, dass sich wohlig im geschützten Zuhause in der Wärme räckelt. Laufe in den Schnee hinaus und strecke ausgelassen meine Zunge heraus, richte mein Gesicht zum Himmel, um die einzelnen, kalten, luftigen Flocken zu spüren, die langsam auf meiner warmen Haut, meiner warmen Zunge zergehen.

Gehe morgens im Sommer in den Wald, um Beeren zu pflücken, suche Holz zusammen, um abends nicht zu frieren. Richte mir ein gemütliches Lager zum Hineinkuscheln, schlafe unter freiem Himmel, um Eins mit dem Universum zu sein, denke mich durch die Sterne hindurch. Schaue solange in das Feuer, bis ich selber zu einer Flamme werde. Wenn ich traurig bin, umarme ich einen Baum und spüre seine Energie und Liebe und das Alleseins.

Wenn die anderen über das miese Wetter schimpfen und Unterschlupf suchen, laufe ich barfuß über die nasse Wiese, freue mich über jedes Laubblatt, dass an meinen Fußsohlen kleben bleibt, laufe dem Regen entgegen, um jeden Tropfen noch intensiver in meinem Gesicht zu spüren. Finde eine Pfütze voll Schlamm und stelle mich begeistert mit beiden Füßen hinein. Genieße fasziniert das Gefühl, wenn dieses weiche, graue, samtige Etwas sich zwischen meinen Zehen den Weg nach oben bahnt. Juchhuh! Spüre, wie der warme Regen über meine Haare, über den Nacken mein Rückgrat entlang hinunterläuft und bekomme eine Gänsehaut und die Härchen auf meinen Unterarmen stellen sich auf.

Weit nach Mitternacht ..... Kann nicht schlafen, hab die ganze Zeit Dein Foto (Deinen Blick) von „auf der Couch - vor Deinem (unserem) Fest" vor Augen.

Vor einigen Wochen hast Du mir Fotos von Dir von früher gezeigt. Ich hab mich so darüber gefreut, innerlich, hab es aber nicht gezeigt, werd ich Dir beim nächsten Mal sagen und Dir meine Freude zeigen, da wären die richtigen Worte angesagt, nicht wahr (Wahrheit)? Ein riesiger Vertrauensbeweis an mich. Danke! .....Und eines davon schiebt sich immer wieder in den Vordergrund, das, auf dem Du als Jugendlicher zu sehen bist. Dieser Blick! Diese unermesslich tiefe Trauer, dieser Schmerz, dieses hilflose Entsetzen, wie ein geprügelter Hund (verzeih), diese Einsamkeit - hab im Geheimen geweint. WIE KANN MAN JEMANDEN SO ALLEIN IN DER WELT STEHEN LASSEN? Gleichzeitig aber der Blick eines zu Tode erschreckten Rehs. Und doch blinzelt ganz weit hinten dieser ... und ich lass mich noch immer nicht unterkriegen .... Blick hervor.

Ich sehe Parallelen zu einem Foto von 2011 und einem Foto von – ich weiß nicht - 1988? Bin schockiert ....

Man muss Ballast abwerfen .... nein ... verwerten, jawohl verWERTen. Nütze alles, was Du erlebt, durchgestanden, geMEISTERt, gelernt hast. Nütze Deine Ballaststeine, um einen einzigartigen Palast zu bauen. Kein Mensch, den ich kenne, hat sich jemals so intensiv, auf seine ganz persönliche Art und Weise mit so vielen Leiden verbunden, so lange Zeit auf den Bau eines Palastes vorbereitet. Du musst die Steine nur mehr richtig zusammen setzen, übereinander bauen (vielleicht kann ich Dir dabei helfen). Und kein Sturm, keine Kälte, keine Hitze, keine Überschwemmung, keine Stärke 9 auf der Richterskala, kein Klimawandel wird Deinem Palast etwas anhaben können, pah!

Und Deine Ballaststeine haben noch dazu eine ganz, ganz wichtige Eigenschaft, die nämlich viele andere, die auch vieles erlitten und erlebt haben, NICHT aufweisen können: sie sind an den richtigen Stellen noch immer weich genug, um sich an die darunter- und darüberliegenden Bausteine anzupassen, einzufügen. Und das macht Dich einzigartig, so ist es. Warum sieht denn das keiner außer mir?

Vor zwei Wochen hast Du mir eindeutig zu verstehen gegeben, dass Du nicht mehr mein Freund sein kannst noch willst. Ich solle das endgültig akzeptieren und gehen, gehen, gehen.

[......] Du brauchest keine Freundin, die nach sieben Monaten noch immer nicht kapiert, wie sehr Worte verletzen können, DICH verletzen können, [...] dass Worte nicht nur Worte sind, sondern furchtbar viel anrichten oder zerstören können. Du brauchest keine, die Dich nicht versteht und nicht lernfähig ist. Und Du brauchest auch keine, die dumm sei.

Und Du seist auch über Dich traurig, weil Du anscheinend nicht die richtigen Worte für mich gefunden hast, damit ich endlich verstehe. Und obwohl Du weißt, dass ich manche meiner gesprochenen Worte nicht so meine, kannst Du nicht darüber hinweg hören. Danke, dass Du es nicht getan hast, bitte bleib so konsequent....

Du sagst zu mir: „Lass endlich deine Vergangenheit zurück, lass sie hinten, lebe nur mehr in der Gegenwart – im JETZT! – und denke an die Zukunft! Werde endlich glücklich, lebe! Lebe intensiv und bewußt, genieße alles, was du tust, sei auch alleine glücklich! Vergiß die ganze nicht so schöne vergangene Zeit. - Handbewegung in der Badewanne wie ein „cut".

„**RESET**, jawohl **RESET**... bin ich gut, ja, das ist gut....**RESET**", sagst Du. „Verstehst du, nimm endlich diese verdammte Kugel aus deinem Inneren, reiß sie heraus und schmeiß sie weg, weit weg, ganz weit weg! Die Kugel namens Vergangenheit! Wenn du es nicht tust, dann mach ich es, ist es an der Zeit! Erinnere dich endlich, wer du wirklich bist! Du bist unglaublich lieb und stark und gut, in dir steckt so viel, du weißt es nur noch nicht, oder du hast es vielleicht vergessen. Ich möchte, dass du dich wieder erinnerst, wer du wirklich bist, ich möchte dich wieder so sehen, wie ich dich kennen gelernt habe. ... Da ist eine, ja, das ist eine, die weiß, was sie will, die weiß mehr als ich, das waren meine Gedanken, so hab ich es gespürt. Nur wenn du wieder du bist, können wir gemeinsam Unglaubliches bewegen".

Du bist ein ganz besonderes Wesen, ein ganz besonderer Mensch, eine uralte, weise Seele. Gehe jetzt mal davon aus, dass ich 1 % von Dir weiß und vielleicht 10 % erahne und möglicherweise die restlichen 89 % spüre – im Bauch und im Herzen, aber bestimmt nicht im Kopf.
Mir ist auch klar, immer, wenn ich etwas dazu gelernt hab, hab ich auch die Kraft und die Ehre, wieder 1 % mehr von Dir erfahren und erahnen zu dürfen.

Und zurück zur Realität. Nach Hause hetzen, duschen, Hosenanzug anziehen, rein ins Auto, Termin, Arbeit, Geld, Profit. Noch - solange, bis der richtige Zeitpunkt gekommen ist. Gewitterwolken.

Hab viele Seiten vollgeschrieben, mir von der Seele geschrieben. Und wieder gelöscht. Ich hab nur mehr instinktiv gehandelt, intuitiv. Hab mich Dir gegenüber ganz geöffnet, wie die Schildkröte, die wehrlos am Rücken liegt. Hab mit nichts zurück gehalten, auch das Risiko in Kauf genommen, mich völlig lächerlich zu machen. Unwichtig. Wichtig war nur, ist nur, dass ich nie wieder mit Worten etwas anstellen oder zerrstören werde. Hoffentlich. Das hast Du mir für alle Zeit unter die Haut gebrannt. Werd ich nie wieder vergessen können und wollen. Ist mittlerweile in Wirklichkeit leicht, hast mich für Dich und mich und UNS getadelt, hab mich aber auch für Dich und mich und UNS sehr bemüht, seither meine Worte im Zaum

zu halten. Nur: Ich brauchte eben wieder einmal sechs Seiten dazu, um Dich von mir zu überzeugen und DU ....
vier Sätze und ein Foto.... :

Etwas heranwachsen zu sehen ist einfach unglaublich.
Auch hier bedarf es nur an Liebe und Geborgenheit
wie überall sonst ...
Einen Menschen zu verstehen, lernen, wie er denkt,
was er spricht, welche Erinnerungen, welche Erfahrungen,
welche Meinung,
welche Sehnsucht, welche Eindrücke –
und doch wieder nicht meint, was er sagt!
Ich bin traurig, dass ich mir selber weh tun muss,
um Dir die Wahrheit zu zeigen.

Dein 40. Geburtstag: Ohne Absprache waren wir beide überall und nirgends. Präsent und doch nicht greifbar. Viele - oder alle - waren sehr überrascht, erstaunt. Kann es eigentlich nicht in Worte fassen. Alle haben sich beim Abschied für dieses schöne Fest bedankt. Teres hat gesagt, dass wir sooo gut zueinander passen und hat sich spürbar gefreut, in erster Linie natürlich für

Dich. Deine Mutter hat mich zweimal freudig an sich gedrückt, Maria kann es nicht fassen, dass ich noch immer mit Dir beisammen bin und sagt zu mir: „ Du machst einen normalen Menschen aus ihm". Dein Vater war erstaunt, welch liebe Freunde Du hast. Deine Mutter hat noch nie ein so schönes Fest erlebt ...... Aber da gebe ich nur Oberflächlichkeiten wieder. Hatte eher den Eindruck, dass ein glückliches Paar etwas zum Nachdenken nach Hause mitgibt. Über die Liebe. Du sagst, durch mich sehen sie Dich anders, wird das Ganze ins rechte Licht gerückt, verstärkt, wirst Du (wie mir ja gesagt wurde) „normal". Aha. Na,ja.... Du hast bestimmt recht, zwei bewirken mehr als einer allein. Auch wenn ich nichts verstehe. Ein Bild sagt mehr als tausend Worte. Vielleicht finde ich dieses Foto, dass widergibt, was ich von diesem Fest mitgenommen habe und für mich nicht in Worte zu fassen ist.

Und dann, wenn alle sagen, jetzt ist sie total verrückt, dann weiß ich, dass ich in meine Normalität nach Hause zurück gekehrt bin, dann, wenn ich meinen inneren Frieden hab, dann, wenn ich nicht mehr auf die Uhr sehen muß, dann, wenn ich darin lebe, woher ich komme, dann, wenn ich mich zu nichts mehr zwingen muß, dann, wenn ich in allem, was ich tue, wirklich einen Sinn verspüre, dann bin ich zu Hause. Ganz egal, wo. Dann, wenn sich nichts mehr in mir wehrt bei dem, was ich tue und sage, dann bin ich wahrhaftig ich.
Meine Sehnsucht ist so groß, sie kommt mir schon so hoch, dass ich sie immer wieder hinunterschlucken und unterdrücken muß. Aber nicht mehr lange, nicht mehr lange.

Geld durch Arbeiten kann ja auch den Sinn haben, schneller dahin zurück zu kommen, woher ich ja komme, ha, ha, aber ich bin ja DURCH die Arbeit (unter anderem!) von meinem inneren Zuhause weg gekommen. Selber schuld. Der Sinn ist entdeckt, ja! Endlich. Und der Zweck heiligt die Mittel.

Meine Mutter hat folgendes geträumt: Mein verstorbener Vater hat Ihr aufgetragen, einen kleinen braunen Rosenkranz in einem seiner Sakkos zu suchen. Er meinte, sie würde ihn bald benötigen. Sie sagte, er sei ganz ruhig bei dieser Aufforderung gewesen. Meine Mutter hat in diesem Traum auch Kinder und eine Menge Erwachsene um sich herum gesehen und es sei alles sehr ruhig gewesen. ??? … Vorhin hat sie mich angerufen und etwas atemlos erzählt, dass sie besagten Rosenkranz tatsächlich in einem Sakko gefunden habe. Sie fragt mich nach dem Sinn. Weißt Du ihn???? Hab so viele Gedanken im Kopf ….

Du hast mir das Versprechen abgerungen, nie wieder einen Autostopper mitzunehmen (was ich ja des öfteren getan hab). „Weißt du, wenn dir etwas passieren würde, wäre ja auch mein Leben kaputt“, sagst Du, “nicht nur deines.“ Welch eine Aussage. Es ist mir eine Ehre, dieses Versprechen einzuhalten, sehr, ein Bedürfnis. Wird mir nie wieder in den Sinn kommen, genau so wenig, wie die Geschichten mit meinen unüberlegten Worten. Bin sehr dankbar und voll Demut, weil Du mir die Ehre erweist, an Deiner Seite sein zu dürfen und mir in manches Einblick gewährst, schön langsam ….. Und ich hänge an Deinen Lippen wie die Zecke am Hund. Ich liebe es, Dir zuzuhören. Worüber hast Du Dir noch keine Gedanken gemacht? Was hast Du noch nicht stundenlang, jahrelang beobachtet und studiert? Und ich liebe Deine Nähe. Und wie Du kochst! Mit sooo viel Liebe. Schön. Ich küsse Dich.
Damit – nachdem ich die letzten Zeilen gelesen hab – das ganze nicht in Richtung Anbetung und Verherrlichung austrifftet:

Das, was Dir fehlt - bekommst Du von mir
Das, was die anderen in Dir bis jetzt nicht gesehen haben
werden sie durch mich nun sehen können
Das, was Du selbst in Dir nicht gewußt hast
darfst Du durch mich erfahren
Und das ist noch lange nicht alles
Du polierst mich, um meiner Wahrheit nahe zu kommen,
ich geb Dir hinzu, damit Du Deiner Wahrheit näher kommst

5. Teil Gleichgewicht und Scham 14. Juni 2011

Bin ich im Herzen ein trauriger, einsamer Mensch? Nein.
Bin keine, die fröhlich sein muss, um glücklich zu sein.
Bin auch, wenn ich traurig und alleine wirke, nicht wirklich unglücklich. Versteht keiner, liebe es, stundenlang, vielleicht tagelang allein zu sein.

Weiß ganz genau, wo unser Weg hinführt, was Du bereits siehst. Bin nicht dumm, bin bald soweit.

Hab mir bis vor kurzem von den anderen immer ein Gefängnis bauen lassen, und nun, da niemand mehr da war, der mir eines hätte bauen können, weil ich alle eliminiert, all diese antagonistischen Wesen von mir gestoßen bzw. nicht mehr an mich heran gelassen habe ... WAR ICH DANN BESONDERS KLUG UND HAB MIR DAS GEFÄNGNIS SELBER GEBAUT – GRATULATION.

Ist der Mensch wirklich so dumm oder nur ich oder folgt man dem Muster, das man gewohnt ist?
ANGEKETTET für mindesten 25 Jahre …….. an die Bank.
loslösenloslösenloslösenbefreienbefreienbefreienKettensprengen
Bin im Moment schwermütig, ernst. NachdemSinndesLebens strebendimmerschongewesen. Liebe die Schlichtheit, die Ruhe, die Einfachheit, die Natur, das Bodenständige, bin kein Redner, tue nur so extrovertiert, kann die Worte nicht finden, die, die ich meine. Bin viel zu introvertiert, geht keinen was an, wer ich bin.

Du bist wahrhaftig der erste, dem ich Einblick gewähre, oder Du bist der erste, der die Nuss knacken kann oder will. Du bist der unglaublichste Mensch, der mir je begegnet ist, man könnte sich fast vor Dir fürchten, nichts bleibt Dir verborgen, nichts kann man vor Dir verheimlichen. Und ich weiß, dass Du mich und alle durchschaust. Und manchmal belächelst Du mich, weil Du weißt, das, was ich zum Beispiel gerade gesagt hab, werde ich bald, ganz bald anders sehen oder bestimmt in kurzer Zeit nicht mehr sagen geschweige denn, meine vergangenen Worte oder Ansichten überhaupt noch verstehen.

Das hast Du gestern zu mir gesagt: „Hör auf, dich dafür, was du bereits alles gesagt oder getan hast, zu **schämen**, denn dann wirst du in diesem Leben mit dem **Schämen** nicht mehr fertig!"

Danke. Knallharte Worte, aber Wahrheit. Wahrheit tut immer weh.

Möchte endlich meine Sehnsucht stillen, die mich ichweißnichtwielangeschonfasterdrückt.

DU zeigst mir meinen Weg, ich danke Dir. Dass ich da nicht von selber drauf gekommen bin, zu dumm aber auch, ärgerlich, hm ... Gott sei Dank bin ich nicht selber drauf gekommen, sonst wäre ich jetzt ja wohl kaum an Deiner Seite.

Ich bin dabei, schön langsam zu spüren, was es heißen könnte, einen Partner zu lieben.
Treue, Verantwortung, Fürsorge, auch lehren und lehren lassen, den anderen verstehen und sich so verhalten, dass auch der andere einen versteht. Sich nicht verdeckt halten, nichts Falsches vorspielen und sagen! Den anderen achten, ehren, Freiraum lassen; lernen, glücklich zu sein – und wenn man glücklich ist, es auch zeigen (kann ich noch immer nicht von Herzen zeigen - bin noch immer viel zu sehr „nach innen gekehrt").
Glücklich kann man nur dann jemanden machen, wenn man mit sich selbst glücklich ist. Bla, bla, bla. Es steckt, es steckt, es steckt! Muss, möchte das Glück endlich leben.
Das Wissen. Ich hab´s in den Urzellen, aber nicht im Kopf, nicht bewusst. War sowas wie die Alte Weise, la loba, die Frau aus und in der Natur, eine erdige Gelehrte, keine Dienstleisterin, aber eine Geberin, eine, zu der sie gekommen sind, um sie um Rat zu fragen. Nicht eine, die hingegangen ist und erklärt hat, dass ihr Rat jetzt angesagt ist. Falscher, falscher Weg mit der falschen, falschen Mobilität/Richtung. Und dem falschen Inhalt (Versicherungen, ha!) Zu mir kommen – und nicht, ich zu ihnen gehen! Weiß auch nicht, warum. Hab´s so in den Zellen.

Schäme mich dafür, dass ich so lange Zeit verschlafen habe, so lange vergessen habe, worum es wirklich geht, so lange verleugnet hab, wer ich bin, wird endlich Zeit, Farbe zu bekennen. Schäme mich in Grund und Boden. - Nein! Du hast gesagt, ich soll damit aufhören.

In und mit der Natur leben, aber mit dem menschlichen Intellekt, überleben durch lieben, Nahrung besorgen, anbauen, ernten, einwintern – Leben in der Natur, bodenständig, aber vorausschauend, den Horizont stetig und wenn es einen freut, durch das Ansehen und Inhalieren der ganzen Welt, Kulturen, Menschen aller Arten, erweitern. Leben auf höchstem Niveau, ohne Luxus, aber am Boden bleibend. Brauche Nahrung für die Seele, keine Konsumgüter, möchte warm, satt, gemütlich und ohne Kompromisse leben. Und mit Dir. Möchte das, was mein Herz berührt, mit DIR teilen, mich Dir mitteilen, möchte, dass Du Dich mit mir freust, wenn das Gemüse wächst, möchte, dass Du mich um Rat fragst, wenn Du etwas nicht weißt (sehr, sehr unwahrscheinlich) ….

Bin nicht so stark, wie ich oft dachte, mir suggeriert wurde. Tu nur immer stark.

Wollte vielleicht gar nie alleine stark sein, war aber so (gegeben?). Möchte mit DIR leben, aber nicht mehr alleine – Das ist meine wahre Natur – mit Dir.

Aber, ich weiß, ich bin das kleinere Puzzleteil, und das ist richtig so. Geht nur, wenn ich mich vor jemandem verneigen, verbeugen kann, und durch dieses Neigen meines Hauptes mich geehrt fühlen darf und vertraut, sicher. Ist so. Du nimmst meine Hand und ich weiß, nun darf (ist es an der Zeit, dass) ich mich erheben und an Deiner Seite mich zeigen (darf). Ich bin zu Hause angekommen, das ist so.

„Die Zeit ist reif für Dich, endlich Frau sein zu dürfen, Dich in der mit duftenden Rosenblättern gefüllten Badewanne zu entspannen", sagt Eva Maria Sophia.

Und zurück zur Realität, und immer wieder zurück, sagst Du:
x, Von der Spiritualität zurück zur Arbeit.
x, Vom ergreifenden Film zurück zum Autorennen.

x, Vom Weisheiten lesen zurück zum Holzhacken.
x, Vom Philosophieren übers Fleisch essen zum Fenster putzen;

GUT bist DU! Gut sind Deine Lernhilfen für mich. **Gleichgewicht**, um nicht hinein zu kippen. Danke! Kippschalter: arbeiten > umschalten > die sein, die ich wirklich bin > umschalten > arbeiten ..... Ist keine Dauerlösung, das ist ein Kompromiss, mag keine Kompromisse! Kann nur eine „Zwischendurchlösung“ sein. Nun gut, bin etwas unruhig, geb ich ehrlich zu, aber Du sagst, ist eh schon alles vorgegeben, soll mir keine Sorgen und Gedanken machen, na gut.

Ich warne Dich! Bin nicht easy! Bin unglaublich gern natürlich (ehrlich), deshalb ist für mich das Schauspielen so schwer. Hab Dir gesagt, dass ich „ himmelhochjauchzend“ und dann wieder „zu Tode betrübt“ bin. Beobachte mich seit Jahren, ich bin wirklich so. Aber betrachte die Natur: Ebbe - Flut; Vollmond - Neumond; Winter - Sommer; Leben - Tod; Geburt - Sterben;

Dein Wandel ist für mich übrigens nur schwer glaubhaft! Zuerst war es nicht möglich, Deinen Schutzwall zu durchbrechen - wäre selber beinahe daran zerbrochen, oh ja. Acht Monate ging das so und auf einmal WIR, UNS, GEMEINSAM.

Konnte meine Sehnsucht, die sich zu erfüllen schien, konnte den Frieden beinahe nicht annehmen. Nun tue ich es, lege voll Vertrauen meine Skepsis/Vorsicht beiseite und springe ins Urvertrauen, um gemeinsam mit Dir darin zu planschen.
Unglaubliche gegenseitige Verantwortung.
Hab aber - ganz ehrlich - im Hinterkopf: Muss auch alleine glücklich werden, sein (will aber nicht alleine, das ist nicht richtig und nicht vollkommen!). Mich schleudert´s gewaltig.

Vielleicht ist die Geschichte der Entstehung von Mann und Frau doch nicht so abwegig? In meinem Kopf raucht´s....

Freu mich auf Dich, möchte Dich verwöhnen und spüren, möchte Dir meine Liebe, meine Gefühle für Dich spüren lassen, möchte, dass es Dir unglaublich gut geht. Möchte Dir Stärke vermitteln, wenn Du mal schwach bist, werde Dir Anerkennung geben, immer, auch wenn ich der einzige Mensch sein sollte. Du musst nie wieder allein sein, außer, wenn Dir danach ist. Ein Versprechen! Freu mich darauf!

Und außerdem: Mag schön langsam nicht mehr über mich, über mein Leben, bla, bla, bla, über meine Gefühle, meine Gedanken, was alles noch geregelt, gerichtet, gerade gerückt gehört, reden, schreiben und denken. Es wird Zeit, sich auf das Wesentliche zu konzentrieren: Es zu leben. Es zu tun.

Und danke für die wunderschönen Tage mit Dir! Das Wandern, das Lagerfeuer, das Zelten, die gemütlichen Stunden auf Deiner Terrasse, das entspannende Filmschauen, die ausgezeichnet von Dir gegrillte Forelle. Einfach Deine Anwesenheit. Du bist UNGLAUBLICH!!! Ich liiiebe es, die Zeit mit Dir zu verbringen, kann mir nichts Schöneres vorstellen. Ich würde Dir soooo gerne sagen, dass ich Dich liebe, ich spüre es sooo (und auch der Kopf sagt es mir), aber ich glaube, dass Du der Meinung bist - obwohl wir uns bereits seit acht Monaten kennen - dass ich da noch nicht alles richtig verstanden hab. Liege ich da richtig, hm? Und erst, wenn ich alles, was für Dich wichtig ist, in meinen Zellen gespeichert, inhaliert hab, erlaubst Du mir, Dir meine Liebe auch in Worten einzugestehen. Du bist manchmal sehr streng, mein Meister. Und wie!

Morgen um 22:13 halten wir nach der Mondfinsternis Ausschau. Freu mich darauf.

Zurück zur Realität. Gefühle, Gedanken, Träume, Sehnsüchte, Ahnungen wegsperren. Wieder einmal.

Gehe nun schlafen, um morgen für die Arbeit einen klaren Kopf zu haben. Wieder einmal. Um der westlichen, weltlichen Welt zu entsprechen ….. Scheiße. Scheiße. Scheiße.

Da draußen: Ich kann Einkauszentren nicht ausstehen! Wir waren anlässlich Elias´ (mein jüngster Sohn) Geburtstag - das war sein Wunsch - in der SCS in Vösendorf einkaufen. Nie wieder! Ein riesiger Energiekiller. Du und ich, wir waren fix und fertig. Krieg richtig die Panik in diesen materialistischen Häusern. Hilfe!!! Machen mich krank!

e-mail von Dir an mich: Dies sind die Worte des **Dalai Lama:**

- Beachte, dass große Liebe und großer Erfolg immer mit großem Risiko verbunden sind.
- Wenn du verlierst, verliere nie die Lektion.
- Habe stets Respekt vor dir selbst, Respekt vor anderen und übernimm Verantwortung für deine Taten.
- Bedenke: Nicht zu bekommen, was man will, ist manchmal ein großer Glücksfall.
- Lerne die Regeln, damit du sie richtig brechen kannst.
- Lasse niemals einen kleinen Disput eine große Freundschaft zerstören.
- Wenn du feststellst, dass du einen Fehler gemacht hast, ergreife sofort Maßnahmen um ihn wieder gut zu machen.
- Verbringe jeden Tag einige Zeit allein.
- Öffne der Veränderung deine Arme aber verliere dabei deine Werte nicht aus den Augen.
- Bedenke, dass Schweigen manchmal die beste Antwort ist.
- Lebe ein gutes ehrbares Leben. Wenn du älter bist und zurückdenkst, wirst du es noch einmal genießen können.
- Eine liebevolle Atmosphäre in deinem Heim ist das Fundament für dein Leben.
- In Auseinandersetzungen mit deinen Lieben sprich nur über die aktuelle Situation. Lasse die Vergangenheit ruhen.
- Teile dein Wissen mit anderen. Dies ist eine gute Möglichkeit, Unsterblichkeit zu erlangen.
- Gehe sorgsam mit der Erde um. Begib dich einmal im Jahr an einen Ort, an dem du noch nie gewesen bist.
- Bedenke, dass die beste Beziehung die ist, in der jeder Partner den anderen mehr liebt als es braucht.
- Messe deinen Erfolg daran, was du für ihn aufgeben musstest.
- Widme dich der Liebe und dem Kochen mit ganzem Herzen.

Du fehlst - Bussi - Oliver

Du: „Bin Du glücklich? Ich sein!" Ich: „Und wie. Hm, ist das Leben schöööööön! Was machen wir denn am Wochenende? Zeltfahren und radeln oder wandeln und zeltern?" Du: „Soll Du entscheiden oder sollst ich?" Ich: „Jeder Du...?! Hi". Liebe Wachau, lieber Veltliner, beraubt uns nicht unserer Muttersprache!

Du, mein weiser Prophet, sprichst wieder einmal zu mir: „Ich habe bemerkt, dass Menschen, die dem Tod bereits nahe waren, meine Nähe suchen. Oder ich ziehe sie an. Ich weiß nicht. Und ich weiß auch nicht, was ich damit anfangen soll, noch nicht. Ich glaub, ein, zwei Jahre brauche ich noch, vielleicht auch nur mehr eineinhalb Jahre. Und ich frag mich, warum ich Dich kennen gelernt hab, an das **Schicksal** glaub ich nicht wirklich. Du warst ja eigentlich überhaupt nicht mein Typ, obwohl (...Du denkst nach ......) ich ja gar keinen Typ hab. [.....] Du hast immer so nebensächlich von deinem Autounfall im vorigen Jahr gesprochen, dabei hast du dem Tod ins Gesicht gesehen ...."

Ich drehe die Zeit zurück ... Ja, war für mich klar, jetzt ist es aus, vorbei. Kein Film über mein bisheriges Leben ist abgelaufen, keine Reue von wegen: ich will noch weiterleben, nein. Hab nur gesagt, als dieses Auto vor mir aus der entgegenkommenden Kolonne ausgebrochen und auf mich – also uns – zugerast und immer schneller geworden ist und KEIN Lenker hinter dem Steuer zu sehen war ... „Ist der verrückt?" Waren nur Sekundenbruchteile. Gedankenblitze wie ..... wollte gerade auf den fünften Gang schalten, das tu ich nie unter 100 kmh, Gedankenblitze wie ... zwischen dem entgegenkommenden „Geisterfahrer" und der entgegenkommenden Kolonne durchfahren - verwerfen, kein Platz. Gedankenblitze wie ..... Cabrio nach rechts verreißen und in den Straßengraben bzw. auf eine Gartenmauer manövrieren - verwerfen - meine Mutter sitzt am Beifahrersitz, das würde ihren Tod bedeuten. Sackgasse! ....

Einziger vernünftiger Ausweg: Cabrio so auf das entgegenkommende Auto zu lenken, mit Vollbremsung, sodass meine Autoseite mit dem entgegenkommenden KFZ kollidiert und nicht die Beifahrerseite, auf der ja meine Mutter sitzt. So war es dann ja auch. ... Was man alles in einem Sekundenbruchteil denken kann. Vor dem Aufprall, ich kann mich erinnern, als wär es gestern gewesen, hab ich noch gesagt „Das war's jetzt". Eigentlich mit einem Achselzucken. Man fügt sich dem **Schicksal**. Voll auf die Bremse und Körper gespannt wie ein Bogen ..... Knall. Ohnmacht, schwarz, ruhig, keine Aufregung, keine Emotionen, eher nüchtern alles. Eigenartig, Vorstellung war eine andere. ..... Brauch jetzt Berieselung von Randy Crawford „One day i'll fly away" ...... und „Almaz" und von Bliss „Wish you were here".
Mag jetzt nicht mehr weiterschreiben ....
.... Ein Tag ist vergangen: Geht schon wieder. Weiter in Gedanken. Nur: Wer, verdammt noch mal trachtet mir nach meinem Leben??? Nicht mit mir!!! Dieses verdammte Erbe (Entschuldigung) hätte mir beinahe mein Leben gekostet. Jetzt reicht's! Ich ziehe nun daraus meine Konsequenzen. Schlussstrich: Haus kaufen - mein eigenes! Endlich Ruhe haben. Eigene Zukunft festlegen. Seit ich denken kann, war das Erbe für mich eine Belastung. Besitz belastet, will, dass dieses Erbe mich endlich in FRIEDEN lässt!!!
..... Bin ich verrückt??? Sind meine Gedanken verrückt?
Lass mir von niemandem mehr etwas gefallen, mich können alle am Arsch lecken!!! Mein Leben war in Gefahr! Aber mächtig in Gefahr!

Dominique, (mein ältester Sohn) sagt, „Mama, was ist nur los mit dir? Du könntest tot sein! Und anstatt dich über das Leben zu freuen, bist du nur mehr böse ...." Jawohl, lasst mich doch endlich alle in Ruhe! ... Fünfzehn Tage unglaubliche Schmerzen, hab nicht gewusst, dass es solche Schmerzen gibt, kein Schlaf - kein Medikament hilft. Allein, bin so allein, weißes Gewand, nur weißes Gewand, weiße Bettwäsche, weißer Bademantel, weiße

Socken, weißer Pullover, weißes T-Shirt. Kalt, so kalt.
Weiß nicht, warum. Warum ist das passiert? Wo liegt der Sinn? Wo liegt der Sinn? Wo liegt der Sinn???

Erste - meine erste Antwort/Interpretation, ah! Bauernhof kostet mir um Haaresbreite mein Leben, hab drei Kinder, verdammt, was soll das, hab noch so viel vor, hab noch so viele Sehnsüchte, die in diesem Leben noch in Erfüllung gehen sollen! Scheiß B., scheiß B.

Zweite eigene Antwort: Ich habe in meiner Vergangenheit einem meiner Kinder dieses Leben genommen, verwehrt. Habe mich täglich nach Strafe gesehnt. Nun hast du sie, bitte sehr! Sogar am Tag genau nach zwei Jahren!!! The law of attraction. Das kann kein **Schicksal** sein, keine Fügung, das ist nicht mehr zum Lachen. (Du hast recht, wenn ich mich für alles, was ich in diesem Leben schon verbrochen habe, schäme, komme ich aus dem Schämen nicht mehr heraus.) Der Wink mit dem Zaunpfahl, und doch mit einem blauen Auge davongekommen. Was willst DU? Und doch: ER ist gnädig .... Gut, Strafe, endlich, danke für Deine Güte, deine Großmut, hab ich gar nicht verdient.
Was hast Du noch vor mit mir? Was, was, was? Ich weiß es nicht, gib mir bitte einen Hinweis! DU da oben.

Später – neue eigene Interpretation Nummer **DREI**: mein Vater hat sich noch mal eingeschaltet, liegt ja auf der Hand. Der Bauernhof soll nicht an fremde Menschen verpachtet werden. Wie könnt ihr nur! Du und deine Mutter! Das ist mein Werk! Ich habe unglaublich lange - mein ganzes Leben beinahe - dafür gearbeitet, später dann geopfert, war mein Leben! Mein eigener Grund und Boden. Kein Leibeigener irgendwo als Arbeiter, mein eigener Chef war ich, war oft hart, hab in späteren Jahren vielleicht oft bereut, so viel aufgebaut zu haben. Du hast uns im Stich gelassen! Stimmt schon, was deine Mutter, meine Frau, sagt, das erste Mal hat es mir das Herz gebrochen, als du mit 18 Jahren geheiratet hast und weggezogen bist. Hab gewusst, dass du unglaublich viel leiden wirst müssen, hab dir gesagt, überleg es dir gut, du musst das nicht tun, es wird nicht gut gehen. Aber du hast nicht auf mich gehört, du hast gesagt, du musst, nur du kannst ihm helfen ….. Aber wir haben gehofft und du bist zurück gekommen! Das zweite Mal hast du mir das Herz gebrochen, als du wieder gegangen bist, mit unseren geliebten Enkelkindern. Hab zu dir gesagt, du wirst bis zu deinem Tod nicht davon loskommen. Kannst du dich erinnern, ich hab auch vom verlorenen Sohn gesprochen, der nach fünfzehn Jahren wieder heimgekehrt ist, hab dir gesagt, ich hoffe darauf. Vielleicht …. Und ich weiß, ich hab aber auch gesagt, damals, als man mir sagte, dass ich bald, sehr bald sterben werde, unausweichlich sterben werde, egal, was ich auch versuchen würde: „Bitte geh nicht hinauf zurück", denn das wolltest du in deiner Verzweiflung. Da hab ich wieder gemerkt, dass du mich liebst, dass diese vielen verletzenden Worte, die von deinem Mund gesagt worden sind, nicht wirklich von dir waren. „Geh nicht hinauf zurück, du wirst es genauso wenig überleben wie ich, du bist genauso schwach wie ich! Du wirst genauso wie ich eines Tages resignieren, und zu allem Ja sagen, nur um deinen Frieden zu haben. Tu es nicht!"……

Aber du hast von oben dich noch mal eingeschaltet, hast uns den rechten Weg gezeigt, wenn ich dein Eingreifen auch viele Male falsch interpretiert habe (absichtlich falsch interpretieren wollte?).

Hast du auch eingefädelt, dass ich IHN kennen lerne, den, der mir mit einer Vehemenz die Augen öffnet, der mir - uns - den wahren Weg, mein wahres ICH zeigt? Den einzigen, der uns - meine Mutter und mich - wieder zusammen führt? Du hast! Und du hast auch gewusst, dass ich für IHN die bin, die ihm das zeigen kann, was fehlt. Du weißt, dass wir beide daraus profitieren, Du geliebter, weiser Vater.

Bis ich IHN kennen gelernt hab, warst DU mein absolut einziger Favorit, du weißt es, und alle anderen Männer wussten es auch und hatten keine, aber auch gar keine Change. Ich liebe Dich, Du bist der beste Vater, den ich haben konnte, „….. Du wirst für mich immer einen goldenen Popo haben", hast du mal zu mir gesagt. Ich vergesse es nie, sehe es heute noch wie soeben erlebt vor mir. Dort, am Holzplatz. „Du bist etwas ganz Besonderes, vergiss das nie", ...darum hast du auch nie verstanden, warum ich mich so leiden hab lassen, so gar nicht gut behandeln ..... egal jetzt.

Mir tut das Herz so weh, du bist nicht in Frieden gegangen, und ich hab dich bis zum Ende im Stich gelassen. Ich konnte diese Hürde, die du zwischen uns aufgebaut hast, (die ich aufgebaut hab? Die ich von wem and-eren hab aufbauen lassen? Oder konnte ich dir nicht verzeihen, weil du so an mir gehangen hast?) einfach nicht überwinden, es tut mir so leid.

Aber ich weiß auch, Dir geht es jetzt gut. Bald wirst Du so richtig zufrieden sein! Es hat aber sehr lange gedauert, darum auch dieser 27. Mai, ich glaub, da ist Dir der Kragen geplatzt bei all unserer Dummheit, die Du Dir von oben hast ansehen müssen.

Ich kann mich noch sehr gut an deinen respekteinflößenden Zorn erinnern! Aber ich drifte in meinen Erinnerungen ab.

.... Ein alter toter Mann hinterm Steuer, den ich gar nicht kenne, der mich in die Schranken verweist! Ich weiß auch, Du hast niemanden geopfert, Du hast diesen alten Herrn aus-erwählt, weil er ja vor dem Aufprall bereits einen Herzinfarkt hatte. Weil Du immer, auch in großem Zorn, Deine Stärke, Deine Emotionen beherrscht hast. Du hast gelenkt! So viele Zufälle, die keine waren. Du hast mich dazu verleitet, dass ich mit Vehemenz meine Mutter aufgefordert hab, bei MIR ins Auto einzusteigen, obwohl sie partout bei Bettina – den geplanten zukünftigen Pächtern – mitfahren wollte. Du hast mich dazu veranlasst, dass ich unbedingt noch mal „pipi" gehen musste, bevor wir vom Parkplatz weggefahren sind. Du hast die Ampel auf Rot umgestellt, damit wir genau im rechten Moment am rechten Ort waren. Du hast irgendeinen Bauern mit seinem

Traktor die Straße verschmutzen lassen, damit sich dieser alte Herr so darüber aufregt und solche Herzschmerzen bekommt, sodass er seinen Hausarzt aufsuchen musste, hast veranlasst, dass dieser ihn weiter an den Röntgenarzt verweist,... dieser ihn wieder ins Auto einsteigen lässt und auf dem Nachhauseweg ....
.... Mich verlangt nach Musik - „Moonlight Sonata" von E.S. Posthumus. Und noch einmal. Und noch einmal.

Erinnerungspause. Und ein neuer Tag.
Vielleicht spinne ich auch, ich glaub's aber nicht. Vielleicht hast Du auch erst runter geschaut, als er schon Richtung P. unterwegs war und dann erst die Gelegenheit beim Schopf gepackt. Egal, das Ergebnis ist dasselbe.
..... Bei dem Unfall ... Bettina hatte im Nachhinein erzählt: mein BMW hat sich vor ihren Augen durch diesen enormen Aufprall (laut Polizeirekonstruktion ergab die Summe beider Fahr- zeuge eine Gesamtgeschwindigkeit zwischen 140 – 160 kmh mit einer Reaktionszeit meinerseits von höchstens einer Sekunde und einer Distanz von ca. 30 m) senkrecht aufgestellt und sei dann mit einem Knall zu Boden gekracht. Alle dachten, wir seien tot. Nun, hätten wir einen PKW wie unser Gegenüber gehabt, bestimmt. Aber ich bin aufgewacht, aufgestanden und ausgestiegen ....

Bin ca. zwei Wochen nach dem Unfall das Wrack besichtigen gewesen, da wurde mir zum ersten Mal so richtig bewusst, was da passiert ist. Geb's zu, hab bestimmt fünf Minuten davor gestanden und geheult. Geheult, weil mir die Tragweite dessen, wie enorm dieser Aufprall gewesen sein muss, weil mir die Tragweite dessen, dass uns tausend Schutzengel behütet haben, oder wer auch immer, weil mir die Tragweite dessen, dass wir eigentlich mausetot sein müssten, weil mir die Tragweite dessen, dass dieser Kapitalisten-BMW uns „mit" das Leben gerettet hat, wie Schuppen von den Augen gefallen ist. Weil meine Kinder jetzt ALLEINE am Tisch sitzen könnten - Scheiße! Scheiße! Scheiße! Und danke, danke, danke!!!

….. Der niegelnagelneue BMW war bis zur Windschutzscheibe eine Ziehharmonika. Und als meine Augen wieder klar geworden waren, hab ich das KFZ-Kennzeichen von dem toten Herrn G. völlig „zusammengewutzelt" im Motorblock entdeckt - knapp vor der Windschutzscheibe. Musste wieder heulen, hab die Seele dieses alten Herrn gespürt. Bin nach Hause gefahren und hab seine Frau angerufen, musste wieder weinen, sie hat mir ihre Geschichte erzählt … ihrer beider einziger Sohn sei bei einem Motorradunfall tödlich verunglückt, sie sei jetzt ganz alleine, eine Nichte würde alle paar Wochen bei ihr vorbei schauen - Scheiße. Und ich dachte, was sind das für Leute, die besuchen meine Mutter und mich nicht mal im Krankenhaus, obwohl ein Familienangehöriger beinahe unser beider Leben ausgelöscht hätte. Ich dummer, dummer Egoist.
Und ich dachte auch, diesen verantwortungslosen Ärzten gehört der Garaus gemacht. Ich dachte, und ICH bin „auf freiem Fuß wegen fahrlässiger Tötung" angezeigt! Wo, bitte, wo ist die Gerechtigkeit??? Verdammt noch mal!!!
… Die Überrollbügel des Cabrios waren ausgefahren, die Brille meiner Mutter lag noch auf der Rückbank, meine Armbanduhr ebenfalls. Die Airbags: zerfetzt, voller Glassplitter von meinem zerbröselten Seitenfenster, voll Blut.
Musste aber auch lachen: Mir ist eingefallen: Im Krankenhaus hab ich mir Sorgen gemacht, weil ich gedacht hatte, wir seien mit offenem Verdeck gefahren (doch auch eine Gehirnerschütterung, bestimmt). Hab Tamara gebeten – das war echt lieb von ihr, sie war eine halbe Stunde nach dem Unfall bereits im Krankenhaus – die Sorge war ihr ins Gesicht geschrieben – beim nach Hause fahren in P. vorbei zuschauen, um das Verdeck zu schließen, da es zu regnen begonnen hatte. Sie hat mich dann angerufen, hat aber wirklich nicht gelacht dabei, hat nur gesagt, dass erstens das Verdeck geschlossen und zweitens bei diesem Auto sowieso schon alles wurscht ist. Hab ich dann bei meiner Besichtigung verstanden, oh ja.
Meine Mutter ist mit einer gebrochenen Zehe, einem verstaucht-

en Daumen, einem Knie, das nur mehr aus einem einzigen Blutbeutel bestanden hatte und sämtlichen Prellungen - der gesamte Oberkörper war schwarz, das waren keine blauen Flecken mehr - davon gekommen. Und ich? Ich hatte nichts als ein paar lächerliche Glassplitter im Gesicht. Und zwei Blutergüsse an den Hüften in der Größe von Hühnereiern. Sah eigentlich ziemlich lustig und deplatziert aus. Ja, und natürlich hatten wir wochenlange Schmerzen. Echte Schmerzen. Aber in Anbetracht dieses gewaltigen Crashs einfach nicht der Rede wert. Drängt sich eher die Frage auf, wie das mit Wundern so von sich geht. Oder mit dem Glück im Unglück.
Fazit: Antwort Nummer **Drei** ist die Wahre Wahrheit, ...
Vergangenheit ...... **Schicksal**?

Quergedanken .... Über Dich ...... Danke, Geliebter, Gesandter,
DU Geschenk, Herbeigesehnter
DU weiser junger, alter Mann
DU nichts außer Acht lassender
DU Kombination all dessen, was Wichtigkeit und Wert hat
DU, der sich dem Wichtigsten bereits abgewendet hatte
DU, der aus der Not eine Tugend gemacht hat
Du, der eine unglaubliche Liebe zum Detail hat
Du, der mich das LEBEN lehrt
Du, der versucht, meine Mutter zum Glücklich sein zu lenken
Du, der meine Kinder beeindruckt und zum Nachdenken bringt
Du, der alle spürt
Und der sich noch orientieren muss, wie er seine Gaben, die ihm auf den Weg mitgegeben worden sind, und die, die er sich unglaublich schmerzhaft und einsam erlernt, erlebt, erlesen, erkämpft, erarbeitet, erfühlt, erspürt hat, anwenden soll, benützen darf, heilbringend vervielfältigen kann.....
Und wenn man in die Wiege gelegte, auf den Weg mitgegebene Gaben nicht positiv verwendet, anwendet, können diese sich auch in einen Fluch verwandeln. Davon bin ich überzeugt. Ja, man sollte seine Talente nutzen, anstatt sie brach liegen zu las-

sen. Oder? .... Einer, der es gewohnt war und es teilweise immer noch ist - wohl wird es auch so bleiben (!) - als Spinner da zustehen, als Sonderling, nicht von hier, als Außenseiter, als „nicht Normaler", als einer von einem anderen Stern, als Reinkarnierter; der dem Tod schon x- Mal - vielleicht zehn Mal begegnet ist; Blitzschlag als Kind, Einbruch durch das Eis in einen Swimmingpool ... ein Wagenrad ... alles hell, gar nichts mehr wissend ... Israel ... Was noch ??? Ist dies alles auch **Schicksal**?

Nun, der Prophet zählt nun mal nichts im eigenen Land. ICH bin unglaublich stolz (falsches Wort) auf dich. Demut ..... So, wie es mich mit großer Dankbarkeit erfüllt, meinen Vater meinen Vater nennen zu dürfen, so erfüllt es mich mit großer, ausfüllender Dankbarkeit, an Deiner Seite gehen zu dürfen, die archetypische Königin an Deiner Seite sein zu dürfen. Danke! Viel Freude werden wir gemeinsam erleben, viel Freude wird anderen widerfahren. Ein ausgefülltes, sinngebendes Leben. „Da jauchzt mein Herz Dir Großer Herrscher zu, wie groß bist Du, wie groß bist Du". Mein Vater hat dieses Lied geliebt. Mit seiner unglaublich schönen, tiefen Stimme hat er es immer wieder fertig gebracht, mir in der Kirchenbank jeden Sonntag eine Gänsehaut über den Rücken laufen zu lassen. ...Hm ... Jerusalem .... Hm ... Golgota ....??? ..... Der Herr ..... mein Vater ...... DU..... (Warum kommen mir diese Gedanken und dieses Lied in diesem Moment?) Ich weiß gar nur, hab unglaubliches Vertrauen in Dich, mir fällt kein Stein aus der Krone durch Verehrung, denn was ist, das ist: Wer den Weg der WAHRHEIT geht, stolpert nicht, sagt Mahatma Gandhi.
...... Und ich bin nicht ganz normal. Bin ich verrückt? Klapsmühlenreif?

Du hast mir eine e-mail gesendet: „Es regnet und du fehlst!" (｡◕‿◕｡) - Ich: „Noch immer? Bussi. Und danke noch mal für das ausgezeichnete Essen, hm. Freu mich schon soooo auf Dich. Unser Foto - schau mal im Anhang! Ein schönes Paar, findest Du nicht? Gute Nacht und bis morgen früh! Und schau mal, wie gut der nachfolgende Text zu Dir passt. ILD ILD

**Das Beste*/Silbermond

Ich habe einen Schatz gefunden
und er trägt deinen Namen
So wunderschön und wertvoll
mit keinem Geld der Welt zu bezahlen
Du schläfst neben mir ein
ich könnt dich die ganze Nacht betrachten
Sehn wie du schläfst
hör'n wie du atmest
bis wir am Morgen erwachen.
Du hast es wieder mal geschafft
mir den Atem zu rauben
Wenn du neben mir liegst
dann kann ich es kaum glauben
[…..]
Du bist das Beste was mir je passiert ist
es tut so gut wie du mich liebst
Vergess den Rest der Welt
wenn du bei mir bist [……]
Ich sag´s dir viel zu selten,
es ist schön, dass es dich gibt.
[….]

Ach, ja apropos Mond.
Schön, ausgerechnet bei einer Mondfinsternis ZEMDSEZH (nach acht Monaten!!!). Was heißt da „schön“! Ich hab gar nicht gewusst, wohin mit meinem Glück. Das war ein echter Meilenstein in unserer Liebesgeschichte. In Deiner Vertrauenswelt! Jede Faser meines Körpers, meiner Seele, sogar meines Kopfes war sich dessen bewusst. Einer von vielen schönen Meilensteinen. Ich glaube, Du hast Dich von Dir selbst überrumpelt gefühlt. Und erstaunt. „GGMMSU“, hast Du dann schmunzelnd zu mir gesagt. Versprochen. Großes Versprechen!

Andere Welten: Letzte Woche war ich in einem riesigen Einkaufsmarkt. Unfassbar! Denke, würde man alle Regalreihen durchgehen, käme man auf 1 km, bis man zur Kassa kommen würde. Ich will die alten Tante Emma Läden zurück haben! Die Wahl der Lebensmittelgeschäfte tätige ich seit langer Zeit schon nach deren Nichtgröße. Meiner Seele zuliebe. Ich hasse es, zwischen zwanzig Zahnpastatuben entscheiden zu müssen.

e-mail an Dich: Mein Geliebter!
Wir fahren bereits heute um 22 Uhr Richtung Toskana (Empfehlung des ÖAMTC). Gehen jetzt "vorausschlafen". Ich freue mich auf Dich, und Du wirst mir fehlen. Kuss und viel Spaß bei Alex und am Tischberg - ILD
Toskana, wir kommen!

Toskana – Maremmastrand

REISETAGEBUCH **TOSKANA** - Samstag, 9. Juli - Ich denk an Dich. War noch nie mit Dir am Meer ..... stell mir Dich gerade vor ... Hab ´ne Hütte am **Toskana**strand gebaut, aus Schwemmholz, schön, wie bei Robinson Crusoe.

Sonntag, 10. Juli - Du fehlst ja jetzt schon, unglaublich schön, an Dich zu denken. Komme gerade vom Meer – Abendstimmung. Hab mich wie Eva im Meer treiben lassen. Der Mond, der Abendstern, roter Abendhimmel, lau und warm und ruhig und allein und einsam. Liebe das Einsam sein. Liebe Dich. Sehnsucht - schönes Gefühl - auch, wenn´s zieht, Du hast recht. Genieße die Toskana, meine Reisegefährten, meinen Sohn, das schöne Leben. Aber im Moment hat mein Herz Sehnsucht nach Dir, unglaublich, weiß nicht, ob ich das zwei Wochen durchstehe. Eine Woche ist o.k. Ich träume mit offenen Augen: Stell mir vor, mit Dir jetzt bei Sonnenuntergang (niemand ist sonst da) am Strand zu sitzen - engumschlungen, Nähe, Atem, Duft, Gespräche, Gedanken, Gefühle teilen, zum Universum gehörend, Verständnis gegenseitig. Nackte Haut auf nackter Haut, vom unendlichen Meer umschmeichelt, am Strand in einer Decke aneinander kuscheln und wärmen, ein gutes Glaserl Wein, Zeh-

en im Sand vergraben, Leben genießen.
Dienstag, 12. Juli - Beim Strandlauf am Morgen im Rhythmus meiner Schritte Deinen Namen gespürt, bin g-l-ü-c-k-l-i-c-h. Danke. Zärtlichkeit im Herzen, Lächeln auf den Lippen – grins. Dankbarkeit, Wertschätzung, verneige mich vor dem Großen Ganzen. Demut. Freude auf die gemeinsame Zukunft. Abendlicher Meeresbesuch, liebe die Stille, den Mond, das Meeresgemurmel, Gefühl der Unendlichkeit, eins mit allem, ein kleiner Wassertropfen im großen Ozean. Lange, lange vom Meer am Rücken liegend treiben, tragen lassen. Blicke zum Mond, mein Herz ist bei Dir, spürst du mich? Mein Herz klopft im ganzen Körper, Du spürst mich! Konzentriere mich ganz fest, mein Blick ganz intensiv auf dem Mond, alle Gefühle geballt mit jeder Faser, komm, lass Dich mich spüren. Hab weiche Knie, weiches Herz, rauche am Strand eine Zigarette, trinke mitgebrachten Wein aus einer kleinen Flasche, nehme mein Handy zur Hand, um Dir eine sms zu senden. Hab Nachricht von Dir erhalten! Herz klopft noch schneller: „Hallo, mein Schatz, liege in der Hängematte und sehe zum Mond. Spüre Dich. Mein Herz ist bei Dir, unglaublich schön", schreibst Du. Muss schlucken, bin ein bisschen nervös und überwältigt. Singe, summe. Spür dich so intensiv. ICHBINEINGLÜCKSPILZICHBINEINGLÜCKSPILZ Verantwortung - Kostbarkeit - Bewusstheit - Glücklichkeit - Vorsicht - Achtung - Zerbrechlichkeit - Verletzlichkeit - Sanftmut - Liebe - streicheln, zuhören, verstehen.

Es ist sehr, sehr schön hier. Natur, Meer, Sonne. Trip in das Unesco-Naturschutzgebiet Maremma. Sooo schön! Sonne und Müßiggang auf der Haut - tut gut. Schwefelquelle Saturnia. Sehr schön, wie Mini-Pamukkale in der Türkei. Bei der Nachhausefahrt in unser Quartier – ein niedlicher Bungalow im Föhrenhain - nach Orbetello haben wir in Montemerano einen Zwischenstopp gemacht. Wie im Mittelalter, unglaublich beeindruckende, ehrfurchtsvolle Ruhe, steile Treppen zu Wohnungen unter dem Himmel, unter den roten Dächern; Katzen, graue, dicke, rote, dürre, weiße, scheue und immer wieder Katzen. Uralte Mauern, Blumen, Efeu, Brunnen, Kopfsteinpflaster; eine Aufschrift über einer Jahrhunderte alten Doppelflügeltür. Ein Kloster – kann kein italienisch – anno 1188 ….. Ein freundlicher, einheimischer alter Mann. Was will er mir nur sagen? Deutet in Richtung einer engen, schiefen Gasse. Na gut, dann gehen wir eben hinein. Ein atemberaubender Innenhof. Stolz zeigt er uns seine hängenden Gärten von Montemerano. Diese abendliche Ruhe, leise Gespräche aus den Fenstern, Geschirrklappern, gedämpfte Stimmen, so, als hätten die Bewohner dieses mittelalterlichen, mediterranen Paradieses wie ich Ehrfurcht vor den alten Gemäuern, die so viel zu erzählen haben, die so viel von Freude, Trauer, Schmerz, Krieg, Arbeit, Tod, Geburt, Veränderung, Blut, Tränen, Lachen, Lieben, Verzeihen, Weisheit - DASLEBENEBEN - vermitteln. Zum greifen nahe - in der Luft spürend - Schweigen.

Faszinierender Sonnenuntergang über der Pinienallee, durch die wir wie unter einem Dach dahinfahren dürfen. Zypressen am Horizont, auf den typischen Toskanahügeln.
Eine Aussicht wie bei meinem Elternhaus in Österreich. Schön.

Ein Acker plötzlich nach dem anderen. Stroh, Stroh, Stroh, Traktoren soweit das Auge reicht. Über die Hügel hinauf und hinunter, zwischen den Zypressen und Pinien hindurch.
Quergedanken: keine schönen …. über oder annähernd 50 % des CO^2-Ausstoßes werden weltweit durch die Landwirtschaft verursacht …..! Mehr als beim Auto- und beim Flugzeugverkehr in Summe ….! Die Erde, unser Schatz, unsere Heimat, die Heimat unserer Kinder … Man sollte etwas unternehmen …. Es gäbe so viel Sinnvolles zu tun. Verantwortung gegenüber so Vielem.

Das Ligurische Meer ist heute ein bisschen temperamentvoll - so liebe ich es. Und auch Natalies Kinder und mein Sohn Elias. Mit der Luftmatratze paddeln wir stundenlang mit und gegen hohe Wellen, lassen uns treiben. Und paddeln wieder den größten Wellen entgegen. Anstrengend, aufregend, kräfteraubend, lebendig und so wunderschön. Sand klebt an unseren

Körpern, schöner Müßiggang. Schönes Leben.

Hinter uns die primitive, aber schattenspendende, von mir gezimmerte Hütte, die - und das freut mich - seit Samstag keiner zerstört hat. Schwemmholz, dürres Gestrüpp, dürre Äste, wunderbarer, kostenloser, umweltfreundlicher Schattenspender. Ein Schwarzer (der zwanzigste heute?) geht den italienischen Strand entlang. Er bietet Taschen zum Verkauf an. Andere verkaufen Ohrringe, Tücher, Ketten, Kleider, Seifenblasen, Kokosnüsse. Wo sie wohl alle herkommen?
Einer – Syll – kommt aus Senegal. Er steht jeden Tag am Strandweg zwischen Campingplatz und Strand. Syll ist zur einen Hälfte des Jahres in Italien und zur anderen zu Hause bei seiner Frau und fünf Töchtern und drei Söhnen, hat furchtbar schlechte Zähne und ist unglaublich nett und ruhig. Ich bin ihm heute bei meinem morgendlichen Strand- und Erkundungslauf begegnet und hab mit ihm geplaudert. Grauer, schöner, weicher Anzug, kein afrikanischer Umhang, angenehmer Duft (Armani? Hugo Boss?). Elias fragt mich, warum ich jeden Morgen mit ihm spreche. Warum? Ich muss kurz nachdenken ….. weil mich interessiert, welches Leben er führt, weil er mir einsam vorkommt und ich ihm ein wenig Menschlichkeit und Wärme vermitteln will. Interesse am Menschen, an anderen Kulturen, an seinen Familienverhältnissen, um meinen klitzekleinen Horizont zu erweitern ….. Eine Frage und so viele Antworten.

Ich war vorhin ein wenig sonnenmüde und hab ein Nickerchen probiert, aber es funktionierte nicht. Also war ich mit Elias „Wellenreiten" und Beachball spielen, hab dann mindestens hundert Maremma-Muscheln gesammelt, mit „Loch", um für Dich ein Windmobile zu basteln. Ein leicht aufkommender Wind umschmeichelt meinen heißen Körper. Ich denke an Dich, schon wieder, und an die zukünftigen gravierenden Veränderungen in meinem Leben.
Nun, mein Nachwuchs ist eher der Meinung, dass mit mir jetzt nicht mehr so gut „Kirschen essen" ist. Da haben sie wohl recht, ich bin ja auch egoistischer geworden, arbeite viel weniger, da-

für aber effizienter, genieße das Leben in vollen Zügen und bin zum ersten Mal in meinem Leben bewusst auf meine Vorteile bedacht, stelle mein ICH nicht mehr hinten an, das bedeutet für die anderen natürlich nicht unbedingt Vorteile, hmm…

Es geht mir unverschämt gut, ich hab aber noch einiges am Weg zu erledigen, zu korrigieren, zu verbessern, zu verangenehmern, zu verbequemern, Fehler auszumerzen; natürlich auch andere und nicht nur mich glücklich zu machen, aber zuerst bin jetzt mal ich an der Reihe, und DU und WIR. So oder ähnlich sprichst Du zu mir, mein Prophet.

Schmunzeln gräbt sich in mein Gesicht, zieht auf wie ein Sonnenaufgang. Geht es mir gut! Da hast Du ganz kräftig Hand angelegt, mein Lieber. Neige mein Haupt, mein Mentor, mein väterlicher Freund, mein Lehrmeister, mein Guru. Ein schlichtes danke ist da zu wenig. Du wirst Lorbeeren ernten noch und noch, versprochen. Danke.

Hätte mich beinahe verheddert. In meinem Leben.

Wir haben beide sehr viel gelernt. Gemeinsam. Einer vom anderen, aber auch unabhängig voneinander haben wir viele lehrreiche Erfahrungen gesammelt und so manch schmerzhafte Enttäuschung. Man wird ent-täuscht. Gut so. Wunden heilen, ohne zu verbittern, machen weise. Freunde sind nicht immer Freunde, manche Familienmitglieder akzeptieren einen erst, wenn ein Partner auf der Bildfläche erscheint. Und manche Familienmitglieder sind sich selbst am nächsten.

Wir haben uns vom Freizeitpartner zum Lebenspartner entpuppt, zusammendiskutiert. Manchmal sind „die Fetzen geflogen". Manchmal waren wir sanft und weise, verständnisvoll, liebevoll.

Deine Ecken und Kanten sind beinahe rund geschliffen.

Meine dummen, verletzenden Worte hat der Wind weg getragen.

9. Teil Schwarze Gedanken 24. Juli 2011

Schwarze Gedanken mit weißem Ende - 2 Uhr 29 –
Irgendetwas stimmt nicht mit mir, ganz und gar nicht. Sehnsucht nach Dir, Mondempfindlichkeit, der Teufel namens Zweifel, Ungewohntheit, weil ich bei meiner Mutter schlafe, um zu testen, ob ich hier wieder wohnen könnte. Meine Intuition will mir was sagen, aber waaaaas???

Der Teufel namens Zweifel: Warum auf einmal zweifle ich, ob Du mir treu bist? Ich hasse das! Passiert mir zum ersten Mal seit neun Monaten (so lange kennen wir uns schon!). Du hast dich seit zwei Tagen nicht mehr bei mir gemeldet. Letzte sms von Dir: „Du fehlst", am 22. Juli. Ich sende eine sms an Dich zurück: „Trostpflaster im Anhang (Foto vom abgestorbenen Maremmawasserbaum mit mir als Amazone). Und eine weitere sms an Dich am 23. Juli, um 0 Uhr 43: „Bitte einmal drücken, ganz fest". Und noch eine sms an Dich am 23. Juli: „Hab schon körperliche Schmerzen vor Sehnsucht nach Dir - KEIN SCHERZ – GAR NICHT LUSTIG!" Und eine sms an Dich am 24. Juli um 2 Uhr(!): „Entweder hast Du mich vergessen, oder...... bin ich jetzt verliebt oder hast Du es geschafft, dass ich endgültig süchtig nach Dir bin? Na, super! Du fehlst, sehr, sehr!! 10000000 Küsse".

Du bist in Wiesen auf dem Jazzfest. Ja, ja, ich weiß, hab mich im Urlaub auch tagelang nicht gemeldet, aus einem Grund aber, damit Du Deine Ruhe genießen kannst und endlich für Dein altes Leben auch wieder mal Zeit hast, Freunde, Sitar usw. ...

Vielleicht hat Dich doch eine verführt, sind ja alle hinter Dir her wie die Fliege nach dem Zucker, ha, ha. Scheiße! Diese Gitti oder wie auch immer die heißt, vielleicht hat sie Dich in Wiesen besucht und liegt jetzt bei Dir im Zelt oder Du bist zu ihr gefahren .... Dann diese Hedi, diese Christa, Manuela, Manu, Susi .... Scheiße, ich hasse mich gerade.

Andererseits: Ich fühle Dich. Und ich verstehe Dich. Ich hab Dich gelehrt, wieder zu fühlen, wieder zu lieben. Dich streicheln zu lassen, zu streicheln, Sex zuzulassen .... (auch wenn *Osho, ein indischer Philosoph, einmal von sich gegeben hat, dass jeder, der ab dem 42. Lebensjahr immer noch vorrangig Sex im Kopf hat, das Wesentliche nicht verstanden hat, ein Idiot ist ..... Wie recht er hat), Nähe zuzulassen, Vertrauen zu haben. Und ich liebe Dich, weil Du NICHT sexorientiert bist. Und Sex (ich hasse dieses Wort! Besser, viel besser fühlt es sich an, wenn ich sage: die körperliche Liebe) also, die körperliche Liebe erdet die Liebe.

Weiß, wer Du bist. Gehöre nicht zu denen, die Dich haben wollen wie eine Trophäe, bist mein Seelenpartner. Nicht zum ersten Mal. Kenne auch Deine Einstellung zu Treue und Liebe und Verantwortung, vertrau Dir doch blind, kein Thema, aber diese Frauen .... Denen traue ich nicht über den Weg. Ein Thema, das ich in diesem Leben auch noch aufarbeiten muss – unbedingt. Warum vertraue ich Männern weit, weit mehr als Frauen, warum geb ich bei Beziehungskrisen, die andere Paare haben, immer zuerst der Frau die Schuld? Will mich mit dieser Thematik im nächsten Leben bestimmt nicht mehr auseinandersetzen (zusammensetzen), will mich weiter entwickeln und nicht am Stand treten – also – auf geht´s >aufarbeiten!

Gedankensprünge .... Hab das Gefühl, als wolle mein verstorbener Vater (oder jemand anderer?) mich nicht hier bei meiner Mutter am Hof leben sehen (verrückt). Er – sie – es lässt mich nicht und nicht schlafen, gestern bis 4 Uhr morgens – kein Schlaf. Heute von 22 bis 24 Uhr kein Schlaf. Dann eineinhalb Stunden Ruhe und seit halb 2 wieder keine Nachtruhe. Mein ganzer Körper tobt, fühle mich einfach nur fix und fertig. Scheiße, scheiße, scheiße! Werd schön langsam zornig! Möchte morgen fit und ausgeschlafen sein, freu mich so auf Dich, will Dir zur Begrüßung etwas Gutes kochen. Die Gelsen sekkieren mich. Bin einfach nur schlecht drauf, oder ist der Grund der, dass ich Dich einfach nur unglaublich vermisse. .... Horche in mich hinein. Hm, es fühlt sich so an. Du fehlst mir so. Hast Du mich jetzt süchtig gemacht? Kann mir ein Leben ohne Dich nicht mehr vorstellen. Qualität bedeutet für mich: ein Leben mit DIR. Wollte nie mehr von jemandem abhängig sein, um Lebensqualität zu haben. Wenn das mit uns nicht funktionieren sollte, bleibe ich bis zu diesem Tot allein, das schwör ich mir. Interessiert mich echt nicht mehr. Du oder keiner. Pfeife auf Quantität. Nix für mich. Sendepause .....

Muss mich auf andere Gedanken bringen: Weiß nicht, ob das mit dem Umzug zu meiner Mutter eine gute Idee ist. Kommt mir zurzeit nicht so vor, will es zwar, aber mein Bauchgefühl, meine Intuition will mir etwas sagen. Und die Gelsen, die Du mir geschickt hast, mein geliebter Vater.

Hab ein wenig Schlaf gefunden. Na, schön langsam entlässt mich der liebe Mond wieder aus seinen Fängen, puh! Kann es gar nicht erwarten, Dich heute Nachmittag wieder zu sehen, das ist im Moment ganz wichtig, wie ich merke. Sobald ich in Deiner Nähe, in Deinen Armen bin, wird alles wieder gut.

IchbineinedummePute, mindestens vier Mal im Monat. Vollmond, abnehmender Mond, Neumond, zunehmender Mond. Das gibt´s ja nicht. Beobachte mich nun seit, ich weiß nicht genau, mindestens zehn Jahren bezüglich Mond. Ist so. Vergess es nur manchmal.

Also, reiß dich verdammt noch mal zusammen, Noja, du dummes Weib, besser als dir kann´s einem doch gar nicht gehen!!!

Wo sind meine Regeln, wenn ich diesen Gemütszustand hab?: nicht nachdenken, es sich gut gehen lassen, ein gutes Buch lesen oder schreiben (mein neues Hobby), gute Musik, leichte Tätigkeiten ausüben, die Gesellschaft meiner Kinder genießen, Sport machen, raus in die Natur, Sauerstoff tanken, dumme und negative Menschen und Dinge meiden, Haushalt auf Vordermann bringen, einen guten Film ansehen. Meiner Seele Nahrung geben. Mich auf Schönes konzentrieren. Mach ich jetzt. Liebe und vermisse dich. Werde jetzt mein Toskanareisebuch weiter ins Reine tippen. Eine Zigarette, oder mehrere, ein Glas Wein, oder mehrere. ..... Morgen sehe ich Dich endlich wieder.

Bin gesund, hab kluge, tolle Kinder, das mit meiner Mutter wird auch zu einer guten Lösung führen, mein zukünftiges altes, neues Zuhause wird sich auch in Wohlgefallen auflösen. Möchte ein gemeinsames Daheim mit Dir haben, bald, ist der richtige Weg für uns beide, brauche bitter notwendig endlich wieder ein kuscheliges, gemeinsames Nest, schöne Tücher, ägyptische Wandmalereien, Polster am Boden verstreut, warme Farben, rot, gelb, orange, braun, knisterndes Feuer, Räucherstäbchen, Kerzen, Kerzen, Kerzen. Werde mit Dir die Welt bereisen, dazwischen wieder nach Hause kommen, gemeinsam mit Dir; meiner Mutter noch ein schönes Leben ermöglichen, meinen Kindern Zukunftsperspektiven aufzeigen, möchte auch sie glücklich sehen, unbedingt, und Dich und mich sowieso und unbedingt!

Verzeih meine vorangegangenen Gedanken und Worte, falls Du sie irgendwann einmal lesen solltest. Bitte! Manchmal bin ich eben auch schwach und dumm. Hab unglaublichen Respekt davor, was in meinem Kopf, in meinem Körper, in meinem Geist, in meiner Seele vor sich geht, hasse Zweifel und negative Gedanken. Konfuzius hebt mahnend seinen Zeigefinger und Dionysios hängt immer wieder sein Damoklesschwert über mich ..... Phu. Deine Gedanken werden zu deinen Worten –

Deine Worte werden zu deinen Werken –
Deine Werke werden zu deinen Gewohnheiten –
Deine Gewohnheiten werden zu deinem Charakter –
Dein Charakter wird zu deinem Schicksal
(Chinesisches Sprichwort)

Ich werd auch das noch lernen! Wenn ich so konsequent werde wie Du, geht sich das vielleicht sogar schon bald aus, unbedingt!

Positive Gedanken haben nun wieder die Oberhand. - Hab mich wohl gerade wieder mal selbst am eigenen Schopf aus der Scheiße gezogen. Will dieses „S-Wort" nicht zu oft verwenden, denn sonst komm ich noch in den Verruf, den genialen *Bukowsky nachahmen zu wollen. Da würde ja den Göttern wirklich das große Kotzen kommen, ha.

10. Teil Ich lehre dich das LEBEN 25. Juli 2011

Weiter im Toskana- Reisetagebuch:
Heute Morgen, als ich alleine auf der Halbinsel Monte Argentario - im Auto mit Deiner Musik, endlich! - auf Streifzug war, fühlte ich sie wieder. Die Sehnsucht, wie sie sich an mein Herz heranpirscht. Sitze wie der Jäger, der auf das äsende Reh wartet, an der Steilküste, schaue ins azurblaue Morgenmeer und lasse sie Besitz von meinem Herzen ergreifen. Liebe dieses Gefühl, liebe es, wenn die Sehnsucht der Zug und mein Herz der Bahnhof ist - Endstation. Macht meine Zunge dick und taub, aber total belebend, prickelnd, treibt mir Tränen in die Augen, weiß nicht, schlägt das Herz schneller oder langsamer oder gar nicht mehr. Manchmal zieht die Sehnsucht auch am Herzen vorbei und streift mich nur, obwohl ich so auf die Einnistung warten würde. Auch gut, tut gut. Manchmal tut streicheln besser als der Höhepunkt. Vielleicht dann, wenn Du mein Bruder bist, mein Vater, mein Sohn, mein Freund, mein Wanderkollege. Wenn Du aber mein König, mein Geliebter bist ………
Aus! Aus! Aus! Werde heute nichts mehr über all das schreiben, bin ja da, um das HIER zu genießen, das HIERLEBEN - Schieb dich bewusst zur Seite, sorry, aber Du verstehst. Kuss.

….. Weit nach Mitternacht. Setze mich auf die Terrasse, kann wieder mal nicht schlafen, hallo, lieber, treuer Mond, du vergisst mich nie, oder? Bin ganz ehrlich, bin aufgewacht, weil ich geweint hab, ganz kurz nur hatte ich Tränen in den Augen, vermisse ich Dich? Ein schlichtes JA genügt, ist so. GLAUBLICHES Geschenk. Bin im Herzen zu Hause.
…. Und verrückt. *She's a maniac* (ha, ha), würde Gerhard Adler sagen (aus **Seelenwanderung und Wiedergeburt, Leben wir nicht nur einmal …..* KEINEWORTEKEINE. Liebe dieses Buch.

Vier Stunden später: Vorhaben wieder mal umgeschmissen:

Quergedanken: Du gibst mir Bücher mit, im Zweifel (Deinem), ob ich schon „so weit bin". Ha, Ha! Vielleicht nicht, vielleicht aber bin ich ein klein wenig beleidigt, hab solche und ähnliche Bücher bereits mit sechzehn Jahren zu lesen begonnen. Ja, ja, weiß schon, Du hast den Inhalt GELEBT, ich GELESEN. Hast ja auch recht. Zum Teil. Liebe diese Themen, bringen mich zum Nicken, Verneinen, Lachen, Überlegen. Werfen bei mir die Sehnsucht auf, mit Dir darüber zu philosophieren. Möchte von Dir lernen, Deine Meinung hören, vielleicht ab und zu widersprechen (weil ich es noch nicht verstehe oder anders sehe) und Dich so dahingehend bewege, es mir mit anderen Worten zu erklären, bis ich verstehe, ha, ha. Du siehst: ich lerne dazu.

Wieder Zuhause – und wieder einmal mitten in der Nacht …
Mein Prediger, Du hast am Donnerstag in der Wachau zu mir gesagt: „Du lehrst mich die Liebe, ich spüre deine Liebe, wie ich es noch nie empfunden habe, oder zumindest seit zwölf Jahren nicht mehr. Ich spüre, dass du mich magst, und wie. Noch nie habe ich so heiße Hände auf meiner Haut gespürt. Noch nie haben mich Berührungen so aus dem Gleichgewicht geworfen wie deine! Noch nie hat jemand so zu mir, so hinter mir gestanden. Und ich liebe dich auch" – Lippenluftkuss – „da schaust jetzt, hm! Ich weiß, ich geb´s zum ersten Mal zu. Ist so, du weißt es. ABER" (hab ich doch gewusst, dass jetzt ein ABER kommt!) **„Ich lehre dich das LEBEN**. Vertrau mir und glaub mir, ich weiß über´s Leben, du über die Liebe Bescheid".

„Du weißt", sage ich, „dass ich Dir vertraue. Nichts lieber als das, Du musst mich nur bitte manchmal daran erinnern, wenn meine Sturheit wieder Böcke schlägt. Und falls DU wieder mal „hinein kippst", kommt mein Anker. Ich erinnere Dich: Von uns beiden so vereinbart, nach Graz, Du weißt: Ich nehme Dich bei der Hand und lass NICHT los, schau Dir in die Augen und Du mir! Und sage Dir, dass ich Dich liebe, so, dass Du es auch in meinen Augen lesen wirst und Du wirst die Liebe spüren und ich lass Dich nicht los und nicht aus den Augen. Und wir gehen

NIE wieder im Streit zu Bett. Eng umschlungen kann man sich zusammenreden. Nicht ... wir haben uns stundenlang mit diesem Thema *auseinandergesetzt*. Das tun die anderen. Wir haben uns mit diesem Thema ZUSAMMENGELEGT. Schön, nicht wahr? ... Ich lehre uns die Liebe, Du lehrst mich das Leben". „Schön", sagst Du, „abgemacht".

Muss jetzt unbedingt schlafen gehen, bin endlich ganz, ganz müde, Füchse - oder sind es Rehböcke - lärmen draußen herum. Oh, es wird schon hell. 5 Uhr 11 - Guten Morgen, liebe Sonne.

Welch ein spektakulärer Sonnenaufgang!

Die Gedanken sprudeln immer noch, mein Kopf ist noch immer voll, aber nun bin ich müde und erschöpft.

Weiter im Toskana- Reisetagebuch. Ich schreibe meine handschriftlichen Notizen zu Hause nun Stück für Stück ins Reine:
Oh, hab einen Anruf in Abwesenheit von Dir. Tut mir von Herzen leid. Hatte Handy nicht bei mir .... Jetzt haben wir telefoniert, schön, dass wir uns gegenseitig vermissen.
Hab mit Elias und Natalies Zwillingen Spaghetti gekocht und dazu gab's Salat. Enormer Appetit von uns allen, hat Spaß gemacht. Bin danach wieder zum Meer baden gegangen. Sonnenuntergang. Gedanken, Empfindungen, Ehrfurcht, nicht beweisbar, aber so. Ist das nicht das Leben? Das ist das Leben. Körper und Geist wichtig, Seele am wichtigsten, Liebe – das Allerwichtigste und Schönste. Freude über die Macht dessen, was ohne „Kommunikation mit Worten" über 1.000 km Distanz möglich ist - Telepathie - Liebe - Seele – Universum – mein Seelenpartner bringt mich ganz aus dem Häuschen. Hab's doch immer gewusst und freu mich aus ganzem Herzen über dieses Glück, das erleben, spüren zu dürfen. Nicht mehr allein zu sein. Danke Gott, dem Universum, dem Schöpfer, Gautama Buddha, dem Einen, wer und wem auch immer, der Natur; .... für Dich, für dieses Geschenk. Bin erfüllt.

Sms an Dich: „Kann nicht schlafen. Herz zieht vor Sehnsucht. Toi, toi, toi für heute. Gib mir kurz Info, bitte. Zeig ihnen, wer Du bist! Meine Seele vermisst und braucht Dich. All meine positive Energie und Macht schick ich über den Mond nun zu Dir. Noja"

Mir ist jetzt nach Bhagavad Gita (Sanskrit/Hinduismus) aus „Gedanken"/Adler/She's a maniac (**Seelenwanderung und Wiedergeburt, Leben wir nicht nur einmal)* ... ist für mich ein „tut gut".
Manichäischer Psalm / Adler: [.....]

Um Deiner Geliebten willen,
bis du sie aus ihrer Mitte gewählt hattest.

Gedicht von Djalal al Din Rumi / Adler: [......]

Ich starb als Stein und wurde eine Pflanze,

Ich starb als Tier und ward ein Mensch.
Warum sollte ich mich fürchten?
Hat der Tod mich je vermindert?

Schiller's Gedicht an Laura / Adler:

Waren unsere Wesen schon verflochten?
[……] Meine Muse sah es auf der trüben
Tafel der Vergangenheit geschrieben:
Eins mit deinem Lieben.

Goethe an Frau von Stein / Adler:

[…..] Ach, du warst in abgelebten Zeiten
Meine Schwester oder meine Frau […..]

Quergedanken: Einstein, Mahatma Gandhi, Pythagoras, Homer, C. G. Jung, Platon, Tschuang Tse, Lessing, Dalai-Lama, Schoppenhauer, Sokrates, Edgar Cayce, Freud, Gautama Buddha, Kant, Schiller, Heine, Goethe, Jesus, Hauptmann, Hesse, Albert Schweizer ….. und und und. Und so weiter ……

Ich liebe die Männer, wirklich, aber wo sind die Frauen? O. k, Marie Curie, Maria Magdalena, Evita Peron, Emilie Schindler, Mutter Theresia, Anne Frank, Indira Gandhi, Hl. Maria …. und aus! Mir fallen x-mal mehr Männer als Frauen ein - das liegt doch nicht an mir, oder?

Muss mich mehr mit diesem Thema beschäftigen, möchte. Keiner der aufgezählten Männer wird tatsächlich sozusagen als Begleiterscheinung zu (s)einer Frau in Verbindung gebracht. Jede der aufgezählten Frauen wird mit einem Mann in Verbindung gebracht, außer Anne Frank, die ja auch noch zu jung war ….. O. k., auch mit Mutter Theresia ist meines Wissens (das ja sehr beschränkt ist) kein Mann in Verbindung zu bringen. Diese fliegenden, noch nicht mal halb ausgegorenen Gedanken.

Werde mich informieren. Irgendwann. Gibt es nicht mehr an weiblichen Berühmtheiten, Weltveränderinnen, Ärztinnen, Verbesserinnen, Forscherinnen, Philosophinnen? Oder doch? Geschichte erforschen! Und, wenn nein, warum nicht? Mir ist alles recht, würde nur gerne wissen, ob und warum.

Eva aus der Rippe Adams – vielleicht doch was Wahres daran? Doch? Hat (hatte) Gott wirklich keine Frau an seiner Seite? Jesus hatte (inoffiziell, oder von der Kirche irgendwann gelöscht). Hat (hatte) Buddha wirklich keine Frau an seiner Seite? Alles und alle androgyn. Bestimmt.

Ich bin,
ich weiß nicht, wer.
Ich komme,
ich weiß nicht, woher.
Ich gehe,
ich weiß nicht, wohin.
Mich wundert, dass ich so fröhlich bin.

Wenn ich wüsste, wer ich bin.
Wenn ich ging und wüsste wohin.
Wenn ich käm und wüsste woher.
Ob ich dann wohl traurig wär?
*Hans Thoma

4 Uhr 57….. Zeit, schlafen zu gehen. Morgen wieder Maremmastrand, freu mich. Schön ist es hier.
Und in zwei Tagen sehe ich dich wieder, freu mich, ja, ja, ja.

Wieder zu Hause – schnell letzte Gedanken, solange noch frisch und im Gedächtnis, niederschreiben: Wildschweine am Maremma Strand! War das herrlich. Sie hatten unseren Jausenproviant durchstöbert und sich von uns füttern lassen, bevor sie wieder im Wald verschwunden waren. Mama, Papa und Kind. Wir haben am Nachhauseweg Pisa besichtigt – eh nett, der schiefe Turm, sicher auch Kraftplatz, aber nicht zu vergleichen mit Natur pur ohne Menschenmassen, so wie der Maremmastrand in der Toskana - herrlich! Nicht meines, diese Massenbesichtigungsmonsterattraktionen …. gibt mir keine Energie. Beraubt mich.

Freitagnacht - sms von Dir: „Freu mich schon auf dich, deine Berührungen, deine Nähe…" (hab ich, kurz bevor ich mein Handy - beim Versuch, die Kinder beim „Wellenreiten" auf der Luftmatratze zu filmen - im Meer versenkt habe, ich G´scheite, erhalten.)

Sonntagmorgen 8 Uhr. Wieder daheim. Sms von Dir an mich: „Hallo, bist du schon für mich da?" Hör ich da Sehnsucht heraus? Ja! Wie schön! Unglaublichkeit!

Quergedanken/Klappe, die achtzigste?: Vor langer, langer Zeit …... Wir wollen in die Wachau fahren. Du fragst mich, ob Du fahren sollst. Mit meinem BMW. Ich halte Dir den Schlüssel hin mit den Begleitworten: „Sag BITTE". Darauf Du: „Wenn das so ist, dann vergiss es". …. Ich dachte damals, was bildet der sich ein, jetzt beleidigt zu sein. Ich fahr ein super Auto, er hat gar keines bzw. eine alte Schüssel von seinem Freund, ist in Privatkonkurs, hatte ein Jahr nicht mal einen Führerschein als Draufgabe – wegen eines dummen, dummen Missgeschickes, und trotzdem - lebt in Miete, ich Tolle hab mir im Vorjahr ein Haus gekauft, ha. Ich arbeite wie eine Wilde. Er nur, wenn es ihn freut, ha. Ich verdiene regelmäßig super Kohle, ha, er nur sporadisch … Nach neun Monaten …. Oh, ist mir dieses „Bitte" heute peinlich, peinlich, peinlich! War ich wirklich so ein Trampel??? Und: Mein Super-BMW: ist nicht meiner, Leasing und schweineteuer, mit den Kosten eines einzigen Monats könnte ich einer ganzen Familie in Afrika ein Jahr lang (!) die Nahrung finanzieren – ich schäme mich! Mein eigenes Haus: damit hab ich mich für fünfundzwanzig Jahre wunderbar gekettet, und zwar an die Bank, und als Draufgabe meine Mutter im Stich gelassen, und mit diesen monatlichen Kosten könnte ich wohl wiederum eine fünfköpfige Familie in Afrika ein Jahr lang (!) leben lassen bzw. mit Dir mir endlich die ganze Welt ansehen – ich schäme mich! Oder meine Kinder beim Studium finanziell unterstützen…. was soll ich sagen, außer: ÄNDERN! ÄNDERN! ÄNDERN! Wieder in den Spiegel sehen können. Und LEEEEEEBEN! Bretter vom Gesicht nehmen!

Hab mich gestern mit der Biographie von Albert Schweizer beschäftigt. Albert Schweizer sagt: EHRFURCHT vor dem Leben! Hab mir heute wiedermal *Home* angesehen, von Yann Arthus-Bertrand ….

DU, mein Meister, sagst: „Leben ist das Ziel. Die Kleinigkeiten machen es aus. Dem Gemüse beim Wachsen zusehen. Die Familie! Auf alles achten, jeden Menschen, jedes Wort, jede Geste. Schau mal, wie wir im Überfluss leben, schau dir die unglaubliche Auswahl in den Geschäften an! Als ich im März nach vier Wochen aus Brasilien zurück gekommen war, bin ich aus dem Staunen nicht mehr rausgekommen. Und aus dem Kopfschütteln. Kannst du dich erinnern? Wir haben alles, alles, alles, was wir uns nur wünschen können, im Überfluss!

Und ich beobachte dich, du bist so genügsam, brauchst keinen Luxus, keine Kleidung, keinen Nerz, kein Schicki-Micki-Essen. Bist so glücklich, wenn wir in die Natur gehen und zelten, begnügst dich mit Brot, Eiern, altem Käse, einem Apfel. Du brauchst nichts, bist so bescheiden. Und du gönnst dir aber auch gar nichts. Gibst nur ein Vermögen für ein altes Haus aus, zahlst ein Vermögen für einen BMW, der nicht mal dir gehört usw. usw. Machst dir Gedanken, welchen Parkettboden du in dieses alte Haus reinlegen willst, kannst du dich erinnern?

Du musst reduzieren, aber gewaltig. Du musst nicht mehr so viel arbeiten, aber du musst es dir gut gehen lassen. Und somit auch mir, ja. Ich möchte dir das Leben zeigen, die Welt da draußen. Gönne dir etwas für DICH! Nicht für ein Haus, nicht für ein Auto! Für DICH! Und ich lasse auch nicht zu, dass es meiner Freundin nicht gut geht, lasse nicht zu, dass sie sich - von wem auch immer - ausnützen, benützen, verarschen lässt! Schau mich nicht so streng an! […]

Was, diese alte Hexe will die Bettwäsche, die sie dir vor Jahren geschenkt hat, wieder zurück haben, einfach so, weil diese Farbe besser zu ihren Vorhängen passen würde, und sie gibt dir dafür irgend eine türkisfarbige, eine, die dir nicht gefällt? Und dies aber ist dein liebstes Bettwäschestück? **AM ARSCH LECKEN!**

Du gibst sie NICHT zurück und basta! Lass dir nichts gefallen, denk zuerst mal an DICH! Die sind doch alle nicht dicht! Alles Egoisten. Denk doch mal an DEINEN Vorteil .....!" Hab Deinen Rat befolgt, hab jetzt meine Lieblingsbettwäsche behalten und obendrein noch eine bekommen. Interessant. Danke, danke! Wieder gelernt.
„Was, du willst bei der Neugründung dieser GesmbH nicht dabei sein? **AM ARSCH LECKEN !** Sag´s ihnen. Interessiert dich nicht, ist dir zu viel Risiko, zu viel Zeitaufwand, nervt dich und aus! Ist für dich nicht lukrativ, nicht relevant!" Hab Deinen Rat befolgt, bin keine Gesellschafterin mit beschränkter (ha) Haftung geworden, geht mir super, mit fällt ein Stein vom Herzen. Interessant. Danke, danke! Wieder gelernt.
„Was, der will von dir die Seminarkosten, welches du aber gar nicht besucht hast? **AM ARSCH LECKEN !** Nicht zahlen! Ist dein Geld, was bilden die sich alle ein, geht wieder nur auf deine Kosten!" Hab Deinen Rat befolgt, Kosten gespart. Interessant. Danke, danke! Wieder gelernt.
„Was, du sollst schon wieder nach Salzburg auf eine Schulung fahren. 300 km auf deine Kosten? Übernachtung und Verpflegung ebenfalls? Und du siehst keinen Sinn darin? Du empfindest das als eine Schikane? Bleib daheim. Was, ... und wenn er anruft? Dein Chef? Dann hebst du einfach nicht ab. **AM ARSCH LECKEN!"** Hab Deinen Rat befolgt, enorme Kosten gespart. Und zwei Tage meines Lebens gerettet. Interessant. Danke, danke! Wieder gelernt.

Achtung Kitsch: Wir kuscheln und kuscheln und kuscheln. Dabei durfte ich Dich zu Beginn nicht mal berühren. Deine Wandlung ist gewaltig, Du bist ja ein richtiger Kuschelbär geworden, ist sooo schön, tut soooo gut. Bist ja schon so anschmiegsam wie Marcinho. Ist unglaublich schön und gut mit uns beiden. Kann aber nicht süchtig machen, nicht wahr?! Ich frage Dich, wie so ein Gefühl, so eine Sehnsucht nach Körperkontakt und Nähe entsteht, wo das herkommt, wie das zustande kommt, wie Du

Dir das erklärst. Du sagst: „Das ist eine Kombination aus Verstand und Seele." Ich frage zurück: „Wie kann das mit Verstand zu tun haben???" Du antwortest: „Das ist nun mal meine Interpretation."
„Du hast immer noch den Kopf, das Hirn ein wenig dabei. Ich weiß, ich kenne Dich und Deine Geschichte ja schon ein wenig. Vielleicht meinst Du Geist und Seele, vielleicht meinst Du Körper, Geist und Seele?" erwidere ich.
„Nein! Ich meine es genauso, wie ich es sage. Eine Kombination aus Verstand und Seele." Du bleibst dabei. O.k.
Wir lieben und lieben und lieben uns. Das ist auch wichtig. Hm.

Horch mir zum dritten Mal in Folge *Perfekt day* von Lou Reed & David Bowie an. Bin in Gedanken ….. Seelenliebe …
Dabei durfte ich Dich zu Beginn nicht mal berühren …. So hab ich´s vorhin geschrieben. Ja, so war es. Oder sich in der Öffentlichkeit beim Spazierengehen an den Händen halten. Nie!

Das Universum ist die Mutter von allem – so verspür ich es.

Du bist in Brasilien dahinter gekommen, dass Du nicht mehr alleine sein willst, dass Du mich vermisst hast, dass Du oft – eigentlich fast immer - an mich gedacht hast. Dass es zu zweit viel schöner ist, dass es schön ist, wenn jemand auf Dich wartet, dass es schön ist, wenn Du auf jemanden warten kannst und Dich darauf freust, dass das Kochen und das Essen, das Fernsehen, das Wandern und Rad fahren und Zelten und zu Bett gehen usw. usw. zu zweit viel schöner ist. - Soso.

Willkommen in der Liebe, meine Arme sind weit ausgebreitet.

Worte von Dir an mich irgendwann diese Woche – gestern? Mir kommt schön langsam alles durcheinander!:
„Mein **Geheimnis der Schatulle**: Erzähle niemandem, wer du bist, was du liest, worüber du dir Gedanken machst, welche unsere Gesprächsthemen sind, was du denkst usw! Beleidigt dich jemand, sei einfach still, schau deinem Gegenüber nur in die Augen. Das genügt. Lass sie durch deine Blicke spüren, wer du bist. Stille ist Magie; ein wissender Blick sagt mehr als tausend Worte." (.....hab die Büchse der Pandora vor Augen....). Ok. Ok.

Schön, wenn Du sagst: „Sag deiner Mutter, dass es das in meiner Religion nicht gibt, dass die Kinder die Mutter im Stich lassen. Ich mag keine Frau zur Freundin haben, die ihre Mutter alleine lässt. Deine Mutter kann noch mindestens 20 Jahre schön und glücklich leben, sie soll nicht vom „Sterbenwollen" reden, wenn der Tot für mich auch nicht so negativ behaftet ist wie vielleicht für sie; sie soll nicht vom Altersheim reden! Das wichtigste im Leben ist die Familie. Wer, wenn nicht die Familie, soll denn sonst füreinander da sein?!
Ihr könntet gegenseitig aufeinander aufpassen. Egal, ob da, wo sie jetzt wohnt, dann zieh zu ihr, ich helfe dir, alles so toll herzurichten, dass du dich dort wohl fühlst. Egal, sucht euch wo ein nettes Haus in Einzellage, baut euch eines nach euren Plänen, wie auch immer." - Ich will DICH dabei haben, denke ich.
„[....] Gib deiner Mutter neue Perspektiven, erzähle ihr die Geschichte von Gery und seiner Mutter, gib ihr ein neues Lebensziel, lass sie spüren, dass sie nicht mehr allein sein muss. Das wird sie dir, nach allem, was zwischen euch vorgefallen ist, nicht abnehmen. Dann sag ihr eben, dass ich dich auf diese Idee gebracht habe. Ist ja auch so. Deine Mutter hat unglaublichen Kummer, unglaubliches Leid. Ich spüre es so sehr, dass ich vorhin beinahe selbst hab weinen müssen, als wir bei ihr oben waren .... Und du hörst schon auf mich! Als du – beleidigt

durch ihre Worte - die Küche verlassen wolltest und ich dich abgefangen und an mich gedrückt hab, pssss ..... beruhige dich, schschsch ...... hast du dich nicht gewehrt, hast du dich von mir beruhigen lassen. Ja! Es wird, es wird, du meine Einzige!" (So hast Du mich nun in Deinem Handy eingespeichert. Ich freue mich sehr darüber!)

..... Bist unser Familienzusammenführungsengel im schwarzen Tuch, du Schönster aller Schönen.

Kurz vor Mitternacht und ich kann einfach nicht einschlafen. Komm sofort zu mir und nimm mich in Deine Arme! So wie Dienstag und Mittwoch. Tut so gut. Gestern hab ich fünf Stunden auf den Schlaf gewartet, Du fehlst mir! Das ist ja lächerlich, manchmal vermisse ich Dich gar nicht, wirklich nicht. Es gibt so viel Interessantes zu tun, Familie, Garten, Sport, lesen, Arbeit, Haushalt. Und ...... Jetzt vermiss ich Dich aber!

Nächste Gedankenschublade ausleeren: Hasse es, mit der Vergangenheit, mit der nicht schönen, konfrontiert zu werden, hasse es, wenn man mich für „nicht gut" ansieht. Hat mir gestern so viel Kraft gekostet, dass ich um 18 Uhr zu Bett gegangen bin – mitten im Hochsommer - völlig geschwächt - Mutti bringt mich immer wieder aus der Fassung - und trotzdem bis 23 Uhr nicht schlafen konnte, aber auch, weil mir Deine Nähe so gefehlt hat. Kalt. So kalt war mir.

Hab vorhin in meiner Handtasche eine Notiz gefunden. Irgendwann hattest Du einen beruflichen Termin. Dabei ist mir folgendes aufgefallen, hab's so notiert: Du bist einer, der nicht manipuliert, der niemandem etwas einredet, aber Du schaffst es, auf unglaublich sanfte Art und Weise, dass jeder rot für blau sieht, wenn Du das so möchtest. Du bist ein Stilgeber.
Ich würde Dir zum Beispiel zutrauen, dass Du 5.000 Volksmusik - Fans einen Reggae vorspielst, mit den Worten, dies sei eine Wahnsinnsmusik. Dass Du zu tanzen und zu klatschen beginnen und mit Deiner Begeisterung somit die gesamte Menge anstecken würdest. Und alle Volksmusikanhänger würden tanzen und klatschen und begeistert sein. Hm, das gibt zu

denken…
Quergedanken: Das Thema Musik/Vergangenheit …. Du bist sehr streng. ABER, Du hast recht. Du bist so genau, so exakt, kein Kompromiss ….. Keine Lieder mit dummen, deprimierenden, suizidalen, negativen Worten. Weg damit! Ok. Ich hab´s verstanden. Achte auf jede Kleinigkeit! Ok. Ich hab´s verstanden!
Gesagt ist gehört. Gehört ist verstanden. Verstanden ist einverstanden ….. Botschaft angekommen.
1, Wie RESET = Vergangenheit löschen
2, Wie GRAZ (Deine Worte: „Gehe NIE davon aus, dass, wenn ich etwas sage und du das negativ aufnimmst, dass das auch von mir negativ gemeint war oder ist! NIE! NIE! NIE! Ist NUR in deinem Kopf negativ – weil du GLAUBST, dass […..]")
3, Wie STAUBWEDEL („Achte auf jedes deiner Worte, du könntest jemanden sehr verletzen!")
Schublade namens „Kopfwäsche" zu, Schublade namens „Ich versteh nur Bahnhof" auf:
Waaaaas, bitte sehr, hast Du gesagt, als wir letzten Donnerstag an der Donau gesessen haben? „So bin ich auch geflogen", mit dem Blick auf eine Krähe oder einen Raben oder was war´s - ???

An der Donau

.... Und warum lachst Du mich aus, wenn ich Dich nach DEINEM Sinn des Lebens frage? Ok, leben, alles genießen, Familie, aufstehen, essen, kochen, arbeiten, Freunde, wandern usw. Hast Du mir schon einige Male erklärt. Aber was noch? Ok, Du hast mich das Leben zu leben GELERNT.

Obwohl ich bis dato der Meinung war, mich mittlerweile super entpuppt zu haben – schon BEVOR ich Dich kennen gelernt hatte, ha!

Gut, jetzt bin ich dabei, mein Leben so richtig einzurichten, um so richtig gut zu leben. Mit Deiner Hilfe, ich armes Hascherl, ich. Merci aber auch.

ABER, Dein Sinn, ja, gut leben, glücklich und zufrieden sein, genießen, mit Partner nun – neu für Dich – der jetzt „zu zweit", kein Spinner, kein Sonderling mehr ist – scheint's. Aber in Dir brodelt es. Ich spür's, nicht Ungeduld, eher auf der Lauer, eher bewusst lauschend, den richtigen Moment, die richtige Idee, DAS RICHTIGE abwartend. Ich glaub Dir das nicht so ganz, Dein „einfach nur gut leben".

Du sagst manchmal: „Ich warte nur darauf, bis du so weit bist. Ich warte auf dich. Ich brauch dich dazu". - WOZU???

Wie oft hast Du schon gelebt? Wie viel weißt Du (... mehr als ich? JAAA?)?
Wer warst Du???
Wer bist Du???

Ich bin,
Ich weiß nicht, wer.
Ich komme,
Ich weiß nicht, woher.
Ich gehe,
Ich weiß nicht, wohin.
Mich wundert, dass ich so fröhlich bin .....

13. Teil Das Wesentliche 4. bis 7. August 2011

4. August 2011 - Jetzt wird's ernst. Ich verkaufe oder vermiete mein Haus, das ich mit solchem Stolz erst vor einem Jahr ganz alleine gekauft hab. Du hast mich zu der Einsicht gebracht, dass das Leben nur lebenswert ist, wenn man für die wesentlichen Dinge im Leben Zeit hat. Du hast mich mit Deiner Lebensweise, mit Deinen Worten das Richtige für mich gelehrt. Nicht, dass ich mich von Dir manipulieren hab lassen. Das hab ich jetzt monatelang für mich selbst versucht, heraus zu finden. Nein, es ist meine reine, ehrliche, stimmige Entscheidung. - Nicht, dass ich schon wieder eine Entscheidung treffe, weil es die Meinung eines anderen ist. Weil ich ja andauernd auf andere gehört hab, wie Mutti so schön sagt. Weil ich das ja mir gegenüber auch offen eingestanden hab. - Nein, diesmal: weil ICH es so will!!! Weil es sich gut anfühlt! Befreiendes Gefühl, meine Fixkosten um das x- fache zu minimieren, geringere finanzielle Verpflichtungen. Ein guter Schritt.
Mag auch nicht mehr alleine leben, schlafen gehen, wandern, kochen usw. ... Ist auch nicht mehr wichtig für mich, dieses Haus. Mag jetzt nicht darüber schreiben. Vielleicht später einmal, aber, wie gesagt, jetzt ist nicht der richtige Moment.

Carpe diem: Hab Mutti wegen eines Arztbesuches nach Linz gefahren. Früher hätte ich die Wartezeit mit Kundenterminen verbracht. Heute sitze ich auf einem Parkbankerl hoch über Linz und genieße es, meine Gedanken nieder zu schreiben:
Vor sechs Stunden noch waren wir gemeinsam bei Maria auf der Alm. Sie hütet dort für vier Monate 208 Stück Vieh auf 660 ha Weideland. Wie sich die Welt da oben reduziert, reduziert auf das wesentliche! Täglich fünf bis acht Stunden nichts anderes – was sehr viel ist - als die Weide abzugehen, um alle 208 Rinder zu orten und zu zählen. Mit einer „Maulgabe" zu füttern, um sie an die Menschen zu gewöhnen, sie handzahm, vertraut zu machen. Und täglich, bei jedem Wetter viele, viele Stunden allein in der unberührten Natur. Nur ab und zu mit den

Tieren reden. Und hin und wieder Wanderer bekochen, sie mit Essen und Trinken versorgen. Ihnen ab und zu ein Nachtquartier bereiten. Die Hühner füttern und die Ziegen und auch den bösen Ziegenbock und die Hasen. Sich an der stillen Natur, an den Bergen, an der Sonne, am Regen, am Nebel, am Vogelgezwitscher erfreuen. Simpel. Unterm Dach liegen und dem Regentropfengetrommel lauschen. Gustav, dem stolzen Hahn, der wirklich frühmorgens den Tag ankündigt, nicht böse sein. Staunend das Schneetreiben mitten im Sommer bewundern. Wenn der letzte Wanderer satt und müde die Hütte verlassen hat, sich in die Hängematte legen und zu den Sternen aufschauen, so lan-

ge, bis einem schwindlig wird, so lange, bis man selbst im Universum versinkt, mit dem Firmament verschmilzt. Die Milchstraße verfolgend, immer leichter werdend. Mit Dir an meiner Seite. Das Leben ist schön.
Es geht, wenn man die Tiere betrachtet, um nicht viel: fressen, schlafen, widerkauen, Fell putzen, einfach leben, gebären, Schatten, Sonne suchen, Unterschlupf vor dem Regen, dem Schnee oder Sturm finden. Einfach überleben. Und doch so viel.

Kuhmama mit neugeborenem Kalb

Wieder unten im Tal, in der Zivilisation, Radio im Auto einschalten, was hören wir? Die Nachrichten, ah ja, Mord, Brutalität, neue Gesetze. Mir wird einfach übel, am liebsten würde ich das Auto wieder wenden und rauf auf den Berg, zu den Kühen, in die stille Natur, herumwandern und mich einfach über all die Dinge erfreuen, die ich zu sehen bekomme, mit Dir wieder da oben eintauchen. Einzig der Gedanke an meine Kinder lässt mich den eingeschlagenen Weg fortfahren. Und auch die Freude darauf, mein Leben endlich in meine ehrliche Wahrheit umzudrehen. Das Haus zusammen räumen und verkaufen oder vermieten. Das Leben zusammen räumen. Und Arbeit reduzieren – mach ich sowieso schon seit Monaten - den Weg ebnen für unsere gemeinsame Zukunft. Auf der Suche nach mir. Prioritäten setzen.
Wir hatten eine unglaublich schöne Nacht da oben. Wir haben auch, als wir mit Maria die morgendliche „Halterrunde“ mitmarschiert sind, genau das entdeckt, wonach uns im Moment ist. Eine Hütte für uns alleine, weit, weit abseits jeglicher Zivilisation, ohne Strom, ohne Heizung, ohne Wasserleitung, aber mit

einem Brunnen, uralt, aus Steinen gebaut. Rundherum nichts als Almwiesen, Kühe, Ochsen, Kälber, Steine, Kräuter, Blumen, Bäume. Wir dürfen die Hütte für einige Tage - nur wir beide - im Herbst benützen.

Dieser Gedanke „Eine Hütte für mich allein“ kommt eigentlich von *1, Eva Maria Sophia, einer ganz, ganz lieben Freundin, einer Fee, einer junggebliebenen Weisen.
Eines Tages beim Strömen (Lehre über die Selbstheilung aus dem Tibetischen: Rangdröl) fragte ich sie danach, was sie eigentlich auf diesen, ihren Weg gebracht hatte. Und dann erzählte sie mir von einem Buch mit dem Titel „*2, *Eine Hütte für mich allein* von Joan Barfoot. ..... Dass dieses Buch ihr Leben gravierend verändert hätte, dass diese Zeilen der erste Hinweis für IHRE Wahrheit waren. Also machte ich mich auf die Suche danach, um ihr eine Freude zu machen, um es ihr einfach zu schenken, da sie es vor über zwanzig Jahren verloren hatte.

Das Buch wurde mir ins Haus geliefert und ich las es. Ich las es ein zweites Mal. Und ich las es ein drittes Mal. Ich bin erschüttert, weil ich mich so damit identifizieren kann. Ist das auch Teil MEINER Wahrheit? Muss es unbedingt heraus finden. Nur umgewandelt – Eine Hütte für UNS allein. Mal vorsichtig herantasten. Fürs erste einmal drei bis vier Tage. Beim nächsten Mal mindestens eine Woche usw. So ist zumindest mein derzeitiger Plan, mit Dir.

Manchmal wird mir etwas schwindlig, wenn Gedanken, Intuitionen plötzlich mein Hirn, mein Herz queren, gänzlich unvorbereitet, solche, die mir Angst oder Unsicherheit einflößen. Was wollt ihr von mir, ich bin der glücklichste Mensch auf Erden, ich habe meinen Seelenpartner gefunden. Ich will ihn und er will mich. Wir wollen unser Leben gemeinsam leben. Hab mich ein Leben lang danach gesehnt, hab nicht wirklich mehr daran geglaubt, aber nun ist es soweit. Nichts kann mir mehr was anhaben, denn nun bin ich zum ersten Mal in meinem

Leben wirklich nicht mehr allein, nicht mehr einsam, werde verstanden. Ich fühle mich nicht mehr wie ein Relikt aus vergangenen Tagen, zur falschen Zeit am falschen Ort. Frage mich nicht mehr, ob ich vielleicht nicht ganz richtig ticke, hab ja nun ein Gegenstück zu mir …... Was wollt ihr von mir? Ich werde alles meistern und richtig machen, ja.

5. August 2011 - So, hab mein Bett in meinem geliebten Haus abgebaut, am Bauernhof wieder aufgestellt und liege nun darin, Kerzen, Räucherstäbchen, meine neuen afrikanischen Tücher, die ich vom Senegalesen in der Toskana erworben hab, hängen nun im Bauernhaus, ja, eine Ironie. Fühl mich vorerst gut. Schön.
Ich hab Dir gestern und heute einige Male gesagt, dass ich Dich liebe und Du hast es ebenfalls erwidert.
Hatte ein wenig Panik, weil Du in letzter Zeit einige Male den Gedanken laut ausgesprochen hast bezüglich des Zusammenziehens, und ich wohl auch. Möchte nichts falsch machen, bist mir zu kostbar. Wünsche mir nichts sehnlicher, aber wir werden uns nach gemeinsamem Entschluss noch Zeit damit lassen.

Hat mich gestern auch geschleudert….. Ist die Entscheidung mit dem Haus die richtige? Und bin ich mit Dir am richtigen Weg? Kann ich mir ein Leben, so wie Du es lebst, vorstellen? Abgesehen vom Wichtigsten in meinem Leben, meinen geliebten drei Kindern war ich bis jetzt wirklich ein Workaholic, die Arbeit und das Haus waren meine Ziele, nun, diese Ziele sind passee.

Du sagst: „Vertrau mir, mach Dir keine Gedanken, das sind alles nur weltliche Gedanken. Das, worum es wirklich geht, kommt erst, wenn Du alles bereinigt hast, glaub mir, dann kommt **das Wesentliche** für uns. Dann zeig ich Dir ein wenig von meiner Spiritualität, aber noch ist es zu früh. Hab auch noch nie Hypnose bei Dir angewandt. Das ist mein Gelübde. Es ist unglaublich wichtig, dass Du alles aus eigener Kraft, mit eigenem Willen entscheidest und durchführst. Und erinnere Dich endlich! So wie Du beim ersten Kennenlernen auf mich gewirkt hast, so bist Du, DIE bist Du und das will ich wieder sehen, dann gehen wir gemeinsam einen Schritt weiter, aber nicht früher. Wir sind ja schon unglaublich weit, Du lernst sehr schnell, das hab ich noch nie bei jemandem erlebt. Ich bin überzeugt, dass dieses Lernen nur deshalb so schnell funktioniert, weil Du das alles bereits in Dir hast, nur tief vergraben".

Was meinst Du mit *das WESENtliche*??? Und ich hab manchmal ein schlechtes Gewissen. Bring ich Dich durch unsere gemeinsame Zuneigung von Deinem Weg, Deinem Ziel, Deinen Vorhaben, Deinen Gaben ab?

„Nein", sagst Du. „Ich weiß manches selber noch nicht genau. Vielleicht bist du mein Ziel, meine Mission", spekulierst Du. „Vielleicht aber ist mein Ziel auch nur durch dich und mit dir erreichbar."

Was redest Du da? Ich verstehe nur Bahnhof. Kannst Du mir das, worum es Dir wirklich geht, vielleicht aufschreiben? .... Das würde mich wohl auch nicht schlauer machen. Zumindest aber hätte ich dann wenigstens Hieroglyphen zum Entziffern, ha, ha.

.... Auf jeden Fall möchtest Du im Winter ein bis zwei Monate mit mir in Spanien verbringen. Auf jeden Fall kaufen wir demnächst einen Campingbus und fahren durch unser schönes Land. Auf jeden Fall sind wir Sonderlinge und lieben die Zweisamkeit – Alleinsein zum Quadrat ..... Auf jeden Fall müssen wir unbedingt nach Ägypten reisen, denke mal, du kommst von dort, vielleicht ..... Auf jeden Fall werden wir zwei irgendwann einmal in einer einsamen Hütte leben, aber vielleicht auch auf einem Bauernhof mit Tieren. .... Auf jeden Fall werden wir einmal gemeinsam einen Gemüsegarten anlegen, vielleicht auch gemeinsam am Morgen die Hühnereier einsammeln? – Wiederhole ich meine Gedanken nicht immer wieder?

Kann mir ein Leben nur mehr mit Dir vorstellen. Vielleicht ist eine glückliche, behutsame Zweisamkeit unser großes Ziel auf

Erden, vielleicht ist das aber erst die Basis all dessen, was an Großartigem noch auf uns wartet. Weiß nur eines, will noch Großes bewerkstelligen, will meine Person nicht immer so wichtig nehmen, will etwas bewegen, verbessern, aber was?
Und auf jeden Fall binichnichtdicht, das ist ganz sicher und Du - verzeih - auch nicht.
Im Hintergrund hab ich Lisa Gerrard – „The host of seraphim" laufen, eine unglaubliche Stimme.

6. August 2011 - Früh morgens, ja, ja, Schicksal einer Verrückten? Oder Wechsel, ha, ha. Oder Nichterwünschtsein hier.

Ah! Da fällt mir ein: Zu *Staubwedel* und *schwarze Lieder* und *Graz* kommt ein weiteres Wort hinzu, nämlich *Rucksack*. (Mein Computer hat dummerweise auf Nimmerwiedersehen meine drei oben genannten Eintragungen verschluckt. Oder versteckt. Hungriger Idiot. Und weg sind sie. Wer weiß, wozu das wieder gut ist! Aber im Kopf, da hab ich sie noch. Das kann mir keiner nehmen.) Und die Rucksack-Geschichte: Wir packen für die Alm und du sagst zu mir:

„Ich hab mir das so vorgestellt, dass du den kleinen, leichten Rucksack trägst, in welchen wir das Essen einpacken. Und ich nehm den großen, in den wir das Trinken, die Schlafsäcke und unser Gewand hinein packen. Ist das so in Ordnung für dich?"
Ich erwidere, dass ich ja nicht aus Zucker bin und wir zu zwei gleichen Teilen das Gepäck tragen können, und dass ich es außerdem gewohnt bin, mein Gepäck allein zu tragen und dass ich es NICHT gewohnt bin, dass mir jemand etwas abnimmt.

Nun, ein Blick von Dir spricht tausend Bände. Gut. Während des Packens fällt mir ein, dass ich noch eine Reservehose und einen Reservepullover einzupacken vergessen hab. Also stopfe ich diese beiden Kleidungsstücke in meinen Rucksack, zusammen mit den Lebensmitteln. Du siehst das und fragst nach meinem Beweggrund. Nun, ich geb noch mal die vorangegebenen Argumente wider. Wortlos nimmst du meinen Rucksack und leerst ihn aus.

Meine Begleitfrage: „Warum tust du das?" Mir wird heiß und gleichzeitig kalt, hab das Gefühl, das Blut gefriert mir in den Adern und stockt im Hinterkopf. Hab ein richtiges deja vu. Die Vergangenheit holt mich wieder ein, ich sehe Stücke durch die Luft fliegen und gleich darauf mich, sehe ungebändigten Zorn.

„Mach das nie wieder!" gebe ich von mir, bevor ich mich umdrehe und nach draußen flüchte. Bin wie gelähmt und mir ist nach heulen. Scheiße, denke ich, was ist denn in Dich gefahren? Minutenlanges Schweigen folgt.

Dann reden wir. Du sagst: „Wieder mal hat dich deine Vergangenheit eingeholt ..." Stimmt.

Du sagst: „Wieder mal hat dein ICH HAB GEGLAUBT – diesmal, dass ich zornig bin – dich zu einer falschen Schlussfolgerung verleitet!" Stimmt. Du demonstrierst mir, wie es aussieht, wenn du wirklich zornig bist und leerst Deinen 50 l Rucksack mit einem Ruck aus. Alles liegt über den Boden verteilt, Deine Augen schlagen schwarze Blitze. Oh, oh!

„Siehst du nun den Unterschied zwischen Zorn und Nichtzorn?"

- Bin noch immer wie gelähmt, aber ich sehe nun den Unterschied. Ok. Muss trotzdem noch mal widersprechen und kann mit Deinen Worten von wegen, gemeinsamer Packplan – ha - nichts anfangen. Eher mit Verweigerung des Gehorsams, fühl mich behandelt wie ein kleines, dummes, unwissendes Kind. Immerhin hab ich bis jetzt ja auch jeden Berg allein gut bewältigt. Ohne Deines Packplans! Also, ICH war schon am Großglockner! Über den Stüdlgrat, ha! Auch ohne Deines Packplans!

Die Wogen aber glätten sich schnell. Wir sind beide der Meinung, dass die Liebe und unsere Gefühle, die uns ja immer wieder überwältigen, das Wichtigste sind. Wir nehmen uns bei der Hand, wir sehen uns in die Augen, wir setzen uns mit diesem Thema zusammen. Du weist mich darauf hin, dass große Reisen auf uns zukommen werden und wir ein System, einen Plan brauchen, auch bezüglich Reisegepäck packen. Gut.

Ich fasse zusammen: Ein weiterer Merkpunkt. Du trägst in alle

Zukunft das große, schwere Gepäck, ich das kleine, leichte. Nächster kleiner Mosaikpunkt in unserem Gesamtbild abgehackt. Ist ja nicht so schwer ......

1, Staubwedel > Worte können verletzen;

2,Graz > nicht vom Muster der Vergangenheit einholen lassen;

3, Schwarze Lieder > Keine negativen Texte anhören

4, Rucksack > gemeinsames Teilen der Lasten

Und ich verspreche, nicht mehr die Vergangenheit dirigieren zu lassen, meine Erlebnisse aus meinem vorigen Leben nicht auf Dich zu assoziieren.

Du versprichst, mich in Zukunft mit Worten auf etwas hinzuweisen, nicht mit solchen Aktionen. Und ich weiß ganz genau, was einige Stunden oder vielleicht auch Tage später aus Deinem Mund kommen wird, nämlich, dass Du dich maßlos über Dich selbst ärgerst, dass Du Dich dazu hinreißen hast lassen. Und Du wirst Dich darüber brüskieren, dass ich der einzige Mensch bin, bei dem Du Deine Kontrolle verlierst. Es wird Dir leid tun. Du musst es nicht sagen, ich weiß es, so wie beim Staubwedel, wie bei Graz, wie bei den schwarzen Liedern. I . L. D. Aber der Ton macht die Musik. Doch Deine Inhalte stimmen immer.
Und der Ton wird auch noch (｡◕‿◕｡) .

7. August 2011 - Ist wie verhext, schlafe wieder mal am Bauernhof - es ist 5 Uhr 16! Was heißt, „ich schlafe", ha! Das gibt´s doch nicht! Ich finde immer noch keinen Schlaf. Was soll das bedeuten? Man will mich hier nicht. Ich spüre es. Ist dies nicht mein mir zugeteilter Platz? Aber das Morgenrot ist wunderwunderschön und der Sternenhimmel war es auch. Diese Stille mitten in der Natur. Bis dann wieder die Traktoren erwachen mit den fleißigen Bauern darauf, die wie die Bienen unermüdlich ernten. Nur ..... Bienen streuen vor ihrer Ernte keinen Kunstdünger. Und keine Pestizide. Und keine Fungizide.

Ich will endlich schlafen! Vielleicht hilft mir gute Musik. Ah! Die fabelhafte Welt der Amelie. Diese Musik von Yann Tiersen. Hm.

14. Teil Sei endlich DU 10. August 2011

3 Uhr 52!!! Selbstredend diese Uhrzeit. Versuche wieder mal, bei meiner Mutter am Hof Schlaf zu finden. Immerhin sind Fortschritte zu verzeichnen. Von 22 Uhr bis 1 Uhr 30 zumindest hat´s geklappt.
Und ich scheiß drauf, sorry, jetzt werde ich langsam, aber sicher zornig. Nein, werde es nicht, bin es! Komm einfach nicht zur Ruhe. Mir reicht diese ganze Gedankenschweinerei: Soll ich mein Haus verkaufen, soll ich vermieten, soll ich auf den Bauernhof ziehen, soll ich alles so belassen, wie es ist? Meine Mutter erklärt mich für verrückt, ein Haus zu verkaufen, dass ich erst seit einem Jahr im Besitz hab. Du sagst, kauf dich frei. Und Du sagst, ich wisse selber ganz genau, was ich zu tun habe. ICH WILL SCHLAFEN! ENDLICH! Und ich verkaufe. Will frei sein von all diesen scheiß Belastungen. Mag nicht mehr. Will schwerelos sein. Pfeif auf all diese Schulden. Hab auf vier Zettel jeweils geschrieben:
1. Zettel.......Haus verkaufen
2. Zettel.......Haus vermieten
3. Zettel.......Haus kauft meine Mutter (ihre neueste Idee)
4. Zettel.......Tue weder das noch das noch das / alles bleibt beim Alten.
Habe die vier Zettel zusammengefaltet und auf den Boden gelegt, mich auf jeden einzelnen gestellt und gewartet, wie ich mich dabei fühle. Drei x 4 Durchgänge bitte sehr! Also, wirklich bemüht! Interessant. Esoterische Scheiße!
Nr. 3 ist niemals auch nur in Frage gekommen.
Nr. 1 kam einmal als „Sieger" hervor.
Nr. 2 war auch einmal Favorit. Und zu guter Letzt hat auch
Nr. 4 einmal das Rennen gemacht. Da kann man ja wirklich nur mehr lachen, ha, ha.
….. Nun, einmal hab ich keine Luft zum Atmen bekommen, ein anderes Mal hat es mich in der Lunge gestochen, in den Schläfen, auch schwindlig ist mir geworden, ja, ja. Aber am glückli-

chsten hab ich mich gefühlt, so richtig zum Grinsen hat mein Gesicht begonnen, so richtig vogelfrei hab ich mich gefühlt beim letzten Durchgang. Ich hab den Zettel auseinander gefaltet. „Haus verkaufen" hat da gestanden. Und das mach ich jetzt auch. Und basta. Entschluss steht fest. Endlich. Und wenn ich mal ins Wanken geraten sollte bezüglich dieser meiner Entscheidung, dann werde ich mich einfach an diese Zeremonie erinnern.

Hab Dir vorhin eine sms gesendet: „Tut mir leid, dass Du immer wieder enttäuscht bist von mir. Das sind wahre Tiefschläge für mich. Und für Dich!" Deine Antwort: „Bussi" (｡◕‿◕｡).

Und das war so .... Hab gestern in der Firma eine goldene Raymond Weil bekommen. Mit Firmengravur. Für besondere Verdienste sozusagen. Nun, man hat in acht Jahren enormen Umsatz mit mir gemacht (wären zwei schöne Häuser....). Ich hab nicht mal die Hälfte davon abbekommen! Jetzt ist der Käse schon gegessen ..... ha, ha. War heute beim Juwelier, Batterie rein geben und Glieder entfernen. Ein Geschenk, das nicht mal funktioniert, pah! Fang gar nichts damit an. Finde diese goldene Uhr peinlich, find es einfach blöd, auch noch Geld auszugeben „zum Anpassen" (zum Glieder entfernen!!! – Welch ein Omen) für ein Geschenk, das mir gar keine Freude bereitet. Ist nicht stimmig für mich.

„Einmal zumindest muss ich diese Uhr tragen und der Firma, dem Chef vorführen", seufze ich.

Kopfschüttelnd sagst Du: „Genau. Gute Idee, ich schenk dir auch etwas, mit dem du keine Freude hast, und das trägst du dann .... Warum tust du das?"

„Das wird von mir erwartet. Und weil ich nett und lieb bin, dass muss ich tun", verteidige ich mich.

„Gar nichts musst du" erwiderst Du zornig. „Bist du noch zu retten???"

.... Ich fühle mich wie damals, in der Vergangenheit, man hat mir unglaublich teure Skier geschenkt. Aber auch nur deshalb, weil der Schenkende damit Freude gehabt hätte. Ich hatte keine, gar keine, aber ich ach so liebe, brave Noja, hab gute Miene zum schlechten Spiel gemacht und mich wie ein Schauspieler darüber gefreut. Anstatt zu sagen, was Sache ist, hab ich gelächelt, ich blöde Kuh. Und heut tu ich es immer noch. Nichts gelernt. So ist es. Ich könnte mich selber ohrfeigen.

Ah! Jetzt kommst Du in Fahrt - Zu recht:„Hast du gar nichts von mir gelernt? Wirklich gar nichts? Rede ich die ganze Zeit umsonst? Es genügt nicht, sich die Haare kurz schneiden zu lassen ….. So einfach geht das nicht. Oder glaubst du, damit ist deine ganze Dummheit und deplatzierte Nettigkeit zu Boden gefallen? Nein! **Sei einfach und endlich DU …. Sei, verdammt noch mal ENDLICH, ENDLICH DU!!!"**

ICH MUSS MUTIG UND EHRLICH WERDEN UND ZU MIR STEHEN!!! Du hast so recht!

…. Werde jetzt einige Tage mit gar niemandem über meine Gedanken, meine Entscheidungen, vor allem bezüglich des Hauses, reden, weder mit Dir noch mit meiner Mutter oder sonst jemandem. Mach jetzt Nägel mit Köpfen. Lasst mich bitte einfach alle mal in Frieden! Treffe meine eigenen Entscheidungen, will keine Meinung, zurzeit weder von Dir noch von irgendwem hören. Feuer und Wasser, Feuer und Wasser. Verkaufe, lass all meine finanziellen Verpflichtungen hinter mir, kauf mich frei. Mach Platz für neues, was auch immer das sein wird.

Du sagst. „Sei dir sicher in dem, was du tust, was du fühlst!" Ach, ja, ist ja ganz easy, ha, ha. Außerdem will ich jetzt endlich schlafen! Und keine Schulden mehr. Nie mehr. Frei sein.

…. Vermisse Dich sehr, schlafen gehen ohne Dich ist grauslich. Werde aber einige Tage Abstand zu Dir halten - müssen. Stell mich erst wieder vor Dich hin, wenn ich erledigt hab, was nun zu erledigen ist.

Entschluss endlich gefasst. Auf zu neuen Gefilden. Neues kann nur dann wachsen, wenn das alte entsorgt ist. Will wieder

Lachen und das Leben genießen können. Mit Dir. Und auch den Kopf frei haben. Es wird Zeit.

Und dumme Menschen sollen mir fern bleiben, Menschen, die nicht und nichts lernen wollen, sollen bleiben, wo der Pfeffer wächst. Menschen, die mich nicht verstehen oder verurteilen oder den Kopf über mich schütteln, Menschen, die glauben, dass ich schon wieder einen Fehler mache, Menschen, die glauben, dass ich mich schon wieder von jemandem manipulieren lasse. Götz von Berlichingen .... Glaub auch, dass bei mir kaum ein Stein auf dem anderen bleiben wird. Nicht das Zuhause. Auch das kommende nur eine Zwischenetappe? Nicht die Arbeit, wird sich mit der Zeit nicht mehr mit meiner Person vereinbaren lassen. Jetzt schon nicht mehr. Mein gesamtes Leben, meine Lebenseinstellung, all das wird sich ändern. Ich weiß.

Vielleicht werde ich Missionar, vielleicht werde ich mich der gefährdeten Erde widmen, vielleicht Tieren. Vielleicht werde ich mit Dir einfach nur glücklich sein, in einer einsamen Hütte, in einem Campingbus. Deine Worte, unseren Werdegang niederschreiben, mit Deinen - von mir zu Wort gebrachten – Weisheiten das verdienen, was wir zum Leben brauchen, vielleicht werden wir gemeinsam etwas bewegen. Du bist ein Großer, ein Begabter, kein Durchschnittsmensch. Auffallend, polarisierend, unglaublich weise, unglaublich schön, unglaublich anders.

Man warnt mich vor Dir, unterschwellig, aber eindeutig. Man sieht Dich nur mit westlichen, weltlichen Augen und Werten. Mag diese Menschen nicht. Man diskriminiert Dich und dadurch auch mich, wir werden belächelt. Sollen sie doch. Du hast anfangs zu mir gesagt, ich muss stark sein, wenn ich mich mit Dir outen will. Sogar da, wo ich meine Verbindung zu Dir weder visuell noch auditiv zu erkennen gebe, spüre ich diese Skepsis, dieses Entfremden, dieses Entfernen, diese Distanz. Gut so.

Muss, möchte gut aufpassen, auf Dich und mich, auf UNS, will Dich nicht enttäuschen, will, dass Du Dich über mich freust. Rücken straffen, nach vorn blicken, sicher sein und glücklich.

...... Na, komm schon! Du kannst das, Noja! Alles Alte abschütteln! Häuten, weg damit! Finde endlich zu dir! Sei dir endlich mal zum ersten Mal in deinem Leben selber treu, sei ehrlich zu dir, sei du, trau dich! Lös dich von deinen alten Entscheidungen, die ja sowieso beinahe nie deine waren! Treffe deine ganz eigenen Entscheidungen! Gib dir einen Ruck! Bekenne dich zu deinen Fehlern und ändere sie endlich, aber ohne zu zögern, sei dir sicher, steh zu dir, steh dazu, wer du bist, und dazu, was du entscheidest, auch wenn niemand es versteht!

Oh, ich hab jemanden, der mich versteht. Danke, welch ein Geschenk!

Verspiel es nicht, sei dir immer dessen bewusst, jede Sekunde deines Lebens, wie glücklich du bist, wie glücklich du dich preisen kannst. Die Erfüllung all deiner Träume steht vor dir.

Wie kann ich erwarten, dass das jemand versteht, außer Dir? Vielleicht noch ein, zwei Menschen, aber nicht mal das glaub ich. Du verstehst es, genügt das nicht?

Lange Selbstgespräche. Eigene Arschtritte. Persönliche Mut- und Wachmacher.

Dass Du Dich manchmal von mir entfernst, sehr weit, ungreifbar entfernst, empfinde ich immer wieder. Nein, sagst Du, das tust Du mittlerweile nicht mehr, aber manchmal beschäftigen Dich eben auch andere Gedanken und Menschen, nicht nur ich. - Ok. ... und das spüre ich.

Wenn das Ego aufschreit .....

Möchte immer an Deiner Seite sein. Wir werden gemeinsam alt. Wir gehören zusammen. Das ist eine mir selbst unerklärliche Intuition.

E-mail von Dir: „Jede Nacht mit Dir ist eine unglaubliche Bereicherung. Danke, dass ich das spüren darf ....."

E-Mail an Dich: „Ja, auch Du bist die Erfüllung all meiner Träume. All meiner Träume, der Himmel auf Erden. Danke.

Werde versuchen, Dich, Uns zu behüten wie den kostbarsten Schatz auf Gottes Erden."

Hab mir vorhin ein Bild von Dir angesehen. So schön, Deine Augen, Dein Kopf, Dein Körper, alles unglaublich.
Ein wahres Kunstwerk an fließenden Linien.

Werde mich jetzt um 5:23 zu Bett legen und an Dich denken, werde fühlen, wie Du mich ganz fest in Deine Arme nimmst, werde mich ganz, ganz nah an Dich kuscheln. Du wirst mich spüren. Und ich Dich.
Es ist wieder mal Morgen, mit Sturm und vielen, vielen Wolken.

Ein neuer Tag beginnt. Ein neues Leben.

Wenn die anderen aufstehen, gehe ich zu Bett, in Gedanken mit Dir.
Und auch, wenn's mich schleudert:
Ich freu mich auf unsere gemeinsame Zukunft.

„Du sollst mit mir über alles reden! Aber sprich nicht immer von deinen Fehlern aus der Vergangenheit! Und wenn du mit mir nicht über alles sprichst, dann ist das für mich auch eine Lüge! Denn dann verheimlichst du mir etwas, also ist das Lüge! [.....] Und mach dir keine Sorgen darüber, wenn du in deinem zu-künftigen Zuhause nicht schlafen kannst! Denke daran, nur, wenn du etwas im Kopf hast, wird es auch funktionieren! Außerdem wird das ja vielleicht nur eine Übergangssituation sein. Denk daran! Mal schauen, ob deine Mutter, ob wir uns überhaupt zusammengewöhnen können. Wichtig ist, dass du dich von diesem Haus, von diesen Belastungen befreist!"

.... Du sprichst manchmal in Rätseln zu mir. Aber ich kann sie zum Teil deuten. Glaube ich. Was hast Du wirklich vor? Mit Dir und/oder mit Dir und mir? Und warum eine Übergangssituation???

Und weiter geht´s: „Du denkst und fühlst sehr schön, aber du sprichst vieles falsch aus. Bedenke, was du sprichst! Du denkst wirklich schön, aber was du sagst, entspricht nicht dem, was du denkst. Wie oft hatten wir dieses Thema schon! Jetzt komm ich meistens klar damit, weil ich das nun weiß und richtig sehe, höre, weil ich dich nun kenne. Aber wie soll jemand anderer dich verstehen? Bedenke, was du sprichst!"

Beug mich dem Unvermeidlichen, du lieber Mond und begrüße

dich. Schön rund bist du und wie du leuchtest. Sogar deine Landschaft lässt du mich erkennen. Welcome, midnight.

Es wohnt Genuss im dunklen Waldesgrüne,
Entzücken weilt auf unbetretner Düne,
Gesellschaft ist, wo alles menschenleer,
Musik im Wellenschlag am ewgen Meer,
Die Menschen lieb ich, die Natur noch mehr

*Lord Byron

Sie sprechen mir aus der Seele, sehr geehrter Herr Byron. Worte wie Balsam.

„Weißt du eigentlich, dass du die einzige Frau auf der ganzen Welt bist, mit der ich schlafen will? Weißt du das? Wow, hast du gehört, was ich da sage? Wirklich, ist das nicht unglaublich? Die Einzige! .....“ Du strahlst mich an.
„Du bist ein Schatz“, strahle ich zurück. „Und ich freu mich sehr darüber. Welche Frau hört das nicht gern aus Deinem Munde!“

Du hast in den letzten beiden Tagen ein Fest für einen Freund organisiert. Während dieser Vorbereitungen hat man ein Foto von Dir geschossen. Du mit Latzhose. Und sonst nichts. Ohne Worte. Du bist ein unglaublich schöner Mann. Der Schönste.

Deine Begrüßungsworte gestern an mich: „Du weißt aber schon, dass ich beinahe die ganze Nacht nicht schlafen konnte. Weißt du auch, WARUM? Weißt du auch, welche Aussage von dir beim gestrigen Telefongespräch mir den Schlaf geraubt hat? Nun, ich verrate es dir. Du hast mich gefragt, ob mir auch bewusst ist, dass du das mit dem Haus FÜR MICH machst. Bist du noch zu retten? Verstehst du denn gar nichts von dem, was ich zu dir sage? Du sollst das NUR für dich tun, diese Entscheidung darf nichts, aber auch gar nichts mit mir zu tun haben! Gar nichts!! Ich will, dass du endlich lebst und genießt.

Das will ich. Dass du für dich die richtigen Entscheidungen triffst. Für dich, für dich, für dich!!! Ich will das nicht so. Stell dir vor, du bereust in einem Jahr diese Entscheidung mit dem Hausverkauf und gibst mir dann die Schuld dafür. Stell dir vor, wir sind in einem Jahr nicht mehr zusammen!?"

Meine Einwendung: „Das wird nicht der Fall sein, was redest Du da?" wird mit einem einzigen Blick im Keim erstickt.

„Du musst alle Entscheidungen für dich allein treffen! Versprich mir, nie wieder so mit mir zu reden, bitte, nie mehr so zu denken! Denn dann hast du nichts, aber auch gar nichts verstanden. Und dann war alles, was ich dir vermitteln wollte, umsonst. Und weit abseits des Zweckes, nämlich, für dich deine, DEINE Wahrheit zu finden. Nicht meine!!! Bitte sprich nie wieder solch gravierenden Blödsinn. Das bringt mich beinahe um und bricht mir das Herz. Bitte sei klug!"

Du ziehst mich an Dich heran und drückst mich ganz fest an Deine Brust.

„Schau nicht so erschrocken Also, bitte, bitte, versprich mir das! Und du weißt ganz genau, dass ich dich liebe."

Ich will die ganze Zeit etwas erwidern, aber du bist so beunruhigt, musst Deinen Worten freien Lauf lassen, bist so enttäuscht und schockiert.

.... „Fürchtest Du Dich bezüglich meiner Aussagen? Ja? ... Was? ..... Und vor meiner Dummheit?" frage ich dich, fasse ich zusammen, halb belustigt, halb schockiert.

„Aber nein", beruhigst Du mich dann, „ich hab mich ja entschieden. Für dich! Endgültig." Du gibst mir einen Kuss. Hm.

Endlich versiegt Dein Redefluss, den ich ja auch verstehe, wirklich. Nur:

„Erstens, mein geliebter Mann, mein unglaublicher Redner Du! Dickes Bussi. Tut mir leid, ehrlich! Natürlich hab ich mich wieder einmal falsch ausgedrückt, das wird mir jetzt selbst schon zu mühselig. Entschuldige, bitte. Aber, wenn ich sag „nur für Dich", meine ich eigentlich, „wegen Dir". Ohne Dich wär ich wohl kaum auf diese Idee gekommen, mein ganzes Leben umzukrempeln. Vielleicht irgendwann einmal, vielleicht aber auch nie. Ich darf gar nicht daran denken. Du hast mich darauf gebracht, Du zeigst mir auf, wer ich bin. Du bist der Grund dafür, dass ich mir über all das Gedanken mache. Und wie ich mir Gedanken mache, und wie Du der Grund dafür bist! Und wie Du mich beeinflusst! Und wie ich Dir dafür dankbar bin, ja! Und zweitens: Bei jeder Entscheidung, die ich nun treffe, egal, ob nun Haus verkaufen - immerhin betrifft diese Entscheidung auch meine Kinder, das darfst Du nicht vergessen! – ob vermieten oder ob alles so belassen; egal, ob Arbeit noch weiter machen, reduzieren oder beenden .... Ich stelle mir immer eine wesentliche Frage und das nicht ein- nein, vielleicht hundertmal: Würde ich mich auch so entscheiden, wenn es Dich nicht gäbe, wenn es Dich in einem Jahr nicht mehr für mich gäbe, wenn wir nicht mehr zusammen sein sollten, wenn ich später mal alleine sein sollte? Hörst Du mir eigentlich zu? Ja? Das ist ganz wesentlich für mich, dass Du das weißt! Hättest Du das gestern auch schon gewusst, und hätte ich mich besser ausgedrückt, hättest Du keine schlaflose Nacht verbracht. Das tut mir leid. Vielleicht aber solltest Du auch lernen, mir etwas mehr zuzutrauen. Du sagst ja immer, ich sei klug, - außer in den Momenten, in denen Du mich für dumm erklärst (｡◕‿◕｡) – so wie vorhin, ha. Dann denke auch manchmal daran! Also: jeder, wirklich jeder Schritt meiner Veränderungen ist reiflichst und reichlichst vor- und zurücküber- und durchlegt, ich höre xxxmal in mich hinein, versuche, Deine Meinung, die meiner Mutter, die aller anderen beiseite zu schieben und nur auf und in mich zu hören und zu fühlen. Glaub mir, das ist eine ganz schöne Scheiß- und Schweißarbeit. Ich verspreche Dir, Dir nie Schuld in dieser Art und Weise, wie Du es befürchtest, zuzuweisen. Würde ich einen Entschluss fassen und diesen in einem Jahr zum Beispiel bereuen und Dir dann die Schuld in Deine Schuhe schieben, wäre unsere Zweisamkeit zum Scheitern verurteilt. Wie Du richtig sagst, ich bin nicht dumm. Du musst aber dies auf Dich nehmen: Du bist der, der mich auf diese

Ideen bringt, der mir die Augen geöffnet hat. Denn so ist es."

„Bussi", wirfst Du ein, „jetzt bin ich aber erleichtert, es gibt ja gar keinen Grund zur Sorge".

„...... Vielleicht sollten wir noch ein wenig an Deinem Vertrauen und Zutrauen mir gegenüber arbeiten, mein Schatz", kann ich mir dann doch nicht verkneifen zu erwidern. Aber das wird schon.

Wir haben bereits unglaubliche Fortschritte gemacht, wir beide. Beziehungsmäßig. Vor allem Du. Unglaubliche. Wirklich, Du bist kaum mehr wieder zu erkennen. Anschmiegsam, (was warst Du für ein unnahbarer Kotzbrocken, Entschuldigung aber auch, zu Beginn über- und übervoll mit Stacheln) so lieb und sanft, und es ist unglaublich mit Dir. Auch bei der körperlichen Liebe.

Meine Fortschritte sind eher verbaler Natur, nach dem Motto: Zuerst das Hirn, dann der Mund. Du bist ein unglaublich guter Lehrer. Trete Dir mit Achtung gegenüber. Namaste.

**Into the wild*

„[.....] Aber irgendwo existiert etwas Größeres, das wir alle anerkennen, und es scheint Dir nichts auszumachen, es Gott zu nennen. Weißt Du, wenn Du vergibst, dann liebst Du. Und wenn Du liebst, dann scheint das Licht Gottes auf Dich [.....]", spricht der alte Mann. „[....] Glück ist nur dann echt, wenn man es teilt [....]"

Mittlerweile auch Deine Erkenntnis, wie mir scheint. Wenn ich das bei Dir bewirkt hab, dann bin ich unglaublich froh und glücklich darüber. Bin überhaupt unglaublich glücklich, glücklicher kann man nicht mehr sein. Bin mir dessen voll und ganz bewusst. Oh, ja!

Einige Parallelen von „ Into the wild " zu Dir oder: zu Dir und mir, mein Geliebter, mein Lehrer, mein Weiser, mein Sanfter, mein Kluger, mein Geschäftsmann, mein Seelenheiler, mein

Seelenausgraber, meine eigene Wahrheit ans Licht kehrender, seh ich auch.
Übersetzter Soundtrack zu *Into the wild*:

**Guaranteed*

Mit gebeugten Knien kann man nicht frei sein
Ich erhebe mein leeres Glas und bitte still darum
dass man mich so nimmt, wie ich bin, damit ich atmen kann
Das Leben umkreist die Menschen, droht sie zu verschlucken
Ihr halbes Leben lang sagen sie Ehefrauen „Gute Nacht",
die sie kaum kennen.
Ich habe den Kopf voller Fragen,
den Lehrmeister in meiner Seele.
Das ist der Lauf der Dinge
Kommt nicht näher, sonst muss ich gehen
Mit der Macht der Schwerkraft ziehen mich meine Orte an
Wenn mich überhaupt jemand zu Hause halten könnte
dann wärst Du das
Alle, denen ich begegne, leben freiwillig in Käfigen
Sie denken an mich und meinen Weg, aber ich bin nicht so,
wie sie denken
Ich bin empört, aber meine Gedanken sind rein
Ich lebe.
Den Wind in meinen Haaren, fühle ich mich überall zugehörig.
Unter meinem Sein erscheint eine Straße,
die verschwunden war.
Nachts höre ich die Bäume mit den Toten singen,
ganz weit oben.
Überlasst es mir, meinen Weg zu finden.
Seht mich als einen Vogel, der immerzu kreist.
Ich kenne alle Regeln, aber die Regeln kennen mich nicht.
-Eddie Vedder -

„Wir haben keine Zeit mehr. Du hast keine Zeit mehr. Ich hab keine Zeit mehr .... Worauf willst Du noch warten?" fragst Du mich. „Du bist jetzt 45, in 20 Jahren, mit 65 bist du zu müde, zu alt zum Reisen. Und für Neues. Ich bin jetzt 40, in 20 Jahren, mit 60 bin ich zu müde, zu alt zum Reisen .... und für Neues".

.... Was meinst Du mit dem Neuen???

Ist in unserer unteren Hälfte der Lebensuhr bereits mehr Sand als in der oberen? Und kann ich in letzter Zeit deshalb nur mehr so wenig Schlaf finden, weil man mir Zeit schenken will? Sind die schlaflosen Nächte ein Geschenk, keine Quälerei? Sind sie ein Geschenk? Das Leben einer Boheme, nachts Gedanken niederschreiben, tagsüber müde?

Du hast mich heute gefragt: „Bin ich dein bester Freund?" Das bist Du. Oh ja, das bist Du.

.... 6 Uhr 20 - und immer noch ohne Schlaf. Werde ich lernen, mit wenig Schlaf durch das Leben zu leben?

Gedanken, die wie Sternschnuppen den Kopf besprühen und wie Pingpong Bälle im Hirn herum hüpfen:

Wo ist das Gleichgewicht der fünf Lebensregeln, das mich so viele Jahre begleitet hat? Wo sind die fünf roten Leitfäden, die Gewichtung, die Prioritäten eben dieser geblieben?

1, Die Familie/Der Partner ....alles verändert
2, Die Arbeit/Die Berufung ....alles verändert
3, Das Finanzielle/Das Materielle........................alles verändert
4, Das Zuhause/Das Heim...................................alles verändert
5, Wer bin ich/Die Interessen..............................alles verändert

Sollte nicht jeder dieser Bereiche ein Fünftel meiner Zeit in Anspruch nehmen?

Gibt nur so viel zu sagen: Einfach leben. Und leben umfasst alles oben genannte und noch viel mehr. Du hast hier Samen gestreut. Unglaublich. Natürlich kann man nur auf fruchtbarem Boden Samen streuen. Boden hat aber bereits danach gelechzt, hat brach gelegen. Kein Stein bleibt auf dem anderen. Entferne mich mit Riesenschritten, mit Meilenstiefeln von den Arbeitskollegen. Fühle mich wie ein Marsmännchen unter Erdenbürgern oder umgekehrt. Verwunderung, Entfremdung, nicht mehr aufzuhalten, nicht mal, wenn ich noch wollte. Der Stein ist ins Rollen gekommen. **Rolling Stones.** Dein Kennenlernen ....

Zu Punkt 1, Hätte nie gedacht, dass außer meinen Kindern jemals jemand einen so hohen Stellenwert, so große Wichtigkeit für mich erlangen könnte;

Zu Punkt 2, Hätte nie gedacht, dass jemals solche Befremdung, solche Sinnlosigkeit bei der Arbeit in mir auftreten könnte;

Zu Punkt 3, Nun, war mir immer schon unwichtig, ist jetzt aber wichtig, hast auch Du gelehrt: Schau auf dich, schau, dass es dir gut geht, lass dich nicht benutzen; Geh vernünftig mit deinem Geld um! Brauchst du wirklich einen BMW? ...

Zu Punkt 4, Puh, ein Haus ist nicht nur ein Zuhause, ein Haus kann auch eine Schuldenbelastung für 25 Jahre sein. Man braucht ja schließlich eine Lebensaufgabe, bitte sehr, ha, ha.

Zu Punkt 5, Heute: Tennis spielen – völlig uninteressant, Fitness-Studio – völlig uninteressant, Laufen – völlig uninteressant .... Aber mit Dir zelten, wandern, Radfahren, Reisen ..... interessant.

Zum ersten Mal seit vielen, vielen Jahren wieder einen Sonnenaufgang beobachtet, Rehe in Morgenrot getaucht bei der Äsung gesichtet, fremde, alte, neue Geräusche wahrgenommen, das Erwachen der Natur. Trotz des Vogelgezwitschers und sämtlicher Tierlaute - unglaubliche Stille. Werde nun nach dem ersten Parasol in diesem Jahr Ausschau halten und danach mit meiner Mutter ein Sonntagsfrühstück einnehmen. Werde später mit Elias einen Badeausflug starten. Werde den Abend mit Dir ausklingen lassen. Und auch den kommenden Tag mit Dir genießen. Hab schon Herzklopfen! Und wie! Vorfreude auf Dich. Werde ins Leben eintauchen. Bin mittendrin.

Mahnende Worte von mir an mich: Werde klug! Werde weise! ... Werde von vielen für verrückt erklärt werden. Dann sind wir ja schon zwei. Ha.

Unglaublich schön, harmonisch zu zweit zu sein. Unglaublichkeit. Unglaublichkeit.

Wir waren in A. Ein Percussionkonzert von Lifo (kommt aus Ghana). Sind dann nach Hause (zu Dir) gefahren und haben ein kühles Bad im See genommen – um Mitternacht, mit Mond und Sternen. Haben uns aneinander gekuschelt, um uns zu wärmen. Funktioniert super zu zweit.

….. Hausverkauf schreitet voran. Interesse an Käufern ist groß.

Möchte bis zu meinem Geburtstag im November alles unter Dach und Fach haben. So wird es auch sein - oder früher.

Anruf von Dir soeben erhalten, Campingbus besichtigt. Wenn alles gut läuft, sind wir im nächsten Monat Campingbusbesitzer. Juchhu! Freu mich. Campingurlaube, Ägyptenreise und in diesem oder nächstem Winter La Gomera, welch einen Lauf nimmt da auf einmal mein Leben! Unglaublich.

Habe nächste Woche Unterredung mit Chef. Kann nicht mehr „unter" jemandem arbeiten. Werde auf Auszeit plädieren, auf unbestimmte, ohne Zeitangabe. Oder sofort Schlussstrich ziehen. Bin schon gespannt. Lösung für Auto suchen. Bin schon sehr konzentriert Richtung beruflicher Neuorientierung. Alles läuft auf Hochtouren Richtung Veränderung – Verbesserung.

„Liebe Noja, meine Frau und ich sind sehr enttäuscht und schockiert von dir. Es geht uns ja auch gar nichts an, und das wird auch nichts an unserer Geschäftsverbindung zu Dir ändern. Aber was hast du bei DIESEM Menschen verloren? Hast du dir nichts Besseres verdient? Das hätten wir nie von dir gedacht! Niemals!!! Weißt du nicht, welchen Lebenswandel dieser Mann führt? Aber du musst selber wissen, was du tust! LG Leo und Zita" - Diese sms hab ich soeben von einem meiner Kunden bekommen. Um 22 Uhr!

„Du musst stark sein, wenn du dich mit mir outen willst. Du hast keine Ahnung, was da auf dich zukommen wird!", hast Du vor einigen Tagen zu mir gesagt. …… Ich dachte, Du übertreibst…….. Es beginnt. Interessant.
Bin bereit.

16. Teil Self fulfilling prophecy 16. August 2011

Vor einigen Wochen waren wir gemeinsam einkaufen und ich musste kurz etwas im Büro erledigen. Du hast mich begleitet und ich stellte Dich Severin, einem Kollegen, vor. Am nächsten Tag trat dieser an mich heran und sprudelte seine Eindrücke über uns beide nur so heraus.

„Was hast denn Du für einen coolen Freund! Der sieht ja unglaublich gut aus! Ich hatte das Gefühl, als wäre ich in einer Matrix! Euer Bild, euer Auftreten beschäftigt mich seit gestern. Unglaublich! Welch ein Mann! Welche Ausstrahlung! Und ihr passt optisch sooo gut zusammen. Ihr wart für mich wie eine Erscheinung ....".

Oh, ja. Ich hab beinahe schon vergessen, welche Wirkung Du hinterlässt, welche Wirkung wir beide hinterlassen. Wir gehen beinahe nie in die Öffentlichkeit, das sollten wir aber ab und zu tun, denke ich. Werde ich Dir beim nächsten Mal vorschlagen.

Du sagst, egal wo Du auch hinkommst, bei der ersten Begegnung verspürst Du in der Regel meist nur Abneigung oder bestenfalls Neugierde. Erst durch Kommunikation fühlen sich die Menschen von Dir angezogen.

Du warst auf einem Festival. Ein Dir fremder, alter Mann hatte Dich angesprochen, einfach so: „Du bist uralt, weißt Du das?" .... Das hat Dich wochenlang beschäftigt, nachvollziehbar, aber er hat nun mal recht und Du weißt es. Ich auch.

Hatte heute keinen guten Tag, bin manchmal – des Öfteren? – leicht – oder schwer – depressiv.

Weltliche Kinkerlitzchen, Parkschaden, unnötige Geldverschwendung, sturer Chef, der mit allem, was er zur Verfügung hat, mir seit einem Jahr Steine in den Weg legt. Soll er, ich weiß, worum es geht: die Panik, ihm und seiner Firma unter den Fingern zu entwischen wie ein glitschiger Fisch. Nicht mehr aufzuhalten. Bin nicht mehr greifbar, entweiche in fremde Hemisphären. Danke für alles, was du mir beigebracht, danke auch für alles, was ich BESTIMMT nicht so machen werde, Exchef.

Aber das Leben besteht für diejenigen, die sich weiterentwickeln (hinauswickeln ... entwirren) wollen, nun mal aus vielen Abschieden und Ent-SCHEIDUNGen (ich scheide mich vom Unwahren). Das Leben nimmt unaufhaltsam seinen Lauf.

Habe mich fest an den Haaren gepackt und wieder einmal - wie *Nietzsche dem Sinn nach sagen würde - selber in die Höhe katapultiert (aus der psychischen Scheiße gezogen), mich ins Saubermachen des Hauses, das bald nicht mehr meines sein wird, gestürzt. Therapie mit vollem Erfolg.

Self fulfilling prophecy ... das bist Du für mich.Aber ich weiß auch immer mehr, ich brauche Zeit für mich ganz alleine. Für mich ganz alleine. Ich liebe und ich achte Dich, aber ich habe unglaubliche Angst davor, mit Dir zusammen zu ziehen. Irgendwann mal, aber jetzt kann ich mir das noch nicht vorstellen, auch wenn die Sehnsucht nach Dir mich manchmal das Gegenteil lehren will. Da schalte ich dann die Vernunft ein, will Dich nicht als selbstverständlich sehen, als alltäglich. Will nicht, dass Du MICH als selbstverständlich, als alltäglich siehst. Darum mache ich mich manchmal rar. Melde mich einen oder mehrere Tage nicht. Hat nichts, aber auch gar nichts mit weiblicher List zu tun. Mach ich um unserer Liebe willen, und auch, um für mich Zeit zu haben, für meine Kinder, für meine Arbeit, für meine Gedanken, für mein ICH, für meine Seelensuche, für meine Gesundheit, um Zeit zu haben, Sport zu machen ..... Und um Dir Zeit zu geben, um nachdenken, in Dich hinein fühlen zu können, ob Dein Weg mit mir der richtige ist. Ich bin nicht dumm, hab unglaublich viel Feingefühl, weiß manchmal mehr als Du (eine seltene Ausnahme). Stimmt nicht, dass ich das weiß, das fühle ich. Manchmal hasse ich meine Intuition, mein Feingefühl. Und solange Aussagen von Dir wie: Na, dann ruf ich die Susi oder die Karin an, die kommen bestimmt gleich zu mir, oder: ich könnte jede haben, auch wenn

ich das gar nicht will, …….. aus Deinem Mund kommen, auch wenn Du dies nur im Spaß sagst, lebt noch ein Funke Unsicherheit/Zweifel/ Dummheit (sorry) in Dir. Ich hab Zeit.
Self fulfilling prophecy. ICH BIN MIR SICHER.

An manchen Tagen erscheinst Du mir unglaublich weit weg von mir (ich wiederhole mich), das macht mich krank, wirklich. Ich kann damit nicht umgehen. Noch nicht. Du sagst, das hat nichts, aber auch gar nichts mit mir zu tun. Glaub ich nicht ganz. Und, egal, ob so oder so, ich hätte gerne, dass Du an solchen Tagen bitte alleine bleibst. Und ich habe Tage, an denen wäre es besser für uns beide, wenn ich nicht bei Dir bin, wenn ich kraftlos bin, oder trübsinnig, oder depressiv, oder nachdenklich. Da muss ich mich alleine regenerieren. Wie ein Tier in den Wald verkriechen, bitte alleine sein. In der Stille.

Du beschäftigst Dich mit so vielen Dingen und Menschen und Situationen, in solchen Momenten hab ich nichts an Deiner Seite verloren. Wir sind erwachsen (?), da gehört sehr viel Toleranz, Verständnis und Vertrauen dazu. Da benötigt jeder seinen Freiraum. Manchmal müssen wir uns gegenseitig Platz machen, um unsere eigenen Persönlichkeiten reifen zu lassen, um die korrekte Richtung navigieren zu können.

Und willst du was gelten, dann mach dich selten. Besser, sich zu vermissen, als sich gegenseitig immer wieder im Weg zu stehen. Irgendwann einmal hast du zu mir gesagt, ich sei Dein Freizeitpartner, vielleicht ist diese Theorie gar nicht so abwegig. Vielleicht liege ich damit aber auch ganz falsch, Du sagst, wer richtig liebt, wer sich wirklich schätzt und achtet, kann wunderbar zusammen leben, auch im Alltag. Sind wir schon so weit? Das bezweifle ich. Macht nichts, wir haben Zeit.

Du überlegst. Du möchtest noch irgendetwas Neues beginnen. Du möchtest noch etwas (weltlich) Sinnvolles auf die Füße stellen. Ich hab diese Profilierungsneurose (verzeih diese Strenge) nicht mehr. Im Moment zumindest nicht. Ich möchte mich nur mehr in eine einsame Hütte zurück ziehen und so wie heute am Bauernhof Äpfel ernten, Sträucher schneiden, Ordnung schaffen, leben. Ich möchte nur mehr das tun, was Du mir seit Monaten sagst: Leben, jeden, jeden Augenblick genießen, mich an den kleinen Dingen erfreuen, einfach, einfach, einfach leben, atmen, essen, Freude haben.

Aber ich verstehe Dich, du hast unglaubliche Talente und Gaben, Du wirst noch etwas tun müssen.

Habe heute von *Paolo Coelho *Am Ufer des Rio Piedra saß ich und weinte* ausgegraben. Hat mich zu meiner Verwunderung sehr an uns, an Dich erinnert. Unglaublich. Hab dieses Buch bestimmt schon zweimal gelesen, lesenswert. Wir sind nicht das einzige eigenartige, verrückte Paar. Ich bin davon überzeugt, dass diese **self fulfilling prophecy** auf uns beide zu gleichen Teilen zutreffen wird.

..... Gedanken sind mächtig und der Wille versetzt Berge. Und wenn dann zu dieser Kombination noch Dein unglaublich polarisierendes Auftreten, Dein ganz eigenes Charisma, Dein absolut nicht durchschnittliches Aussehen, Dein „Lasst mich bitte in Frieden, tretet mir ja nicht zu nahe", Deine Sanftheit, hinzu kommen, dann hast Du etwas zu tun. Du machst mit großer Zurückhaltung Hypnose, Du weißt noch nicht, in welche Richtung Du Deine Fähigkeiten, Deine Wirkung auf die Menschen lenken sollst. Du sagst, Du gibst Dir für heuer noch eine Auszeit, um diese Entscheidung reifen zu lassen. Und natürlich bin ich Dir in die Quere gekommen. Damit hast du ganz und gar nicht gerechnet. Wolltest alleine bleiben, musst Dich nun neu orientieren. Verzeih.

Du bist entsetzt vom Wochenende, von den Gästen jenes Festes, das Du für einen Freund organisiert hast. "Es wird gesoffen, es wird herumgeschmust, es wird gestänkert, die alten Weiber schmeißen sich an die jungen oder erfolgreichen Männer ran. Wie Sodom und Gomorrha" schilderst Du mit Entrüstung.

Das ist der Grund, warum ich vor zwanzig Jahren aufgehört habe, solche Feste zu besuchen. Tat meinem Gemüt nicht gut. Das ließ meine Seele leiden, so wie ich es bei Dir nun sehe. Du stellst mit Erleichterung fest, dass Du auf dem richtigen Weg bist. Abseits des Mainstreams. Das bist Du. Du hast Dich von allen und allem gelöst, ich bin dabei, es Dir nachzumachen, aber nicht, weil Du es vielleicht willst, sondern weil ich nun wirklich weiß, wer ich bin, was ich will: Ich will meine Wahrheit leben. Werde damit viele, viele, fast alle Menschen brüskieren, man wird mich echauffiert von der Seite betrachten. Nun gut, das tangiert mich aber wirklich nicht einmal peripher, und dann pass ich ja auch ausgezeichnet zu Dir, ha, ha.

Ich überlege. Seit wann bin ich gerne alleine? Ich denke, seit es mich gibt. Wenn ich darüber nachdenke, in welchen Situationen meiner Kindheit ich mich sehr wohl gefühlt hab, dann war das, wenn unser Vater mit Daniel (mein Bruder) und mir seine legendären Sonntagsspaziergänge gemacht hat. Zum Melkfluss, oder zu den Bächen, die unsere Wälder vom Rest der Welt abgrenzen. Oder beim Pilze suchen. - Daher rührt wohl auch meine Liebe zur Natur. Oder wenn Vater am Rand des Weizen-

feldes entlang gegangen ist, mit seiner Hand über die Ähren gestrichen und sich am Wunder der Natur erfreut hat.

Aber vor allem, als ich mir als 13-jährige eine kleine Holzhütte hinterm Stall unter den Zwetschkenbäumen gebaut hab. Mit einem funktionstüchtigen Holzofen, Fenstern, Türen, einemTisch,

Sesseln. Zwei Räume hatte die Hütte. Ich habe sie geliebt.

Oder wenn ich meinen Lieblingsplatz unten im Wald besucht hab. Man musste teilweise gebückt dem Rehweg folgen. Und dann kam meine Lichtung. Rundherum nichts als Sträucher und Bäume. Ich ganz allein unterm blauen Himmel im wärmenden Sonnenschein. Sooo schön..... Ich kann mich erinnern, mein allerallerliebster Lieblingslehrer, der Felix, der beinahe immer einen Rollkragenpullover anhatte - daher wohl auch mein Tick - sagte zu meinen Eltern, nachdem ich einen Aufsatz über dieses Fleckchen Erde, das ich so sehr liebe, geschrieben hatte, dass ich auf keinen Fall „nur" eine Fachschule besuchen dürfe. Ich solle die Matura machen und dann nach Wien oder sonst wohin studieren gehen. Er war der Meinung, ich habe, abgesehen von meiner Lernfähigkeit, eine besondere Gabe (fühlte mich damals natürlich sehr geschmeichelt). Und obwohl meine Eltern mir keine Steine in den Weg gelegt hätten, konnte ich diesem Ruf nicht folgen. Obwohl das mein sehnlichster Wunsch gewesen war. Aber ich brachte es nicht übers Herz, meine Eltern zu enttäuschen. Sie hatten so auf mich gebaut als Hoferbin .... Es tut mir so leid. Und es hat Euch, wie wir alle nun wissen, im Endeffekt auch nichts genützt. Ich muss wohl meinem Ruf folgen ... So wie jeder das tun sollte. Nicht jeder kann seine Wahrheit verleugnen. Nicht gegenüber seinem eigenen „ Selbst" und auch nicht geliebten Menschen zuliebe. Das Drehbuch holt einen ein. Immer.

Oder als ich unter dem riesigen, uralten Birnenbaum gesessen habe, in ein Buch vertieft, wie immer. Damals muss ich zwölf oder dreizehn Jahre jung gewesen sein. Ich kann mich noch sehr gut erinnern. Einerseits freute ich mich, dass hier bald unser neues Haus entstehen würde. Andererseits verspürte ich große Wehmut, dass dieser alte, stattliche Herr aber zum Opfer fallen würde müssen. Ich hatte keine Ahnung, wie ich dies in Worte hätte fassen sollen, aber die Empfindung ist noch immer so stark da, als wäre es gestern gewesen. Diese Ruhe, diese Stille, diese Einsamkeit in der Wiese, im Schatten dieses uralten Baumes.

Wo soll ich beginnen? Bei **a**, Deine Antwort, Dein Wortschwall, **die Predigt** bezüglich meines: So lange Du mir gut tust, oder bei **b,** der neuen Erkenntnis bezüglich des Hauses, oder bei **c,** das Begräbnis meiner Tante, oder bei **d,** meiner persönlichen Korrektur der vorangegangenen Seiten? Beginne einfach bei **a**.

a, Meine Antwort auf eine Deiner e-mail´s: „Ich näh Dir alles, so lange Du mir gut tust" ..... Beim Wegschicken hatte ich kein gutes Gefühl. Siegte wieder mal das Teufelchen auf meiner linken Schulter. Der Engel zu meiner Rechten hatte in diesem Fall nicht die geringste Chance. Wäre besser gewesen!

Deine Antwort „Ohne Worte.....".

Ich rufe Dich an, Du fragst mich, ob Du mir denn nicht gut tust? ... Welche Gedanken mich auf solch eine Antwort bringen? Oh, Du tust mir unglaublich gut, du tust mir auch unglaublich gutes, aber ...... wenn ich das Gefühl hab, dass Du mir fern bist - siehe vorangegangene Seiten - überfällt mich Unruhe und anstatt Dir meine Gefühle zu übermitteln, nämlich, dass mich das traurig macht, werde ich garstig, beginne ich um mich zu schlagen .... Der Skorpion sticht mit seinem Stachel zu. Nicht nur einmal! Auf andere und in Folge dessen .... tut er sich selber am meisten weh! Dieses „ solange du mir gut tust" ist nichts anderes als ein Hilfeschrei: Bitte stoß mich nicht von Dir, entferne Dich um Gottes Willen nicht wieder so von mir wie zu Beginn unseres Kennenlernens, das würde ich nicht mehr durchstehen. Nach unendlich vielen sms´s, die zwischen uns beiden hin und her gehen, meldest Du Dich zwei Tage später und lädst mich zu einem Mittagessen ein. Ich fühle mich wieder mal unglaublich dumm Dir gegenüber. Zu Recht.

Die Predigt

„Du musst doch verstehen, dass ich manchmal in Gedanken weit weg bin von dir, das hat doch überhaupt nichts mit dir zu tun! Du bist doch, wenn du bei mir bist, auch manchmal geistig abwesend. Es beschäftigen mich immer wieder Dinge, die wirklich überhaupt nichts mit dir zu tun haben. Ich kann dir nicht immer meine volle Aufmerksamkeit schenken. Ich liebe dich, aber mach es nicht kompliziert, du machst damit mehr kaputt, als du dir vorstellen kannst. Und fürchte nicht schon wieder, dass ich dich verlasse. Ich hab dir gesagt, dass ich mich für dich entschieden habe. Ich verlasse Dich nicht! Du weißt auch warum! Ich liebe dich, durch dich habe ich die Liebe kennen gelernt, das werde ich nie vergessen, und mein Entschluss ist gefallen. Aber du vertraust mir nicht, stimmt´s?"

….. Ich widerspreche zuerst, denke noch mal nach und komme zu dem Schluss, dass du recht hast mit deiner Annahme.

„Du musst mir vertrauen, Vertrauen ist unglaublich wichtig! Wenn du es mir gegenüber nicht hast, dann hat es keinen Sinn. Du musst mir vertrauen, darauf vertrauen, dass ich dich liebe, du weißt es doch!" – sprichst Du.

… Ja, ich weiß, aber manchmal juckt mich der Teufel namens Unsicherheit, verzeih mir, bitte, ich bin manchmal so dumm.

„…Du darfst das nicht tun! Weißt du eigentlich, warum ich bis jetzt keine Freundin, keine Frau hatte? Weißt du das? Ich mag keine Frauen, so ist das. ICH MAG KEINE FRAUEN!!! Ich hab´s oft genug versucht, und hab mich vor acht Jahren dazu entschlossen, es bleiben zu lassen. Ist mir zu dumm, zu kompliziert! Alles falsch und alle falsch, das tue ich mir nicht mehr an. Hatte kein Vertrauen mehr. Mein Vertrauen wurde zu oft enttäuscht. Ich bin zu dem Ergebnis gekommen, dass ich ohne Frauen, alleine, viel glücklicher und zufriedener bin. Du aber hast mich eines besseren belehrt! Du hast mir die Liebe aufgezeigt, dafür bin ich dir unglaublich dankbar: Ich spüre deine Liebe, ich lasse Deine Zärtlichkeiten zu, ich liebe es, dich bei mir zu haben, du störst nicht, du störst MICH nicht. Ich bin auf einmal wieder geil – verzeih, ich habe Freude am Sex mit dir, ich bin wieder „geil" – ja, ja, verzeih dieses Wort, ich weiß, du magst es nicht - auf dich, aber nur auf dich. Ich liebe es, dich zu spüren, du tust mir so gut, aber zerstör es bitte nicht! Und ich

bin dir so dankbar für deine Hartnäckigkeit, du hast nicht aufgegeben, jede andere hätte die Flucht vor mir ergriffen, ich weiß das alles. Ich sehne deine Berührungen, deine Nähe herbei. Du bist der einzige Mensch, mit dem ich über alles spreche, du bist der einzige Mensch, dem ich mich wirklich offenbare, alle meine Gedanken und all mein Ich preisgebe .....
Aber ich brauche keine dumme Freundin, das hätten wir doch schon einige Male besprochen, und mit solchen Aussagen aber bist du für mich dumm. Mach das nicht mehr. Ich liebe deine Figur, einfach alles an dir. Und du bist unglaublich lernfähig, keine andere würde das schaffen, was du bis jetzt geschafft hast. Deine Kinder sind nicht gestört, wie bei den meisten alleinerziehenden Müttern, das muss ich ihnen übrigens bei Gelegenheit mal sagen! Dass sie froh sein können, dich als Mutter zu haben! Die schätzen ja gar nicht, welchen Schatz sie mit dir haben. Und das, was ich mit dir gemacht hab, nun, keine andere hätte mich ausgehalten. Ich weiß. Aber wie lange habe ich gebraucht, bis du mich verstanden hast! Sieben Monate? Bis du verstanden hast, wie falsch du in deinem Leben liegst, wie falsch du lebst. Aber du hast es verstanden, schneller als jede andere es geschafft hätte. Ich habe viel, sehr viel darüber nachgedacht. Du hattest es in dir, sonst hätte es nicht funktioniert, sonst hättest du es nicht verstanden. Du hast die Wahrheit in dir, du weißt, wovon ich rede, du verstehst, was ich meine, wenn ich vom wirklichen Leben rede. Bitte schau doch mal, wo du jetzt stehst! Vor neun Monaten noch hast du mir erklärt, dass du unbedingt einen Holzboden in deinem Vorraum brauchst, um dich wohl zu fühlen! Heute verkaufst du dein Haus, das dir im Monat 1.300 € (!) kostet, gibst deinen Leasing-BMW, der dir inklusive Benzin 770 € im Monat (!) kostet, zurück. Suchst dir eine andere Arbeit, weil du für deine Leistung dann weit mehr verdienen wirst. Natürlich habe ich dir dies alles aufgezeigt. Ich lass doch nicht zu, dass ein Mensch, der mir so viel bedeutet, nur für ein Haus lebt, nur für ein Auto arbeitet, und für die Geldbörse irgendeines Chefs. Und der sich

selbst nichts, aber auch gar nichts gönnt! Du ersparst dir damit 2.000 € pro Monat, das ist unglaublich viel Geld. Ich will, dass es meiner Freundin gut geht, und ich lasse auch nicht zu, dass auch nur irgendjemand dich benützt, dich ausnützt! Ich lasse auch nicht zu, dass dein Chef, obwohl du ja selbstständig bist (!) dir vorschreibt, dieses angebliche Firmenauto in der BMW-Werkstätte reparieren lassen zu müssen, obwohl dir das doppelt so teuer kommt. Du zahlst doch und nicht er. Firmenauto nennt er das. So eine Frechheit! Ich lasse auch nicht zu, dass deine Kinder dich benutzen! Nicht bei mir! Und es wird Zeit, dass du die Welt kennen lernst. Du hast bereits genug erlebt, du bist klug, obwohl ich bei manchen deiner Aussagen immer wieder daran zweifle. [….] Aber, obwohl ich weiß, dass du vieles von dem, was du sagst, ganz anders meinst, musst du damit aufhören! Bitte, versprich mir das. Worte sind dazu da, um sich auszudrücken, untereinander zu kommunizieren, da muss man schon behut-sam damit umgehen. Hirn einschalten. Und du musst dich von mir nicht „im Stich gelassen" fühlen, wenn du jetzt dein Haus verkaufst, ich bin bei dir, ich helfe dir. Aber bei den Hausbe-sichtigungen kann ich nicht dabei sein, auch wenn du das gerne hättest. Versteh doch, es sagen doch sowieso schon alle, dass du das nur deshalb machst, weil ich dich manipuliere. Das musst du für dich alleine machen, das muss ganz alleine deine für dich richtige Entscheidung sein. Dein wahrer, richtiger Weg. Du weißt doch, dass ich hinter dir stehe, ich helfe dir, wo ich kann, aber zuerst musst du dir selbst sicher sein! Es geht mir auch nicht um das Haus, es geht um dich, um deine Fixkosten, du musst dich freikaufen, freispielen. Dann erst kannst du zu leben beginnen, dann kannst du dir endlich etwas für dich leisten, zum ersten Mal in deinem Leben. Ich will, das du glücklich wirst, ich will, das du frei wirst, ich will, das du richtig zu leben beginnst! Aber unabhängig von mir! Was hab ich dir gestern in einer sms geschrieben: Ich liebe mein Leben, mit oder ohne dich! … Du warst beleidigt, schockiert, aber so musst auch du leben, du musst mit oder ohne mich glücklich sein! Verstehst du denn nicht, nur wenn du alleine glücklich bist, kannst du es auch mit mir sein! Und warum schreibst du, dass du traurig bist, weil du das Haus verkaufst? Weil du endlich dahinter kommst, wie falsch dein Leben war, weil du endlich auf dem richtigen Weg bist? Weil du mich hast? Weil du endlich frei wirst, weil du zum ersten Mal in deinem Leben einen wahren Freund hast? Weil dein Freund will, das es dir gut geht? So richtig gut? Weil er seit neun Monaten nichts anderes tut, als sich mit dir, mit deinem Leben zu beschäftigen? Sei endlich glücklich!

…. Kannst du dich noch an die Geschichte mit dem Autoschlüssel erinnern? Ich hab dich gefragt - ganz zu Beginn unseres Kennenlernens, als wir vorhatten, in die Wachau zu fahren, - ob ich fahren soll. Und du hast mir den BMW-Schlüssel hingehalten und hast gesagt: "Sag BITTE"! Das werde ich nie in meinem Leben vergessen! Nie! SAG BITTE! Unglaublich, ja, ja, ich weiß, dass du dich mittlerweile sehr dafür schämst, aber SO warst du. Und warum bist du nicht mehr so? Wegen mir! Weißt du, ich muss dich schon manchmal daran erinnern, dass ICH der bin, der dich dahin gebracht hast, wo du nun stehst, sonst wirst du mir noch zu altklug, sonst drehst du den Spieß um und am Ende bist DU es dann, die mir alles beigebracht hat.

…. Dann erzählt der Schüler dem Meister dessen eigene Weisheiten …..

Ich liebe dich, aber ich kann nicht immer über dasselbe reden, ich kann dir nicht immer sagen, wie sehr ich dich mag, du weißt es doch. Aber bitte versprich mir, halte deine Worte, deine Aussagen im Zaum, versprich mir das, versprich UNS das. Mach es nicht kaputt. Sogar deine Mutter hat mir gestern bestätigt, dass du mit Worten vieles bei deinem geliebten Vater kaputt gemacht hast. Sie hat es sogar niedergeschrieben, wortwörtlich und mit Datum versehen. Gibt dir das nicht zu denken? Mach es auch für deinen Vater - alles, was du nun tust - er wird sich darüber freuen, glaub es mir, ich weiß es. Worte sind mit Bedacht zu wählen! Worte können alles kaputt machen!

So, ich für meinen Teil hab nun alles gesagt. Komm her zu mir und lass dich drücken. Außerdem hab ich gestern für uns gekocht. Magst am Abend vorbeikommen? Ich würde mich freuen und dann besprechen wir unseren Wochenendcampingausflug und feiern Versöhnung …….".

b, Meine Mutter will anscheinend nicht auf dem Bauernhof bleiben. Der Betrieb soll von irgendjemandem weiter geleitet, „wiederbelebt", wieder bewirtschaftet werden. Vielleicht. Vielleicht ist der Hof für mich und meine Kinder wieder mal nur eine Zwischenstation. Vielleicht ziehen wir alle gemeinsam irgendwo hin, mit meiner Mutter. Auch gut. Vielleicht bleiben wir hier. Auch gut. Ich versuche, zu verstehen, wenn sie sagt, sie halte es nicht aus, wenn rund um das Haus fremde Traktoren fahren, den ganzen Tag, auf ihrem Grund, dem Grund ihres Mannes, meines Vaters, auf seinem Fleckchen Erde, das er so geliebt hatte.
Sie habe ihm am Sterbebett versprochen, dass dieser Hof so wie gehabt bestehen bleiben solle. Voll bewirtschaftet ……, was auch immer das heißen mag …… Turbulentes Leben. Wo führt es uns alle nur hin? Aber nichts desto trotz: Ich werde mein Haus in P. verkaufen.
…. Und ich habe so viele Fehler gemacht. Scheiße!!! Hab so viele verletzt, hab so viele falsche Worte verwendet. Es tut mir so leid. Vielleicht kann ich noch etwas gut machen, vielleicht, hoffentlich …..

c, Ach, ja, das Begräbnis meiner Tante (der Schwester meines Vaters) …. Worte an meine Mutter von einer mir völlig fremden Frau: „Na, deine Tochter hat auch wieder ein neues Betthupferl, hab ich gehört. Findet die sich keinen „Normalen?" Die ist doch eh so hübsch"…..

…. Meine Mutter erhält am Morgen nach dem Begräbnis einen Anruf: „Stimmt es, dass deine Tochter ihr Haus wieder verkaufen und zu dir rauf ziehen will? Das wirst du doch nicht zulassen, die tut dir doch sowieso wieder nur weh und verlässt dich wieder. Es geht mich ja nichts an, aber ich würde an deiner

Stelle aufpassen ...... (Würde zu gerne wissen, wer das war. Hab da eine Vermutung) .... Und in der Kirche sieht man sie auch nie, ist sie vielleicht schon ausgetreten? Und glaubst du, dass der Ludwig, dein verstorbener Mann das befürworten würde, dass sie wieder zu dir zieht? Das kann ich mir kaum vorstellen, dem war doch der Hof so heilig, der wollte doch immer, dass sein, euer Werk weiter bewirtschaftet wird. Deine Tochter ist doch sowieso keine Bäuerin mehr! ......".

..... Getuschel während des Totenganges von der Kirche zum Friedhof (buchstäblich hinter meinem Rücken!!!) Tatsache!: Wer ist denn die Schmale da vorne mit den kurzen Haaren? – Das ist die Tochter vom Ludwig und von der Kathi. – Ah, das ist doch die, die mit dem Kurt zusammen ist! – Nein, das ist doch schon lange vorbei, die hat mittlerweile wieder einen anderen. – Na, irgendwas ist bei der und ihrem Bruder auch schief gelaufen. Die sind halt viel zu sehr verwöhnt worden. Die haben ihre Partner wirklich nie lange. – Pssst, red doch nicht so laut, die hat das jetzt sicher gehört! – Na und? Kann sie doch ruhig hören, ist doch wahr .... Zwei alte Weiber mit Haaren auf den Zähnen - Wie in einem schlechten Heimatfilm. Man hält es nicht für möglich. Hätte meine Mutter mir dieses Gespräch erzählt, ich hätte ihr kein Wort geglaubt ....

d, Ich bin oder war zumindest in letzter Zeit voller Zweifel. So ist es auch auf den vorangegangenen Seiten zu lesen. Verzeih mir, bitte. Auch selbst muss ich mir verzeihen. Ich schäme mich. Bin manchmal wirklich nicht dicht. Will nichts sehnlicher, als mit Dir zusammen leben, Du hast recht. Natürlich zweifle ich nicht an Deiner Liebe, Deiner Treue zu mir, verzeih. Wie könnte ich nur! Wie konnte ich nur!

Hab manchmal zwei Persönlichkeiten, die eine mag ich nicht. Wird ab sofort eliminiert. Pfui! Muss noch unglaublich viel lernen, unglaublich viel – von Dir – meinem besten Lehrmeister (früher war das mein Vater), meinem besten Freund, meinem Seelenpartner.

E-Mail an Dich: „Darf ich Dich als kleines Dankeschön und sozusagen als Entschädigung für all die Schmerzen, die ich Dir zugefügt hab, (oje, oje) die seelischen, anlässlich meines Geburtstags zu einer Ägyptenreise einladen? Schau mal:

.... Natürlich nur, wenn ich bis dahin schön brav und "gscheit" bin, versprochen, eh klar. Und wenn ich bis dahin alles erledigt hab, sozusagen als Eintritt in das neue Leben. Danke für alles, ohne Worte. Danke. Ich küsse Dich.
Noja“

18. Teil Unglaublichkeit 29. August 2011

Du kennst einen Teil meiner Vergangenheit. Körperliche und seelische Gewalt. Gerechtigkeit kommt Dir in den Sinn – Vergeltung. Lass es sein, ist schon so lange her, hat mit mir, mit meinem Leben wirklich nichts mehr zu tun. Ohja, er hat auch meinem (gleichzeitig seinem) Sohn Gewalt angetan, hat ihm die Nase blutig geschlagen, dieses Arschloch! Ich hatte Mordgedanken, damals. Aber lass es gut sein, ja, ich weiß, Du könntest das, so, dass er es verstehen würde, aber es ist bereits passiert. Gottes Mühlen mahlen langsam. Ich hab auch keine Rachegelüste. Vielleicht lernt er doch noch. Ich wünsche es ihm. Von Herzen. Wirklich. Immerhin ist er der Vater meiner drei Kinder. Zumindest biologisch gesehen. Nichts von damals ist mehr in meinem Kopf oder Herzen ......

Hatte Marcinho, Dein süßes, weißes Hündchen zwei Tage bei mir. Hab mich bei ihm dafür bedankt, mehrmals, weil er damals mitgeholfen hat, Deine Seele zu heilen. Dafür, dass Du nicht ganz alleine und einsam warst. Dafür, dass ein Lebewesen immer in Deiner Nähe war. Dafür, dass er - diese große Seele im kleinen Körper - Dich begleitet hat, wenn Du nachts zum See gelaufen bist, und dort übernachtet hast, um Dich und Deine Seele zu heilen. Dafür, dass er Dich begleitet hat, wenn Du um die Häuserblocks gelaufen bist, nachts, um nur ja niemandem zu begegnen.

Wir waren am Wochenende auf einem Reggae-Festival. Zum ersten Mal seit acht Jahren hast du eine Frau mitgenommen. Schön war´s. Deine Freunde und Du und ich. Und Lagerfeuer, und Trommeln, und ausgezeichnetes – von Dir zubereitetes gegrilltes Festessen, Du Künstler, Du. Laue Nacht, Gewitterregen, Hagel. Schlafplatz im Caddy, Regengetrommel auf dem Dach. Schön und kuschelig und gemütlich .....

Denke, blaues (oder fernes) Blut fließt in Deinen Adern und dieses "I am from Europe", das glaub ich nun schon gar nicht. Wir werden im Laufe der Jahre herausfinden, woher Du kommst Garantiert. Ägypten? Warst Du irgendwann einmal ein Massai? Oder hast Du dem Stamm der Maories angehört? Kommst Du aus einer anderen Galaxis? Es gab Kulturen, die nie mit Alkohol in Verbindung gekommen sind, da kommst Du auf jeden Fall her. Oder von einem Volk, dessen Ausrottung auf Alkoholkonsum zurück zu führen ist. Du reagierst schlecht auf Alkohol. Sehr. Du Armer.

Zu „I am from Europe“ gibt es eine lustige Geschichte: Wir waren mit Elias, meinem jüngsten Sohn, und zwei seiner Freunde im Februar in der Steiermark auf Winterurlaub. Wir hatten uns in einer wirklich urigen Almhütte einquartiert. Der dortige Aushilfskellner war Nepalese. Als er Dich zum ersten Mal gesehen hatte, fielen ihm beinahe die Augen aus dem Kopf. Er setzte sich zu uns an den Tisch und fragte: „Where do you come from?“ Was Wunder. Ein Schönling mit Glatze, braungebrannt, geschminkten Augen. Und das mitten im Schnee in den österreichischen Bergen in Kombination mit der Sichtweise eines jungen Mannes aus Nepal. "I am from Europe“ war Deine trockene Antwort. Wir haben uns zerkugelt vor Lachen.

Du fragst mich: „Hast du heute schon in die Hände geklatscht?“ - WARUM?

„Na, du musst ja unglaublich froh und dankbar sein, weil du mich kennen lernen durftest (｡◕‿◕｡) “.

-„Oh, ja, das bin ich. Klatsche schon Tag und Nacht. Natürlich“.

Fühle mich wie ein Vogel, so frei. Spüre bereits die Leichtigkeit des Seins, ist in greifbarer Nähe. Werfe gerade allen Ballast ab, den ich mir aufgebürdet hab oder hab lassen. Hab nun keine Angst mehr, können mich doch alle ..... Du fragst: „Fühlst du dich jetzt erwachsen?“ -„Erwachsen?“ „Erwachsen, ja. Niemand kann dich nun mehr unterdrücken, du LÄSST dich von niemandem mehr unterdrücken, du tust nur mehr, was dir gut tut, was du für richtig empfindest. Du pfeifst auf die Meinung aller anderen, du gehst deinen Weg, unbeirrbar, mit Sicherheit, egal, ob man dich für verrückt erklärt oder nicht. Du bist nun eine Frau. Du bist nun erwachsen. Du bist nun eine erwachsene Frau. MEINE Frau!" Du schmunzelst.

-„Ja, Du hast recht. Ich fühle mich ...... Ich bin nun ...... erwachsener. ICH BIN NUN ERWACHSEN (wovor hinausgewachsen?).

Wieder zurück zum Festival: „Du kannst unglaublich gut tanzen" – Danke, Du Schmeichler.

„Und du bist die einzige Frau auf der ganzen Welt für mich, ich liebe dich, ich liebe dich. Sieh dich doch nur an, keine kann dir das Wasser reichen, du musst dich nie wieder in deinem Leben verstecken, versteckt halten. Sieh dich nur an!" Du drückst und umarmst mich immer wieder in der riesigen Menschenmenge. Dein Freund Gery rempelt Dich an, zeigt mit erhobenem Finger gen Himmel und ermahnt Dich lachend: „Großer Fehler! Großer Fehler! Halte Dich mit Deiner Zuneigung zurück, sie steckt Dich in die Tasche und schon bist Du verloren. Bist Du sowieso schon!! Hast nicht DU mich Zurückhaltung bei den Frauen gelehrt, schau Dich jetzt an! Hoffnungsloser Fall ...."

Spüre Deine Freude, über meine Nähe, meine Liebe zu Dir. Spüre meine große Freude, kann mein Glück manchmal noch gar nicht fassen. Spüre Dein Glück, darüber, dass Du der ganzen Welt zeigen darfst, dass Du nicht verrückt und nicht mehr allein bist. Denn ich bin bei Dir, stehe zu Dir, stehe hinter Dir, stehe vor Dir, wenn es sein muss, wie ein Bollwerk. Ich liebe Dich. Spüre die riesige alte Einsamkeit, die noch in Deinen Knochen steckt. Und Du liebst mich.

Kann das Leben so einfach sein? Keine Quälereien mehr, keine Gewalt, keine Bürden, keine Last, keine finanziellen Verpflichtungen mehr, keine Zukunftsängste. Kein DAS MUSS ICH JETZT ÜBER MICH ERGEHEN LASSEN? Und nichts mehr tun, was mir widerstrebt?

Unglaublich gut behandelt werden, geliebt, gestreichelt werden, sanfter Umgang gegenseitig. Bekocht, verwöhnt werden – in jede nur denkbare Richtung. Kerzen, Räucherstäbchen, schöne Musik, Zweisamkeit, Verständnis, Gemütlichkeit, eingelassenes Badewasser. Einen wunderbaren, wunderschönen, weisen, intelligenten, spirituellen Mann ein Leben lang begleiten dürfen. Wie im Paradies. Ein Märchen, ein Traum wird Wirklichkeit.

Du hast mich am Samstag um fünf Gründe gefragt, warum ich Dich liebe.

Ich liebe Dich
Weil ich weiß, wer DU bist
Weil DU spirituell und alt
Weil DU weise und sanft
Weil DU klug und streng
Weil DU schön und jung

UND ich liebe Dich aus den Gründen Deiner .....
Unglaublichkeit:

Unglaublich
Nett
Gutmütig
Liebevoll
Außergewöhnlich
Uralt
Belesen
Lernfähig
Intelligent
Charismatisch
Herzlich
Königlich
Ehrlich
Idealistisch
Treu

19. Teil Survivaltraining für die Seele 30. August 2011

Morgen wird Mirjam 26 Jahre. Meine Tochter. Meine Erstgeborene. Unfassbar. Wo ist die Zeit geblieben? So ein schönes Kind. Eine schöne Frau. Du hättest dir nie etwas gefallen lassen, nicht so wie ich. Warst als Kind schon erwachsen. Bin stolz auf Dich, mein Schatz. Mirjam, geh deinen Weg. Unbeirrbar. Und du warst der auserkorene Liebling meines Vaters.

Quergedanken / Letzte Woche / unsere Beziehung: Du, mein geliebter Mann hattest noch am Computer zu arbeiten. Ich wollte Dir eine Freude bereiten und das Abendessen für uns bereiten ...... (Die Gelsen machen mich verrückt da in O., kein Schlaf, dafür mindestens zwanzig Stiche am ganzen Körper. Man will mich vertreiben von meinem alten, zukünftigen Zuhause. Ich spüre es. Oder ich will nicht hier sein?!) ..... Später kommst Du zu mir in die Küche. Weltlicher Kram, aber ich schreib es jetzt nieder. Du siehst auf die Zwiebel, die ich fein geschnitten auf der Wurst verteilt habe. Ich bemerke Deinen Blick und auf Deine Aussage hin, dass Du sowieso keine Zwiebel magst, gebe ich die Hälfte wieder herunter. Von Deinem Blick verunsichert, frage ich Dich vorsichtshalber, welches Öl Du bei saurer Wurst bevorzugst. Du strafst mich nur eines Blickes, der eine komplette Kompanie tot umfallen lassen würde. Also nehme ich kurzer Hand das Öl, das mir am nächsten steht – Sonnenblumenöl. Und weiter komme ich nicht. „Du wirst doch nicht im Ernst, wenn wir Kürbiskernöl im Kühlschrank stehen haben ...." Gut, ich stelle das Öl zur Seite und erkläre Dir, dass ich in Deiner Küche nie wieder etwas angreifen werde. Du sagst, dass Du sowieso keinen Hunger hast, schenkst Dir ein Glas Wein ein, stürzt aus der Küche und verziehst Dich ins Wohnzimmer. Das lass ich mir nun doch nicht gefallen, laufe hinterher und erkläre Dir, dass Du unglaublich kompliziert bist. Du magst nur „breite" Gabeln, Dir passt es nicht, wie ich die Zwiebel schneide, Du hättest lieber Wurstsalat gehabt. Ah! Du hast nicht zugehört, als ich Dich danach gefragt hatte. Du wirst mir vor, ich sei zu langsam. Jetzt werde ich Dir mal was sagen: Ich bin 44 Jahre gut durchs Leben gekommen, auch ohne Dich, auch ohne Deine Zurechtweisungen, auch ohne Deine Tipps in der Küche und im Leben. Und ich habe mir schon genug Scheiße von allen möglichen Menschen gefallen lassen. Du lehrst mich, auf mich zu achten, das tue ich jetzt. Ich lass mir das von Dir nicht gefallen! Du hast mir oft vorgeworfen, ich sei böse. Nein, das war ich nie, das bin ich nie. Ich schlage nur um mich, wenn ich mich schlecht behandelt fühle. Du aber, Du bist launisch und böse, sieh Dir doch Deine Blicke an. Ich filme Dich beim nächsten Mal! Ich fühle mich von Dir schlecht behandelt. ....

Irgendwann sitzen wir beide wieder in der Küche und ich weiß ganz, ganz, ganz genau, was kommen wird. Du wirst reuig, es tut Dir leid. Du gibst zu, dass Du kompliziert sein kannst, und wie! Ich erkläre Dir, dass ich enttäuscht bin von Dir, oh ja, das bin ich. Was soll dieser weltliche kleinkarierte Scheiß? Passt doch überhaupt nicht zu Dir! Wir haben doch anderes zu tun, als über Zwiebeln zu streiten, einfach lächerlich. Es tut Dir leid und Du bittest mich, Dir zu helfen, bei so kleinen Dingen die „Gescheitere" zu sein. Bittest mich, Dich beim nächsten Mal in die Arme zu nehmen und Dir zu sagen, dass ich Dich liebe. Nichts lieber als das, nur die Angst davor, dass Du mich wegstößt, ist halt manchmal da. Hatten wir ja schon einige Male. Werde ich nächstes Mal wegschieben, diese blöde Angst – hab ich jetzt sowieso nicht mehr, echt nicht. Hab vor NIEMANDEM mehr Angst. Bin erwachsen! Ha! Und wenn ich Dich an einen Sessel binden und zwingen muss, mir zuzuhören, mir in die Augen zu schauen. Ich liebe Dich. Du sagst: „Bitte hilf mir dabei, ich war so viele Jahre allein, hatte vor zwölf Jahren die letzte Beziehung, ich bin so ungeschickt, ich bin das alles nicht mehr gewohnt". Ja, ich weiß, bist es auch nicht gewohnt, dass jemand für Dich Essen bereitet. In Zukunft bleibst Du in der Küche der Chef, das meine ich wirklich ganz ernst, wir kochen nur mehr gemeinsam, und ich bin Deine Küchenhilfe. Du kochst sowieso lieber als ich. Wir lieben uns, wir schaffen alle Barrieren aus dem Weg. Wär doch gelacht.

Möchte endlich mit Dir, ja was? Immer beisammen sein? Ja. Mit Dir die Welt entdecken. Möchte das Leben leben, richtig leben, keine Sorgen, keinen Kummer mehr haben - so wenig als möglich eben; genießen, Freude haben, mit offenen Augen durchs Leben gehen. Aufmerksam, aber nicht grüblerisch, sondern freudig und ohne Vorurteile, unschuldig wie ein Kind. Weit weg von Konsumrausch und Materialismus. Eine kleine

Hütte, ein Garten, Wasser, Bäume, Lachen, Feuer, Sonne, Wärme, back to the roots. Boden, Erde, Gras, Blumen, Sonnenaufgänge, Sonnenuntergänge, das Rauschen der Blätter. Am Strand liegen, mit geschlossenen Augen, und dem Rauschen der Meeresbrandung zuhören. Deine Haut spüren, ein wenig kochen, in kalten Nächten Feuer machen. Nichts mehr brauche ich zum Leben und Dich und Deine Gespräche und Deine Nähe,

Deine Haut, Deine Liebe. …. Und meine Kinder will ich glücklich sehen. Denn sonst kann ich auch nicht glücklich sein. Sie haben noch einen weiten Weg vor sich. ….. Ich darf mich schon ein wenig zurückziehen aus dem Karussell von „schaffe, schaffe, Häusle baue, Butterbrot statt Schnitzel kaue". Mich kann das ganze Schaffen. …….. Bin müde des Schaffens, meine Prioritäten liegen in anderen Gefilden. Hab immer gesagt, dass ich kein Kapitalist bin. Jetzt weiß ich, dass ich ganz extrem KEIN Materialist bin. Weltliche Güter waren mir immer schon wurscht. Drum ist mir ja wohl vieles durch die Finger gerutscht. Nun weiß ich es. Ja, ja, keine Sorge, arbeiten (blödes Wort: „was tun" ist besser) macht mir Spaß, wenn mir keiner auf die Finger schaut und über mich bestimmt. Werde weiterhin Geld verdienen, aber auf eine Art und Weise, die mir gefällt, ganz sicher! Und nicht anders. Mein ganz eigener Chef sein, nicht für andere nach deren Pfeife tanzen, gleich dreht sich mir der Magen um, gehört endgültig der Vergangenheit an. Meinen Standpunkt vertreten, meinem Namen alle Ehre machen und sonst gar nichts.
Das mit meinem Nachnamen muss ich unbedingt auch noch ändern. Unbedingt. Freu mich schon darauf, auf dieses Gefühl. Schön, schön, schön.

Danke, mein Meister, wirklich. Wie machst Du das nur? Haus verkaufen, Schulden weg; Arbeit, bei der andere unglaublich gut mit mir verdient haben, mich ausgebeutet haben, weg. Selber schuld. Wär ich selbst jemals darauf gekommen? Hätte ich ganz allein jemals den Mut gehabt, mich zu lösen?

Der Prophet spricht wieder zu mir: „Jetzt erst, jetzt, wo du dich endlich von dieser Firma löst, wird deine Arbeit Früchte tragen, wirst du von deinem Erlernten unglaublich gut profitieren. Verkauf dich ja gut! Du hast Glanzleistungen, wahnsinnig gute Umsätze in den letzten Jahren erzielt, nun ist es an der Zeit; dich selbst zu vermarkten. Nütze alles, was du bekommen kannst. Investiere nur mehr die halbe Zeit mit dem doppelten Gewinn. …… Bis du dann am wahren Ziel angelangt bist. Da machst Du dann sowieso etwas anderes. Aber noch ist es zu früh".

- Was, was, was??? …….. Wovon sprichst Du schon wieder? Vielleicht liege ich aber eines Tages auch nur in der Sonne und schreibe meine Gedanken nieder? …. Was meinst Du??? Kennst Du mein wahres Ziel? Warum sagst Du es mir nicht? Ich kenne es noch nicht. Ich suche und irre herum. Wie ein blindes Huhn. Oder wie ein Hund, der zwar mit zitternder Schnauze die Fährte aufgenommen, aber keine Ahnung hat, in welche Richtung es gehen wird. –

Bin so glücklich mit den einfachsten Dingen. Steh ab nun sofort dazu, und zu mir, und wenn die ganze Welt mich nicht versteht, Du tust es. Das genügt. Werde ein richtiger Aussteiger, kehre meinem bisherigen Leben den Rücken. Ich will KEINE Versicherungen mehr verkaufen. Das wäre mein Traum. Diese Arbeit passt doch überhaupt nicht zu meinen Gedanken, zu meinem wahren Ich. Doch rückblickend war es ok. Ich muss fair bleiben. Denn so hab ich meine Kinder und mich sozusagen über Wasser gehalten. So konnten wir viele Jahre leben.

Auch das Business und die Stresemannmenschen muss man kennen gelernt haben (Ich war wohl viele Jahre auch eine von Ihnen. Oh je und oh ja). Und das Karrieremachen, und sei es im Nachhinein auch noch so fragwürdig. Und es hat mir jahrelang Spaß gemacht. Das muss ich auch zugeben. Hat mein Ego gestreichelt. Erfolg macht sexy, ha. Wieder die Fleißigste, wieder der meiste Umsatz, oder der zweit- oder drittmeiste. Wieder den roten BMW-Cabrio-Flitzer für vier Wochen zur Verfügung. Lustig. Im Nachhinein. Tolle Manipulation. Auch ein wichtiger Lernprozess.

Aber diese Versicherungsgesellschaft passt nicht zu mir. Früher hab ich immer, wenn jemand mit einer Aktentasche zu einer Haustür gegangen ist, gedacht, schämen die sich nicht? Ich würde so etwas NIE tun …... Ja, das Universum kennt das Wort „nie" nicht. Also hab ich ausgesendet: Ich würd so etwas machen. Ja. Ja. Es war damals aber meine einzige Möglichkeit,

diese hohen Fixkosten tilgen zu können. Die Raten für das neugebaute Haus waren horrend ...... Und ich war verantwortlich für meine drei minderjährigen Kinder.
Mirjam und Dominique, meine zwei Großen, ihr habt es ab dem Zeitpunkt, als ihr mich mal auf ein Seminar begleitet habt, sofort gewusst. „Wie hältst Du diese unsympathischen Hosenanzugmenschen nur aus, Mama?", war euer ganzer Kommentar ... klug! Klüger als ich.

Kann es selber noch kaum glauben, meine Wandlung marschiert nun in die entgegengesetzte Richtung von Rechenzins, Rabattierung und Performance. Voraus mit Quantensprüngen. C'est la vie, Albert. Hasta La Vista, altes Leben!

Danke, Du bist ein unglaublicher Meister, ich hoffe, Du weißt davon! Unglaublich! Danke. Kann mich nicht oft genug wiederholen.

Vielleicht solltest Du Dir zum Ziel setzen, Menschen genauso wie mich auf den richtigen, den wahren Weg, das wahre Leben, das wahre ICH zu bringen. Eine schöne Aufgabe, findest Du nicht auch? „**Survivaltraining für die Seele**" Jawohl! Die Hütte – Du weißt schon .... da oben! Oh! Ist es nun schon wieder so weit, dass der Berg dem Propheten den Weg zeigen will? Obwohl der Prophet sowieso schon lange davon weiß ..... Er muss es nur noch TUN.

Zehn Monate Crashkurs im wahrsten Sinne des Wortes hast Du an mir vollführt. Knallhart. Keine Samthandschuhe waren das. Wer hält das durch außer mir? Bitte melden! Ha, ha.
Mit einem äußerst strengen, aber UNGLAUBLICH sehenden, mir die Augen öffnenden Lehrmeister. Wieso siehst Du das alles? Wie geht das? Ein Mysterium??? Weisheit? Wer bist Du?

Ich war MIR, dank Dir, noch nie so nahe. Und ich muss MIR noch viel näher kommen. Und deshalb befürchte - oder hoffe - ich, dass dieser Crashkurs noch lange nicht im Finale ist.

20. Teil **Wir sind verliebt** **11. September 2011**

Wären alle Männer auf der ganzen Welt so zu ihren Frauen wie Du zu mir, gäbe es keine Scheidungen.
Wären alle Väter auf der ganzen Welt so liebevoll, so voll Liebe und Verantwortung für ihre Kinder wie Du zu Deinem Hund, gäbe es nur glückliche Kinder.
Würden alle Menschen so bewusst leben, so aufmerksam sein wie Du, hätten wir alle das Paradies auf Erden.
Würde jeder mit so viel Herz kochen wie Du, gäbe es kein bitteres Brot.
Wären alle so sanft wie Du, gäbe es keine Kriege ....

Vollmond ..... kann ohne Dich gar nicht mehr ordentlich schlafen. Hilfe! Ich befürchte, ich bin verliebt, ja. Und ich befürchte, ich vergesse den Großteil dessen, das Du mir sagst. Wäre nicht gut. Ich versuch´s. Was war das heute noch mal? .....
„Hör endlich auf, darüber nachzudenken, was die anderen jetzt über dich reden oder denken. Das ist egal, DU bist nun wichtig, wichtig ist, dass es DIR gutgeht, es ist nicht wichtig, ob es durch deine Entscheidungen, die du jetzt getroffen hast und noch treffen wirst, anderen schlecht geht oder sie über dich schlecht denken werden. Jetzt ist DEINE Zeit, nur DEINE, DU bist jetzt dran, DIR soll es jetzt gutgehen, DU sollst dich wohlfühlen! Zuerst kommst DU, dann kommt lange nichts, dann kommst wieder DU, dann kommt wieder lange nichts, dann kommst wieder nur DU, dann kommst wieder nur DU und wieder nur DU, und vielleicht kommen dann deine Kinder, deine Mutter, ich, dein Bruder und eben Menschen, mit denen du dich umgeben willst. Tun sie dir nicht gut, dann meide sie! Andere suchen! Solche, die dir gut tun. Nun ist DEINE Zeit angebrochen, hör auf, nett zu sein, nun müssen die anderen Mal ZU DIR nett sein! Lass dir nie wieder etwas von anderen gefallen, du hast so viel Gefühl, hör endlich DARAUF! Hör auf dein Gefühl, auf deine Eingebun-

gen, auf deine Intuition. Wenn du einmal nicht weißt, wie du dich entscheiden sollst, dann sprich mit mir darüber. Aber die Zeit ist reif, nun anders aufzutreten. Sei nur mehr Du selbst. Zieh es durch! Keinen Gehorsam mehr, kein nett sein mehr, keine Augen mehr zudrücken, wenn dich jemand nicht so behandelt, wie du es verdienst. Am Arsch lecken! Dreh dich um und geh einfach. Ohne Worte. Sollen die anderen nun über dich nachdenken und lass sie ruhig im Ungewissen, das schadet ihnen nicht. Lass dich nicht mehr sekkieren, dulde nichts mehr".

Zum ersten Mal war ich bei Dir alleine zu Hause, weil Du ein Treffen mit einem Geschäftsfreund hattest. Fühlte mich nicht mehr wie bei Dir zu Besuch, sondern war zu Hause und hab einfach auf Dich gewartet - aber sehr wohlfühlangenehm. Ein bisschen kochen, ein wenig zusammen räumen, am Computer arbeiten, fernsehen, baden, Räucherstäbchen, Kerzen und die Freude darauf, wenn Du nach Hause kommst. Wie bei einem Ehepaar.

Dann warst Du da. Ganz süß warst Du. Und verliebt. Hast mich geweckt und gedrückt und geküsst und gedrückt und geküsst und geküsst und gedrückt. Soooo schön! Hast zu mir gesagt:

„...... Du bist die einzige Frau, die ich liebe, ich liebe dich.... Ja, ich liebe dich....Ja.....Ich liebe dich. Weißt du das auch? Weißt du, dass ich dich liebe? .... Schön ist das. Hab mich so darauf gefreut, wenn ich dich beim nach Hause kommen aufwecken, mich zu dir legen, dich spüren kann. Es ist so gut mit dir. Du hast mir die Liebe geschenkt. Unglaublich, was ich empfinde, wenn du mich berührst, wenn du dich nachts im Schlaf umdrehst und meine Nähe suchst, mich umarmst, dich ganz fest an mich drückst. Wenn ich deine Hand irgendwo auf mir spüre. Ich kannte das nicht, es ist für mich ein unbeschreiblich schönes Gefühl. Nein, ich kannte das nicht. Und ich konnte diese Nähe auch lange nicht annehmen. Du weißt es. Weißt du eigentlich auch, dass ich jedes Mal, wenn du mich nachts berührst, wach werde? Wach werde, weil das sooo ein schönes Gefühl ist? Unglaublich, ich liebe es, ich liebe dich....Ja, ich liebe dich, ich hab sehr, sehr viel darüber nachgedacht ..... Du bist die dümmste Frau, die ich kenne, das denke ich manchmal wirklich, wirklich, aber ... ich liebe dich, was soll ich tun. Die dümmste Frau, ... lass mich das erklären, so viel Gefühl, so viel Wissen und Ahnungen und Intuition und nichts davon hast du genützt. So mein ich das! Nichts, nichts, nichts. Wie konntest du nur! Und das hab ich in dir erkannt, hab erkannt, wer du wirklich bist. Und was hattest du nur für Trottel?! Hat sich da jemals einer um dich gekümmert? Hat sich jemals einer gefragt, wer du wirklich bist, was du willst, was du fühlst, hat dir einer auch nur irgendetwas beigebracht? Oder waren sie sich wichtiger, waren ihnen ihre Bedürfnisse wichtiger als deine?! Wenn auch nur mehr einer in deine Nähe kommt, wenn ein Mensch auch nur daran denken sollte, dir nichts Gutes tun zu wollen, wenn er nur daran denken sollte, dann wird er mich kennen lernen, ich schwöre es dir. Du hast es verdient, dass es dir nur mehr gut geht, nur mehr gut geht, nur mehr gut geht. Hast du gehört? Egal, ob Kinder, Mutter, Familie - deine oder meine. Freunde, Kollegen, Kunden oder sonst wer, versprich es mir, lass dir nichts mehr gefallen, nichts, gar nichts, gaaaaar nichts. Versprich mir das, denn immer kann ich nicht auf dich aufpassen.

Und du hast die Liebe in dir, oh ja, das hast du. Darum verzeih ich dir auch manche Dummheiten, manch dumme Aussage. Schau nicht so! Du weißt GENAU, wovon ich rede. Mittlerweile kenn ich dich ja schon ziemlich gut, ich weise dich nicht jedes Mal auf eine deiner Aussagen hin, die mich an deiner Intelligenz, an deinem IQ zweifeln lassen. Du hast so viel Liebe in dir, da ist das ok, wirklich, wirklich. Nicht immer ganz leicht, geb ich zu, wenn es mir den Magen umdreht, aber du hast mich die Liebe gelehrt. Dafür werde ich dir immer dankbar sein, was heißt dankbar, da hast du unmögliches möglich gemacht. Keine Frau hätte das zustande gebracht. Widersprich mir jetzt nicht. Keine, sag ich und keine mein ich und so ist es. Freu dich einfach. Damit hatte ich nicht mehr gerechnet, hab ja auch wun-

derbar alleine gelebt, mich wunderbar mit meinem Hund arrangiert, ha, mein Leben super eingerichtet. Kennst du einen Menschen, der so glücklich ist, wie ich, der so sorgenfrei lebt wie ich, der so frei ist von allen Zwängen, der das Leben so genießen kann wie ich, der jeden Tag Freude empfindet, wenn er wach wird? Nein, nein, nicht schon wieder gleich antworten! Denke ruhig ein paar Minuten nach .... Siehst du, du kennst keinen. Ich hab´s ja gewusst ....
Aber, überlege gut, ob ich der Richtige für dich bin, vielleicht solltest du dir das Leben einfacher machen, vielleicht ist der „Glatzköpfige" doch nicht der richtige für dich. Noch kannst du einen Rückzieher machen. Noch ist Zeit dafür. Aber überlege schnell. Es wird nicht immer einfach sein mit mir. Sieh mich an, wie ich aussehe, achte darauf, wie alle auf mich reagieren. Bist du dir ganz sicher, ganz, ganz sicher? Ganz, ganz sicher? Ich muss das wissen!"
Auf diese Frage geb ich keine Antwort. Ich nehm dich nur in meine Arme. Weil ich weiß, dass das als Antwort genug ist. Und weil ich wie gelähmt von Deinen unglaublichen Worten bin. .....
Wir sitzen eng umschlungen ..... und genießen / wortlos. Ohne Worte. ESISTEINWUNDER.
„Ja", sagst Du und atmest ganz tief durch. „ Ich hab wirklich sehr viel darüber nachgedacht, lange und viel. Ich finde keine andere Erklärung dafür, es gibt keine andere Erklärung, das, was ich da spüre, das ist Liebe. Juchhu, ich bin verliebt, ich bin verliebt, ich bin verliebt, la, la, la, la, la, la, la....."
Wir singen wie zwei Irre gemeinsam „Ich bin verliehiehiebt, wir sind verliehiebt" und hüpfen dabei sitzend am Bett im Takt auf und ab, **„wir sind verliebt**, wir sind verliehiebt, ist das Leben schöhön". Und lachen und lachen.

Erinnerungen an gravierende Aktivitäten:
Freitagnachmittag, 9.09.´11 -Welch ein Datum, welch ein Omen! Wir sitzen im Auto, in Deinem, ich hab ja keines mehr, hi, hi. Du siehst mich von der Seite an, du fragst: „Bist du glücklich? Du

siehst zumindest so aus." Du schmunzelst, ich sehe Deine Grübchen in den Wangen immer tiefer werden. Hab ich Dir schon mal gesagt, wie sehr ich diese Grübchen liebe?

„UND WIE ICH GLÜCKLICH BIN!!! ICH ZERSPRINGE BEINAHE VOR GLÜCK!!! ICH KANN ES NOCH GAR NICHT GLAUBEN!!!"

„Du hast unglaubliches in den letzten Monaten geleistet. Du bist dabei, das Haus zu verkaufen, die Interessenten geben sich bereits die Türklinke in die Hand. Weg mit dem Ballast. Hast der Firma soeben die Kündigung auf den Tisch gelegt, hast ihnen den Rücken gekehrt, machst dich ganz alleine selbständig. Weg mit Schikanen, weg mit beleidigenden Anrufen, weg mit „Ich bin der Chef im Haus"- Faxen (Faxen, ha, ha) und e-mails. Weg mit ununterbrochenen Schulungen, weg mit dem Druck, neue Mitarbeiter akquirieren zu müssen. Her mit der gesamten Provision. Hast den BMW soeben zurückgegeben. Weg mit dieser riesigen Belastung. Hast das Firmenhandy zurückgegeben mit diesem Horrortarif. Alleine dabei ersparst du dir jährlich mindestens € 600.-.

Bist endlich frei und ungebunden. Keine Kreditkosten mehr, keine Autokosten. Endlich ein Auto auf DEINEN Namen, endlich ein Handy auf DEINEN Namen und keine Schulden mehr. Mein Schatz, du bist bald frei! Die Ketten sind gesprengt. Du hast in den letzten Jahren gearbeitet wie verrückt und hast dir nichts geleistet, gar nichts. Weil du nicht konntest. Kosten in Höhe von mind. € 2.500.- erlauben das nun mal nicht als Alleinverdienerin mit drei Kindern. Und nein, das alles hab nicht ich gemacht. Ich hab dir Einblick in mein Leben, in meine Vergangenheit, in meine Erfahrungen gewährt, ja, das hab ich, aber nur zu einem Zweck: damit du dahinter kommen konntest, WORIN du steckst. Und wer du wirklich bist. Ich hab´s von Anfang an gewusst, wer du bist ..... Nein, stimmt nicht ganz. Beeindruckt hast du mich beim ersten Mal deshalb, weil ich etwas sah, etwas spürte. Puh, die weiß, was sie will, puh, die weiß, wer sie ist, puh, die weiß noch mehr als ich. Dieses Auftreten! Aber beim zweiten Mal war die Enttäuschung groß, sehr groß, das muss ich ehrlich zugeben, aber das hab ich dir bereits erzählt. Denn dein Auftreten war nichts anderes als shining. So wie dein ganzes Leben .....

..... Dich interessiert keine goldene Uhr, dich interessiert kein BMW, dich interessiert kein Materialismus. Du bist unglaublich genügsam, du kannst dich unglaublich an den kleinen Dingen im Leben erfreuen, du steckst voll Liebe, du bist unglaublich lieb ..... und intelligent. Und ich will, dass du diese Intelligenz vorerst mal nur mehr zu DEINEM Vorteil nützt! Versprich mir das! Versprich es DIR!

Ich hab nichts von dem, was du in deinem Leben nun alles berichtigst, erledigt, gar nichts. Das warst du allein. Ich hab dir deine Arbeit nicht gekündigt, nicht dein Firmenhandy, hab nicht deine Geschäftsanbahnungsgespräche geführt, hab nicht dein Haus zum Verkauf inseriert, das warst alles DU, mein Schatz, nur DU! Ich hab dir nur aufgezeigt, wer du wirklich bist, was du dir selbst vom Leben erwartest, wo deine Prioritäten liegen. Dir einfach einen Spiegel vorgehalten. Und ich konnte dir nur deshalb helfen, weil ich meine Geschichte beinhart am eigenen Leib erfahren hatte. Nur, ich hatte niemanden zum Reden. Nicht so wie du mich jetzt. Mir ging´s so richtig scheiße - ein Jahr lang oder sogar länger. Ich hab es jahrelang alleine durchgestanden und ausgefochten und mich oft gefragt, ob ich am richtigen Weg bin. Nun weiß ich es, ich wusste es auch schon vor deiner Zeit, aber zu zweit sieht das alles ganz anders aus. Fühlt sich besser an, ja, das tut es. Ich bin sehr glücklich. Und ich bin sehr, sehr stolz auf dich.

Nun ist es vollbracht und glaub mir, kaum ein Mensch, kaum eine Frau hätte das alles zustande gebracht. Es bleibt ja wirklich kein Stein auf dem anderen, wie du vorhin richtig formuliert hast. Neue Arbeit, neues Zuhause, neues Auto ...... Außerdem ist mir damals schon etwas aufgefallen: ...... sie fährt mit einem protzigen BMW spazieren, hat sich alleine ein Haus gekauft, ist in der Versicherungsbranche tätig, geht Tennis spielen. Gut, das würde ja alles wunderbar in dieses Schema passen. Aber .... und jetzt kommt's: Sie trägt keinen Schmuck, sie freut sich wie ein kleines Kind über den klaren Sternenhimmel, sie ist glücklich beim Übernächtigen im Freien, obwohl das Wetter miserabel ist, sie isst altes Brot mit altem Speck mit derselben Begeisterung wie ein T-Bone-Steak. Sie stellt keine Ansprüche .... und gönnt sich aber auch gar nichts, weil sie für Dinge, die ihr gar nicht wichtig sind, beinahe ihre ganze Zeit, ihre ganze Energie, das ganze Leben investiert.

Und, ganz ehrlich, mein Schatz, wenn du dich von all diesen Dingen, die dir gar nichts bedeuteten, nicht getrennt hättest, nicht trennen hättest können, nicht den Mut dazu gehabt hättest, nicht erkannt hättest, wer du wirklich bist, was du wirklich willst, dann hätte ich mich von dir abwenden müssen. ...... Ehrlich. Ich kann nicht mit einer Frau leben, die nicht das präsentiert, nicht das lebt, was und wer sie ist. Da darfst du mir nicht böse sein, aber so weit kennst du mich schon, ich liebe die Wahrheit und mit einer Lüge kann und will ich nicht leben. ..... Versprich mir, dass du mich nie anlügst, andere, ja, die müssen nicht unbedingt wissen, wer du bist, aber ich verlange von dir bedingungslose Ehrlichkeit und Wahrheit. Und du weißt, Dinge, die man nicht erzählt sind auch eine Lüge, Unterlassung der Wahrheit .... ok, du sagst, mit jedem Kleinkram willst du mich nicht belästigen. Wie hast du vorhin gesagt, ich sei ja nicht dein Mistkübel, ja, da hast du recht. Alles muss ich wirklich nicht wissen, will ich gar nicht wissen, aber das Wesentliche .... Du weißt, was ich meine.

Aber glaub mir, um noch mal auf das vorherige Thema zurück zu kommen, das macht dir nicht so schnell jemand nach, und schon gar nicht eine Frau. Du kannst stolz auf dich sein – und glücklich. Super gemacht".

Es wird gefeiert mit Schrimps und Calamari und zwei herrlichen Badetagen am See mit Sommertemperaturen, und das im September, guter Musik und Glücklichkeit. Und Liebe.

Und morgen kaufe ich mir ein Auto. Du bist unglaublich lieb zu zu mir. Borgst mir Deines, bekochst mich, kümmerst (pfui, was für ein negatives Wort – nix mit Kummer) beschäftigst Dich wochenlang damit, das passende Auto für mich zu finden. Vergleichst stundenlange Automarke mit Automarke, Preis mit Preis, Konsumentenbewertungen, Prüfberichte usw. Du fährst mit mir hunderte von Kilometern durchs Land, um das passende Auto für mich zu finden. Du berätst mich beim Handykauf, Du erklärst mir alles, Du unterstützt mich in allen Belangen, egal, ob es die Kinder betrifft, einen Maklervertrag, die Kündigungen, die Kunden, meine Mutter, das Finanzielle.

Ich muss andauernd sihingen, weil ich so glücklich bin, weil ich so frei bin, weil es mir so gut geht. (Vielleicht sollte ich ein Hörbuch machen, damit man manches singen kann, singen kann, summen kann, la,lal,lala, la; la, la, lala,la oder einen Fihilm)
Und vielleicht bin ich nicht dihicht,
aber das macht mir nihichts,
vielleicht bist Duhu auch nicht dicht,
aber das mahacht uns nichts.
Weil das Leben so schön ist,
und erst jetzt richtig beginnt.
Wir kaufen einen Campingbus,
und genihießen das Leben.
Wir fahren in ferne Länder,
Aus mihir wird uhuuns,
aus Dihir wird uhuuns.
Lalalalalaaala, Lalalalala, ich bin nicht dihicht
Lalalalalaaala, Lalalalala, ich bin nicht dihicht.

.... Meine eigenen Versprechen:
x, Auf jedes Wort, das ich von mir gebe, achten, vorher überlegen!
x, Menschen meiden, die mir nicht gut tun, die nicht respektvoll mit mir umgehen.
x, Dinge meiden, die mir nicht gut tun.

x, Ich sein und ich bleiben und ich werden.
x, Nie wieder Schulden.
x, Immer mindestens € 10.000.- am Sparbuch
x, Monatlich € 300.- wegsparen
x, Nur mehr auf mich hören – und auf Dich.

Oh, ein Sturm kommt auf. Die Türen krachen zu. Die Blätter rascheln draußen in den Bäumen.
Wird das kuschelig, wenn wir dann mit dem Campingbus unterwegs sind, wenn´s draußen stürmt und regnet. Wenn wir uns zusammenkuscheln, den Regentropfen lauschen, schöne Gespräche führen, gute Musik hören, wenn Kerzen warmes Licht spenden, wenn wir dann eng umschlungen in den Schlaf hinübergleiten, müde vom Tag, vom Schneewandern, Langlaufen, Schwimmen, Nichtstun, Musizieren, Wandern oder ……

Ich. Bin. Ein. Glückspilz.
Du. Bist. Ein. Glückspilz.
Gott liebt mich.
Gott liebt Dich.
Gott liebt uns alle.

Und deshalb bitte ich dich, lieber Vollmond, lass mich jetzt ENDLICH in mein Kissen sinken, lass mich wohlfühlend unter die Decke kriechen und mich gnädig in einen tiefen erquickenden Schlaf sinken. Ich vertraue dir und danke dir für die Zeit, die du mir jetzt verschafft hast, um des Nächtens viele Seiten unseres Lebens auf Papier zu bringen, aber um 2 Uhr 18 verlangt es mich nach einer Ruhephase.

21. Teil Zwilling und Skorpion 12. September 2011

Ich bin ein **Skorpion** laut Tierkreiszeichen. Ich habe einen bitterbösen Stachel (der im Endeffekt mich meist mehr verletzt, als andere). Das erklärt mir, warum ich manchmal so zornig und – wie Du es nennst – böse bin. Und ich hasse es, wenn man mich ungerecht behandelt. Ich hasse es, wenn man / Mann mich nicht so behandelt, wie ich es verdient habe. Und ich hasse es, wenn ich etwas nur „gut" meine, man / Mann in mir aber nur schlechtes sieht.

„Beschäme jeden, der an dir zweifelt!" hat Felix mir vor fünfunddreißig Jahren ins Stammbuch geschrieben.

Und ich bin eine Waage laut Aszendent. Das erklärt, warum ich manchmal so sanft und ausgeglichen, auch harmoniesüchtig bin. Aber ich bin kein Astrologe.

Und Du bist ein **Zwilling**. Du hast zwei sehr konträre Charaktere. Den einen liebe ich, er ist sanft, weise, klug, spirituell, gefühlvoll, hilfsbereit, fürsorglich, intelligent, anschmiegsam. Der andere – ich nenne ihn jetzt nicht beim Namen – ist für mich zerstörerisch, egoistisch, jähzornig, zweifelnd, die Liebe vergessend, wie auch immer ....

Ich habe heute viele, viele Seiten geschrieben. Und gelöscht. Aus einem Grund: Ich schäme mich für mich und auch für Dich ganz furchtbar. Wie können wir nur, obwohl wir so klug sind (glauben wir), obwohl wir uns so sehr lieben, obwohl wir so harmonieren, obwohl wir uns so spüren, uns manchmal so zerfleischen, uns so missverstehen?

Ab nun aber – das habe ich beschlossen, werde ich nichts mehr zensurieren. Dinge sind, wie sie sind. Das gehört wohl alles zum Lernprozess dazu. Zum manchmal sehr schmerzhaften Lernprozess. Wenn zwei Alphatierchen – eine Neun und eine Sieben - aufeinanderprallen, dann bebt nun mal die Erde. Und unsere Herzen erleiden Sprünge, große, tiefe, sehr schmerzhafte. Ich werde sehr viel, zu viel von Deinem schwarzen Zwilling kritisiert. Zumindest empfinde ich das manchmal als Skorpionweibchen. Das geht über meine Kräfte. Vielleicht ist das der Preis dafür, dass Du Dich so unglaublich viel mit mir, mit meinem Leben beschäftigst. Ich weiß nicht, ob ich diesen Preis zahlen will, zahlen kann. Hatte immer das Gefühl, das Wissen, ewig jung zu bleiben. Das nimmst Du mir ab und zu, wirklich. Geht über meine Kräfte hinaus. Fühle mich im Moment innerlich und äußerlich unglaublich alt und ausgelaugt, die Haut spannt in meinem Gesicht, fühle mich wie eine Greisin. Nun, Du sagst, ich wirke immer alt neben dir. Danke. Vielleicht solltest Du Dich einmal fragen, warum das so ist. Ich bin dumm, sagst Du, ich bin dumm. Immer wieder. Danke. Deine böse, böse Zwillingshälfte!

Du schmeißt mich aus Deinem Haus, 100 Mal bereits. Oder weniger oder öfter, es spielt keine Rolle. Einmal ist bereits zu viel. Du zerrst mich aus Deiner Küche, Du trägst mich – aber nicht mit Liebe – aus Deinem Haus. Ich wehre mich mit Händen und Füssen und weine. Du verletzt mich unglaublich. Mir ist übel. Ich kann nicht mehr. Ich mache die „saure Wurst" falsch, ich lege Dir die falsche Gabel bereit. Du befiehlst mir, den Mund zu halten. Du wirst Dir eine neue Freundin suchen, ich bin Dir zu blöd. Du bist stundenlang beleidigt, weil ich keine Zeit hatte, gemeinsame Pläne für das Wochenende zu schmieden. Nun, ich verkaufe ein Haus, suche neue Arbeit, stehe ohne Auto, ohne zu Hause da. Ich verstehe, pah! Du bist beleidigt, weil Du so viel für mich tust, und ich finde es nicht der Mühe wert, mich zehn Minuten pro Tag mit Gedanken, die uns beide betreffen, zu beschäftigen. Du bist in Deinem Stolz gekränkt, weil ich nicht will, dass man Dich in meine Arbeitsgeschichte mit hineinzieht, bist in Deinem männlichen Stolz gekränkt, weil ich mich um Dich sorge. Ob ich denn nicht wisse, wer Du bist?! Ich kann nicht anders, ich habe das Gefühl, für meine Fürsorge bestraft zu werden.

Was tu ich denn schlimmes? Du sagst: „ Deine Worte!"
Glaub mir, Deine tun auch unglaublich weh, unglaublich. Mir ist wirklich nicht wohl. Du sagst, ich bin sogar zu dumm, um

ein Navigationssystem richtig einzustellen, ich bin nicht mal intelligent genug, den Unterschied zwischen maps und navi zu erkennen. Danke. Ich kann keinen Rucksack richtig packen. Ok. ...... Am Arsch lecken! Jetzt geht mein Temperament mit mir durch. Jetzt ist mein Fass übergelaufen.

„Alles, was du zu tun hast, ist lieb zu sein", erklärst Du mir Deine Ansicht der Dinge. Ich fasse es nicht! Nun, ich bin keine blonde Barbiepuppe! Ich muss gleich kotzen! Mir ist „lieb sein" zu wenig. Brauche DAS wirklich nicht zum Glücklichsein. Aber ich brauche Anerkennung und Respekt, wenn ich ein Gegenüber habe. Ich brauche natürlich keine Anerkennung und keinen Respekt, wenn ich alleine irgendwo in einer Hütte lebe .... Und die andere Scheiße mit „niedermachen" hab ich in diesem Leben mehr als zur Genüge ausgeschöpft. Ich bin intelligent und hab Hirn, ob Du das nun glaubst oder nicht, ist nun Deine Sache. Ich hab gestern geschrieben, ich werde Menschen, die mir nicht gut tun, meiden. Das tu ich jetzt. Du tust mir zumindest alle zehn bis zwanzig Tage nicht gut. Du tust mir schlecht, und wie! Vielleicht sollte ich nun schlafen gehen und morgen sieht alles wieder anders aus. Aber im Moment ist mir nur nach einem: alleine bleiben, für immer, immer, immer ..... Vielleicht sollte ich auch nicht außer Acht lassen, dass ein Monat dreißig Tage hat, und vielleicht ist es nicht so schlimm, wenn drei bis vier davon beschissen sind. Nur weiß ich nicht, ob meine Seele das verkraftet, ob meine Seele mit dieser zahlenmäßigen Logik etwas anfangen kann. Ob ich etwas mit dieser Logik anfangen will.

Du lehrst mich das Leben? Du setzt alle ein bis zwei Wochen unsere unglaublich schönen Gefühle aufs Spiel!!! Für weltliche Banalitäten? Ich bin dumm? Vielleicht, aber ich weiß ganz sicher, dass es nicht um eine Gabel geht im Leben, dass es nicht um einen Rucksack geht, dass es nicht um saure Wurst geht. Auch nicht um schwarze Musik, auch nicht um Staubwedel, auch nicht um eine golden Uhr.

Dass es wichtig ist, Deinerseits nicht an mir zu zweifeln, darum geht es. Ich zweifle nicht an Dir, nicht eine Sekunde meines Lebens, hab ich vom ersten Moment an nie getan.

Du denkst, wenn ich sage, dass ich nicht will, dass Dir jemand etwas tut - damit meine ich Belästigung, Zeitvergeudung, Dich in meinen Mist hineinziehen zu lassen, usw. – dass ich damit zum Ausdruck bringen will, ich sei der Meinung, jemand anderer sei besser, cleverer, gewiefter, intelligenter, mächtiger als Du, dann irrst Du dich gewaltig.
Schlägt Dein männlicher Stolz Kapriolen? Mehr kann man nicht auf dem Holzweg sein. Da kann ich Dir nicht helfen. Dann musst Du noch lernen, viel lernen. Vertrauen vielleicht, blindes Vertrauen, und KEINE Zweifel!

Ich muss auch noch viel lernen, aber ICH bin NICHT böse, wie Du mir so oft vorwirfst. DU bist böse. Schau Dir das ganze Mal mit Distanz an. Wann hab ich schon jemals einen Streit vom Zaun gebrochen, wann habe ich Dich je kritisiert? Oh, ja, das tu ich – und wie! – wenn ich mich gegen Deine Beschuldigungen – Anschuldigungen wehren muss. Aber nicht ich wehre mich. Das ist meine Seele. Meine Seele will nicht noch mehr verletzt werden. Es ist kein Platz mehr für Verletzungen. Sie will keinen Todesstoß erleben. Würd sie nicht überleben.

….. Kann mir sehr gut vorstellen - als ich Dir gestern (war das wirklich erst gestern, gestern, wo alles noch voll Harmonie und Liebe und wunderschön war?) aus DEINEM Buch vorgelesen hab, - „[….] dass man den Willen, sterben zu wollen, weil man traurig ist, nicht haben sollte [….]" - so viele Gedanken hab ich dazu: Nein, man stirbt, weil man müde ist, müde des Lebens, weil man es für sich in aller Ruhe beschließt. Weil man sagt, ich habe schlechte und gute Dinge erlebt, bin weise (hoffentlich), habe viele Erfahrungen gesammelt, aber jetzt bin ich alt und bereit für neues (für das Alte, den Ursprung). Habe viele schöne Dinge erlebt, hab vielleicht so manches mir selbst gesteckte Ziel erreicht, andere nicht. Habe vielleicht Ziele erreicht, die ich mir von anderen hab vorgeben lassen, die mir gar nicht wichtig waren. Ist so. Aber nun bin ich neugierig, nun möchte ich hinüber. Nun fällt mir nichts mehr ein, was ich noch erleben hätte wollen, nun freut mich das irdische Leben nicht mehr. Oder vielleicht bin ich zu alt, zu gebrechlich, um noch mal nach Ägypten oder sonst wohin zu reisen. Oder um meinen Garten zu bestellen. Wie auch immer. Oder ich hab die Gewissheit, dass meine Kinder nun auch ohne mich gut leben können und alle drei am richtigen, auf ihrem ganz persönlich wahren Weg sind.

….. Manchmal ist mir nach sterben, war mir immer schon nach sterben.
Weil ich mich oft so einsam gefühlt hab? So ganz allein auf dieser Welt? Da helfen keine Eltern, keine Kinder. Kinder sind Kinder und Eltern sind Eltern. Beiden wollte ich nie Kummer bereiten. Aber ohne Seelenpartner durchs Leben zu gehen, empfand ich manchmal schon als Vereinsamung. Keiner, der mit mir den Sonnenuntergang bewunderte. Keiner, der sich mit mir Gedanken und auch Sorgen um die Zukunftsperspektiven meiner Kinder machte. Keiner, der mit mir über meine Lieblingsbücher redete. Im Herzen war ich immer Außenseiter. Weil ich so allein war. Oder depressiv? Und wenn ich jemals auf die saublöde Idee gekommen war, jemandem mein wahres Ich mitzuteilen, dann hab ich es ganz, ganz rasch sehr, sehr, bereut. Verarschen hätt ich mich selber auch können. Allein meine geliebten Kinder haben mich in all den nicht so schönen Jahren sofort wieder und wieder von diesen Todesgedanken weggebracht.
Bestimmt hat das auch mit meinem Tierkreiszeichen zu tun. November, Allerheiligen, Tod, Nebel, Okkultismus, Todessehnsucht. Vielleicht sollte ich statt Todessehnsucht Himmelssehnsucht sagen. Die Sehnsucht nach dem Zuhause. Heimweh.

Mit Dir, hatte ich gedacht, bin ich überraschender Weise auf einmal nicht mehr allein. Wir sind zwei, die ähnliche Vorstellungen vom Leben haben, die ähnliche Prioritäten haben, die sich über dieselben Dinge erfreuen. Vielleicht habe ich mich geirrt. Siehst Du, jetzt kommen mir Zweifel, Zweifel, die meines Erachtens Du in unsere wunderbare Beziehung streust. ….. Aber ich bin ja dumm. In diesem Punkt hoffe ich, dass Du recht hast.Denn dann könnte ich mich weiterhin über uns freuen. Und einfach nur lieb sein! Schön seicht an der Oberfläche dahinplätschern und über nichts nachdenken und den ganzen Tag nur „ja" und „amen" sagen. Ach, wie niedlich ....

Mal sehen .... Aber glaub mir, oder glaub es mir auch nicht. In DIESEM Punkt bin ich Dir Lichtjahre voraus. Du hast nicht das Recht, mich wie ein kleines, dummes, naives Kind zu behandeln. Nein, das hast Du nicht. Du musst mich auch nicht krankenhausreif zu schlagen, wie mir heute Dein schwarzer Zwilling in seinem Zorn prophezeit hatte, weil ich das ja eh schon gewohnt bin .... Jetzt hast Du den Bogen ganz gewaltig überspannt! Er ist kurz vorm Reißen. Das finde ich ganz und gar nicht witzig – und auch, wenn ich weiß, dass Dein schwarzer Zwilling in solchen Momenten die Oberhand über Dich hat, entschuldigt das gar nichts. Reiß Dich gefälligst zusammen! Oder kauf Dir einen Boxsack! .... Weil ich Dich mit meinen Worten angeblich so verletze? Deshalb rastest Du so aus? Es genügt die Aussage alleine!!! Das ist mir zu primitiv. Was ist nur los mit Dir? Was ist nur los mit Dir??? Ich weiß auch, dass Dein heutiger „Auszucker" am Naschmarkt nichts, aber auch gar nichts mit mir zu tun hatte. Es ist Deine Verletzlichkeit. Es hat nie jemand an dich geglaubt .... Jetzt hättest du jemanden. Und wie! Aber da musst Du selber drauf kommen. Ich bete zu Gott, dass es so kommen wird. Ich liebe Dich. Aber ich lasse meine Seele nicht mehr mit Füssen treten. AUCHNICHTVONDIR. Das ist MEIN Gesetz. Ich bin ein Geschöpf Gottes, das bin ich mir und ihm schuldig. Das hab ich „bei Gott" verdient.

Wer ohne Schuld, der werfe den ersten Stein. Du kritisierst mein falsches Leben. Du hast recht. Es entspricht nicht meiner wahren Wahrheit. Ich korrigiere soeben. Aber im Vergleich zu meinem vorangegangenen Leben war dieses Leben - das ich bis zu Deinem Erscheinen geführt hatte, ohne Partner, das ich aber auch gerade korrigiere - ein Paradies. Das wahre Paradies im Vergleich dazu. Endlich kein Partner, der mich nur kritisiert, der mich schlägt, der mich verletzt, verbal und nonverbal, der untreu ist usw. usw. Leben ohne Angst. Leben mit meinen Kindern in Harmonie, in Ruhe. Keine Sorge mehr, ob er die Kinder heute wieder „erniedrigen" wird, versuchen wird, ihnen das Selbstvertrauen zu zerschlagen, dass ich mit Liebe wieder kompensieren werde. Ein schmerzhaftes Defizit mit Liebe ausmerzen. Keine Tränen mehr nachts vor unsagbarer Trauer darüber, dass die Kinder, meine Kinder keine Vaterliebe bekommen.

Was weißt Du schon? Weißt du, wie es ist, welches Gefühl das ist, wenn die eigene Tochter sagt: „Gestern, als er dich wieder geschlagen hat, hab ich mich selber in meinem Zimmer eingesperrt, denn sonst wäre ich in die Küche gegangen, hätte ein Messer geholt und hätte ihn ...." Hast Du nur die entfernteste Ahnung? Hast Du? Hast Du eine Ahnung, wie man sich als Mutter fühlt, wenn der halbwüchsige Sohn mitten in der Nacht zu Hause anruft, wenn er schluchzt wie ein verletztes Tier, wenn er erzählt, dass der eigene Vater ihm soeben die Nase blutig geschlagen hat? Weil mein Sohn mich verteidigt und gesagt hatte, dass ich, seine Mutter, keine Hure sei? Weil mein Sohn mir nun verbietet, jetzt Sanktionen gegen seinen Vater einzuleiten. Weil er seinen Vater immer noch verteidigt? Wenn das Mutterherz vor Schmerz fast zerspringt? Weißt Du, wie das ist? Ja? Könnte noch hunderte von Geschichten wiedergeben. Will aber nicht. Ich hab mit der Vergangenheit schon Lichtjahre vor Deinem Kennenlernen abgeschlossen. Und ich möchte mich auf KEINEN Fall mehr mit der Vergangenheit beschäftigen.

Aber Du erklärst mir, ich sei dumm? Ich mache alles falsch? Glaub mir, es geht um Liebe im Leben. Es geht um Liebe. Man tut dem anderen gut. Man macht anderen das Leben nicht schwer. Für mich ist das ein Verbrechen. Ein Herzensverbrechen. Das Brechen der Seele.

Ich habe meine Fehler, oh, ja! Ganz gewaltige. Und ich hab vergessen, auf mich zu schauen. Nur, diesen Fehler muss ich nur MIR gegenüber verantworten. Und das ist mein Kaffee. Natürlich, jetzt, da ich einen Freund habe (oder hatte), ist es wichchtig, auch auf mich zu schauen, damit es mir und infolge dessen auch ihm gut geht. Aber das ist ja eine neue Situation für mich, auch für Dich. Wunder in kurzer Zeit kann ich nicht bewirken.

Ich ziehe mich nun zurück, ich werde mich diesmal wirklich nicht bei Dir melden. Ich weiß auch nicht, ob ich auf eine Versöhnungsinitiative Deinerseits reagieren kann und werde. Ich muss in mich hineinhorchen. Jetzt bin wirklich ich wichtig, nur ich, sonst mag ich nicht mehr, mag ich gar nichts mehr. Bin unglaublich traurig, und enttäuscht. Wie kannst Du nur. Du hast noch nicht verstanden, dass Du meine Vergangenheit mit mir genau so wenig in Verbindung bringen darfst wie umgekehrt. Bin nun müde der Anklage, macht bitteres Blut.

Möchte einen Schlussstrich darunter ziehen. Wende mich wieder der Liebe zu. Unerbittlich. Ich glaube daran. Will Liebe geben und will Liebe bekommen. Möchte mein Leben mit Dir verbringen, aber nicht mit Zuckerbrot und Peitsche. Nicht, „ich liebe Dich" und ein paar Tage danach, „Du bist dumm". Am Arsch lecken!!!, sag ICH dazu! Nicht, „Du bist die einzige Frau auf der ganzen Welt für mich" und Tage darauf, „Ich suche mir eine andere Freundin". Am Arsch lecken!!!
Das ist Kindergarten, das ist nicht weise, dass ich nicht die Erleuchtung, das hat nichts mit Erwachsensein zu tun. Das ist traurig. Und Du langweilst und nervst mich unglaublich!

Und ich werde nicht mehr betteln, ich werde, falls wir uns noch mal sehen sollten, und falls alles wieder gut wird, gehen, wenn Du mich auch nur einmal mehr aus dem Haus wirfst.

Und ich würde nicht zu Dir zurück kommen, wenn Du mit einer anderen Frau Sex haben solltest, wie Du letztens angedeutet hast. „Auch dann würdest du wieder zu mir kommen", hast Du gesagt. Du täuscht Dich. Du hast keine Ahnung, was ich weiß. Du hast keine Ahnung, wer ich bin ...... Leider. Ich weiß, dass Du es am Ende Deines Lebens wissen wirst. Es macht jedoch einen Unterschied, ob Du von nun an bis an dieses Lebensende mit mir verbringen wirst, oder ob Du nun mit mir brichst, Dein Leben allein oder mit anderen Frauen verbringen wirst, und am Ende dann dahinter kommst. Aber das liegt nicht mehr in meinem Bereich. Das liegt ab nun in Deinen Händen.

So ist es und so steht es geschrieben. Es gibt zwei Drehbücher, Du entscheidest. In einem Drehbuch bin ich vorhanden, in dem anderen nicht.

Treffe Deine Wahl. Ich liebe Dich. Und so wahr mir Gott helfe, Du bist der letze Mann in diesem Leben für mich. Und der wahrhaft Erste. Ob Du das nun verstehst oder auch nicht .....

Und ich würde Dir so gerne helfen, damit Du Vertrauen zu mir bekommst. Somit steht und fällt alles. Aber ich kann Dir das nicht befehlen. Vielleicht bin ich zu schwach dazu, vielleicht mache ich etwas falsch, aber was?

Manchmal hab ich das Gefühl, das alle gegen mich sind. .... Du bist nicht der einzige, der diese Erfahrung sammelt, glaub mir. ... Nein, so stimmt das nicht, keiner ist gegen mich, ich bin nur einsam und anders.

Beinahe hätte ich mich daran gewöhnt, nicht mehr alleine da zu stehen. Natürlich hab ich meine Kinder, doch Kinder sollen und müssen ihr eigenes Leben leben. Und sich nicht um die Mutter sorgen. Das würd ich niemals wollen.

Ich werde mich wieder umstellen, wenn es so sein soll. Und wenn ich keine Kraft, keine Energie mehr habe, dann, wenn alles erledigt ist auf dieser Erde .... vielleicht in zehn Jahren, vielleicht in fünfzig, ich hab keine Ahnung .... und keine Angst, im Gegenteil .... Himmelssehnsucht. Heimatsehnsucht.

Rückblicke: Am 25. Dezember 2006 war ich zu Fuß mit Ben da oben am Großen Zellerhut bei Maria Zell und hab für meinen geliebten, totkranken Vater gebetet.
„Papas Vaterdirndi" hat verzweifelt geschluchzt. Und einsam. Ich las die Inschrift dort am Gipfelkreuz:

Der Tod ist wie ein Horizont. Er stellt nichts weiter
als die Begrenzung unserer Sichtweite dar –

Hab diese Inschrift abgeschrieben, bin bei einem Wintergewit-

ter zurückgefahren und hab es meinem Vater zu Hause wortlos überreicht. Zum Reden war ich damals noch zu dumm. Leider.

Als Gott sah,
dass der Weg zu lang, der Hügel zu steil
und der Atem zu schwer wurde,
legte er den Arm um mich und sprach:
Komm heim

.... So wahr und schön und tröstend hat es eine liebe Nachbarin auf das Trauerbillet anlässlich des Todes unseres Vaters geschrieben.

Ich bin von euch gegangen,
nur für einen kurzen Augenblick und gar nicht weit.
Wenn ihr dahin kommt, wohin ich gegangen bin,
werdet ihr euch fragen, warum ihr geweint habt
\- Laotse

Vielleicht steht auf meiner Parte einmal:
Noja - Never born, never died
Only visited this Planet Earth
between 1966 and ……...

22. Teil Auslöscher der Dunkelheit 22. September 2011

4 Uhr 26 – Selbstredend, diese Uhrzeit. Nachtaktiv wie unsere Füchse.

Habe soeben die letzten Seiten meines Manuskriptes gelesen. Wie sich alles ändern kann! Wie man manches plötzlich ganz anders sehen kann! Also, ich verstehe jetzt, warum Du letztens so wütend warst. Und traurig. Denn wörtlich habe ich zu Dir gesagt: „ Du musst aufpassen, damit Dir nichts passiert", bezüglich meiner Arbeit, des Ex-Chefs. Eigentlich wollte ich damit zum Ausdruck bringen, dass ich mir Sorgen mache. Wieder einmal meine falschen Worte! Man ist in der Ex-Firma – so vermute ich – stinksauer auf Dich, weil man der Meinung ist, dass Du an meinem Weggang schuld bist -- meine Interpretation, wissen tu ich gar nichts, weil ich ja bei meinem Abgang mit niemandem gesprochen hab. Immerhin verliert die Firma durch mein Weggehen mindestens € 80.000.- an Umsatz pro Jahr. Interessiert jetzt aber wirklich nicht. Möchte nur für mich klarstellen, dass ich Dich verstehe. Hättest Du eine Ex-Chefin und würdest Du umgekehrt zu mir sagen: „Du musst aufpassen, dass Dir nichts passiert", würde ich genau so fragen: „Was glaubst du eigentlich, wer ich bin, wen du vor Dir hast? Ich hab vor NIEMANDEM, vor NIEMANDEM Angst!"….

Du hast unglaublich gelitten – ich auch. Drei Tage. Es hat sich so in meine Seele und in mein Hirn hinein gebrannt, dass ich es NIE NIE NIE wieder vergessen werde, was falsche Worte anrichten können. Ich darf nie wieder Worte verwenden, die nicht meinem Denken entsprechen. Ich MUSS sagen, was ich denke. Hätte ich gesagt, was ich denke, wäre das ganze nie passiert. Hätte ich gesagt, dass ich Angst habe, weil ich nicht vor Gericht um mein Geld streiten will, weil ich nicht will, dass Du dadurch, dass Du zu mir stehst, mich beschützen und verteidigen willst, in das Ganze mit hinein gezogen wirst, wäre das nicht so eskaliert. Gut so, dass es so gekommen ist. Gut so! Dieser Fehler mit meinen Worten, die mit meinen Gedanken nicht

konform gehen, wird nie, nie, nie wieder vorkommen. Ich will Dich nicht vertreiben, verlieren. Werde ich auch nicht.
Vielleicht aber bist Du auch ein wenig aufbrausend? Ein wenig sensibel? Zu wenig locker? Mit Sicherheit. Mich falsch verstehend? Leicht zu beleidigen? Kompliziert? Anstrengend? Humorlos?...... Ich liebe Dich und womöglich sind das aber auch unsere gemeinsamen nicht positiven Eigenheiten. Oh, Oh! Na, toll, da gibt´s ja noch viel zu tun! Spiegel ......

Hab außerdem, nur so nebenbei erwähnt, absolut keine Angst mehr. Ich lasse mir nichts mehr gefallen, von niemandem. Lasse mir kein Geld wegnehmen, dass ich mühsam in neun Jahren zusammengearbeitet hab. Auf keinen Fall. Und geht es nicht im Guten, dann eben mit Anwalt vor Gericht. Wenn ich mit Gutwill nicht an mein Recht komme, dann eben durch Rechtssprechung. Die werden mich alle noch kennen lernen. Ich will ja nur, was mir zusteht.

Aber zurück zum Wesentlichen. Wir lieben uns. Wirklich. Du hast mir auch „gebeichtet", dass meine Worte, „Du musst aufpassen", Dich an eine andere Geschichte mit mir erinnert haben. AHA!!! Kurz bevor ich Dir vor einem Jahr (so lange kennen wir uns schon) zum ersten Mal begegnet bin, hatte ich eine Beziehung beendet. Das Ganze war dann zu Weihnachten ausgeartet, nachdem dieser jemand gemerkt hatte, wie wichtig Du mir geworden bist. Er wollte absolut nicht akzeptieren, dass es keinen Weg mehr gibt, mich zurück zu erobern. Mag darüber gar nicht mehr schreiben, darüber nachdenken, ist für mich bereits Lichtjahre entfernt, aber nur so verstehe ich den Zusammenhang. Und damals sagte ich dieselben Worte zu dir: „Du musst aufpassen."
Du bist bereits durch mich gezeichnet. Oje! Verzeih. Nun verstehe ich. Gott sei Dank verstehe ich nun. Wie immer, im Nachhinein bin ich dann unglaublich dankbar für die vorangegangenen Qualen und Schmerzen. Wie mit einem Brandeisen hinein gebrannt: Ich habe verstanden und gelernt. Hoffentlich merk ich mir das für immer und ewig. Worte sind wichtig, Wor-

te sind wichtig! Worte können alles zerstören. Habe ja immer - bis vor einer Woche das Gegenteil behauptet. So dumm von mir! Anscheinend lerne ich nur durch große Schmerzen und Qualen.
Ich liebe Dich, verzeih, wird hoffentlich nie wieder passieren. Nie wieder Verletzungen durch Worte meinerseits. Würde ich mir nicht verzeihen. Und Du mir auch nicht.

Du hast gestern lachend gesagt, Du würdest soooo gerne wieder alleine leben, aber es geht nicht mehr. Du hast Recht. Du kannst ohne mich nicht mehr schlafen. Ich kann ohne Dich nicht mehr schlafen. Es ist unglaublich, was da mit uns passiert. Du hattest bis vor Kurzem große Sorge, ich könnte Dir Deine Ruhe, Dein schön eingerichtetes Leben auf den Kopf stellen. Na, da waren wir zwei mit derselben Sorge. Nun ist alles ganz, ganz anders, wie verwandelt. Wir sehnen uns nacheinander, beinahe schmerzhaft. Die Gewissheit, wir gehören zusammen, wir wollen gemeinsam durchs Leben gehen, ist so unbeschreiblich beruhigend schön. Keine Ungewissheit mehr. ESISTSO.

Habe das gesamte Wochenende mit meinen Kindern verbracht. Danke Herrgott, für meine Kinder, ihr seid perfekt, danke für meine Eltern, ihr habt mir so viel mitgegeben. Danke für mein schönes Leben. Ich bin im Moment sehr zufrieden. Im Moment.

Wir kennen uns schon ewig und so wird es auch bleiben, so will ich es auch. Und so wird es auch sein. Ein von Gott gegebenes Gesetz.

Kraut und Rüben - wieder einmal: Ich habe zu Deinen Füssen gesessen, und Du hast, ich weiß gar nicht mehr, was? zu mir gesagt. Aber ich habe darauf im Scherz geantwortet, dass Du diese schönen Komplimente nicht von Dir geben darfst, wenn eine Frau zu Deinen Füssen sitzt, vor Dir „kniet".
Dein Kommentar dazu „Vor mir kniet nicht EINE Frau, vor mir kniet DIE Frau! Die Einzige. Meine Einzige".

Oder: „[.....] Es ist leicht, im Nachhinein über etwas zu reden, das man gesagt hat, obwohl man es gar nicht so gemeint hat. Und dass DAS, was man gesagt hat - wenn man dann weiß, dass das, was man gesagt hat - nicht dem entspricht, was man gemeint hat [....]."
Manche Deiner Aussagen sind phu ...... aber wahr.
Oder, wenn der weltliche, profitorientierte Geschäftsmann spricht: „[....] Ja, das war eigentlich mein Geheimnis, meine Stärke, oder das wäre es, würde ich mich wieder in das Rad der Wirtschaft, des Business, der *money makes the world go round - Welt* hinein stürzen: Die Geschwindigkeit, die schnelle Reaktion, schneller als die anderen zu denken und zu agieren. Dann bist du Sieger. Und wenn Du durchhalten und eiskalt sein kannst. Willst du das? Von dir oder von mir? Ich will es nicht. Nicht mehr [....]"

**Alles ist erleuchtet* (von Jonathan Safran Foer). Dieser Buchtitel sprang mir gestern beim Packen in meinem Haus ins Auge. Alles ist erleuchtet. Ja, so fühlt sich das nun an. Wir haben gemeinsam eine Schwelle überschritten, welche? Alles ist erleuchtet, wir empfinden es beide so, weil es so ist. Obwohl wir wohl - zumindest ich - noch nicht wissen, was das bedeutet, wohin es uns führt, aber es tut gut und ist schön. Es gibt Ahnungen, Vorahnungen. Lassen wir es auf uns einwirken, wie ein warmes Bad, wie ein Bad in einem Jacuzzi unter sternenklarem Himmel in einer klirrend kalten Winternacht. Schön. ...... Du bist auch schön. Wunderschön. Ein Sahnehäubchen ohnegleichen (｡◕‿◕｡).

Ach, ja, wie hast Du letztens wieder mal ganz frech gesagt, jeden Morgen beim Aufstehen solle ich „Danke" sagen und in die Hände klatschen, weil ich DICH habe. Mach ich doch gerne. Ha, ha. Immer wieder. Bin ganz Deiner Meinung, mein Lehrer, mein Mentor. Aber nur, wenn Du den schwarzen Zwilling weglässt.

Wieder einmal alte Notizen gefunden, nicht in meiner Handschrift, aber guter Inhalt: Wenn der Schüler bereit ist, erscheint der Lehrer. Dies ist vorerst kein Lehrer von außen, sondern im Inneren. Der Lehrer im Inneren bin ich selbst. Es kann ein Interesse, ein Gefühl, ein Gedanke oder was auch sonst immer, was uns dazu bewegt, mehr erfahren zu wollen, sein. Und danach kommt der Lehrer nun ins Außen in Form der Eltern, eines Lehrers, von Freunden usw. oder auch durch Bücher, Schulen, Seminare, Internet, Gruppen uvm. ... Damit unser Interesse Nahrung erhält und weiteres Wissen anzieht. Und so baut sich ein Erfahrungs- und Wissensschatz auf, der dem entsprechenden Menschen dienen soll.

**Guru:* (Sanskrit: गुरु guru *Adj [.....]*) [....] eine ehrwürdige, hochangesehene Person (Dual गुरौ gurau bedeutet "Vater und Mutter, Eltern"), Lehrer, Meister. Die indische Tradition kennt vier Stufen des Guru:

In der ersten Stufe sind die Eltern der Guru. Sie geben dem Mensch seinen Körper und spielen eine einführende Rolle für das Leben mit seinen Höhen und Tiefen.

Die zweite Gurustufe umfasst alle Lehrer, Universitätsdozenten, Handwerksmeister, also alle, die in der Ausbildung involviert sind. In Indien werden also gemäß der zweiten Stufe auch Ausbilder außerhalb von spirituellen Lebensbereichen als Guru bezeichnet.

In der dritten Stufe kommt der spirituelle Meister zum Tragen. Laut der Advaya Taraka Upanishad steht "gu "für "Dunkelheit" und "ru" für "**Auslöscher der Dunkelheit**". So vernichtet der Guru die Unwissenheit seines Schülers. Ein Guru ist als Guru befähigt, wenn er selber in Verbindung zu Gott steht und das an seine Schüler weiter geben kann. Auch der Schüler muss gewisse Voraussetzungen mit sich bringen um traditionsgemäß eine enge und erfüllende Beziehung zum Guru aufzubauen.

Der Schüler sollte eine äußerst respektvolle Haltung dem Mei-

ster gegenüber einnehmen. Er sollte den Aufforderungen des Gurus konsequent und aufrichtig folgen. Wenn der Schüler offen für die Lehre des Meisters ist, wird sie sich fruchtbar bei ihm entwickeln.
Vierte Stufe: Letztlich gibt es den kosmischen Guru, auch Avatar genannt. Ein Avatar ist eine vollkommene Inkarnation Gottes. Dort führt der spirituelle Meister hin [ ].

Also bin ich in der dritten Stufe? Du löscht meine Dunkelheit aus. Eine schöne Umschreibung für Dummheit oder Verirrung. Oder Wenigwissen. Oder Nichtwissen.

….. Elias, meinen müden Liebling wecken, zur Schule bringen. Und ich: zur Arbeit fahren. Uff, müde und glücklich.

6 Uhr morgens! Und wieder ein unglaublicher Sonnenaufgang
…. auch ein **Auslöscher der Dunkelheit**

23. Teil Wunden geleckt Oktober 2011

Tennishalle - Ich warte auf Elias und schreibe, weil mir ausnahmsweise mal langweilig ist, unsere sms vom Handy nieder:

(Interne WARNUNG: Wer - so wie ich - Süßholzgeraspel ganz und gar nicht erträgt, bitte unbedingt bis zum * auf Seite 147/Mitte überblättern......(｡◕‿◕｡)).

Ich: 8. September 21:58

Danke. Für alles. Du rettest meine Seele und meine Menschenwürde. …. und danke für´s Gulasch. I.L.D.

Ich: 12. September 2:35 Schläfst Du? Ich nicht. Der Sturm bläst und Du fehlst. Küsse Dich.

Du: …..Kann auch nicht schlafen. Bussi 3:53

Du: 13. September…...Brauchst Du das Auto? …. Wäre Morgen so gegen 9:30 bei dir mit den blauen Tafeln. Bitte um kurzes o.k. Dann holen wir Dein neues Auto. 18:58

Ich:…..Danke. o.k. 19:17 …….

Ich: 15. September 18:28 Hab mit meiner Mutter Thujen geschnitten (laut!) Bussi … jetzt hör ich wieder etwas. Oh! ….. Versuch jetzt, Dich zu heilen. Falls Du noch wach bist, bitte auf den Bauch legen - ohne Polster. Bussi 22:04

Du: …… Deine Hände wären jetzt wirklich genial auf meinem Rücken 22:09

Ich: …. Du kannst sie spüren, jetzt. Bin bei Dir mit Händen, Haut, Herz und Seele. Wortlos - freu mich auf Dich. 22:16

Du: …..Bussi …… Schmerz ist weg, danke mein Schatz 23:13

Du: 16. September: Fahre gerade in Gedanken mit dir mit dem Wohnmobil, hi. Träume mit offenen Augen. 1:16 ……. Dein Kaffee schmeckt viel besser als meiner…. 9:38

Ich: …. Oh, das tut mir leid …. Arbeiten zu Hause macht Spaß! Dankedankedanke. Fühl mich wie ein Mensch und frei! - gute Musik – Sonne – Bussi – drück Dich. 9:43

Du: ….Freu mich auf dich 9:44

Ich: …Ich auhauhauch 9:45

18. Sept. Ich: Freu mich auf Dich. Sehnsucht. Hast eine Neue

aus mir gemacht. Danke. Und ich freu mich auf die Zukunft. Küsse Dich ...... Kann nicht schlafen ohne Dich. 00:38
Kannst mir was vorsingen? Hihi, vielleicht kann ich dann schlafen. Kuss 2:58
19. September: Ich: Danke für alles. Deine Liebe, Deine Zeit, Deine Klugheit ... Auto, Haus, Wohnmobil .... Deine viele, viele Zeit. Ich liebe Dich. Ich küsse und umarme Dich ... 21:25
Du: ....Du brauchst nicht danke zu sagen, dass mache ich gerne! Bussi 21:42
20. September:
Ich: Warum konn i ohne dir net gscheit schlofn, hm? 3:18
21. September: Ich:
....Marcinho und Noja schicken Dir ein Gutenachtbussi 21:31
22. September: Ich: Du fehlst uns 1:23
Du: ..... Ja das stimmt - schlafe auch nicht. Bussi 1:26
23. September: Ich: Du bist super - Neues Auto ist super - Navigation ist super - Handy ist super - Laptop ist super - Arbeit ist super - Du bist der Beste! Kuss und danke Bussi.
26. September:
Du: Wann gehen Gelsen eigentlich schlafen, hi? - 3:27
30. September: Ich: Alles super gelaufen 16:51 –
Du: ... Bussi 16:54 ..... Spüre dich 20:47
1. Oktober: Du: Freu mich auf dich 11:26
3. Oktober: Ich: Bin glücklich mit Dir. Kuss 22:36 –
4. Oktober: Ich: ..... Buchen wir heute Ägypten? 3:25
5. Oktober: Du:
Kann nicht schlafen ohne dich, du fehlst – Bussi 2:59
7. Oktober: Ich:
Mittwoch 8 Uhr Kaufvertrag wegen Haus! Bussi.... Bin diesen Moment mit meiner Arbeit fertig. Freu mich rieeeeeesig auf Dich morgen. Kann es kaum mehr erwarten. Komme um ca. 15 Uhr. Bussi.
Und noch eine sms: .... Ich habe den Liebsten, Schönsten, Wertvollsten. Juhu! Danke für Deine Aufmerksamkeit und Liebe. Werde Dich auf Händen tragen. Danke - 22:32

8. Oktober um 9:33 sms an Dich mit angehängten Fotos vom Rauen Kamm und dem Ötschergipfel. Alle Jahre wieder besteige ich als Herbstritual im Alleingang meinen Vaterberg.

Das Leben ist schön, mein König. Ich küsse Dich.

9. Oktober Ich: Vermisse Dich. Warum ist es so kalt ohne Dich? Wie habe ich das so viele, viele Jahre nur ausgehalten? Will Dich spüren und hören und sehen und riechen und schmecken. Immer. Bin verliebt. Merkt man das? 23:05
Du: Bussi, du fehlst mir auch. 23:18
13. Oktober: Ich: Die Reiseunterlagen für Ägypten sind da! I.L.D. Ich freue mich! 12:37
……. Nein, meine Mutter hat kein passendes Werkzeug. Kannst Du bitte welches besorgen oder kaufen? Bussi und danke. Drück Dich ganz fest 17:35
Du: Gerne. Bussi 17:36
14. Oktober Ich: I miss you very much.- Fühl mich wie eine Königin: Eine Stunde Vollbad mit Kerzen, Wein, Zigaretten, lesen; nun vorm Feuer, schön ist das Leben. Freu mich auf Dich. Geht´s mir gut. Schick Dir in Gedanken Blumen. Danke 20:37
17. Oktober: Du: Bin ein wenig kränklich. Die heute gekaufte Frucht nicht essen ….. sauerrrrr, muss noch reifen …… - 20:33 -
… Dich essen - süß und schon reif. Hi. 20:38

Ich an Dich:

Danke an das Universum
danke an den Herrgott
danke an alle Feen und Engel
und Energien und guten Geister

Bin unglaublich reich beschenkt
und belohnt worden in meinem Leben
Durch Dich
Durch Dich bin ich satt und zufrieden
und glücklich und voll Demut
Danke für alles, danke für Dich
Du bist wundervoll!

Danke für mein tolles Leben
das nun in Einklang mit mir selber kommt

nach vielen, vielen Stürmen und Verirrungen
Kämpfen und Krämpfen und falschen Wegen
die mich trotzdem – oder gerade deshalb
an mein Ziel gebracht haben – nach Hause zu Dir

Ich liebe Dich, und ich werde Dich lieben und
achten und ehren in guten wie in schlechten Zeiten
Ich schwöre Dir die Treue solange ich lebe und
darüber hinaus, sofern
"darüber hinaus" in meinem Ermessen liegt

Sms von Dir: Jetzt werde ich nervös 20:42
Ich: Leg mich jetzt ins Bett und schicke Dir alle guten Energien, damit Du Dich wieder gesund und wohl fühlst. Spüre Deine Wärme, Deine Haut. Massiere, streichle, küsse und verwöhne Dich. Ich liebe Dich und danke Dir für alles. 23:16
Du: .... Schlaf gut 23:51
*.......... (Ende des Süßholzgeraspels) ......

18.Okt. Du: Komme um 19 Uhr. Bussi
Ich: ...Du hast deinen Schlüssel mit Tasche liegen lassen 22:56
Deine Antwort: Na und -
.... Hab lange überlegt, ob ich die folgende, nicht schöne Geschichte aufschreiben soll. Ich tu's. Vielleicht aber lösche ich sie auch irgendwann heraus:
Abschiedsfeier von meinem Haus oder besser gesagt, Einweihungsfeier der neuen Besitzer mit Nachbarn, damit man sich kennenlernt.
Du kamst kurz nach sieben Uhr abends – wie bei Deiner obigen sms angekündigt. Du warst krank, hattest Fieber und bist trotzdem gekommen. Lieb von Dir. Du hattest Dir eine Schmerztablette eingeworfen und schön brav mit Alkohol runtergespült. Ich glaube, es waren mindestens fünf Glas Wein. .... Hast nicht auf mich gehört. Hast zu reden begonnen vor den neuen Hausbesitzern, nun, ja, ich würde sagen, sehr gewöhn-

lich. Passte nicht zu Dir. Was war nur los mit Dir? Ist Dir die Tragweite dessen, dass ich mein Haus nun, inspiriert durch Deine Worte, wirklich verkauft hatte, so richtig bewusst geworden? .... Hab ein paar Mal vorgeschlagen, mit Dir nach Hause zu fahren. War ein sehr anstrengender Tag für mich. Und wohl auch für Dich. Aber Du hattest mich nicht erhört ....

- Ich hab den ganzen Tag das Haus geputzt und geputzt und geputzt. Dazwischen eine liebe Geschichte: Natalie war da, mit einem guten Tröpfchen Wein - wehmütig Abschied feiern. Natalie trauriger als ich. Interessant. Noch eine weitere nette Episode, Du warst da und hast mir mittags meine Sitar (direkt aus Delhi eingeflogen) vorbei gebracht. Ein Geschenk von Dir - Danke!
  So lieb! Du bist ein Schatz!

...... Ich konnte spüren, das etwas passieren würde ....
Nun, irgendwann bist Du nett betrunken aus dem Haus gestürzt. Ich hatte eigentlich vor, nach Hause zu fahren. In mein neues Zuhause. Da sah ich Deine Tasche und Deinen Hausschlüssel auf der Bank liegen. Und ich schrieb oben genannte sms. Du schriebst oben genannte Antwort retour. Da dachte ich, na gut, ich bring Dir einfach Deinen Schlüssel nach, nehm Dich in die Arme, frag nicht, warum Du unverabschiedet das Haus verlassen hast und wir haben uns einfach lieb. Da sehe ich Dein Auto einige 100 Meter vom Haus entfernt auf einem Parkplatz stehen. Ich denke noch, also doch vernünftig genug, um in diesem Zustand nicht mit dem Auto zu fahren. Ich fahre auch auf den Parkplatz und klopfe an Deine Autoscheibe.
„Komm, steig bei mir ein, ich bring uns nach Hause“, sage ich.
„Verschwinde, Du bist böse, ich brauche Dich nicht“, schleuderst Du mir entgegen. - ??? -
Ich bitte Dich einige Male, vernünftig zu sein. Vergebens. Du befiehlst mir, zu verschwinden. Ich bitte Dich wieder. Du sperrst Dich in Deinem Auto ein. Ich fahre, drehe aber nach einem Kilo-

meter wieder um. Ich kann und will Dich nicht am Parkplatz übernächtigen lassen. Du steigst endlich aus, gehst zu meinem Auto und willst es doch tatsächlich starten! Das lasse ich nicht zu. Wütend springst Du wieder raus, läufst zu Deinem Auto - so geht das einige Male hin und her. Mir platzt der Kragen, ich steige ein und fahre wieder ab. Und drehe nach einem Kilometer wieder um. Ich bringe es einfach nicht übers Herz, Dich da am Parkplatz stehen zu lassen. Hätte ich nur! Ich bitte Dich wieder, appelliere an Deine Vernunft - die zu diesem Zeitpunkt aber nicht existent war - bei mir einzusteigen. Marcinho hüpft zu mir ins Auto.
„Ich brauche Deine Hilfe nicht. Verschwinde. Marcinho, komm, wir fahren!“ zischt Du bei meinen Autofenster herein. Marcinho rührt kein Ohr und schaut Dich nur an.
„Gib mir meinen Hund oder ich tu gleich was“, geht es weiter.
Ich verlasse mit Marcinho das Auto. Wutentbrannt stürzt Du auf mich zu: „Wo ist mein Autoschlüssel. Gib ihn mir sofort zurück ......“. Ich hab in einem unbeobachteten Moment Deinen Autoschlüssel abgezogen und in meine Tasche gesteckt. Nun ziehst Du meinen Autoschlüssel aus der Zündung und wirfst ihn an mir vorbei Richtung Wald. Ich will ihn abfangen. Er trifft mich mit solcher Wucht, dass ich heute, nach zehn Tagen noch immer eine Beule auf der Stirn hab.
„Das wollt ich nicht!“, rufst Du. Ich springe in mein Auto, schmeiße Deinen Schlüssel beim Fenster raus und fahre weg. Flucht. Du mit Deinem Auto hinter mir her ......
Ich hab mich in einer Seitengasse versteckt, fassungslos, heulend, verzweifelt. Scheinwerfer abgedreht. Du hast mich aufgespürt. Bist aus dem Auto gestürzt, auf mich zugelaufen.
„Noja, das wollt ich nicht...“ ... Ich hab den Motor gestartet und bin davongefahren. Und so weiter und so fort .....

19. Oktober: Am nächsten Morgen hast Du geweint, ich auch, hast mir versichert, dass Du mich liebst, Du wolltest das alles nicht. Ja, ich weiß, dieser SCHEISS, SCHEISS, SCHEISS Alkohol,

noch dazu in Kombination mit Medikamenten, aber meine Seele muss schon wieder mit einem Gewaltakt fertig werden. Auch wenn dieser aufgrund unglücklicher Zusammenhänge zustandegekommen ist. Auch wenn dieser unbeabsichtigt war. Ich kann nicht mehr darüber hinwegsehen. Die Vergangenheit umschlingt mich. Meine Ohren haben diese Entschuldigungsworte, ach, zum tausendsten Mal? gehört. Nein, nicht Du bist gemeint, aber trotzdem. Ich bin dieser Worte leid. Meine Seele ist dieser Worte leid. Kann nicht sagen, wie sehr.

Aber Dir wird das nie wieder passieren. Und mir wird das nie wieder passieren. Lange Aussprache danach. Gegenseitig unsere **Wunden geleckt**. Ich bin jetzt klüger. Sollte ich merken: Du trinkst über den Durst hinaus, werde ich mich ganz einfach rechtzeitig verdrücken. Meine Art zu reagieren, prophylaktisch. Du bist jetzt klüger, Du wirst in meiner Anwesenheit nie wieder über den Durst trinken.
Wir werden unsere Liebe durch nichts und niemanden – auch nicht durch uns - oder durch diesen scheiß Alkohol zerstören lassen. Eigentlich ganz einfach, denn Du liebst mich - das spüre und weiß ich. Eigentlich ganz einfach, denn ich liebe Dich - das spürst und weißt Du. Wirhabenunsentschieden.
Schwamm über diese Sache. Lernprozess, der 111.?

26. Oktober: sms - Ich: Oh, mein Gott, hab ich da einen schönen Mann neben mir ….. Denke gerade an unsere erste Nacht heut vor einem Jahr. Weiche Knie …. 0:09 –
27. Oktober: Ich: Teppich, Geschirr, Räucherstäbchen usw. ….. Kofferraum ist voll mit Inventar fürs Wohnmobil. Freu mich wie ein Kind zu Weihnachten auf unsere erste Ausfahrt - 19:47 -
Du: Ich mich auch. Bussi und du fehlst – Unglaublich, mit dir aufzuwachen 22:14 -
Ich: Danke. Du bist sehr lieb zu mir. Freu mich so auf Dich und unser Wochenende.

Du hast am Sonntag ein Wohnmobil gekauft! Wir freuen uns

sehr. Jetzt kann es beginnen, das Abenteuer. Morgen. Wandern und kuscheln und Campererfahrungen sammeln.

.... 00:48. Uff, in fünf Stunden ist Tagwache. Mir wird jeder Tag zu kurz. Habe ich die Hälfte meines Lebens bereits verbraucht? .....

28. Oktober -Muss mir schon wieder etwas von der Seele schreiben, muss unbedingt darüber schreiben, was mir letzte Woche mit Dir passiert ist: Ich hab Dich NICHT gespürt, nicht gefühlt, ich war tot. Es war ganz, ganz furchtbar. Bin in Panik verfallen. Will Dich immer spüren! Werde alle (Hexen-) Kräfte und Mittel anwenden, damit das nie, nie, nie, nie wieder passiert. War die Hölle. Weiß auch, warum, glaube ich .... Hat mit dem Stirn-Schlüssel-Akt zu tun. Meine Seele hat da schon zu viele Narben davongetragen. Lasse aber nicht, nicht, nicht zu, dass mein letztens Erlebtes, und auch meine Vergangenheit mir einen Strich durch die Rechnung, also durch unsere Liebe ziehen. Will mit Dir alt werden, will mit Dir mein Leben verbringen. Möchte bei Deinem Tod anwesend sein, will, dass Du bei meinem Tod an meiner Seite bist. Möchte Deine Hände halten, bevor einer von uns beiden dieses irdische Leben verlässt und in andere Hemisphären entschwindet.

Dieses Gefühl gestern Nacht, dieses NICHTS, ABER AUCH GAR NICHTS FÜHLEN Dir gegenüber war der Horrortrip schlechthin. Habe so sehr versucht, all diese unglaublich vielen und großen und schönen Erlebnisse mit Dir hervor zu holen, in den Vordergrund zu stellen. Ich war zu schwach gegenüber diesem Gefühl der lähmenden Ohnmacht. Fühlte mich, als würde der Satan ein böses Spiel mit mir treiben. ....
Da muss er aber früher aufstehen. Nichts und niemand wird sich jemals zwischen uns drängen. Ich bin viel zu klug dafür! Aber ich muss noch lernen, dass ich diese sich einschleichenden Gefühle, diese - nicht willkürlich meine - Empfindungen beherrsche, unterdrücke. Jenen Gefühlen, die fehl an Platz und Zeit

sind, meines Körpers, meines Hauses verweisen! Hier in meinem Körper bin immer noch ich der Chef, du Bastard, du böse Energie! Nur damit du es weißt!

Will mich auf das Positive konzentrieren, dem Negativen keinen Platz geben. Schon gar nicht, wenn 1 negativer Punkt zu 99 positiven Punkten steht. Steht zu keiner Relation. Ich habe mich für Dich entschieden. Komme da, was auch wolle. Ich weiß, Du machst keinen Fehler zwei Mal. Ich bin mir da ganz sicher bei Dir. Du merkst Dir jedes Vergehen mir gegenüber. Ich bin Dir so wichtig, dass Du Dir dies alles ganz tief einspeicherst. Hast Du schon des Öfteren bewiesen ....

Du hast mich heute Nacht wieder mit Komplimenten überhäuft, das ist unglaublich. Du liebst mich - diese Frau, die etwas verrückt ist. Danke. Und ich gefalle Dir, sehr. Ich glaube Dir. Es ist offensichtlich.

31. Oktober: Hab mir soeben alle geschriebenen Zeilen vom Oktober durchgelesen. Wie ein Sommergewitter ist diese Schlüsselgeschichte über uns gekommen. Wie eine „Watschn". Obwohl davor und danach nur Sonnenschein zu spüren war. Kann es mir nur durch die Kombination von Medikamenten und Alkohol erklären. Bitte nie wieder. Wir beide sind mit gefährlich schmerzendem Herzen davon gekommen. Und haben gegenseitig unsere **Wunden geleckt.** Und geheilt.

Und ich hab Dich gestern Nacht WIEDER gespürt. Gott sei Daaaaaaank!!! Gott sei Daaaaaaank!!! Ich spür Dich, fühl Dich wieder! Danke!

24. Teil Ein Platz am Tisch war leer 1. / 13. November 2011

SMS von Dir: „Ich bin stolz, dich in meinem Herzen tragen zu dürfen“

Rückblicke: Letzten Samstag erste Ausfahrt mit dem Wohnmobil. Nicht ganz so gelaufen, wie vorgestellt. Alles vorbereitet und gepackt – Auto streikt – gut, Abfahrt einen Tag später - Repariert, super. - Fühlst Dich unsicher – noch fremdes Auto, was ist, wenn es wieder streikt? Planänderung – Du, der Vernünftige - ich, die Abenteurerin. Nur kurzer Trip. Schade.

.... Meine Fahrweise sei nicht ok. Nur so viel: du willst mir zeigen, wie das Wohnmobil richtig zu fahren geht, ich fasse es – nur für einen Moment – als Kritik auf. Hatten wir schon. Will sofort daraufhin Deine Ratschläge annehmen, Du blockst ab. Kleines Intermezzo. Schlussfolgerung: Du willst mir was beibringen, ich soll es nicht als Kritik auffassen.
Und ich bitte Dich, Deine Gesten, Deinen Gesichtsausdruck vielleicht etwas freundlicher zu gestalten, so, dass ich es auch so auffassen kann, wie es gemeint ist: ein lieber Ratschlag von einem Freund!!! Und nicht von einem, in dessen Gebärden ich nur: Du kotzt mich an, du nervst mich usw .... lesen kann.

Ich liebe Dich, Du liebst mich. Wir lassen uns wegen so einem Scheiß doch nicht schon wieder unterkriegen!

Heute .... ganz eine andere, neue Situation: Allerheiligen, ich lade Dich zu uns zum Mittagessen ein, in mein altes, neues, mittlerweile so vertrautes Daheim.
Mirjam, Dominique und Elias sitzen bei Tisch. Auch Daniel, mein Bruder, ist mit seiner Tochter Lara da. Unsere Mutter und Du und ich. Sehr gemütlich, ein neues ZUHAUSE, ein warmes Nest. Meine Familie. Schön. Am Abend fährst Du nach Hause.

Dominique und Elias haben gestern den Tag damit verbracht, einen Proberaum - Schlagzeug, Keyboard, Gitarren, Verstärker - im Keller einzurichten.

.... „Bussi. Du fehlst“, schreibst Du am Abend.
.... Eigenartiger Weise fehlst Du *hier* – früher hätte ich gesagt

mir. ...... Hab Dich auch am Grab meines Vaters vermisst. Zu Tränen. Kenn mich nicht aus.
Beim Abendessen: **Ein Platz am Tisch war leer**. Könnt jetzt fünf Seiten schreiben. Tu es nicht. Meine Kinder rufen nach mir ....

..... Hab soeben bemerkt, dass mein Computer schon wieder zwei Kapitel aus meinem Tagebuch verschluckt hat. Sch….!

..... Hab keine Zweifel! ...... meine Familie und Du mitten drinnen …. Ich hab sie auch nicht. Bin von einem neuen Gefühl belebt ….. und morgen spüren wir uns wieder. …. versteh vieles nicht, aber ……… ich liebe Dich.

13. November: Zweite Ausfahrt mit dem Wohnmobil war perfekt. Wir waren zwei Tage in der Steiermark. So schön. Am

Grünen See. Wie im Paradies. Und kalt. Aber Sonnenschein pur. Müßiggang am Ufer. Das wirklich türkisgrüne Wasser. Der See machte seinem Namen alle Ehre. Daneben beinahe zwei Meter hohe Grashalme, ummantelt mit schneeweißem Raureif. Nur wir beide und die unglaubliche Stille und Schönheit der verzauberten, schlafenden Dornröschennatur. Kann man sich ein schöneres Geburtstagsgeschenk vorstellen …

….. Ägypten – Nilkreuzfahrt:

4. Tag - Edfu - Kom Ombo. Wir fahren endlich mit dem Schiff stromaufwärts. Wir besichtigen den Tempel von Kom Ombo. Schön. Wir passieren die Schleuse von Esna. Arbeit des Kapitäns, der Matrosen auf Haaresbreite. Hätte nie gedacht, dass unser Schiff durch diese Schleuse durchkommt.

5. Tag - Der Assuan Staudamm. Wir fahren mit einem Motorboot zur Insel Agilkia und bewundern den Philae Tempel, der der Göttin Isis geweiht ist. Schöner Tempel, Sonnenschein. Abdul, unser Reiseführer, erzählt wieder. Dieser Tempel stand ursprünglich etwas weiter oben im Nassersee – Assuan Staudamm. Man hat ihn nach Agilkia versetzt, da er bereits zu über drei Viertel im Nilwasser gestanden hatte. Man sieht heute noch die Spuren des Wassers.

Das Herz tut mir weh, wenn ich sehe, dass sämtliche Figuren wiederum zermeisselt worden sind. Wie kann man diese Kunstwerke nur so verunglimpfen.

Wir sind mit der Besichtigung fertig. Du findest ein kleines Cafe am Ufer. Die Sonnenstrahlen glitzern im Wasser. Du setzt Dich auf einen Sessel. Habe dieses Bild immer noch vor mir. Wenn ich Dich betrachte, dann weiß ich, dann spüre ich, wie mein Herz sich weitet, wie sehr ich Dich liebe. Du betrachtest mich, während ich auf Dich zugehe.

„Weißt du eigentlich, dass ich in dich verliebt bin?“ sagst Du.

Ich freue mich, wenn Du so schöne Worte von Dir gibst. Ich liebe es. Ich freue mich, dass es so ist. Jedes Mal, wenn wir uns hinsetzen, ziehst Du einen Sessel ganz nah an Deinen heran und bedeutest mir, neben Dir Platz zu nehmen.

Am Eingang sitzt bewaffnetes Militär, es kommen uns sogar welche im Tempel entgegen. Die derzeitige politische Situation steht in Ägypten auf sehr wackeligen Beinen. Es hat am Wochenende mehr als dreißig Tote in Kairo gegeben. Das Volk ruft nach einer Demokratie. Es finden soeben Wahlen statt.

Wir besichtigen den „unvollendeten Obelisken". Hat mich ausnahmsweise nicht berührt. Wundere mich nur. Wie hat man vor über 3.000 Jahren angeblich ohne Werkzeug so absolut perfekte Kanten hinbekommen?

Nachmittags setzen wir mit einer ururalten Segelfeluke zum Botanischen Garten über. Beinahe alle Baum- und Blumenarten dieser Erde wachsen auf diesem Fleckchen. Bei der Rückfahrt haben wir Sicht auf das Aga-Khan-Mausoleum.

Ägypten birgt auch andere überraschende Schätze in sich. Koste eine Süßspeise – und bin begeistert. Habe einen ganz anderen Geschmack im Gaumen als erwartet. Das mag ich. Koste ein Brötchen - oh, wie das schmeckt, fremd und gut.

So überraschend sind für mich auch die Eindrücke rund um den Nil. Am rechten Ufer die Wüste. Sand über Sand über Sand. Plötzlich tauchen vor uns Felsenbuchten auf. Auf Felseninseln sitzen Eisvögel. Unmengen an Reihern, weiße, graue. Sitzen, nein, stehen zu hunderten wie Pinguine aneinander gereiht. Ein schönes und vor allem idyllisches Bild. Wir kommen aus dem Fotografieren und Eindrücken inhalieren gar nicht mehr heraus.

Du und ich, wir sitzen am Dach dieses kleinen Bootes und genießen die untergehende Sonne, die Ruhe, die Landschaft, das

Gemurmel und Gelächter unserer Reisegefährten unter uns, die Erläuterungen Abduls, die manchmal, wenn der Wind sich dreht, in Wortfetzen zu uns nach oben dringen. Du hältst meine rechte Hand in den Deinen. Deine Hände liegen in Deinem Schoß, verflochten mit meiner. Irgendjemand hat jenen Augenblick von uns auf einem unglaublich schönen Foto festgehalten.

Wir fahren in eine Bucht hinein. Ein nubisches Dorf. Sanddünen, die Wüste reicht wiederum bis ans Nilufer. Und Kamele! Die ersten Kamele meines Lebens in freier Natur. Ich freue mich wie ein kleines Mädchen. Männer, Frauen und Kinder in wallenden Gewändern. Schmuck, auf farbenprächtigen Tüchern nebeneinandergereiht, wird auf dem Wüstensand zum Verkauf angeboten. Ein Kamel steht am Ufer und trinkt vom Nilwasser. Ein Wüstenkind läuft übermütig eine Sanddüne herab.

Wir gehen von Bord und besichtigen ein nubisches Haus. Traumhaft, einfach traumhaft. So kann ich mir vorstellen, zu leben. So können wir uns vorstellen, zu leben. Vielleicht können wir uns diesen Traum eines Tages erfüllen. - Natürlich können wir, wenn wir es wirklich wollen. - Bei den Nubiern hat jedes Haus ca. 400 m^2. Eine große Wohnhalle, man geht nur auf Sand, herrlich! Dieses Wohnzimmer hat mindestens 100 m^2. Angrenzend gibt es zwei Räume. Sie sehen aus wie Pavillons. Alles mit Stroh gedeckt, überall der Boden aus Sand. Gemauerte Bänke rundherum, strohgefüllte Kamelhocker statt Sesseln, der Blick auf den Nil. In einer Ecke stehen Shishas, ja, natürlich. In einem gemauerten, wirklich kleinen Bassin liegen Krokodile, beinahe wie tot. Werden groß gezogen und dann wieder im Assuan Staudamm ausgesetzt.
Hier habe ich eines meiner Lieblingsfotos von Dir gemacht.

6. Tag - Abu Simbel
Fünf Stunden Busfahrt hin und retour. Wir sind wie zwei Jugendliche. Wir sitzen ganz alleine in der letzten Reihe. Wir kuschen. Ach, geht es uns gut. Du bist so lieb zu mir. Balsam für meine Seele. Sind wir uns gegenseitig.

Abu Simbel .... ein beeindruckender Tempel. Überwältigend große Figuren. Alles aus dem Felsen gehauen. Unglaublich.

Peter - ein Reisegefährte aus Innsbruck - hat uns am Vorabend erzählt, dass er damals - 1964 bis 1968 - mit Spannung die Verpflanzung des Abu Simbel Tempels verfolgt hatte. Er erfüllt sich heute seinen fünfzig Jahre alten Traum. Schön.

Hat eine Figur (rechts und links vom Eingang) beide Hände flach auf den Knien liegen, so bedeutet dies: Ich bin ein Pharao. Hat eine Figur eine Hand flach auf dem Knie liegen und in der anderen eine Papyrusrolle, so bedeutet dies: ich bin ein König ….. Ramses II hatte 40 Frauen! Und 200 Kinder! Und eine Lieblingsfrau, Nefertari (nefer = schön). Ihr zu Ehren hat er einen eigens nur für sie bestimmten Tempel gebaut, der daneben steht. Der einzige Tempel weltweit, der je einer Frau geweiht worden ist.

Und danke, Du hast mir wieder einmal etwas beigebracht, mich wieder „gesellschaftsfähig" gemacht ……. Gestern Abend noch dachte ich bei den Gesprächen in der Bar: Puh, was reden die da für uninteressantes Geschwätz. Und Du mitten drinnen! Smalltalk. Ok., Du sagst, man muss sich an die Gespräche in der Gesellschaft anpassen, zu gegebener Zeit. Man kann nicht immer nur ernsthafte Themen bereden. Man muss auch manchmal Blödsinn von sich geben, Spaß haben, sinnloses, seichtes, leichtes Dahinreden, lachen können.

Du hast recht, kommt mir vor wie damals bei Dir zu Hause an einem Sonntagnachmittag. Wir hatten uns „Into the wild" angesehen. Ich war wie betäubt, wie gelähmt, völlig aufgewühlt von diesem Film.

Du sagtest damals nur: "Jetzt passt ein Autorennen richtig gut da drauf." Du hast die Fernbedienung genommen und tatsächlich auf diesen Kanal, in dem ein Autorennen übertragen worden ist, umgeschaltet. Fühlte mich von Dir wie unter eine kalte Dusche gestellt und dachte: „Wie kann man nur so unsensibel sein?"

Aber Du hattest recht. Auf Gefühlstiefe muss „Seichtes" folgen, denn sonst kippt man zu tief hinein. Ich zumindest. Danke Dir – wieder einmal. Ist seit diesem Sonntagnachmittag eine neue Lebensregel von mir geworden.

.... War ich in den letzten Jahren zu arrogant, zu eingebildet, zu sehr von mir selbst voreingenommen? Ich wollte mit diesem Wirtshausgerede, mit dieser Art von Kaffeehaustratsch partout nichts mehr zu tun haben.

Ok, dieses „Tratschen" ist nun am Nil mein „Autorennen" – die Abwechslung zu den Gedanken über Reinkarnation, den Sinn des Lebens, die eigenen Lebensziele, den Weltschmerz, der mich 3 - 4 mal pro Monat zu Boden wirft, mich kraftlos macht, mich zu Tränen rührt, mich beunruhigt, weil ich 45 Jahre bin und immer noch nicht .... ja, was? Die Zeit läuft unaufhaltsam weiter.

..... Sitze bei eben diesen Zeilen zu Hause – weil ich keinen Laptop mit nach Ägypten nehmen wollte, hab ich alle Eindrücke auf Papier gebracht - und bin gerade bei diesen „3 – 4 mal".
Also: Autorennen reinziehen. In diesem Fall war das heute ein

Kabarett im Fernsehen, na,ja. Egal.
.... Du hättest Dich gefreut, wenn ich heute Abend zu Dir gekommen wäre. Tut mir leid, aber die Kraft fehlt. Kommt bald wieder. Vielleicht schon morgen. Hab heute Weltschmerz. Manchmal muss ich alleine sein. Keine Arbeit, keine Menschen, kein Du. Ich liebe Dich, aber nun habe ich Kraftpause. Du spürst es, Du verstehst mich. Es kam vorhin eine sms von Dir: „Denk an dich". Und: „Wenn du jemanden zum reden brauchst, dann bin ich gerne für dich da".
Wie lieb, einfühlsam und aufmerksam Du bist.

8. Tag - Du hast unseren engeren Reisegefährten Beate, Hans und Luise, Waltraud und Toni erzählt, dass ich die einzige Frau bin, die Du spürst, die Du fühlst. Und dass Du das davor nicht gekannt hattest. Du sagst, das sei ein unglaublich schönes Gefühl, ein „Nach Hause kommen".

Du hast zu Beate gesagt: „Wenn du diese Gefühle auch einmal bei einem Mann haben solltest, dann bleib bei ihm. Wenn dieses Gefühl nicht da ist, dann vergiss es!"..... Oho!

.... Nun, wir sind mittlerweile nicht mehr am Nil, wir sind in Hurghada und machen Bade / Erholungsurlaub. Wir vermissen alle das Nilkreuzfahrtschiff, den Nil, bestimmt auch ein wenig unseren väterlichen Abdul und das familiäre Klima an Bord. Jammern auf hohem Niveau....

Aber wir sitzen Ende November am Strand und lassen uns die Sonne auf den Bauch scheinen. Herrlich. Ich genieße.
Wenn ich meine Hand ausstrecke, berührt sie Dein Gesicht. Der Wind bläst ziemlich heftig, das tut er eigentlich, seit wir hier sind. Du bindest Dir meinen schwarzen Schal um den Kopf. Beate und ich machen Fotos von Dir. Geht nicht anders. Du siehst aus, wie, ja, wie? Auf jeden Fall anders als alle anderen. Und schön. Ich bin nicht Dein einziger Fan. Du bist überhaupt der Schönste. Der Charismatischste. Für alle wie ein Magnet. Ich komme aus dem Staunen nicht heraus. Am Nil, am Schiff, bei jedem Tempel, im Hotel, am Strand. Ist so. Schön, an Deiner Seite sein zu dürfen.

...... Weiß nicht mehr, warum, aber Du hast plötzlich zu erzählen begonnen von dieser Sekte in D.
„[.....] die sich natürlich nicht Sekte nennt [.........]. In der einem Mann zwei bis drei Frauen versprochen werden, wenn man diesem „Glaubensbekenntnis" beitritt. Die Frauen müssen verschleiert gehen, man kann nicht mehr, nie mehr, aus diesem Glaubensbekenntnis austreten. Aber „man" ist nicht mehr alleine. Man trifft sich einmal pro Woche. Und irgendjemand beschäftigt sich immer mit dir [....] - Es gibt so viele einsame Menschen [......] Das ist grundsätzlich auch eine gute Idee. Ich bin generell der Meinung, dass, wenn eine neue Idee geboren wird, der Grundgedanke immer idealistisch und gut ist. Meist wird aber im Laufe der Zeit diese Ideologie am Wegesrand verloren gehen [.....] Ich schweife ab [......] Im Osten, bei den Moslems zum Beispiel usw. darf der Mann bis zu vier Frauen haben. Darüber hat ja auch unser Abdul erzählt.
Der Mann muss für jede seiner Frauen ein Haus bauen oder kaufen. Er muss mit jeder gleich viel Zeit verbringen. Da eine Woche, dort eine Woche, da ein Tag, dort ein Tag."

Auf meine Frage hin, wie das mit den Gefühlen denn funktioniert, antwortest Du:
„Nun, das ist eine gute Sache. Man arrangiert sich. Der Mann bekommt, wonach er sich sehnt, Sex mit mehreren Frauen. Im Gegenzug trägt er aber auch für jede Verantwortung - und natürlich für die Kinder. Die Frau erhält Sicherheit, hat ein Haus, ihre Kinder, einen Mann und doch gewisse Freiheiten, weil dieser doch nur alle paar Tage, alle paar Wochen kommt. Also, beide profitieren aus diesem Arrangement, aus dieser Verbindung ..... - Bis zum Zeitpunkt deines Kennenlernens war ich davon überzeugt. DAS ist das richtige! Solange man dieses Gefühl, das ich zum Beispiel nun habe, wenn du mich berührst, nicht kennt, ist das eine gute Entscheidung. .... Du weißt, ich war ein Jahr in Israel, ich habe dort gelebt, und ich habe sämtliche Religionen studiert. Ich war einige Monate in Afrika. Ich war in Thailand, in Brasilien, auf Kuba usw. Und ich kam zu

dem Ergebnis, dies ist die beste Verbindung zwischen Mann und Frau. Ein Mann - mehrere Frauen. Perfekt ..... Ein Arragement.
Aber damals kannte ich dieses Gefühl, diese Liebe noch nicht. Natürlich, wenn du mich nun fragst, wie man als Frau damit leben kann, ... wenn man für seinen Mann große Gefühle, ehrliches Empfinden, Liebe, Zuneigung verspürt, wenn man davon überzeugt ist, ihn zu lieben, ... damit umgehen, dass er von einer seiner anderen Frauen kommt, leben, klar kommen? Die Vorstellung, dass er vor zwei Stunden vielleicht .... Du hast recht, damit kann man nicht leben .....
Ich könnte dich auch mit keinem anderen Mann teilen. Niemals. Das wäre das Ende."
Beate und ich sitzen mucksmäuschenstill da und hören Dir zu.

Du sprichst weiter: „Ich bin nun 40. Ich habe wirklich vieles gesehen, erlebt, Religionen analysiert, viele Ehen, Beziehungen, Paare beobachtet. Konträre Kulturen kennen gelernt und verglichen. Geht doch alles völlig falsch! Wo ist die Moral, die Liebe, wenn sich ein Mann nach 40 Jahren Ehe von seiner Frau scheiden lässt? Wegen einer jüngeren, wegen einem kleineren Arsch? - Ich entschuldige diese Ausdrucksweise jetzt nicht! - Wo ist die Liebe, die Verantwortung, wenn zwei Lesbierinnen ein Kind adoptieren und nach 5 Jahren verliebt sich plötzlich die eine in einen Mann, lässt Freundin und Kind im Stich?

Wo ist die Liebe, wenn sich die Frau nach 20 Jahren einen Lover nimmt, während der Mann brav zu Hause den Rasen mäht? ......

Deshalb das Ergebnis meiner Beobachtungen: Die beste Lösung, ein Mann und drei bis vier Frauen. Jeder hat Sicherheit. Keiner lässt den anderen im Stich. Man übernimmt gegenseitige Verantwortung. Aber ich wurde eines besseren belehrt. Durch dich. Durch die Liebe. Ich danke dir! Du weißt gar nicht, wie sehr ....."

Wenn ich all das so niederschreibe, dann kommt mir ein Gedanke: Du bist ein Prediger, oh, ja. Beinahe alle suchen Deine

Nähe, hängen an Deinen Lippen, lauschen Deinen Worten .....

Du warst mit mir bei einem ägyptischen Friseur. Habe noch nie erlebt, dass mich ein Mann zum Friseur begleitet. Habe noch nie erlebt, dass ein Mann beim Friseur hinter mir sitzt und alles interessiert beobachtet. Habe mich beschützt gefühlt. Habe auch noch nie erlebt, dass ein Mann für mich beim Friseur einen Termin vereinbart..... Du sagst, ich bin die schönste Frau hier. Wie lieb von Dir. Danke. Du Schmeichler.

Du hast mir „Small-talk" - für ab und zu - ans Herz gelegt. Danke Dir, aber heut, nach zwölf Tagen will ich mit Dir abends allein an den Strand gehen, gemeinsam nur mit Dir die Sterne betrachten, allein mit Dir dem Rauschen der Wellen des Roten Meeres lauschen. Brauche heute unbedingt meine Ruhe, Zweisamkeit, Zurückgezogenheit. Du verstehst mich.

Du hast mir wieder einmal sehr viel beigebracht. Nicht so zickig, nicht so zimperlich zu sein. Hast mich ermahnt, öfter Humor zu haben. Small-talk ist Small-talk, da darf man ruhig mal leicht und seicht und nicht immer ganz so „gscheit" sein. Ja. Lebt sich leichter so, hm. Bussi.

Du sagst, ich soll Vertrauen zu Dir haben, Du sagst, Du liebst mich. Was kann uns da ein ab und zu seichtes Gespräch noch anhaben? Du hast recht.

Nächster Morgen: Wir werden nach dem Frühstück zum letzten Mal an den Strand gehen und den letzten Tag am Roten Meer genießen. Das letzte Abendessen mit den lieben Kurzzeitfreunden genießen.

Während ich im Bett, halb sitzend, halb liegend diese meine Gedanken niederschreibe, liegst Du auf mir und schläfst tief und fest. Ich streiche Dir über Deinen Kopf, Deine wunderschönen Schultern. Die Morgensonne strahlt bei der Balkontür herein und liebkost unsere Haut. Ganz hinten, über den Palmen der Hotelanlage sehe ich das Meer glitzern. Dein Oberkörper, halb auf meinem Schoß, halb auf meinem Bauch. Ich liebe Dich. Werde auch dieses Bild von uns, dieses Gefühl der Geborgenheit, des „Ich bin zu Hause angekommen" - Gefühls in meinem Herzen bewahren.

Gestern waren wir in der Altstadt.

.... „Oh, my god!", ruft ein Junge am Markt, als er Dich sieht, mit kugelrunden Augen, und läuft uns nach. „Oh, my god!"

Keine Minute später. „Echnaton", begrüßt Dich ein Ägypter von der anderen Straßenseite und nickt Dir anerkennend zu. Ich warte wirklich nur mehr darauf, dass er vor Dir auf die Knie fällt.

Wir kaufen Tücher für unsere Mütter, Mirjam, Deine Schwestern und für Christina ein. Wir erhandeln zwei Shishas für Dominique und Elias. Du machst das sehr gut mit Deinem Charme, mit Deinen Dir eigenen Waffen.

Ein Ägypter bindet Dir ein Tuch um den Kopf. „Geschenk", sagt er.

Ein frecher, junger Einheimischer zeigt mit seinem Finger auf Dich und ruft: „Rambo! Rambo!". Wie ein Marktschreier brüllt er durch die Gasse.

„Matrix", kommentiert der nächste Verkäufer und läuft endlos hinter uns, neben uns, vor uns einher. „You are Matrix!", wiederholt er immer wieder. „You are Matrix!"

Es ist einfach unglaublich. Es ist einfach unglaublich.

Wir liegen wieder am Strand. Du liest mir ein wenig von der Geschichte der Pyramiden vor. Unglaublich – schon wieder dieses Wort - das Ganze. Nicht fassbar. Ich habe mir nicht gemerkt, wie viele mathematische Formeln eine Pyramide in sich birgt. Von der Entfernung der Erdachsen über das Zeichen „Pi", über bestimmte Jahreszeiten, Tage, an denen die Sonne niemals einen Schatten wirft. Von der Nivellierung ohne Abweichung (damals gab es noch keine Wasserwaage!), keine Werkzeuge, alle Quader wie gegossen usw. und so fort. Es müssen Menschenmassen daran gearbeitet haben. Angeblich 10 x 10.000. .... Warum findet man beinahe keine Knochen im Umkreis der Pyramiden? 100.000 Menschen haben doch Unmengen an Fleisch verzehrt. Oder waren damals alle Vegetarier? Und sind keine Arbeiter gestorben (worden)? Alles nicht wirklich erklärbar, nicht wirklich nachvollziehbar. Eher außerirdisch. Oder ein Wunder.

Wenn ich mir so das heutige Ägypten ansehe, habe ich eher den Eindruck, man lebt zurück in die zukünftige Vergangenheit. Vielleicht ist das heutige Ägypten 2011 VOR Christus. Vielleicht entstehen die Entwicklung, der Fortschritt und somit die Pyramiden, die Tempel, die Memnonkolosse, der Hatschepsut-Tempel, das Tal der Könige usw. erst in der Zukunft - Hirngespinste. Und wir besuchen soeben nicht die Vergangenheit sondern die Zukunft. Zeit ist bekanntlich relativ.

.... Eigentlich wollten wir auch einen Tagesausflug nach Kairo zu den Pyramiden machen. Aber die politische Situation ist, wie bereits erwähnt, nicht die beste.

Nun, wir haben viele Tempel, Ausgrabungen, Gräber, Sphinxen usw. besichtigt. Leider keine Pyramiden. Aber die Vernunft siegte. Vielleicht passt es ein anderes Mal. Bestimmt.

„**Umm al dunya**" – Mutter der Welt. So nennen die Ägypter ihr eigenes Land. Schön.

Durch die Unruhen haben viele, viele Touristen ihre Buchungen storniert. Ein großer Verlust für die ägyptische Wirtschaft. Abdul sagt: „Insgesamt gibt es 350 Nilkreuzfahrtschiffe. Zurzeit sind nur 20 Stück belegt." Abdul, die Busfahrer und das Schiffspersonal (70 an der Zahl für 90 Passagiere!) haben sich oftmals bei uns, da wir die Reise nicht storniert haben, bedankt.

Du bist gestern, halb auf meinem Rücken liegend, eingeschlafen. Am Strand in der Sonne. Jetzt, wo wir wieder die Heimreise antreten, ist kein Wind mehr da und die Sonne strahlt mit voller Kraft auf uns hernieder. Hm, richtig gut, die letzten Sonnenstrahlen zu genießen, bevor wir zu Hause wieder in die Kälte und den Nebel eintauchen. Vier Monate Kälte liegen vor uns, phu! Genieße es, mit Dir alleine am Strand zu liegen.

War kurz weg, um ein Tuch von unserem Zimmer zu holen. Komme zurück zu Dir. Hallo, ihr Lieben, alle wieder da. Hans,

Luise, Beate, Uwe, Rudi. Alle umzingeln Dich.

Ja, geht nur alle an die Bar, nein, seid mir bitte nicht böse, ich bleibe bitte noch in der Sonne, um die Wärme und das Rauschen des Meeres zu inhalieren. Hab euch alle lieb, wirklich, vor allem Dich natürlich, aber ich muss jetzt ein wenig alleine sein. Meine Gedanken, Deine Worte niederschreiben.

Was hast Du vorhin zu mir gesagt? Ich soll Dir versichern, dass Du mein Traumgatte bist?

„Oh, ja, das kann ich Dir versichern, das bist Du. Aber Gatte trifft nur zu, wenn man verheiratet ist", bemerke ich.

„Gut, dann sag ich jetzt zu dir: Noja, du bist meine Frau! Und du sagst zu mir, dass ich dein Mann bin!"

„Du bist mein Mann", geb ich brav zur Antwort.

Du drehst Dich um und sagst zu den anderen: „Wir haben soeben geheiratet. Ihr seid unsere Zeugen"…..

Ein Flugzeug fliegt über mich hinweg. Morgen ist es wieder soweit. Freue mich auf meine Kinder, meine Mutter, mein neues Zuhause, aber ansonsten würde ich es mit Dir noch länger so aushalten.

Denke an unsere letzte Nacht. Überhaupt an viele Nächte. Ohne Worte. Viele, viele, viele Gefühle. Genaue Beschreibungen lass ich besser bleiben. Könnte das keinesfalls auch nur annähernd so gut wie Benoite Groul in **Salz auf unserer Haut.* Ich bin trotzdem Deine Karedig. Kuss. Und Du bist trotzdem das Salz auf meiner Haut. Bin der Meinung, dass Du ganz, ganz jemand Besonderer bist. Ist so. Ich wiewiewiewiederhole mich …..

Du sagst, ich soll nach dem Urlaub die Entscheidung treffen, in welche Richtung Du (wir) gehen sollst (sollen). Ist ja überhaupt keine Verantwortung, ha, ha. Ich weiß es nicht, noch nicht. Und mir fehlt der Mut. Noch. Und die Reife. Noch. Und die Weisheit. Noch.

Soeben war eine Masseurin vom Hotel da. Ob ich eine Massage möchte …. Eh ganz lieb die Leute hier, aber, nein, danke, ich möchte keine Massage. Sie nimmt mich beim kleinen Zeh, rüttelt und knuddelt kurz daran, lächelt, wünscht mir noch einen schönen Aufenthalt bis zum Abflug und fragt: „Where is your husband?“ Ich freue mich.

Hans hat uns vorhin „das schwarze Ehepaar“ genannt. Vielleicht sollten wir doch mal (nur bei unserer Kleidung?) Farbe bekennen.

Gestern: Du sitzt in der Sonne, ich weiß nicht, wer mehr Ausstrahlung hat, die Sonne oder Du?

„Ich bin in Dich verliebt“, vertraue ich mich Dir an.
Du fragst. „Seit wann? Du erklärst mir doch seit Monaten, dass du NICHT in mich verliebt bist“.

„Stimmt“, gebe ich zurück. „Das Wort „verliebt“ erinnert mich immer an verirrt, an ein Labyrinth, an eine rosarote Brille. VERLIEBT = VERIRRT. Aber ja, ich bin verliebt in Dich. Und wie! Aber Lieben heißt auch, eine Entscheidung zu treffen, das Gehirn mit dem Gefühl zu kombinieren. Hab ich diese Gedanken nicht von Dir? Doch, ganz bestimmt sogar. Ich glaube, Dich zu lieben und habe mich für Dich entschieden. Glaube, Wissen, Liebe, Gefühle, Verantwortung, Wortklaubereien, bla, bla, bla“.

„Wichtig ist, dass wir glücklich sind. Wir sollten jeden Tag einfach nur genießen, mein Schatz“, flüsterst Du mir ins Ohr.
..... Hol mir noch mal dieses Bild von Dir in der Sonne vor Augen. Dein unverschämt schöner Körper, muskulös, braungebrannt, ästhetisch, herrlich. Ja, wir bemühen uns auch um unsere äußere Schönheit, bewusste Ernährung, nicht immer, weniger rauchen, nicht immer, Sport, nicht immer. Sinn für Schönes. Äußerlichkeiten ..... Oberflächliches.

.... Auch bei so vielen Menschen, so wie hier in diesem Ressort-Hotel, fallen wir als Paar unglaublich auf. Nie wäre ich auf diese Idee gekommen, dass das so sein könnte. Aber es ist sehr schön, es ist ein Geschenk. Ich bin 45 Jahre jung. Du bist 40 Jahre jung. Ich liebe unser gemeinsames Auftreten, geb ich ehrlich zu. Wir empfinden uns für etwas ganz Besonderes - aber das tut jedes Liebespaar auf der ganzen Welt. Wir reden auch darüber ….. Machen uns die Menschen, weil sie uns beide auf ihre eigene Art und Weise sehen, zu etwas Besonderem, oder sehen sie uns deshalb so an, weil wir etwas Besonderes ausstrahlen? Weil DU etwas ganz Eigenes ausstrahlst? Wer war zuerst da, das Huhn oder das Ei?

Ich schreibe, wie bereits erwähnt, all dies zu Hause in Reinschrift nieder…..
…. und bin seit gestern wieder mal sehr unruhig, wie ich das mittlerweile ja schon gewohnt bin. Fühle mich krank. Die Glieder schmerzen. Bin aber nicht krankt. Bin gesund und es kann sich nicht alles immer nur um mich drehen. Hängt mir manchmal zum Hals heraus. Immer mehr. Ich bin glücklich, hab solch ein Glück in meinem Leben, habe Dich gefunden. Hab wunderbare, gesunde, schöne, kluge, herzliche Kinder, eine liebevolle Mutter, hatte den besten Vater, den man sich nur wünschen kann, hab ein schönes Zuhause, mittlerweile - durch Dich - in allen Lebensbelangen keine Sorgen mehr. ICHBINGLÜCKLICH. Aber immer mehr vertieft sich das Gefühl, dass ich helfen will, muss. Sinnvoll helfen. Nachhaltig.

Wenn ich eines Tages im Sterbebett liege, will ich zurückschauen und etwas Besonderes sehen. Menschen in Not helfen? Menschen ihrer Seele näher bringen? Hungernde Kinder retten? Eine Spendenorganisation aufbauen? Etwas für die Umwelt tun? Die Natur für unsere Kinder, für deren Nachkommen schützen? Der Klimawandel …… Oder Menschen in unserer Umgebung glücklich machen oder es zumindest versuchen? Da fallen mir so viele ein: Meinen Kindern Gutes auf ihrem Weg mitgeben. Anderen beistehen, ihnen helfen, den richtigen Weg zu gehen. Aufzeigen, worum es in einer Beziehung, im Leben geht. Meiner Mutter Gesellschaft leisten in den letzten Jahren ihres Lebens, versuchen, sie wieder zufriedener zu machen usw.

Es gäbe so viel zu tun. Eine andere Arbeit suchen, keine Versicherungen und Sparformen mehr verkaufen. Aber zum Leben braucht man Geld. Soll ich Geld mit einer Tätigkeit verdienen, die auch für mich einen tieferen Sinn hat? Mir fehlt jegliche Orientierung. Kommt hoffentlich bald. Lass das jetzt mal so ruhen - bis auf weiteres.

….. Eine fremde Frau hat Dich am Schiff angesprochen. Ob Du nicht ihrem Sohn helfen könntest, dieser fühle sich sehr krank. Und keiner könne ihm helfen. Aber Du könntest das bestimmt, davon sei sie überzeugt. Da Du ja dieselbe optische Krankheit habest.

- Ich nenne das nicht Krankheit, sondern die Farben der Königskinder. Keine Ahnung, warum.

„Sie haben aus der Not eine Tugend gemacht", sagte sie zu Dir. „Ich bewundere Sie sehr!"
Wie recht sie hat. Sie hat meine Gedanken in den treffendsten Worten formuliert.

….. Wollte eigentlich ganz etwas anderes erzählen, wiedergeben. Deine Frage, wie es weitergehen solle, welcher Plan, welche Lebensrichtung ….

Die Schonzeit ist vorüber! Ich hab's gewusst! Als ich vorhin auf meinem Notizzettel die Seite „33" nummerierte, wusste ich, dass auf dieser Seite etwas Gravierendes passieren würde. Jetzt ist es da.
Oh, Herr, lass den Kelch an mir vorüber ziehen (wieder einmal). Mir ist nach heulen zumute, verzeih mir.

Du hast mit mir soeben ein langes Gespräch am Strand geführt. Hast mir zu Beginn des Urlaubs vorausgesagt, dass ich merken würde, wie sehr Du die Menschen anziehen wirst. Das stimmt. Oh, ja! Du stehst vorne an Deck und die Menschen umringen Dich. Wir sind am Strand und die Leute suchen Deine Nähe. Hab nun, nach diesem Gespräch, das Gefühl, die Zeit des Versteckspielens, der Vogel-Strauß-Politik, neigt sich dem Ende zu.

Du hast zu mir gesagt, dass Du nach dem Urlaub von mir wissen willst, was Du daraus machen sollst. Ob Du den Menschen, die ja alle Deine Nähe, Deine Worte suchen, helfen sollst oder nicht, und wenn ja, wie. ... Was denkst Du denn, wer ich bin? Ich bin doch nicht der Stein der Weisen! – murmle ich leise in mich hinein. - Nun hast Du dieses Thema aufgegriffen. Vielleicht wollte ich all das im Sand verlaufen lassen, so tun, darauf hoffen, dass Du das alles vergessen hast. Wie konnte ich. Du vergisst nie etwas. Und wenn Du etwas nicht ansprichst, dann hat das immer nur zwei Gründe: entweder Du wartest darauf, dass ich damit beginne oder Du wartest auf den richtigen Zeitpunkt. So ist das und nicht anders.

Du bringst ein Beispiel, was das Helfen der Menschen betrifft. Ein Beispiel, das niemand besser nachvollziehen kann als ich: „Schau bei Dir. Ich habe vom ersten Moment an gewusst, was dir fehlt, was in deinem Leben falsch läuft. Du hast es sofort verstanden, oder fast sofort (Du schmunzelst). Zumindest schneller, als jeder andere, das muss ich zugeben. Schau, wer du jetzt bist, du bist schöner, glücklicher, freier, frei von deinen Schulden. Du hast eine andere Arbeit. Nein, keine andere, aber mit freier Zeiteinteilung. Und du bist nun dein eigener Chef. Und du kannst nun nach deinem eigenen Gutdünken entscheiden. Eine Arbeitssituation, die dich viel freier leben lässt. Du hast deine Mutter nicht vereinsamen lassen, deine finanziellen Belastungen zurück gelassen. Das hast alles du ganz alleine gemacht, aber ich habe dir die Augen dafür geöffnet ....
Ich weiß auch bei jedem anderen, was ihm fehlt, was er falsch macht. So wie ich es bei dir auch sofort gewusst habe. Ich sehe es. Ob ich will oder nicht ..... Soll ich helfen, soll ich mich einmischen, soll ich ihnen sagen, wie sie es richtig machen können, damit sie glücklich werden? Soll ich etwas daraus machen oder all das einfach ignorieren, übersehen? Soll ich helfen oder soll ich in der Versenkung bleiben? Hilf mir, sag du es mir! Bitte! ....

Schau mal, alle laufen zum Beispiel zur Massage und geben Unmengen an Geld dafür aus. Ich könnte jedem richtig gut helfen. Wenn wir zum Beispiel zwei Wochen in Urlaub sind, genießen wir die erste Woche und knüpfen Kontakte. Was heißt knüpfen, du siehst ja, die Leute suchen meine Nähe, kommen von selber zu mir. So ist es immer. Ich will ja auch helfen - oder auch nicht - ich weiß es nicht! Was sagst Du dazu? Hilf mir bitte! Und in der zweiten Woche können alle mit mir Termine vereinbaren, alle, die wollen. Wenn ich meine Zeit investiere und meine Kraft, dann sollte das jedoch auch honoriert werden. Oder? Aber keine Bezahlung, das will ich nicht. Sag du es mir! Möchte nur, dass meine Energie honoriert wird. Von mir aus mit Brot, oder Bier (Du lachst) oder Orangen, was weiß ich. Oder ich sehe über all das hinweg, ignoriere, dass ich helfen könnte, ignoriere, was ich fühle und sehe und schiebe meine ruhige Kugel ganz normal weiter .....

Ich will, das du mir sagst, was ich tun soll. Da denke ich jetzt nur laut vor mich hin. Weißt du, wenn ich zum Beispiel im Urlaub jemandem helfen kann und du weißt, ich kann allen, die es wollen, helfen, ich weiß bei jedem, wo das Problem liegt, dann kommen auch zu Hause die Menschen zu mir. Familienangehörige oder Freunde derer, denen ich im Urlaub helfen hab können, zum Beispiel .... Aber will ich das, soll ich das tun? Muss ich? ..... Würdest du das wollen?

Du müsstest nur jedem, der unglücklich ist, DEINE Geschichte erzählen, das würde genügen.

Und Du bist die erste Frau, die miterlebt, was passiert, wenn ich im Ausland bin, wie sehr ich auffalle, wie polarisierend ich bin. Das hat mir ja nie jemand geglaubt oder miterlebt. Geschweige denn, mir geholfen, damit umzugehen.

Soll ich diese Gabe, diese Aufgabe nützen oder ignorieren? Ich hätte wirklich gerne, dass du die Entscheidung triffst. Du siehst das mit ganz anderen Augen als ich.

Dieses Sehen alleine kostet mir schon genug Kraft. Vielleicht sollte ich es auch nicht Gabe, sondern Fluch nennen ...... Denn nur deshalb versuche ich immer wieder, den Massen aus dem Weg zu gehen. Es ist nicht unbedingt lustig, die Schmerzen und Leiden der anderen zu spüren und zu sehen ....

Und natürlich hast du recht, wenn du sagst, sobald ich dazu stehe, dass ich etwas bewirken kann, helfen kann, wird es Feinde, Neider geben. Das Wort Scharlatan wird auftauchen. Du hast Recht. Ich weiß, aber was tun, wenn das meine Lebensbestimmung ist? Bitte sag du es mir."

Die Leichtigkeit des Urlaubs ist nun verfolgen. Will jetzt nicht darüber nachdenken. Will einfach nur genießen und aus. Morgen fliegen wir wieder nach Hause. Da muss ich sowieso wieder denken und meinen Pflichten, meinem Alltag nachgehen. Versicherungen verkaufen (◕︵◕).

…. Will jetzt nicht schwermütig werden, gehe auch an die Bar. Will an Deiner Seite sein …..
Intuition, plötzlich: Und wenn das wirklich Deine Lebensbestimmung ist, dann bin ich bei Dir. Noch ist die Zeit nicht reif. Bin im Moment der Meinung: Carpe diem! Freut euch des Lebens. Leichtigkeit, keine Melancholie, pfeif drauf! Leben, lieben, lachen. Leben genießen. Und will jemand Hilfe von Dir, so soll er sie bekommen. Dann hilfst Du und ich unterstütze Dich. Ohne Feinde, ohne Argwohn, nur Freunde und Liebe. Ist doch so einfach. Muss meine Gedanken im Zaum halten ……. Positiv denken!!!

Hab ich Angst? Angst vor dem „Anderssein"? Ich bin ehrlich zu mir selber: JA!!! Und wie!!! Hab oder hätte ich genug Stärke?

…… Wenn ich die oben geschriebenen Worte bzgl. Deiner Gaben, Deiner Fragen in diesem Moment zu Hause niederschreibe, muss ich lächeln. Das Drehbuch ist geschrieben. Weiß, was ich zu tun hab. Irgendwann. Schön, sehr schön. Weiß, was Du zu tun hast. Jawohl! ….. Aber das WANN weiß ich noch nicht. Auch nicht das WIE.

……. Geh jetzt zu Dir an die Bar, das Leben genießen.

Und ich freue mich, jetzt, beim Niederschreiben verspür ich es. Hab trotzdem ein wenig Angst. Wir machen das schon. Du und ich. Eigentlich ist das genau das, wonach ich mich sehne, oder? Helfen. Du bist der ausführende Teil. Ich mache den Rest.

Oder so.

NATÜRLICH WIRST DU DEINEN DIR BESTIMMTEN LEBENSWEG GEHEN, ICH WERDE DICH BEGLEITEN UND UNTERSTÜTZEN, WERDE DEINE STÜTZE SEIN, DIE DU BRAUCHEN WIRST, WERDE DEIN BOLLWERK SEIN, DEIN SCHREIBER, DEINE RECHTE HAND, DEINE KRAFTQUELLE; DIE, DIE AUF DEINE GESUNDHEIT, DEINE ZEIT, DEINE KRAFT ACHTEN WIRD; WERDE DIE SEIN, DIE DIR DIE LIEBE GIBT, WERDE DEIN RATGEBER, DEIN STADT-HALTER, WAS AUCH IMMER DU BRAUCHST, SEIN.

Ja, wir sind wieder zu Hause. Alle sehen uns unsere Liebe an. „Wie bitte, nun ward ihr zwei Wochen Tag und Nacht beisammen und seid nun traurig, weil ihr Euch für einen Tag trennen müsst?“ fragt mich Natalie ganz fassungslos.

„Phu, ihr seid aber verliebt“, bemerkt Gery.

„Ja“, Du drückst mich noch fester an Dich und gibst mir einen Kuss auf die Stirn. „Wir sind verliebt.“

….. Du hast mich soeben besucht. Ich kränkle ein wenig. Du weißt alles. Du bist so lieb und feinfühlig. Wir werden morgen darüber reden. Ich hab kalte Füße bekommen. Aber Du willst das trotzdem aus meinem Munde hören…. Ich hab es Dir versprochen.

E-mail von Toni: Hallo Ihr zwei hübschen, es ist sehr schön, dass ihr euch meldet. DANKE für die Fotos; werde euch ebenfalls in den nächsten Tagen einige Nil-Schnäppchenfotos mailen; Ich hoffe, Eure Liebe ist noch voll in Blüte! Viele Grüße

Oh, Mirjam und Dominique kommen soeben aus Wien, meine zwei Studenten. Hallo, ihr Lieben. Lasst euch drücken.
Bald feiern wir alle gemeinsam Weihnachten. Eine neue Ära beginnt. Herzklopfen.

26. Teil Reinkarnation 4. Dezember 2011

Da mein Computer wieder mal hungrig war und einige Seiten - nachdem ich mit dem Abtippen meiner handgeschriebenen Notizen fertig war - verschluckt hat, versuche ich, aus dem Kopf die ersten drei Tage vom Nil niederzuschreiben.

Meine gravierendste Erinnerung ist jene: Leider weiß ich nicht mehr, welche Tempelanlage wir besichtigt hatten. Auf jeden Fall war da eine ägyptische Schulklasse, Volksschulkinder, die einen Tagesausflug dorthin gemacht hatten ....

Wir gehen hinter Abdul, unserem lieben ägyptischen Reiseführer brav hinterher und horchen gebannt seinen Erzählungen. Und bestaunen dieses unglaublich beeindruckende Bauwerk. Da fällt mir auf, – unsere Reisegruppe ging in entgegengesetzter Richtung zu den Kindern - dass alle, wirklich ALLE Kinder mit offenem Mund und kugelrunden Augen an Dir vorübergehen. Und sich umdrehen und zurücklaufen, um Dich noch einmal von vorne bestaunen zu können.

„Schau mal!" sag ich zu Dir, „wie Dich die Kinder anstarren." „Sieh einfach weg", gibst Du mir zur Antwort. „Schenke dem keine Beachtung. So geht es mir immer, wenn ich im Ausland bin. Du erlebst das zum ersten Mal, aber ich hab mich nach all den Jahren mittlerweile daran gewöhnt."

Ein Mädchen hat Dich anscheinend nicht zur Kenntnis genommen. Das neben ihr gehende Kind stupst sie mit dem Ellbogen energisch in die Seite und zeigt mit dem Zeigefinger auf Dich. Daraufhin gibt dieses einen Schrei von sich und hält sich dann erschrocken den Mund zu. Nur die weit aufgerissenen Augen sind noch im Gesicht zu sehen. Alle Kinder tuscheln miteinander und bleiben stehen. Die Lehrerin treibt sie schließlich in Richtung Ausgang und spricht streng auf sie ein.

Wahrscheinlich glauben sie, dass Du eine **Reinkarnation** von Echnaton bist. Oder eine von Tutanchamun. Wie auch immer. Ich kann es ihnen nicht verübeln. Die Ähnlichkeit ist frappierend. Du bist natürlich berührt, aber Du überspielst es.

Einer aus unserer Reisegruppe sagt ganz naiv zu Dir: „Warst Du denn schon mal hier? Ich bemerke seit Beginn unserer Reise, dass dich alle ansprechen oder anstarren. Vorhin am Markt hast du auch mit sämtlichen Ägyptern gesprochen".

„Ja", gibt Abdul statt Deiner ganz trocken zur Antwort. „Vor über 3.000 Jahren". Alle lachen. Ich stimme mit ein, aber mein Herz ist mir in die Hose gerutscht. Und ich hab weiche Knie.

Ein Abend an Deck unseres Nilkreuzfahrtschiffes. Ich sitze auf einer Liege und lackiere mir ausnahmsweise mal meine Zehennägel. Mit rotem Nagellack. Wir sind ganz alleine da oben. Die anderen befinden sich noch im Speisesaal.

„Das wollt ich immer schon mal machen". Sprachs, nahm mir den Pinsel aus der Hand und brachte mein Werk zu Ende.

„Du bist verrückt, ich weiß. Aber so süß", schmunzle ich und streichle Dir über den Kopf. Plötzlich stehen die Tiroler und die Steirer hinter Dir. Und Du kniest vor mir am Boden.

„Ja", sagt Beate", so stelle ich mir die Liebe vor". Und wieder lachen alle. Alle lieben Dich. Schön.

Und dann war da die Geschichte mit der Kutschenfahrt. Wir durchfuhren Luxor. Mit einem Ziel: dem Markt. Noch heute stellt es mir die Haare auf, wenn ich diese Minuten Revue passieren lasse. Sogar mein Pulsschlag beschleunigt sich, wenn ich nur daran denke..... In Holzkäfigen saßen lebende Hühner über- und nebeneinander. Zusammengepfercht. Und gackerten wie wild. Daneben lagen tote Fische auf Palmblättern am Lehmboden. Und dazwischen wurden Sandalen, Brotkörbe, Kleider, Sonnenbrillen usw. feilgeboten. Riesige Schinkenkeulen hingen von den Verkaufsbuden in der sengenden Mittagshitze.

Kinder bettelten um die Dose Cola, die Du in der Hand hieltest. Ich hatte die ganze Zeit über Angst, dass eines der Kinder unter die Kutschräder geraten könnte oder von unserem Pferd, das interessanterweise auf meinen Namen hörte, zu Tode getrampelt werden würde.

„Warum gibst Du ihnen nicht die Cola", mache ich Dir zum Vorwurf.

„Gerne", erwiderst Du. „Aber du weißt, was dann passieren wir, ich hab's dir vorhin erzählt." Du reichst einem Jungen die Cola. Plötzlich sind wir umzingelt, ich weiß nicht, ich denke fünfzehn Kinder oder mehr waren das. Unser Pferd wurde furchtbar nervös und der Kutscher hatte alle Hände voll zu tun, damit es nicht mit uns durchging und sämtliche Verkaufsstände mitriss. Zu guter Letzt schlug er mit seiner Peitsche in Richtung der Kinder, um sie zu verscheuchen. Und über all dem brüllten die ganze Zeit mindestens zwei Muezzins von den Minaretten. Mir ging es gar nicht gut. Gar nicht. Ich wollte nur mehr weg von hier. Diese Armut rundherum. Fühlte mich wie in einem schlechten Film. Ich hatte einen klassischen Kulturschock und hab dann den restlichen Tag in unserer Kabine verbracht, wie eine Idiotin aus dem Fenster gestarrt und einfach dem Fließen des Nils zugesehen. Mit einer Flasche Wein ....

Oh, noch etwas fällt mir ein. Den Namen der Tempelanlage, in der sich das nachfolgende abgespielt hat, hab ich ebenfalls vergessen, wohl eher verdrängt .... Und meine Notizen sind ja weg .... Und das war so:

Die gesamte Reisegruppe ging geschlossen in den Tempel hinein. Nach einigen Minuten bekam ich ein un-, un-, unglaublich furchtbares Gefühl .... Und jetzt, in diesem Moment, indem ich dies niederschreibe, überwältigen mich dieselben Empfindungen. Genauso wie damals. Ich verspürte furchtbaren Druck zwischen meinen Schläfen, im Hinterkopf, das Herz raste, ich begann zu zittern, meine Knie wurden ganz weich.... Ich kann mich auch daran erinnern, dass dies eine der wenigen, oder die einzige Tempelanlage überhaupt war, bei der die Decke erhalten geblieben ist. - Alles in schwarz, grau, völlig düster und dunkel. Ich hab in jeder Faser meines Körpers die furchtbaren Dinge, die da einmal geschehen sind, verspürt. Gleich fall ich um, hab ich nur noch gedacht. Mir wurde furchtbar übel und schwindlig, ich hatte entsetzliche, beklemmende Angstzustände. Ich hab Dich am Ärmel gezupft und „Ich halt das hier nicht aus", gemurmelt, hab mich umgedreht und bin aus dem Tempel geflüchtet. Habe geheult wie ein Schlosshund. Es hat mich gestoßen und ich konnte einfach nicht aufhören zu weinen. Habe mich auf eine Mauer gesetzt, die wärmende, tröstende Sonne in meinem Gesicht gespürt und darauf gehofft, dass das alles bitte, bitte schnell vorüber geht. Und Dich sehnlichst herbeigesehnt. Ich glaube, es hat gar nicht lange gedauert und Du warst plötzlich da, hast mich in Deine Arme genommen, meinen Rücken gestreichelt und mir tröstende Worte zugeflüstert. Irgendwann dann konnte ich endlich wieder atmen und bin ruhiger geworden. Aber noch immer hatte ich weiche Knie, mir war schwindlig und im Hinterkopf pochte es. „Ich will weg von hier", hab ich Dich angefleht.

Dann kamen die anderen und Abdul fragte: „Was ist los mit Noja? Geht es ihr nicht gut?"

„Nein", hast Du geantwortet. „Noja ist sehr feinfühlig. Wir gehen inzwischen voraus zum Bus".

„Ich verstehe", gab Abdul von sich.... - Was verstand er???
Sollte ich jemals eine Rückführung machen, dann bitte ich darum, die Reise ins Jenseits bezüglich dieses meines vergangenen Ägyptenlebens überspringen zu dürfen. Oder noch besser: ich bitte darum, mir dafür die Kraft und die Stärke zu geben, gelassen hinsehen zu können. -

Ich hab dann wiederum den restlichen Tag in unserer Kabine verbracht, wie eine Idiotin aus dem Fenster gestarrt und einfach dem Fließen des Nils zugesehen. Diesmal mit ein paar Gläsern ägyptischem Likör.

Wir haben das Grabmal von Ramses II angesehen. Abdul hat wieder seine Geschichten dazu erzählt und von Ramses V gesprochen. Peter hat Abdul auf seinen Fehler hingewiesen.

„Scheißegal", sagte Abdul lachend und begleitete seine Worte mit einer abwertenden Handbewegung. „Ist nicht relevant. Sind doch eh alle gleich" gab er dann noch augenzwinkernd von sich.

Dort hab ich dann noch einmal dazu gelernt. Ich hab es einfach nicht über mich gebracht, über die Armut hinwegzusehen und hab einer zerlumpten, bettelnden Frau einen Euro gegeben. Und dann konnten wir nicht mehr weitergehen. Ein Rudel an Frauen und Männern hat uns beinahe erdrückt. Abdul hat - will gar nicht wissen, was - sehr energisch auf ägyptisch herumgebrüllt und sie verscheucht. Und uns ermahnt, nie wieder auch nur einen Cent zu verschenken. Ich habe verstanden ....

Und alle wollten Dich immer wieder berühren. Einmal nahmst Du mich sogar bei der Hand und wir liefen, um ihnen zu entkommen. Aber irgendwann bist Du stehen geblieben und hast Deine Blicke auf sie geworfen. Das tat seine Wirkung.

Im Tal der Könige haben wir die Memnonkolosse bestaunt.

18 Meter Höhe weisen diese auf. Unglaublich. Und das aus dem 14. Jahrhundert vor Christus .....

Du hast Dich von hinten an mich heran geschlichen, als ich mit dem Kopf im Nacken die Größe dieser Statuen bewundert habe, hast mich hochgehoben, an Dich gedrückt, mir ins Ohr geflüstert, dass Du sehr, sehr glücklich mit mir bist und mich zum Autobus getragen.

„Ja, ich sag's doch", empfing uns Beate, „das ist Liebe".

27. Teil *** Die Shambhala Krieger** **26. Dezember 2011**

Eine Prophezeiung – e- mail von Dir erhalten:

Joanna Macy erzählt diese Geschichte gerne bei ihren Workshops und Seminaren, denn sie handelt von der Arbeit, die wieder verbindet, und dem dafür notwendigen Training.

Die Geschichte hat ihren Ursprung in einer mehr als zwölfhundert Jahre alten Prophezeiung aus dem tibetischen Buddhismus, von der Joanna Macy erstmals 1980 in Indien durch ihre tibetanischen Freunde erfuhr.

Einige von ihnen sagten, dass sich in unserer Zeit diese uralten Worte bewahrheiten würden. Die vorausgesagten Zeichen, so sagten sie, seien jetzt in unserer Generation erkennbar. Es gibt für diese Prophezeiung verschiedene Deutungen. Manche beschreiben das Kommen des Königreichs von Shambhala als ein inneres Geschehen, eine Metapher der persönlichen spirituellen Reise und nicht so sehr auf die Welt um uns herum gemünzt. Andere sehen darin ein rein äußeres Ereignis, das in der Welt Seinen Gang gehen wird, unabhängig von unserer Entscheidung zu handeln oder in irgendeiner Weise an der Heilung unserer Welt mitzuwirken.

Eine dritte Leseart der Prophezeiung wurde Joanna Macy von Ihrem Freund und Lehrer Choegyal Rinpoche im Norden Indiens in der Gemeinschaft von Tashi Jong erzählt.

Eine Prophezeiung:
Es kommt eine Zeit, in der alles Leben auf der Erde bedroht ist. In dieser Zeit sind große barbarische Mächte entstanden und obwohl diese Mächte ihren gesamten Reichtum darauf verwendet haben, ihre gegenseitige Vernichtung vorzubereiten, haben sie doch vieles gemeinsam: Sie haben Waffen von unvorstellbar-

er Zerstörungskraft und Technologien, mit denen sie unsere ganze Welt in Schutt und Asche legen können.

In dieser Zeit, da die Zukunft allen fühlenden Lebens an einem seidenen Faden hängt, taucht das Königreich von Shambhala auf. Du kannst nicht dorthin gehen, denn es ist kein Ort. Es ist kein geopolitisches Gebilde. Es existiert in den Herzen und im Geist der *Shambhala Krieger*_innen. [.....] Du erkennst einen Shambhala-Krieger_in nicht, wenn du sie oder ihn siehst, denn sie tragen keine Uniformen, keine Abzeichen und keine Fahnen. Sie haben keine Barrikaden, auf die sie steigen können, um dem Feind zu drohen oder hinter die sie sich zurückziehen könnten, um sich auszuruhen oder neu zu formieren. Sie haben nicht einmal ein eigenes Territorium. Sie bewegen sich immer auf dem Terrain der unmenschlichen Mächte. Jetzt ist die Zeit, in der von den Shambhala-Kriegern_innen große Tapferkeit des Herzens und Unerschrockenheit des Handelns verlangt wird, denn sie müssen geradewegs in die Zentren der unmenschlichen Mächte gehen, in die Gruben und Zitadellen, wo die Waffen verwahrt werden, und sie müssen diese Waffen entschärfen. Um die Waffen unschädlich zu machen, müssen sie in die Korridore und Schaltzentralen der Macht gehen, dorthin, wo die Entscheidungen gefällt werden. Die *Shambhala Krieger*-innen haben dazu den Mut, weil sie wissen, dass diese Waffen „manomaya" sind, vom Verstand gemacht. Vom menschlichen Geist geschaffen, können sie auch vom menschlichen Geist entschärft und zerstört werden. Die Shambhala Krieger_innen wissen, dass die Gefahren, die das Leben auf der Erde bedrohen, nicht von außerirdischen Mächten oder von bösen Gottheiten ausgehen [……]

[….] Sie entspringen unseren eigenen Zielsetzungen und Entscheidungen, unserer Lebensweise, unseren Beziehungen. In dieser Zeit beginnen die *Shambhala Krieger*_innen ihr Training. [...]

Sie üben sich im Gebrauch zweier Waffen. [...]

Die Waffen sind Mitgefühl und Einsicht.
Beide sind notwendig, sagte Cheogyal.
Du brauchst Mitgefühl, denn das gibt dir Antrieb und Kraft, das zu tun, was erforderlich ist. Das bedeutet, keine Angst zu haben vor dem Leid unserer Welt. Aber diese Waffe ist sehr heiß, sie allein genügt nicht. Sie kann dich ausbrennen und erschöpfen, deshalb brauchst du die andere, du brauchst die Einsicht in das wechselseitig bedingte Entstehen aller Dinge.
Mit dieser Weisheit erkennst du, dass es hier überhaupt nicht um den Kampf zwischen den Guten und den Bösen geht,

denn die Linie zwischen gut und böse verläuft mitten durch das Herz eines jeden Menschen.

Mit dieser Einsicht in unsere tiefe Verflochtenheit weißt du, dass alles, was reinen Herzens getan wird, sich durch das gesamte Gewebe des Lebens ausbreitet, weit über das hinaus, was messbar oder wahrnehmbar ist. Doch diese Einsicht allein dürfte zu kühl, zu vernunftbezogen sein, als dass sie dich in Bewegung halten würde.
Deshalb brauchst du die Hitze des Mitgefühls, die Öffnung für den Schmerz der Welt.
Beide gemeinsam sind die Waffen der *Shambhala Krieger*_innen [….]

Bussi mein Schatz

Oliver

28. Teil Gemütsbergundtalfahrten 4. Jänner 2012

Kann wieder mal nicht und nicht und nicht schlafen. Klappe, die hundertste?
Um 20 UHR zu Bett gegangen, nun ist es 00:43 … und kein Schlaf. Kein Fernsehen hat mich in den Schlaf gewiegt, keine Atemübung. Wieder mal der Mond? Oder was, was, was? Macht mich manchmal verrückt. Kommt immer und immer wieder. Weiß eh, das Gewissen lässt mich nicht in Ruh. Bin immer noch nicht am richtigen Weg. Wann hab ich endlich meinen Frieden??? Das übliche, es beginnt immer gleich, ich denke, ich bin krank, der ganze Körper tobt und prickelt. Oder ist es der Wind? Er bläst wie verrückt. Ich weiß mittlerweile, du lieber Wind hast auf mich dieselbe Wirkung wie der Mond. Bin ich depressiv? Ich hab diese immer wiederkehrenden **Gemütsbergundtalfahrten** manchmal so satt.

WARUM bin ich immer noch nicht zufrieden? Ich bin so glücklich und dankbar, Dich zu haben. Mein Leben ist so schön. Warum kann ich es manchmal aber einfach nicht genießen? Warum bin ich manchmal so unglücklich, undankbar und depressiv? Oder geht es mir einfach zu gut? Scheiß drauf, verdammt noch mal!!! Und diese beschissene Arbeit mit den Versicherungen. Ich mag nicht mehr!!!
- Hör endlich auf zu jammern, du blöde Kuh!

Wir haben Weihnachtsferien. Seit zwei Wochen sind meine Kinder da. Ich hab mich so darauf gefreut! Es ist so gemütlich zu Hause, und auch bei Dir. Letzte Woche waren wir beide drei Tage mit dem Wohnmobil unterwegs. Der erste Wintertest. Super gelaufen, urgemütlich, wir zwei auf engstem Raum. Verschneite Winterlandschaft, Langlaufen, viele lange Spaziergänge bei Tag und auch bei Nacht. So schön.

Und wir haben zum ersten Mal Weihnachten gemeinsam verbracht. Bei mir zu Hause. Mirjam, Dominique, Elias, meine Mutter, Du, ich. Schön. Deine ersten Weihnachten, die Du seit über zehn Jahren nicht alleine verbracht hast. Bei der „Bescherung" war's dann um Dich geschehen. Du bist – ich weiß nicht, vier oder fünf Mal – hinausgelaufen, um Deine Tränen zu verbergen. Es hat Dich ganz schön „gebeutelt". Du hast mir so leid getan. Das war fast zu viel für Dich. Mitten in meiner Familie, der leuchtende Christbaum, die familiäre Atmosphäre, all das zusammen. Von: warum habe ich dich nicht viel früher kennen gelernt, bis: ich hab hier gar nichts verloren, nichts ist von mir, nicht deine Kinder, das ist nicht meine Mutter, das ist nicht mein Haus, gar nichts habe ich hier dazu beigetragen ......

Wir haben Fondue gegessen, sind lange zusammen gesessen. Spät in der Nacht sind wir zu mir rauf gegangen. Du hast von Seou Jorge und Damien Rice „The blowers daughter" aufgelegt .....Can't take my eyes of you, can't take my eyes of you.... Wir haben getanzt. Du hast mir wieder mal gesagt, dass Du Dir dieses wunderschöne Lied sehr oft in Brasilien angehört und dabei immer an mich gedacht hast. - Du bist so süß! Wir haben auch zu Snatama Kaur getanzt. Du bist mein Lebenselixier, Du hauchst mir Leben ein. Ich danke Dir.

Wir haben auch Silvester zum ersten Mal gemeinsam verbracht. Wir wollten beide keinen Alkoholrummel. Beinahe wäre Silvester schief gegangen. Ich war nicht gut drauf. Ich kann Silvester, dieses erzwungene lustig sein usw. auf Knopfdruck feiern, einfach nicht ausstehen. Beinahe hätte ich Dich vertrieben. Wir waren alleine bei mir zu Hause. Wir haben einen Nachtspaziergang gemacht. Es hat geschneit, dann ging's mir wieder besser. Du bist so verständnisvoll und lieb zu mir. Wir haben draußen ein Feuer gemacht. Du hast gesagt: „Denk nicht an Silvester. Tu so, als wäre es ein x-beliebiger Tag. Wir beide sind beisammen, ist das nicht genug? Denk an das vergangene Jahr! Was da alles passiert ist! Mit uns. Und was du alles verändert hast. Ist das nicht genug Grund zu feiern, mein Schatz?"

Und heute war wieder mal Besuch bei uns zu Hause, also eigentlich bei meiner Mutter, angesagt. Wieder, zum x-ten Mal, groß aufkochen, Suppen, Hauptspeisen, Mehlspeisen, Kekse, Torten, Jause, Obstsalat, Getränke, ... meine liebe Mutter meint es zu gut, finde ich. Diese Maßlosigkeit! Ich halte das beinahe nicht mehr aus. Habe das Gefühl, zu ersticken! Menschen, Gespräche. Ich kann nicht mehr. Ich halte diesen Überfluss einfach nicht aus. Was soll ich nur tun? Ich ertrage diese Gespräche, bei denen es um nichts, aber auch um gar nichts geht, einfach nicht mehr aus. Ich will nur raus in die Natur, rauf in mein Zimmer, allein sein, Ruhe haben, Sitar spielen, relaxen, mit Dir beisammen sein. Das ist mir alles zu viel. Rückzug ist meine einzige Rettung. Das kann ich niemandem erklären – außer Dir – Du verstehst mich. Ich ziehe mich mit der Ausrede, krank zu sein, immer wieder für einige Minuten von der Verwandtschaft und auch von meiner Familie zurück. Verzeiht mir, aber ich bin so, das ist meine wahre Natur. Am Abend, nachdem die Verwandtschaft endlich nach Hause gefahren war - obwohl ich meine Onkeln und Tanten sehr mag, wirklich - und ich ENDLICH, ENDLICH, ENDLICH meinen Rückzug antreten konnte, wollte man mich noch zum Karten spielen überreden. Hilfe!! Ich kann nicht mehr, versteht das denn keiner? Nein. Gut, dann bin ich eben krank und muss mich ins Bett legen, die einzige Rettung. Kriegen die denn nie genug von der Gesellschaft, von anderen Menschen? Vom Rummel? Tag und Nacht, rund um die Uhr seit zwei Wochen beinahe. Unfassbar, nicht verkraftbar für mich.

Ich habe mich Dir anvertraut, nein, ich bin nicht immer glücklich. Sieh Dir die Menschen an, wir werden alle alt, das ist auch gut so. Aber was ist, um Gottes Willen, der Sinn des Lebens? Der Sinn meines Lebens, der Sinn Deines Lebens, der Sinn des Lebens meiner Kinder usw? Mir ist es NICHT genug, das „arbeiten, um zu leben", das „essen, um zu überleben". Geboren werden und sterben. Was ist dazwischen, war was davor, was war davor, was kommt danach, kommt was danach? Der Sinn meines Lebens ist es bestimmt nicht, bis zur Pension

Versicherungen zu verkaufen, da wird mir speiübel, aber wie. Sollte man nicht Sinnvolles tun? Mich lässt er nicht los, mich lässt er nicht aus, dieser Gedanke. Er zwingt mich immer wieder in die Knie – oder ins Bett – wie auch immer man das sehen will. Was können wir gemeinsam machen? Du hast Gaben, Fähigkeiten, Du weißt nicht, ob und/oder wie Du sie nützen, anwenden sollst oder kannst. Ich soll Dir das sagen. Ha, ha, ein schlechter Scherz, sieh mich doch an, wie es mich „schleudert", was soll ich Dir da sagen?

Oder sollen wir wirklich nur das Leben genießen, uns darüber freuen, dass es uns so gut geht, schlafen, essen, uns lieben, uns die Welt anschauen, uns über die Kinder freuen, über unsere Gesundheit? Ist das das Leben? Ist das genug? Ich weieieieiß es NICHT. Am bestes ist, ich gehe jetzt schlafen, verbringe den morgigen Tag in Ruhe in meinem Zimmer, warte, bis meine Kräfte wieder kommen, bis ich wieder tatkräftig und zuversichtlich bin und genieße einfach nur, was und wen ich um mich habe. Ich werde die Vorhänge für unser Wohnmobil fertig nähen, endlich beginnen, Deine Hose und Deine Jacke zu nähen, zumindest beginnen, zumindest irgendetwas versuchen.

Ich habe so ein schönes Leben. Ich hab schon ganz, ganz andere Zeiten kennen gelernt.

Menschenskind, wo, bitte sehr, liegt Dein Problem? Du hast nämlich keines, du dumme, undankbare, unzufriedene Kuh!!!

Ich muss mich entscheiden, sagst Du zu mir. Oh, ja, das stimmt, dann geht es mir besser, sagst Du. Ich weiß, also entweder: mich meines, unseres Lebens erfreuen und es einfach genießen bis zum Tod und nicht mehr daran rütteln oder darüber nachdenken; oder auf die Suche nach dem Sinn des Lebens, eines helfenden Lebens gehen, das hieße dann, Hände in die Füße nehmen, nachdenken und helfen, wirklich, richtig helfen. Wie und was und wem? Entweder oder …... Gute Nacht.

29. Teil Die Liebe ist das Wichtigste 5. Jänner 2012

Ein neuer Tag ......

.... Krise von gestern mit eigener Gewalt überwunden. Nicht meine Gemütsschwankungen halten mich im Griff. Nein. Ich halte meine Gemütsschwankungen im Griff. Ätsch!

Habe mich vorerst einmal entschieden. Werde glücklich und zufrieden mein schönes Leben in vollen Zügen genießen. Und nicht mehr grüblerisch und nachdenklich sein. Halte alles, was mein Herz je begehrt hat, in Händen. Was will ich mehr? Und wenn – falls – die Zeit einmal reif dafür ist, werde ich etwas anderes machen. Vielleicht mit Dir, wenn auch bei Dir die Zeit reif ist. Habe nur das Gefühl, dass Du innerlich sehr unruhig bist, und nicht ausgelastet. Du durstest nach Bestätigung, nach einer Aufgabe, Dir ist fad, Deine Fähigkeiten liegen brach, Du weißt nur nicht, wie sie anwenden und ob. Du wartest auf mich, auf meinen Startschuss. Du gibst die Verantwortung an mich weiter. Ist das fair? Ja, Du brauchst mich dazu, ich weiß. Kommt Zeit, kommt rat. Muss noch reifen, wird alles gut.
Ich muss noch reifen.

Vorgestern Abend haben wir über den Sinn des Lebens gesprochen. Wieder einmal. Du sagst, ich muss in die Welt hinaus, damit ich mich selber finde, damit ich den Sinn des Lebens erkenne. Damit ich erkenne, der Sinn ist das Leben selbst. Ja, das hast Du mir schon oft versichert. Na, da kann ich mich ja sofort getrost zurück lehnen, ich hab das schönste Leben. Brauch ich wirklich nicht mehr nachzudenken. Oder?

Und Du sagst: „..... Ich habe beinahe die ganze Welt bereist. Und ich habe mich nirgends so zu Hause gefühlt, wie bei Dir. Das ist deine Liebe. **Die Liebe ist das Wichtigste!** Ich habe mich wirklich nirgends so zu Hause gefühlt, wie bei DIR! Das Wort zum Tag und jetzt gehen wir schlafen. Und jetzt wäre es eigentlich angebracht, dass du mich küsst, mein Schatz!"

.... Hab soeben mit Dir telefoniert. Heute erscheinst Du mir ...... traurig. Und eigenartig ruhig. Fahre in einer Stunde zu Dir.

Morgen hast Du, haben wir Gäste, Deine Eltern und Deine Schwestern mit deren Kindern werden von uns bekocht. Und übermorgen werden wir den ganzen Tag saunieren. Und am Sonntag gibt's gefülltes Gansl mit Maroni und so, von Dir zubereitet. Du machst das so gut. Da werden meine Mutter, meine Kinder und mein Bruder aber staunen. Du bist ein Schatz.

Fahren wir nächste Woche für ein paar Tage wieder auf Reisen? Mit unserem Wohnmobil?

Ich habe mir eine neue Motivation für die Arbeit ausgedacht. Sonst schaff ich das nicht. Nicht mehr. Kein Sinn. Ja, um die Lebenserhaltungskosten abzudecken, natürlich, aber das war's dann.
ALSO: Eine Reise in den sonnigen Süden. Mir schwebt da so der 17. März vor. Oder der 17. April. Was hältst Du davon? Am 17. November sind wir nach Ägypten geflogen, am 17. März oder April fliegen wir, ja, wohin denn? Das möchte ich mit Dir heute Abend – in einer Stunde - besprechen. Wir haben etwas zu feiern, denn wir werden einfach das Leben genießen.
Fühlt sich gut an.

Juchhu, ich bin wieder unter den Lebenden, unter denen, die vor Leben sprühen. Schön fühlt sich das an. Gefühlskarussell begraben ... vorerst.
Möchte Dich aufheitern, lachen sehen, glücklich machen. Und mich.

30. Teil — Ich liebe dich — 17. Jänner 2012

…. bin um 20 Uhr zu Bett gegangen. Soooo müde …. Kann aber nicht schlafen. Es ist 3 Uhr morgens (◕︵◕) …. Beinahe jede Eintragung beginnt so.

Gedanken und Worte ……

Stürmische Begrüßung von Dir am Sonntag.

„**Ich liebe dich**" und Du drückst mich ganz fest an Dich.

„**Ich liebe dich**, du bist die einzige Frau, die ich liebe. Verzeih mir, dass ich zu spät gekommen bin. Ich liebe dich wirklich. Glaubst du mir? Vertraust du mir? Akzeptierst du mich wirklich als deinen Freund? Ich habe so viel nachgedacht. Ich denke immer noch sehr viel nach. Über deine Mutter, über deine Kinder. Was soll ich tun, mich einmischen? Mich raushalten? Sag du es mir, ich mache das, was du willst. Du bist meine Freundin, mit dir will ich mein Leben verbringen. Aber glücklich bin ich nur dann mit dir, wenn auch du es bist. Also müssen auch deine Kinder glücklich sein. Und auch deine Mutter. Aber du weißt, ich lasse nicht zu, dass man dich nicht gut behandelt. Ich verlange von ihnen absoluten Respekt dir gegenüber. Das ist aber nicht unbedingt der Fall. Noch nie habe ich eine Mutter kennen gelernt, die so gut zu ihren Kindern ist wie du! Noch nie! Die ihnen so viel Liebe gibt. Du bist die Liebende, es ist unglaublich, aber - verzeih mir, bitte - sie brauchen alle eine strengere Hand. Du weißt, was ich meine. Ich mag deine Kinder, sehr sogar. Und sie sind unglaublich intelligent, schön, gesund und lieb. Aber es fehlt die Hand eines Mannes. Und wenn deine Mutter nicht bald gebührenden Respekt dir gegenüber zeigt, werde ich eingreifen. Ich erwarte von dir, dass du dich ihnen gegenüber endlich outest. Ja, bis Juni gebe ich dir die Zeit dafür. Das ist ein gutes Datum. Bis Juni, bis zu meinem Geburtstag. So ist zumindest mein Plan. Sie haben endlich ein Recht darauf, zu erfahren, wer du wirklich bist. Wenn du es nicht tust, dann werde ich es ihnen sagen. Wirklich. Es ist an der Zeit! **Ich liebe dich** …."

An diesem Sonntag hast Du mir das mindestens – ich weiß nicht – 50 Mal – mitgeteilt; wohl öfter, als so manche Frau es in ihrem ganzen Leben zu hören bekommt. Und so viele Komplimente. Ich danke Dir. Von Herzen. –
Aber, ich weiß noch immer nicht, wer ich bin!!! Wie soll ich mich da meinen Kindern gegenüber outen???

„Und ja, ich habe Vertrauen zu Dir", sprichst Du weiter, „so wie ich es noch nie zu jemandem hatte. Aber bitte brich mich nicht. Brich mich nicht. Ich würde es nicht überwinden, nicht überleben, wenn ein anderer …….. Das würde ich nicht aushalten. Niemals. Ich schau nicht mal eine andere Frau an, mich interessiert überhaupt keine andere. Heute Nacht, na, du weißt schon, sind sie wieder alle um mich herum gestanden, haben meine Nähe gesucht. Und alle haben mich gefragt, wo du bist. Ich habe es ihnen allen erklärt. Ich will dich nicht dabei haben, wenn ich mit meinen Freunden ein wenig zu viel Alkohol trinke. Du bist mir viel zu wichtig. Du weißt, warum. **Weil ich dich liebe**. Allen habe ich das gesagt. Du hast überhaupt keine Ahnung, wie glücklich mich das macht, wie stolz, wenn ich allen erklären kann, wie wichtig du mir bist, dass du meine Frau bist, dass du die einzige bist, die ich liebe, die mich interessiert, die ich begehre. Und dass du die erste bist, die mich wirklich liebt, die ich spüre, die ich zulasse. Dass du die erste und einzige bist, die voll und ganz zu mir steht, die mich versteht, die hartnäckig genug war, so lange auszuharren. **Ich liebe dich**. Und ich habe es dir schon einmal gesagt, ich verzichte darauf, eigene Kinder zu bekommen - dir zuliebe. Du hast endlich ein Recht darauf, die Welt zu sehen, so richtig gut zu leben, es dir gut gehen zu lassen. Du hast es dir verdient. Wirklich. Ich möchte dir die Welt zeigen, mit dir nach Brasilien, wo auch immer du hin willst, fahren."

Sauna, Abendessen …. guter Wein, sehr gutes Essen ……
„Das wäre das richtige Essen für eine Hochzeit", sagst Du.- Phu!

Vor dem Einschlafen gemurmelte Worte von Dir:

„..... Ich habe es im Kopf, ich möchte zu jemandem gehören, ich habe immer schon zu jemandem gehört, ich will mit Dir so richtig zusammen sein".

„....Das hört sich so an, an wolltest Du mir einen Heiratsantrag machen", scherze ich herzklopfend. „...Oder wartest Du darauf, dass ich Dir einen mache?"

„Das ist möglich", ist Deine Antwort.

Manchmal bringst Du mich dazu, ganz, ganz schnell nach Luft zu schnappen!

Ein anderer Abend: Du sitzt auf dem Bett. .....

„Ich bin traurig, meine Seele ist so traurig", sagst Du. „Ich spüre so viel rundherum. Komm bitte zu mir, lass mich dich spüren. Und ich bin noch nicht soweit, glaube ich ...." –

„Bist Du traurig, wenn Du alleine zu Hause bist?" frag ich Dich. –

„Nein, das bin ich nicht", bestätigst Du mir. Und Dir.

Ich: „Ich glaub Dir kein Wort."-

„Nein, das bin ich wirklich nicht. Aber ich vermisse dich immer. Nicht so, wie du es empfindest, einmal mehr und einmal weniger. Ich vermisse dich immer. Und ich vermisse dich immer gleich stark", gibst Du ganz offen zu.

„Hast Du genug Geduld, auf mich zu warten?" frag ich Dich.

„Nun, die Sache ist die, dass ich dich liebe. Wie kannst du da so eine Frage stellen! Mir bleibt wohl nichts anderes übrig. Ich weiß nicht, habe ich noch genug Zeit? Ich weiß nur eines, wir dürfen keine Fehler mehr machen. Dazu fehlt uns wirklich die Zeit. Akzeptiere mich als deinen Freund, dann sehen wir weiter. Du musst mir voll und ganz vertrauen. **Ich liebe dich**. Liebst du mich auch? Wirklich? Bist du dir da ganz, ganz sicher?"

Du siehst mir ernst in die Augen. Sehr ernst.

„Ganz, ganz sicher bin ich mir! **Ich liebe Dich** von ganzem Herzen. Du bist mein Mann. Das ist so. Meine Entscheidung. Die richtige Entscheidung. Und mein Gefühl." Ich drück Dich ganz fest an mich.

Am Samstag haben wieder alle Deine Nähe gesucht. Mann beneidet Deinen Freund um seine Freundschaft mit Dir. Und Frau beneidet mich um Deine Liebe zu mir……

Ich freu mich auf morgen früh – in einer halben Stunde auf „heute Früh". Ich liiiiiiiebe die Zweisamkeit mit Dir. Das ist jedes, jedes Mal wie nach Hause kommen. Danke.

In Dir herrscht Unruhe. Ich weiß, in mir auch. Ich aber habe diese Unruhe im Moment zur Ruhe gelegt. Und ich bin noch nicht soweit. Du auch nicht. Oder doch?

Willst du wirklich mit mir zusammen ziehen?

Will ich das? Ich will das, auf jeden Fall. Aber auf jeden Fall kann und wird das bedeuten, dass sich alles verändern wird. Will ich, dass sich alles verändert? Das sich alle verändern? Einschließlich meines Lebens, unser aller Leben? Es wird so weit kommen. Das ist gut so, für alle, aber Veränderung bedeutet Mut. Da fehlt mir noch ein kleines Stück dazu. Und es bedeutet Endgültigkeit.

Auch Dir fehlt dieses kleine Stückchen Mut noch. Endgültigkeit heißt, ich bin die Einzige, die Letzte; Du bist der Einzige, der Letzte. Dieser Gedanke ist für mich wie eine Erlösung. Ein aufatmen, ein endlich NACHHAUSEKOMMEN. Dieser Gedanke ist bei Dir, das fühle ich, noch zum nervös werden, dieser Gedanke bringt Dich noch ein wenig ins Schleudern. Du brauchst noch Beweise von mir, um Dein völliges Vertrauen mir gegenüber zu erlangen. Ich kann Dir angesichts meiner Vergangenheit auch gar nicht böse sein. Du denkst viel, Du kombinierst viel. Du analysierst Tag und Nacht. Kann es Dir wirklich nachempfinden.

Mit Worten aber kann ich Dich nicht beruhigen. Das kann nur die Zeit machen.

Und das wird sie.

Glaube mir.

31. Teil Urvertrauen 27. Jänner 2012

...... Wo liegt Dein Problem, wenn Du sagst, das Wort *Beziehung* wirkt auf Dich bedrohlich? Du reagierst auf dieses Wort wie andere auf Lepra!

Wie schön waren die zwei gemeinsamen Wochen in Ägypten. Da sind wir uns beide einig. Schalte Dein intelligentes, dummes Hirn aus, sage ich Dir! Es steht unserem Glück im Weg. Und es verletzt unsere Herzen und unsere Seelen. Sehr. Und wie! Lass das bleiben, ich bitte Dich in unserem Namen, im Namen unserer Liebe.

5 Uhr morgens ...... kann immer noch nicht schlafen. Nichts Neues - Viele Tränen vom Herzen.

Nach drei Versuchen schaffe ich es endlich, die Tasten zu treffen. Habe wie ein Schlosshund geheult. Kam einfach so über mich. Muss schon wieder..... Kann es nicht unterdrücken. Bin so traurig. Mir tut die Seele weh! Mir tut das Herz weh!

Der Mann, von dem ich mir sicher bin, dass wir uns eines Tages am Sterbebett gegenseitig die Hand halten werden, sagt zu mir (zum 2. Mal innerhalb kürzester Zeit):

„Ich bin Dir keine Rechenschaft schuldig, wir sind nicht verheiratet." ...... Mir ist so kalt, ich habe einen Schüttelfrost. Nichts freut mich, wenn ich nicht mehr mit Dir beisammen sein kann.

Ja, Du liebst mich. Habe ich erst vor einigen Stunden von Dir gehört. Habe ich voriges Wochenende von Dir gehört. Sehr oft sogar. Und die Woche davor. Ich glaube Dir auch. Es ist so. Aber ICH bestehe NUR aus Gefühlssensoren. Die sind bei mir ausgeprägter als Ohren und Gehirn. Ich bestehe nur aus Herz und Gefühl. Und ich spüre es seit einer Woche, Du distanzierst Dich von mir. Da muss es erst zu einem Streit kommen, bis Du es zugibst: ja, Du bist zerrissen ..... So kann es ja nicht weitergehen. Du vermisst mich beim Schlafen. - Schön! Ich Dich auch! Fühle mich genau so verloren, wie Du ohne mich. Deine Schlussfolgerung: Abstand halten. Wir wollen ja noch mindestens vierzig Jahre glücklich sein ...... meinst Du. SO EIN BLÖDSINN!!! = blöder Sinn (◦◕‿◕◦)! kann ich Dir nur sagen. Ich leide wie ein junger Hund, ich spüre Deine Distanz. Soll das so funktionieren? Jetzt unglücklich sein und leiden, um später glücklich zu sein? Das kann doch nicht Dein Ernst sein. Ich bin so traurig. Ja, ich weiß, Du auch. Wir haben gestritten, Du bist total fertig. Ich auch. Du, weil ich angeblich eine böse Frau bin. Ich, weil es erst beinahe eskalieren muss zwischen uns beiden, bis du endlich mit der Wahrheit herausrückst.

Ich weiß, morgen ist die Geburtstagsfeier Deines Vaters. Du beschäftigst Dich schon seit über einer Woche mit Eurer Familiengeschichte, mit Deiner Kindheit, mit Deiner Vergangenheit, mit Deiner Jugend. Da wird einiges wieder ans Tageslicht projiziert. Klar. Du projizierst diese Vergangenheit morgen auch auf die Pinnwand.......Und in Gedanken in mich?

Du verlierst wieder Dein Vertrauen mir gegenüber. Alle Frauen sind gleich, sagst Du und schaust auf die Vergangenheit. Ach, ja.

Ich bin unglaublich enttäuscht und traurig, mein Schatz. Die Liebe ist das wichtigste! Das Gefühl! Das Spüren! DAS willst Du rationalisieren? Ich kann so nicht leben. Ich will Dich immer bei mir haben. Tag und Nacht. Ich will Dich nicht besitzen, ich will Dich lieben! Ich will Deine Frau sein, ich will für Dich da sein..... Zum Beispiel diese Woche. Du könntest jemanden zum Reden brauchen! Mich! Dazu bin ich da. Dazu ist man gegenseitig da. Ich bin bei Dir, wenn es Dich schleudert, Du Zweifel hast, Angst hast. Ich will bei Dir sein, Dir helfen, Dir zuhören, Dich beruhigen, Dich beschwichtigen, Dich trösten. Wie soll das funktionieren, wenn Du Dich von mir distanzierst?

Ich möchte mit Dir unter einem Dach wohnen, wobei getrennte Zimmer - jeder hat sein eigenes Reich - bestimmt eine intelligente Idee sind (damit will ich Dir die Angst vor einer Beziehung nehmen ... und auch mir!). Ich will Dich nicht kontrollieren. Ich liebe Dich. Ich möchte mit Dir mein Leben teilen. Ich weiß, wie Du aussehen wirst, wenn Du alt bist. Ich möchte dann an Deiner Seite sein und Dir die Wange streicheln. Hör endlich auf, Dich zu fürchten, hab endlich Vertrauen zu mir! Hör mit Deinen Ängsten und Zweifeln mir gegenüber auf, hör auf, Dich vor mir zu verschließen. Glaube mir, ich weiß, was ich sage. Komm, lass uns das Leben genießen. Carpe diem!

Stell Dir vor, nächstes Jahr sterbe ich, oder Du. Oder übermorgen! Dann haben wir nämlich eine ganze Woche unseres Lebens verloren. Haben wir nicht bereits genug Zeit verstreichen lassen? Haben wir nicht auch den heutigen Abend verschenkt? Verschissen, sorry! Weil Du Abstand für intelligent hältst? Geliebter Mann, das ist der falsche Weg. Mich bringt dieser Weg um den Verstand und macht mich unglücklich.

Hab Dir um 6 Uhr eine sms gesendet: „Werde Dich heute Morgen, wie versprochen, nicht um neun Uhr anrufen können. Sorry, aber ich schlafe immer noch nicht. Rufst Du an, wenn Du wach bist? Bitte! Freu mich!"

Antwort von Dir: „Gerne, und wie gesagt Du fehlst…."
Ich: „…. das macht mich glücklich …. Und Du erst! Sterbe beinahe vor Trauer und Sehnsucht, wirklich. Freu mich riesig auf Dich."

Ich muss tapfer, vernünftig und klug sein, ist mir nun klar. Du hast gesagt, ich soll Dir helfen, Du hast keine Ahnung von einer Beziehung. Ich soll es Dir erklären. Gerne, ich hab aber auch keine oder besser: schlechte. Ich will Dir/uns helfen, von ganzem Herzen! Werde Dir die Angst davor nehmen. Ist ein Lebensziel von mir. Möchte mit Dir alt werden, Dich lieben, bewundern, hegen und pflegen, für Dich da sein, wenn es Dir schlecht geht. Lass es doch zu – ohne Furcht. Mit Freude! Will mit Dir zusammen wachsen, in guten und in schlechten Zeiten. Wir werden uns die Treue halten, uns gegenseitig lieben, achten und ehren, uns gegenseitig Stütze sein, immer zueinander halten, bis zum Ende. Bitte.

Aber distanziere Dich bitte nie, nie, nie wieder von mir. Das bringt mich um den Verstand, raubt mir meinen Seelenfrieden. Ich spür Dich so sehr, ich spür, wenn es Dir schlecht geht. Da

kannst Du noch so viel dagegen reden! Lass mich Teil haben an Deinen Ängsten, damit ich sie Dir nehmen kann. Vertraue mir Deine Gedanken, Sorgen und Zweifel an. Eine Basis des Vertrauens, der Liebe.
Du sagst, ich bin der wichtigste Mensch in Deinem Leben. Noch nie hast Du jemanden so an Dich heran gelassen. Na also.

Will Dir Zuhause und Familie sein. Für immer. Lass es zu. Ich weiß, dass Du Dich genauso danach sehnst wie ich. Ich weiß, dass Du genauso viel Angst davor hast, wie ich. Wir schaffen das. Spar Dein Geld nicht für ein moderneres Wohnmobil, spar Dein Geld, damit Du in unserem Haus Dein eigenes Nest bauen kannst. Dein Reich – mein Reich. Du behältst Deine Freiheit und Unabhängigkeit - und ich auch. Damit sich keine Selbstverständlichkeit, kein Alltag einschleichen können. Damit wir uns immer gegenseitig schätzen, uns immer gegenseitig besuchen können. Das ist mein Herzenswunsch.

Wir müssen beide vernünftiger werden, unbedingt.
Du sagst, ich bin manchmal böse. Ok., ok. Das tut mir leid, aber es stimmt. Sometimes. Ich muss mir das abgewöhnen. Du hast es mir gegenüber auch geschafft. Fast immer. Doch tust Du mir manchmal beinahe untragbar weh. Ich weiß, das ist nur Deine Angst, das ist nur Dein Hilfeschrei: Bitte hilf mir! … Ich vergesse das manchmal. Ich bin auch nicht immer stark und klug. Leider. Oder weise. Nein, das bin ich nicht.

Und wenn ich böse erscheine, dann deshalb, weil ich mich manchmal unglaublich von Dir verletzt fühle, weil ich manchmal daran zweifle, dass Du mich wirklich so liebst, wie Du es mir so oft beteuerst. Verzeih mir, ich bin auch nur ein Mensch.

Wir waren heute zum ersten Mal gemeinsam Langlaufen. Vor dem nach Hause fahren hast Du mir zu verstehen gegeben, dass Du heute Nacht alleine zu Hause schlafen willst …..
Willst Du wieder mit Gewalt auf Distanz gehen? Ich habe nicht verstanden, warum. War sehr enttäuscht, wollte eh tapfer sein und mir nichts anmerken lassen.

… Wir steigen dann ins Auto ein, ich fahre weg und wir beginnen zu streiten. Du nörgelst: Langsamer fahren! Der Schnee auf

der Straße! …. Ich: Diese Winterlandschaft. Schau, wie schön! Genieße es einfach! Du: Gefahr! .. Das Gefälle! ……langsamer!… Und ich werde böse. Rede von Vertrauen beim Autofahren und überhaupt. Es ging mir nicht um Deine Worte bezüglich des Autofahrens. Hab Dich aber in diesem Glauben gelassen. Vorerst! Hab Dir auf den Kopf zugesagt, dass irgendetwas schon die ganze Woche in Dir „gärt". Nein, nein, immer wieder nein, beteuerst Du. Ich bilde mir das nur ein. Es hat beinahe drei Stunden gedauert, bis Du es zugegeben hast. Ja, Dir geht so unglaublich viel durch den Kopf. Die Fehler, die andere in der Vergangenheit an Dir begangen haben, Deine Krankheit, Dein Anderssein, viel, viel Kummer. Sehr viel. Du erlebst beinahe alles noch einmal durch. Das „Im Stich gelassen werden".

Deine Ängste, weil Du mich so vermisst, mich gerne bei mir hättest, nicht mehr alleine schlafen willst. Deshalb wieder einmal deine Schlussfolgerung: Abstand halten. Damit machst Du aber alles schlimmer und nicht besser. Das wissen wir doch bereits!

Alle sprechen uns darauf an, warum wir beide nicht zusammen ziehen. Das beschäftigt Dich. Ja, ich habe Kinder und eine Mutter. Du bist alleine, Du hättest gerne – vielleicht – dass ich zu Dir ziehe. Geht nicht. Du überlegst, ob Du zu mir ziehen sollst, ob Du Dich total in meine Familie integrieren willst oder sollst. Ob das vernünftig ist. Du hast Angst davor. Stimmt nicht! Du hast nie Angst. Zweifel? Welche die richtige Entscheidung ist? Hör auf zu denken, nach vor und zurück. Freu Dich, dass wir uns gefunden haben. Und dass wir uns spüren. Ich möchte Deine sanfte, verletzte Seele behüten. Lass es zu. Hab keine Angst. Nur wer das größte Risiko eingeht, kann auch das Größte erleben. Nur, wenn man sich total öffnet und damit Gefahr läuft, bis ins Innerste verletzt zu werden, kann man auch das größte Glück erfahren. So und nicht anders. Es gibt keinen anderen Weg. Sagt nicht *Krishnamurti ähnliches?

Komm zu mir, mach es Dir gemütlich in meinem Herzen, lerne, wieder Vertrauen zu erlangen. Dasselbe Vertrauen, dass ein Baby unerbittlich zur Mutter hat. **Urvertrauen**. Du hast es in Dir - und wie! Du brauchst es nur zuzulassen. Dann wird alles gut. Wage diesen Sprung, schalte endlich Dein Hirn aus, lass Dich von Deinen Gefühlen, Deiner Sehnsucht leiten. Es tut so gut, glaube mir.

Auch ich muss noch sehr viel daran arbeiten. Auch mein Vertrauen zu Dir ist noch nicht das, das es sein sollte. Ich weiß das sehr wohl. Wir sollten gemeinsam und parallel daran arbeiten, dann macht es viel mehr Spaß. Und ich lasse nie mehr zu, dass Du „künstlichen" Abstand produzierst. Nein!

Und Morgen (heute!) hau ich Dir Deinen süßen Popo aus, damit Du Dir das für alle Zeit merkst. Quäl mich und uns nie wieder mit solchem Blödsinn, bitte!

Lass uns unsere Liebe leben und uns daran erfreuen. Leben wir so, als wäre jeder Tag der letzte in unserem Leben. Ich habe mit Dir jemanden gefunden, nach dem ich mich immer gesehnt habe. Ich möchte Dich nie wieder missen, nie wieder.

Lass uns jeden Tag darüber freuen. Gibt es etwas Schöneres? Ist das nicht das Glück?

32. Teil The blower´s daughter April 2012

Zum ersten Mal seit Jänner 2012 greif ich wieder mal zum Tagebuch, bringe einige sms von uns zu Papier und lasse so manches Revue passieren.
Wieder mal eine Süßholzgeraspel - WARNUNG: vorzugsweise bis zum * auf Seite 200/Mitte überblättern……(｡◕‿◕｡)).
Liebesgeflüster per sms: - Ich: Alles bestens. Bin glücklich. Ich danke den Mächtigen für ihr Geschenk an mich: DICH. Freu mich auf meinen Lebensqualitätsoptimierer (｡◕‿◕｡).
Du: Hallo, du kannst ja fehlen und danke nochmals für die Suppe. Bussi. Kommst zu mir oder ist das zeitlich zu knapp?
Ich: Ist o.k. Ja, gern
Du: Hast einen Hunger auf Fisch, dann mach ich dir einen mit Safranreis und Salat alla oliverio
Ich: Jooooooo. Bussi

….. Ich war bei Dir. Dein Essen war königlich!
Du: Du bist etwas ganz besonderes. Bussi und schlaf gut
Ich: Oh, danke. Du weißt es: Du auch. Geh noch schreiben und Sitar üben … Und mich auf morgen freuen - wegen Dir. Bussi. Vermisse dich jetzt schon. Und wie. Du bist der Liebste, der Schönste. Hab so ein Glück, Du hast recht (｡◕‿◕｡). Drück dich ganz fest. Ich liebe dich. Mein Herz schlägt für Dich.
Du: Oh, das freut mich aber, drück dich ganz fest. Bussi …. schau mal, würde dir gerne so eine Jacke schenken - hab jetzt Marcinho gebadet …. vermisse dich mein Schatz
Ich: In der Badewanne wäre noch Platz. Mach mich schön für meinen Mann, den Pharao. Fahr jetzt weg. O.k,?
Du: Super, freu mich. Bussi. …. Und dann war ich bei Dir …..
Ich: Kann nur DANKE sagen. Für alles. Trag Dich im meinem Herzen. Und werde alles nie vergessen. Und werde Dir immer Liebe schenken. Du bist ein Engel.
Du: Lieb von dir, schlaf gut, mein Schatz
Ich: Guten Morgen, Oliver. Der Stempel ist da. Super und danke

Du: Sehr gut! Hab unseren Ägyptenurlaub auf you tube gestellt. Bin mit meinen Chillifingern ins rechte Auge gefahren ich Gscheiter brrrrrennnnt hi. Heute haben wir uns ganz schön umarmt beim Schlafen.
Noch einmal Du: Wollte schreiben, dass es schön ist mit dir einzuschlafen. Gute Nacht, meine Liebe.
Ich: Danke für die schönen Jacken, die gute Suppe, das knusprige Henderl. Für das unglaublich schöne Bild ... und für Deine Treue und Liebe.
Du: Bei so einer hübschen Frau kann man ja nicht widerstehen, einzukleiden und zu bekochen und Liebe zu geben ... ich denk an dich.
Zwei Tagen vergehen ..... Ich: Lieb von Dir.
Du: Wenn du jemanden zum Reden benötigst, ich bin da
Ich: Alles bestens. Bin glücklich. Sorry, dass ich mich so lang nicht gemeldet hab. Hab gerade Schaffensphase Tagebuch. Alles sprudelt heraus. - Wird Zeit, uns wieder zu spüren. Freude auf morgen, große. Deine Noja.
... Und Dank zu geben. Ich hör mir gerade unser Lied von Seu Jorge „**The blower´s daughter**" an und denk an Dich.
Du: - Ich vermiss dich schon beim Schlafen ..... manchmal (｡◕‿◕｡). Bin ein wenig verkühlt.
Ich: Geht es Dir besser? Hätte Wurstfleckerl und Salat für Dich.
Du: Danke, das ist lieb von dir. Aber geht schon. Vermisse dich.
Ich: Ich spür Dich!
Du: Ohhhhhhhhhh, ich dich auch! Bussi, schlaf gut.
Ich: Hab was kleines Schwarzes für die Nacht gekauft. Für Dich. Ich küsse dich. Du fehlst
Du: Soll ich mir auch so ein kleines Schwarzes zulegen? Hi
Ich: Unbedingt!
Du: Hallo! Gery ist noch bei mir. Bussi, du fehlst, aber das spürst du bestimmt.
Du: Guten Morgen, meine Liebe
Du: Einladung am Samstag, dem 28. Jänner um 16 Uhr -
70 Jahre wird mein Vater. Bussi ... hast eh Zeit? Lass mich bitte

nicht alleine. Bussi
Ich: Ich lass Dich nicht allein, versprochen
Du: Danke für die wunderschöne Nacht. So, jetzt hab ich schon wieder Sehnsucht nach dir ...... und du nicht da, meine Liebe
Ich: Ich spür Dich.
Du: Na superrrr
Ich: Möchte mit Dir mal wieder unter freiem Himmel im Wasser kuscheln. Magst mit mir in die Sauna und in die Therme fahren?
Du: Unbedingt ....
Ich: Puh! Saunamüde. Ah, bestes Winterauto, das ich je hatte! Du fehlst mir.
Du: Du mir auch, meine Königin. Kannst du bitte meine Haut berühren?! Vermiss dich. *

.... Das ist ja wie ein Kitschroman, hör jetzt auf, unsere sms niederzuschreiben. Rosamunde Pilcher lässt grüßen, hi.

Was gibt es neues? Wir haben ein Hochbeet gebaut und gemeinsam Samen gesät. Wir waren langlaufen und mit dem Wohnmobil unterwegs.... Solebad, am Lagerfeuer neben einem

Fluss Spaghetti Polonaise gekocht - im April bei strömendem Regen. Herrlich! Wir haben uns geliebt auf engstem Raum. Wir werden irgendwann zusammen ziehen, heuer? Du weist mich darin ein, bei meinen Kindern Strenge und Disziplin walten zu lassen und Konsequenz. Du zeigst mir auf, meine Mutter nicht so ernst zu nehmen ... sie meint es nicht so. Du zeigst mir auf, dass es nur dann funktionieren kann, wenn ich die *Chefin* bin, nicht meine Mutter, nicht meine Kinder. Wie recht Du hast. Ein riesiger Lernprozess für mich.
Deine Worte haben mich davon überzeugt, das Haus zu verkaufen - die beste Idee überhaupt.
Deine Worte haben mich davon überzeugt, die Firma zu verlassen – die beste Idee überhaupt.
Deine Worte haben mich davon überzeugt, das Auto zu wechseln – die beste Idee überhaupt.
Deine Worte haben mich davon überzeugt, ins Elternhaus zurück zu kehren – die beste Idee überhaupt ... wie auch immer.
Muss ich noch weitere Fakten aufzählen?
Du hast mir am Samstag das Frühstück ans Bett gebracht. Im Wohnmobil. Danke.

Vielleicht werden wir einmal einen Acker bestellen, Hühner, Rinder und Schweine halten.
Auf jeden Fall machen wir im kommenden Jahr eine große Reise - für mich groß .... vier Wochen trampen, in Spanien, Nepal, Brasilien oder so. Wir sind am vorbereiten. Den Sommer in Österreich genießen. Mit dem Wohnmobil, zelten, wildcampen, Lagerfeuer, wandern, Musikfeste - ein wenig Abenteuer. Und uns schön langsam – oder aber auch rasend schnell – auf die gemeinsame Zukunft, auf ein gemeinsames Zuhause herantasten und planen.

Und wir leben in einer Konsumgesellschaft, im Kapitalismus: Sag mir, was du hast, und ich sag dir, wer du bist, phu.
Muss ich da mitspielen?
Muss ich da wirklich mitspielen?

Süßholzgeraspel: bis zum * auf Seite 203/Mitte (｡◕‿◕｡)
Sms zwischen Verliebten:

Ich: Hab ein Tischchen für unser Wohnmobil gefunden!

Du: Drück dich ganz fest. Kannst du morgen Abend kommen …... da würde ich mich freuen. Bussi du fehlst…

Ich: Ja, gerne. Hose für meinen Liebling genäht und Wäsche bereits ins Auto gepackt. Vermisse Dich unglaublich.

Du: Bin ja eh bei dir. Bussi, mein Schatz.

Ich: Gott sei Dank. Spür Dich! Gute Nacht und kuscheln bitte!

Du: Gute Nacht, meine Liebe, kann auch nicht schlafen (2:30!)…. Fahr zu Mittag mit Gery zur Hütte nach Hinterstoder zum Schiederweiher - muss ein wenig raus. Deine Familie…. Deine Kinder - kein Respekt Dir gegenüber. Tut mir so weh! - so viel Wirbel! Liebe dich, mein Schatz. Bussi, du fehlst - wie ich es mir gedacht habe. Mache dir diese Woche ein Frühstück ans Bett…

Ich: Hm, das freut mich aber. Du fehlst mir auch. Bussi und genieß es! Im Hochbeet ist noch immer kein Keimling in Sicht!

Du: ….. du fehlst

Ich: Kannst Du mir bitte den Sonnenschutz – diese Folie für meinen Laptop - bestellen? Bitte

Du: Ok…bin aber schon ganz ggg auf dich. Umarme dich, denn mein Feuer ist aus – brrr, kalt

Ich: Oh, mein armer kalter Jüngling: Leg mich zu Dir unter die Decke ganz eng die ganze Nacht ….. Freu mich auf das Wochenende mit Dir im Wohnmobil!

Ich: Guten Morgen, magst Kaffee mit frischem Sonnenaufgang?

Du: Supsi, ja bitte, hi …. weißt schon, wohin wir fahren? … Ich träum von dir.

Ich: Das ist lieb von Dir. Gehör an Deine Seite. Du fehlst.

Du: Oh ja, das stimmt…...das ganze Bett riecht nach dir und du fehlst… Ich liebe es, wenn es nach dir riecht. Du machst mich glücklich. Bussi. Und ggg, hi

Ich: Gott sei Dank - Montag Termin bei meinem Anwalt. ….…

Riecht Dein Bett noch nach mir?
Du: Und wie, mag es gar nicht waschen

Ich: Kann schon wieder nicht schlafen. Kuscheln bitte!
Du: Ja das stimmt. Das wär jetzt schön!

Ich: Wär schön, wenn Du die Wartezeit, die ich bis zum nächsten Termin hab, mit mir hier verbringen könntest.
Du: Bin mit Termin fertig und ich auch! Danke für die Blumen, mein Schatz - du fehlst auch und das ist gut so!

Ich: Hilfe! Hochbeeterde sinkt und sinkt und noch immer kein Gemüse in Sicht. Liiieebe Dich. - Kann schon wieder nicht schlafen …. Schatz, bitte Deine Nähe!
Du: Bussi bin eh da - bin gerade wieder aufgewacht

Ich: Isst schon wieder Schokolade? Oder Speck, hi? War sooo gut heut Nacht das Kuscheln!*

Siebzehn Stunden haben wir eng umschlungen gekuschelt, miteinander und gemeinsam geschlafen, fern gesehen, Du hast mir am Abend wieder ein Frühstück (Abendstück) ans Bett gebracht. Du verwöhnst mich! Danke.

Du hast mich gelehrt, vor nichts und vor allem vor niemandem mehr Angst zu haben. Das hab ich am OGH festgestellt. Kein Kniefall mehr vor der Obrigkeit, wer oder was das auch immer sein soll (Obrigkeit ist nicht gleich Gerechtigkeit, nicht wahr, Frau Justitia! Leider).

Ich danke Dir von Herzen, mein Schatz, weil Du mein Rückgrat ungemein stärkst. Und meine Seele. Und gleichzeitig machst Du sie sanft und geschmeidig. Ich küsse Dich.
Und du hast soo ein schönes, riesiges Hochbeet gezimmert. Richtig professionell und wunderschön.

Schau mal die Fotos im Anhang an:
1, Mit Deinen Eltern in Tschechien – Geburtstag Deiner Mutter
2, Wir haben über 50 Kubikmeter Brennholz gemacht. Puh, bist Du aber fleißig!
3, Du hast Dir von Leopold eine Perücke ausgeborgt. Hi!
4, Wir waren mit Hans und Christine an der Donau Essen

5, Unser letzter Wohnmobiltrip/Lagerfeuer/Glühweinkochen

6, Und wandern mit Speckjausenpause
7, Unser wunderschönes Hochbeet

….. was wir alles erleben……

Frieden …. das ist mein neuer Kosename für Dich. Du fehlst mir so. Bussi. Deine Noja
PS: Frieden = Friede = Schonung = Freundschaft = heilsamer Zustand der Stille und Ruhe; ..... die Tugend der Friedfertigkeit.

"Guten Morgen, meine Liebe. Oh, danke für das Frühstück. Der einzige Mensch, den ich am Morgen und überhaupt sehen kann und will, bist Du. Oh, und danke für die Blumen".

Während ich dies niederschreibe, kniest Du am Ufer der Salza und wäscht das Frühstücksgeschirr. Es ist traumhaft schön hier.

Wir sind seit vier Tagen unterwegs. Gestern hast Du unglaublich gut gekocht. Am Lagerfeuer. Schweinsbraten in der Pfanne. Mit Folienkartoffeln - herrlich.

Du hast auch am Abend davor superb gekocht. Der Mond hat auf uns herab geschienen. Der Fluss hat Geräusche von sich gegeben. Es hatte den Anschein, am Meer zu liegen.

"Das G´scheiteste, das mir jemals untergekommen ist, ist die Art, wie ich lebe", sagst Du mit völlig gerechtfertigter Überzeugung – nachdem Du minutenlang ins Feuer gestarrt hast - total aus dem Zusammenhang gerissen am Lagerfeuer in den Wildalpen/Salzatal zu mir. Wie recht Du hast! Wir lachen, sehr, weil Du das so ernst gesagt hast.

Wir waren am Mitterberg-Gipfel - berauschende Aussicht ins

Tal. Die Salza, die sich ihr Bachbett zwischen den Bergen uner-

bittlich durch die Talsohle gräbt, glitzerte in der Sonne. Jetzt haben wir wieder Aufbruch. Wir wandern nach Maria Zell, statten der berühmten Basilika einen Besuch ab, decken uns mit Lebensmitteln ein, um noch einmal auf diesem paradiesischen Plätzchen eine Nacht und einen Tag zu genießen. Wohnmobil verschließen und auf geht's!

Waren wandern bis nach Mooshuben. Ich sitze nun wieder am Ufer der Salza, (Am Ufer des rio pedro saß ich ...) die Füße im wirklich schmelzwasserkalten Wasser. Plötzlich plätschert und spritzt es. Du läufst pudelnackt in den Fluss hinein. Ich liebe Dich. Gerade noch hattest Du Dich mucksmäuschenstill neben mir am Felsen des Ufers in Deine Buchseiten vertieft. Die Sonne glitzert auf Deinem nassen, unverschämt braunen, unverschämt muskulösen, unverschämt schönen Oberkörper, während Du wie Poseidon dem Meer entsteigst.

Du sprichst zu mir, mein Prophet: „[....] und dass einem Menschen das wichtigste SEINE eigene Meinung, SEINE eigenen Wünsche sein sollten - Dass man ein Leben lang lernen sollte, davon bin ich auch überzeugt. Manche Menschen aber tun nur, was sie seit ihrer Geburt oder in ihrem Land, von ihrem Elternhaus, von Ihrer in sie hineingeborenen Kultur mitbekommen, eingetrichtert bekommen haben. FALSCH!"

Du schmunzelst. Ich liebe die Grübchen in Deinen Wangen - immer wieder.

„Wisse genau, was du willst! Stecke dir dein Ziel! Und Punkt. Du hast bewiesen, dass du das kannst. Und WIE! Denke an deinen Hausverkauf. Unglaublich, wie du das durchgezogen hast. So etwas hab ich noch bei keinem Menschen erlebt. Unglaublich, wirklich, ehrlich. Deshalb liebe ich dich. Unter anderem deshalb ....“

Wir sitzen am Lagerfeuer und es will und will nicht richtig brennen. Aber es raucht wie verrückt. Ich sage, dass es gleich kommen wird, das ersehnte wärmende Feuer, bei dieser Menge an Rauch!

„Ein altes Indianersprichwort sagt: Wenn es raucht, dann brennt es nicht! Und wenn es brennt, dann raucht es nicht!“ Du sagst das mit so vielen Sorgenfalten auf Deiner Stirn, mit so einem Ernst, dass ich ganz, ganz lange lachen muss.

Apropos lachen: Du hast mir vorige Woche einige Fotos von mir gemailt. Vom letzten Jahr. Mit der alten Frisur. Und im Vergleich dazu Fotos von letzter Zeit. Mit ganz kurzem Haar.

Unglaublichkeit hast Du nur dazu geschrieben, als kleinen Anstoß sozusagen. Weil ich in letzter Zeit des Öfteren betont hatte, dass ich mich meiner Meinung nach äußerlich nicht verändert hätte. Ich habe bestimmt eine halbe Stunde gelacht. Die Tränen sind nur so geflossen. Ganz alleine in meinem Wohnzimmer hab ich mich fast zerkugelt vor Lachen. Wie recht Du hast! *Unglaublichkeit* konnte ich nur zurückschreiben. Ist das auf all diesen Fotos wirklich ein und dieselbe Frau?

Du sprichst wieder zu mir (ich liiiebe es ......):

„So viele Menschen leben auf der Erde. Und so viele verschiedene Typen. Manche passen zusammen. Und manche eben gar nicht. Warum soll man sich da abquälen, wenn es nicht passt? Du weißt, ich spreche von deiner Freundin Natalie und meinem Freund Gery. Beide sind wunderbare Menschen, haben Gefühle füreinander, sie passen aber nicht zueinander. Sie ist ruhig, er nicht. Sie will die Zeit lieber mit ihm alleine verbringen, seine Freunde interessieren sie nur sekundär. Ihm sind seine Freunde aber sehr wichtig und er hätte Natalie gerne bei Festen und sonstigen Aktivitäten an seiner Seite. Sie liebt die Gartenarbeit über alles. Er nimmt sich dafür keine Zeit usw.

Gemeinsame Interessen sind so wichtig. Schau bei uns. Wie oft erwähnen wir, wie glücklich wir sind, darüber, dass unsere Interessen dieselben sind. Zum Glück! Und wenn du ein Hobby oder Interesse für etwas hast, das ich nicht kenne, beschäftige ich mich damit und umgekehrt. Es funktioniert so gut.

Also, jeder Typ Mensch soll sich jemanden suchen, der perfekt zu ihm passt. Es laufen so viele herum, egal ob Mann oder Frau. Sein/ihr Gegenstück. Und wenn man dann noch das Glück hat, dass die Liebe mit im Spiel ist - so, wie bei uns - dass der Sex so unglaublich - ja, ja, die körperliche Liebe - so nennst du das - gut tut, dass da Gefühle sind, die unglaublich schön sind, na, dann hat man ja sowieso gewonnen. Und wenn man lernwillig ist. Gegenseitig. Herz, was willst du noch mehr? ….

Ich weiß genug über den Fluch des Sex', über den Fluch des Haben Wollens, über den Fluch des Kapitalismus.

Und ich habe mit vielen Frauen Kontakt gehabt, mit einigen wenigen geschlafen." Du schmunzelst. „Du weist es. Was ich da mit dir fühle und erlebe, hatte ich mit keiner davor. Mit keiner auch nur annähernd! Ist eh unglaublich, oder? ….

Ja, und dann bist du mir über den Weg gelaufen, gar nicht geplant, glaub mir. Du bist mir richtiggehend hineingerannt. Du darfst dich nicht wundern, dass ich zu Beginn so unanschmiegsam, eckig und streng war. Was sagst du .... *bin*? …. Ok, ja, Du hast recht. Manchmal bin ich das jetzt auch noch. Aber selten. [….] Ich habe mich auch nicht in dich verliebt. Nicht zu Beginn [….] Das kam erst mit der Zeit. Oh ja, da habe ich mich dann in dich verliebt. Weil ich gemerkt hab, dass du mir zuhörst. Du denkst über meine Worte, über dein Leben, nach. Du setzt in die Tat um, wozu ich dir rate. Mit einer Geschwindigkeit, die einen schwindelig werden lässt […..].

Warum habe ich bis dato keine Kinder, keine Frau, keine Familie? ….. Ich habe so viele Beziehungen, Ehen gesehen, beobachtet, analysiert. Mir gefiel nicht, was ich sah. Diese Umgangsformen miteinander haben mir nicht gefallen.

Du weißt, ich habe vor langer, langer Zeit einmal Haus gebaut - und bin geflüchtet. Ich konnte mit dieser Frau nicht alt werden. Das war nicht mein Leben. Obwohl sie sehr lieb war, aber ….. Das erzähl ich dir ein andermal. Für heut hab ich genug geredet."

Wir fahren wieder nach Hause. Ich sehe Dich immer wieder an …… Can`t take my eyes of you.

„Danke", sage ich zu Dir. „ Wirklich, von Herzen, danke, dass Du diese schönen Tage mit mir verbracht hast. Das freut mich so sehr. Es ist mir eine Ehre, an Deiner Seite sein zu dürfen. Lach nicht! Das empfinde ich so. So Unglaubliches mit Dir erleben zu dürfen! Ich glaube, manche Menschen haben ihr ganzes langes Leben nicht so viel Schönes erlebt, wie ich mit Dir in den letzten fünf Tagen".

„Gern geschehen. Deshalb liebe ich dich ja auch", erwiderst Du. „Dich stört es nicht, im kalten Flusswasser die Morgenwäsche zu erledigen. Dich stört es nicht, stundenlang Feuerholz zu suchen. Dich stört es nicht, fünf Tage keine warme Dusche genießen zu können. Dich stört es nicht, die Pfanne mit kaltem Wasser und Sand von Fett und Feuer sauber zu schrubben. Im Gegenteil, je minimalistischer wir unterwegs sind, desto glücklicher erscheinst du mir. Ich liebe dich, weil ich mit dir alles so harmonisch machen kann. Mit keiner anderen würde das auch nur annähernd funktionieren. Abgesehen davon, dass mich keine anderen Frauen interessieren, wie du weist. Und ich liebe dich, denn wenn du dir erst mal ein Ziel gesteckt hast, verwirklichst du dann dieses mit solcher Vehemenz, mit so einer Geschwindigkeit und Zielstrebigkeit, dass ich mich beinahe schon fürchte. Und deshalb bewundere ich dich auch. Du findest, ich wiederhole mich? Sei einfach froh darüber. Nimm das Lob dankend an, mein Schatz.

Und du lernst so schnell, wie ich es noch nie bei jemandem erlebt habe. Andere schaffen ein Leben lang nicht, was du innerhalb eines Jahres verändert hast. Und wie du nun auftrittst, wie du denkst, was und wie du es machst. Es ist unglaublich."

„Hm", gebe ich meinen Gedanken freien Lauf, „ist es nicht ein wenig so, dass du mich so gesehen hast wie ein Bauer einen Acker sieht, zwar gut duftend, mit schönen roten Mohn- und blauen Kornblumen darauf, aber mit ziemlich viel Unkraut verwachsen? Und mit einigen kleineren und größeren Steinen versehen? Mit speckigem Lehmboden? Und hast nicht Du als einziger tiefer geschaut? Und darunter den schwarzen, fruchtbaren Boden gesehen? Hast nicht Du die Steine entfernt? Die Blumen vermehren lassen, wie ein Feld in der Bretagne, rot und blau, in voller Blüte? Warst es nicht Du, der das Unkraut entfernt hat? Der den Lehmboden nach unten und den fruchtbaren Boden nach oben geackert hat? Sitze ich nicht deshalb jetzt neben Dir, weil alles bereinigt ist? Weil Du die Chance in diesem Acker gesehen hast? Und weil Du stolz darauf bist, was ich alles gelernt habe? Von Dir gelernt. Weil Deine Samen nun Früchte tragen, mehr als Du zu hoffen gewagt hattest? Weil kein Unkraut mehr nachwächst?"

„Eine schöne Metapher", gibst Du mir zur Antwort. „Ja, so könnte man es sehen. Stimmt", schmunzelst Du.

„Aber hättest Du Dein Leben nicht so drastisch geändert, mir nicht so ernsthaft zugehört, wäre ich noch immer oder wieder alleine. Auch ich danke dir. Dafür, dass ich nicht mehr alleine sein muss. Wirklich. Und ich liebe dich, das weißt Du ......"

Dominique, mein unglaublich begabter, hochintelligenter, schwarzgelockter, schöner Sohn, du nach dem Sinn des Lebens strebender, in die Tiefe gehender, sensibler, verbissen nach Orientierung ausschauender, mit so vielen Talenten Gesegneter, hast diese Woche deinen 23. Geburtstag. Du wirst deinen dir ganz persönlichen Weg finden. Versprochen. Hab dich soo lieb.

35. Teil Zwischen Himmel und Erde 5. Mai 2012

Und täglich grüßt das Murmeltier (Filmkomödie mit Andie MacDowell - Ha. 5 Uhr - Bin seit eine Stunde wach. Vollmond?

War eine unglaublich schöne Vollmondnacht. Und nun ein unglaublich stimmungsvoller Sonnenaufgang. Ein typischer Mostviertelsonnenaufgang. Der Nebel, der die Täler ausfüllt, lässt den Anschein erwecken, das Meer vor sich zu haben. Am Horizont das Morgenrot, die Vogerl zwitschern um die Wette. Habe die Videokamera an der Balkonbrüstung aufgestellt, um das Erwachen des Tages festzuhalten. Marcinho liegt auf meinem Sitarplatzerl und schläft den Schlaf der Gerechten. Dein lieber Tibeter ist ein wenig beleidigt auf mich. Hab ihn gestern auf weiß gebadet und ihm eine neue Frisur verpasst.

Das war gestern ein aufwühlender Tag. Aber dazu später. Zuerst möchte ich noch die letzten Gedanken, Eindrücke und Worte unserer letzten Reise verankern:

„[…] Zurück zu meiner Geschichte mit Hausbau und Freundin", sprichst Du weiter: „Da gab es noch eine andere Frau. Deren Vater, den ich übrigens sehr mochte und er mich wohl noch mehr, stellte mir in Aussicht, erinnerte mich daran, dass ich Besitzer eines riesigen Bauernhofes werden würde. Es half nichts. Ich ging. Mit Besitz lasse ich mich nicht trösten. Nicht, wenn meine Intuition mir einflüstert, im falschen Leben zu sein. An der Seite einer Frau, einer ganz lieben, die mich liebte, aber nicht wirklich verstand, wer ich bin. Wie kann ich so mein Leben führen? Und nun bin ich bei dir und das ist gut so!

…. Gott sei Dank hattest du solche Trottel, entschuldige, aber es ist ja wahr. Hat sich je einer darum gekümmert, wer du wirklich bist? Hat je einer sich die Mühe gemacht, sich intensiv mit dir zu beschäftigen? Hat je einer die in dir gesehen, die du wirklich bist? Das erweckt auf mich nicht den Anschein. Und du warst naiv, doch, das warst du. Und nun sind wir zusammen. Welch ein Glück, für mich und für dich ….."

Wir waren wandern. Wir sitzen beim Essen und haben wunderschönes Aprilwetter, wie im Hochsommer.

„Die Liebe ist das wichtigste im Leben. Wir haben uns gegenseitig versprochen, immer alles zu sagen, was uns aneinander gefällt, aber auch, was uns stört. Ich liebe dich, liebe deine kurzen Haare, überhaupt alles an dir. Du hast mich in der Praxis gelehrt, wie wichtig und gut die Liebe ist und tut. In der Theorie hab ich´s eh gewusst, hi, hi. Ich liebe dich, weil du deinen Kindern in erster Linie nur Liebe gegeben hast. Was heißt NUR! Und du lehrst mich, dass Strenge nicht so wichtig ist. Hab ich in den letzten Wochen auch kapiert. Danke."

Du schmunzelst. Wir wissen beide, was du meinst.

Du verwöhnst mich: Hühnchen mit Curryreis am Lagerfeuer. Du hast mir in den Wildalpen erzählt, dass Du durch das Rafting Deine tollen Brustmuskeln bekommen hast. Wir haben viele Raftler gesehen und ihnen auch zugesehen. Alle sehen DICH an, es ist unglaublich. Kein Wunder. Und mich würde nicht wundern, wenn einer oder eine in die Salza plumpst, vor zu viel schauauauen.

Ah, hab noch was gelernt von Dir: Die „ Wenn-Dann-Methode" nicht mehr anzuwenden. Nicht mehr anwenden! Da geht es mir jetzt so, wie Dir bei der Liebe. In Theorie hätte ich eine Eins verdient, in der Praxis, na, reden wir lieber nicht darüber.

Nicht: Wenn du dein Zimmer aufräumst, darfst du auf das Fest gehen. NEIN. Sondern: Zimmer aufräumen!

Nicht: Wenn du mir das Auto wäscht, darfst du auch damit fahren. NEIN. Sondern: Auto waschen!

Nicht: Wenn du der Omi hilfst, darfst du Tennis spielen gehen. NEIN. Sondern: Der Omi helfen! Das wird gemacht! Und Punkt! Kein Wenn und Aber. Das ist ein Befehl! .... –

„Ok, aber die Liebe nicht vergessen", sag ich.

Du sagst: „Strenge hat auch mit Liebe zu tun. Und Disziplin hat auch mit Liebe zu tun! Nett sein und nachgeben muss nicht immer Liebe bedeuten! …."

Wir haben es zum ersten Mal geschafft, nebeneinander zu liegen und in einem Buch zu lesen. Eine Errungenschaft! Länger als fünf Minuten, mindestens eine Stunde! Was reden wir die ganze Zeit, hm? Ich sage zu Dir: Jedes Buch hat mir eine wichtige Lebensentscheidung, eine Erkenntnis gebracht. Meine Scheidung vor über zehn Jahren (wo, bitte sehr, geht die Zeit hin?) hat ein einziger Satz - ich weiß nicht mal mehr, in welchem Buch das gestanden hat - innerhalb von vier Wochen zur Manifestation werden und zur Durchführung bringen lassen:

- STELL DIR VOR, DU LIEGST AUF DEINEM STERBEBETT UND LÄSST DEIN LEBEN REVUE PASSIEREN. HÄTTEST DU ETWAS ANDERS GEMACHT? ODER SCHAUST DU ZURÜCK UND SAGST, SCHÖN WAR ES. UND ERFÜLLT. UND ICH HABE DAS GLÜCK KENNEN GELERNT. ODER DENKST DU VIELLEICHT, HÄTTE ICH DAMALS NUR DEN MUT GEHABT, ETWAS NEUES ZU PROBIEREN! HÄTTE ICH NUR ETWAS RISKIERT, HÄTTE ICH NUR ETWAS GEÄNDERT! SCHADE, NUN IST ES ZU SPÄT!

Ich habe dann nicht mehr lange darüber nachgedacht. Ich war viele Jahre, viel zu viele Jahre schon unglücklich. Abgesehen davon, dass Opfer und Täter zu gleichen Teilen Schuld auf sich laden .... hat man (Mann) mich misshandelt, verbal und nonverbal. Man hat mich unterdrückt, mich lächerlich gemacht, mich verängstigt, mich erniedrigt, mich geschlagen, getreten, mich nicht gut behandelt, meine Kinder nicht gebührend respektiert, nicht spürbar geliebt, meine Kinder erniedrigt, ihnen jedwedes Selbstvertrauen zu nehmen versucht. Meine Bedürfnisse und Wünsche, die meiner Kinder und mein Ich und deren Ich, meine Seele, ihre Seelen verhungern lassen.

Habe tief Luft geholt, habe all meinen Mut zusammen gefasst, den ganzen Mist abgeschüttelt .... und war frei.

Ich bin endlich aufgestanden. Und meine Kinder waren frei.

Weiter in meinen Gedanken, Erinnerungen .... Die Kraft der

weiblichen Urinstinkte, *Die Wolfsfrau - ein Buch von Clarissa Pinkola Estes: Eine Hommage an die weibliche Intuition .... Habe dieses unglaubliche Kraftbündel an Buch aufgesogen wie ein trockener Schwamm. War lange Zeit meine Fibel. Habe innerhalb eines Monats meinen damaligen antagonistischen, untreuen Lap (Lebensabschnittspartner) eliminiert.
Sorry aber auch.

Habe *The law of attraction* von den Hicks gelesen. Und viele ähnliche Bücher. Hab all meine Kraft, Gedanken, Energien ins Universum gesendet. Und dann kamst DU! Und dann kamst DU! Das Gesetz der Anziehungskraft. Die Macht der Gedanken.

.... Oh, Liebe machen vor der Heimfahrt. Probelieben im Wohnmobil, hm, nennst Du das. Einweihen.
Und wieder einmal: Can`t take my eyes of you ..... and so it is ..... can´t take my mind of you - "The blower´s daughter" ... Ganz, ganz oft hast Du mir dieses – vielleicht schönste Lied auf der ganzen Welt - vorgespielt. Im Wohnmobil, beim Einschlafen, am Lagerfeuer, während der Reise. Gibt es eine größere Liebeserklärung?

Es gibt eine Geschichte, eine ganz für dich persönliche Geschichte zu diesem Lied: Vor über einem Jahr warst Du vier Wochen alleine in Brasilien. Bahia ohne Tourismus. Nur Einheimische und ein paar Aussteiger. Dort hast du Seu Jorge zum ersten Mal gehört. Und hast dabei immer an mich denken müssen. Hast mich vermisst. Bist zu der Erkenntnis gekommen, für Dich völlig überraschend, dass du mich sehr, sehr vermisst. Und dieses Lied nie mehr alleine hören willst und wirst. Und nie mehr alleine sein willst. Alles mit mir machen, mit mir genießen willst. Ich kann nur Danke sagen.

Habe mir soeben das Video angesehen, dass ich exakt eine Stunde lang vom heutigen Sonnenaufgang gemacht habe. Ohne Worte. Das ist meine Antwort auf Dein Liebeslied. Unglaublich. So mystisch und beeindruckend. Alles gehört zusammen, zum

Greifen zusammen. Alles ist Eins.

So, nun zum gestrigen Tag. Ein Anruf von meinem Bruder:

„Hallo, Noja, my sister. Ich muss dir unbedingt etwas erzählen! Unbedingt! Ich war soeben bei einer Kartenlegerin. Ja, ja, du hast richtig gehört. Bei einer Kartenlegerin. Ich wollte einfach wissen, wie es bezüglich Arbeitswechsel und meinem Liebesleben weitergeht. Die Kartenlegerin hat sich aber keine zehn Minuten mit meinen Themen beschäftigt. Weißt du, was dann passiert ist? Stell dir vor, was die gesagt hat!“

Aus Daniel sprudelten die Worte heraus:

„Ich muss Ihnen jetzt etwas sagen. Ich kann auf Ihre Fragen nicht näher eingehen. Denn ich spüre die ganze Zeit und immer intensiver ….. IHREN VATER! Ich weiß nicht, ob Sie darüber reden wollen, aber was ist da passiert? Ihm geht es nicht gut. Es geht im sogar sehr schlecht. Er hat Schmerzen. Ist er krank? Oder, warten Sie! Nein. Ist er tot? Ja, er ist tot, oder? Ich spüre es. [……..], aber was ist das? Hat er sich das Leben genommen? Selbstmord? Eigenartig. Es war kein Selbstmord, aber ein von ihm herbei geführtes Lebensende. Helfen Sie mir. Was war da? [......]“

- Ich erzählte ihr dann, dass unser Vater an Leberkrebs gestorben war. Und davon, dass er sich vom Herrgott erbeten hatte, ihn zu sich zu holen und zwar lange, bevor dann die Krankheit gekommen ist [……] Was der Herrgott dann ja auch gemacht hat. Und dass sein beten erhört worden ist. Und das auf grausamte Art und Weise. Und dass Vaters Sterben eineinhalb Jahre gedauert hatte. Und dass der Krebs gesiegt hatte. Und dass der Herrgott somit seinen Wunsch erfüllt hatte. Und [………] Und jetzt halt dich gut fest, Noja, hör dir das an, , was sie dann noch zu mir gesagt hat. Du wirst es nicht glauben! Mir ist gar nicht gut. Ich verstehe überhaupt nicht, wie das alles geht, wie das geht! -

„[……] Ihr Vater ist noch hier. Er steckt fest. Er will aber weg.

Er ist nicht mehr gerne unter den Lebenden! Ja, er steckt fest. Aber es geht ihm wirklich nicht gut! [....] Warten Sie! [...] Vielleicht kann ich ihm helfen [.....]. Er kommt nicht weg ....."

- ....Und dann hat sie wieder auf die Karten geschaut. Und sie neu aufgelegt. Du kannst dir gar nicht vorstellen, wie ich auf meinem Sessel hin- und her gerutscht bin! .....

„Ich kann ihm eine Aufgabe geben. Ich weiß nicht, wie ich mich ausdrücken soll. Er bekommt von mir, oder nein, von uns allen eine Aufgabe zugeteilt. Wir werden ihm helfen. Ja, wir können ihm helfen. Ja, das machen wir. Er benötigt dringend Hilfe."

- Ich hab mich überhaupt nicht mehr ausgekannt. Ich hab mir nur gedacht, woher will die das alles wissen? Wär ich doch nicht hergefahren zu dieser Kartenlegerin! Verstehst du mich? Dir wär es bestimmt nicht anders gegangen. Aber jetzt, beim nach Hause fahren hab ich es wirklich nicht mehr ausgehalten. Ich hab mir gedacht, ich muss jetzt die Noja anrufen. Ohne mir jetzt böse zu sein, sister, aber du liest ja andauernd so komische Sachen. Und du fährst zur Eva Maria und du glaubst an Wiedergeburt. Und räucherst das Haus aus. Und du hast ja auch gesagt, dass abends an jenem Sonntag, an dem unser Vater gestorben ist, er im Haus war, um sich zu verabschieden. Oder versucht hat, Kontakt aufzunehmen oder so ähnlich .... Und weißt du, was sie dann weiter geredet hat? Ich weiß die Worte nicht mehr genau, aber dem Inhalt nach ganz bestimmt!:

„Ja, wir werden ihm helfen. Er braucht unbedingt eine sinnvolle Aufgabe, [......] einteilen, zusammenführen, sortieren, Weg weisen für andere. Ja, das ist gut. Ich kann ihm helfen. Ich werde in die Wege leiten, dass sie ihm diese Aufgabe zukommen lassen. Er wird sich darüber freuen. Das wird ihm gut tun. Es wird ihm besser, gut gehen. Das kann ich machen. Ja, das fühlt sich gut an. Ich spüre jetzt schon, dass es Ihrem Vater ein wenig besser geht. Aber er hat seine wirkliche Aufgabe auf dieser Erde noch nicht erfüllt. Er wird wieder kommen. Er wird noch mal zur Welt kommen. Das seh ich ganz gewiss! Er muss seine ganz persönliche Lebensaufgabe noch erfüllen, erfüllen wollen. Denn das hat er in diesem Leben nicht zu Ende geführt [........]"

- Kannst du mir bitte erklären, wie diese Frau, die ich noch nie im Leben gesehen habe, die keinen aus unserer Familie kennt, so etwas sagen kann? Und mit ihren Worten genau beschreibt, wie es wirklich war? Du weißt genau so gut wie ich, dass Vater sich das Sterben gewünscht hat. Wie gibt es das? Ich bin fix und fertig. Ich brauch dich jetzt bitte zum Reden. Bist du in einer halben Stunde zu Hause oder hast du Termine? Kann ich bei dir vorbei schauen?"

Und dann ist Daniel zu mir gekommen und hat alles noch einmal erzählt. Ja, ich hab ihm das alles geglaubt. Natürlich. Nur war ich – so wie er - furchtbar traurig darüber, dass es unserem Vater nicht gut geht. Was heißt da traurig, völlig geschockt war ich! Das hatte ich nie in Erwägung gezogen. Nie! Ich war mir sicher, dass er nun endlich glücklich ist.

- Und weißt du, was sie dann noch gesagt hat? Stell dir das vor. Ich halt das nicht aus!:

„ [.....] und ich sehe da noch jemanden. [..........]"

- Sie hat auf eine Karte geguckt ..... und noch mal, und noch mal, hat die Hände vors Gesicht geschlagen .... Mir war gar nicht gut dabei, wie ich sie da so vor mir gesehen hab. Die Kartenlegerin hat dann gesagt:

„Sehen Sie sich meine Unterarme an! Sehen Sie meine Haare, wie sie sich aufstellen?"

- Es hat ihr wirklich die Haare auf den Armen aufgestellt und sie hatte eine Gänsehaut. Ich lüg dich nicht an. Ich hab mir nur gedacht, was kommt denn jetzt noch?! Ich hab gar nicht mehr gewusst, wo ich meinen Schweiß von den Handinnenflächen hinwischen soll.

„Ja, ich sehe da noch jemanden [............] Ich mische noch mal neu ..... Ich mische noch mal neu ... Ich mische noch mal neu."

- Andauernd hat sie das vor sich hingemurmelt und sich geräuspert! Andauernd!

„Oh, mein Gott. Da ist eine Frau .... oh, mein Gott ...... Diese Frau, das ist ...... die ist ... "

Und das, was Daniel mir dann wiedergegeben hat, werde ich NICHT niederschreiben.

Daniel hat dann den ganzen Nachmittag bei mir verbracht. Wir haben geredet und geredet und gerätselt. Und hoffen sehr und vertrauen darauf, dass diese Kartenlegerin ihr Versprechen einlösen wird, oder noch besser, bereits eingelöst hat und unserem Vater hilft, damit es ihm nun, nach so langer Zeit, endlich gut gehen wird. Unser Vater ist vor beinahe fünf Jahren von uns gegangen. Wir haben immer gewusst, dass es ihm beim Sterben nicht gut gegangen ist. Das hat sein Gesicht uns erzählt. Er ist nicht in Frieden hinübergegangen. Aber wir haben so sehr gehofft und waren voll Zuversicht, dass es ihm nach dem Sterben nun gut geht. Dass er beim Lieben Gott und bei den Engeln oder wem auch immer nun gut aufgehoben ist, nach diesem furchtbar langen, schmerzhaften, auszehrenden Leidensweg. Und wir haben auch darüber gesprochen, wie das funktionieren kann, dass man zum Herrgott darum beten kann, um endlich von der Erde gehen zu dürfen. Und dass diese Gebete erhört werden.

Und darüber, dass unser Vater eines Tages aufgewacht war und zu unserer Mutter gesagt hatte: „Kathi, wenn diese Leute (und unsere Mutter hat uns bis heute nicht erzählt, wer „diese Leute" sind - dieses Schweigegelübde hat unser Vater ihr damals abgenommen) überraschend zu uns zu Besuch kommen, werde ich hinten am Holzplatz arbeiten, du wirst zu mir kommen und mir diesen Besuch mit den Worten: „Ludwig, du wirst nicht glauben, wer gerade gekommen ist" ankündigen, dann, ja dann beginnt mein Leidensweg."

„Was redest du da?" soll unsere Mutter darauf geantwortet haben und seine Antwort war: „Ich hab heut Nacht geträumt, dass es so kommen wird. Und es ist nicht mehr aufzuhalten. Mehr kann ich dir dazu auch nicht sagen".

Den Erzählungen unserer Mutter zufolge hatte sie dieses Gespräch aber irgendwann vergessen, wohl besser gesagt, verdrängt. Und im ersten Jahr der Krebserkrankung unseres Vaters sei ihr dieses Gespräch dann wieder eingefallen. Und dann war ihr Schock verständlicherweise noch viel größer. Denn genauso, wie im Traum, genauso war es dann auch gekommen.

Es gibt so vieles **zwischen Himmel und Erde** oder im Universum, von dem wir wissen, so vieles, von dem wir nicht wissen und so vieles, von dem wir hoffentlich noch wissen werden.

Eines meiner Lieblingsfotos – der Grüne See - vom Vorjahr steht symbolisch für mich für **zwischen Himmel und Erde**. Eine Spiegelung? Wo endet die Erde und wo beginnt der Himmel?

…. Es gibt nichts vom Himmel, DAS wir wissen, von dessen unbegreiflicher, nicht beweisbarer Existenz wir aber sehr wohl eine Ahnung haben – und vielleicht genügt das *von dessen Existenz* ja schon. - Es gibt vieles vom Himmel, das wir hoffentlich noch erfahren werden und wohl sehr vieles, das wir schon gewusst haben. Und manches, an das wir glauben, einiges, an das wir nicht glauben, vieles, an das wir einmal geglaubt haben und vieles, oder auch nichts, an das wir noch zu glauben lernen werden dürfen..... Ich glaube daran, weil ich es weiß. Aber ich weiß noch nicht alles. Noch lange, lange nicht.

Mir ist in den letzten Minuten, eigentlich in diesem Moment, beim Schreiben und Durchlesen vieles, sehr vieles bewusst geworden (steckt doch in dem Wort „bewusst" wissen). Das tut sehr gut. Die Zusammenhänge. Ein wenig mehr Licht im Dunkel. Mehr Klarheit. Mehr Überblick. Verbindungen.

Und soeben ist mir ein Stich vom Hinterkopf über den Rükken bis zu den Fußsohlen gefahren. Und ich hab nicht mehr zu atmen gewagt. Und ich saß wohl einige Minuten in der Bewegung erstarrt vor dem Monitor. Ich hatte einen momentanen Gedankenblitz. Ich bin gnädig zu mir selbst und nenne es Gedankenblitz. Vielleicht weiß ich, dass mein Vergehen, meine Sünde, mein Mord, meine große Schuld, an einer Seele begangen, eine noch viel größere Tragweite hat, meine Vorstellungskraft sprengt. Bitte nicht. Bitte nicht. Bitte nicht ..... Sebastian!

..... Auch wenn ich weiß, dass mich im kommenden spirituellen Seelenleben keine Strafe erwarten wird ..... Mein Herz blutet. Noch viel mehr, noch viel tiefer, als ich je geahnt hatte, es für möglich zu halten. Ich liebe Dich, ich liebe Euch. Von ganzem Herzen. Ich möchte Euch umarmen und trösten und Euch meine Liebe zu Euch spüren lassen. Es bedarf keiner Worte. Weil ihr es wisst. Und am eigenen Leib, an der eigenen Seele erfahren habt. Erlitten. Durch mich.

Das wollte ich nicht! Das wollte ich nicht! Das wollte ich nicht! Kann ich das irgendwie bitte so rasch als möglich wieder gut machen? Sagt es mir, bitte!!! Nein, gut machen kann ich das nie mehr. Aber vielleicht lindern ....

Meine Seele ist sich ihrer noch nicht vollkommen bewusst. Oder der Zusammenhänge des gesamten Universums. Und unvollkommen. Lichtjahre von der Vollkommenheit entfernt. Oh je.

36. Teil Einfach leben 22. Mai 2012

Mein geliebter Elias hatte letzten Monat seinen 15. Geburtstag. Jetzt ist auch mein „Kleinster“, mein „Nesthäkchen“ größer als ich. Die Spuren der Kindheit verwehen. Der Mann in Dir lugt bereits hervor. Das Mutterherz verabschiedet sich von ihrem Baby. Melancholie. Und du hast schon seit einem halben Jahr eine Freundin! Ganz ein süßes Mädchen. Ich liebe Euch. Sehr. Ich wünsche euch von Herzen, dass ihr früher als ich gescheiter seid. Im Leben (｡◕‿◕｡). Ihr seid auf dem besten Weg dazu.

Es regnet, also heute kein Garten gießen. Habe gestern die erste Petersilie tiefgefroren - eine riesige Menge - schönes Gefühl. Hab ich überhaupt schon erwähnt, dass wir, Oliver und ich, im April einen riesigen Gemüsegarten angelegt haben? Jedes Beet mit roten Ziegelsteinen umrandet. Alles wächst und gedeiht.

Vorgestern waren wir zwei zu Fuß unterwegs. Wollte schon lange die Urlingerwarte am Blassenstein mit Dir von zu Hause aus erklimmen. Schöner "Hatscher", hi, hi. Als ich Dir dann vom Aussichtsturm aus mein Elternhaus zeigte, kam nur eines von Dir: „Bist Du verrückt, sooooo weit sind wir gegangen? Und Du sagst zu mir ganz einfach: gehen wir schnell da rauf .... Eigentlich müsste ich dich mittlerweile schon kennen, du Verrückte, du. Aber du hast recht, es ist beeindruckend, welche Distanz man in drei Stunden zu Fuß zurücklegen kann“. Ja, und schön ist es, wenn das Land sich vor einem ausbreitet. Hügel um Hügel, Täler, Wälder, Wiesen, Sonnenschein. Der Blick reicht bis Linz, bis nach Tschechien. Und unser frisch angelegter Garten ist auch zu sehen. Auch meinen Vaterberg, den Ötscher sehen wir und Teile des Gesäuses.

Und ich liebe Dich.
Gestern hast Du mir ein Foto gemailt. Unglaublichkeit ...... wie

schön Du bist .... mein Mann.

Ich treffe eine Bekannte von früher. Ihren Namen weiß ich nicht mehr. Sie konnte es gar nicht fassen: „Na, du bist eine der wenigen, die es geschafft hat“, spricht sie mich an.

„Was meinst du denn?“, daraufhin meine Frage.

„Na, sieh dich doch an! Ich hätte dich beinahe nicht mehr erkannt. Du siehst toll aus! Viel besser als vor zehn Jahren.“

„Oh, danke“, antworte ich voll Freude. Und überrascht. „Das macht bestimmt mein Freund. Durch ihn geht es mir so gut.“

Bin glücklich, weil ich den liebsten, besten Mann auf der ganzen Welt habe. Du machst mich sehr glücklich. Werd ich nie vergessen .... Habe noch ganz weiche Knie, wir hatten heute einen unglaublich schönen Nachmittag – im Bett, ja. Danach sind wir - völlig weich - in die Hängematte gefallen ..... und haben geschlafen. Es gibt keine Worte dafür, wie schön es ist, mit jemandem dieselben Gefühle erleben zu dürfen, diese Nähe, diese Liebe. Und das auf allen Ebenen. Ich danke Dir und ich freue mich riesig auf alles. Bin so gut aufgehoben bei Dir. Fühle mich so geborgen. Danach habe ich mich mein ganzes Leben lang schon gesehnt. Nun darf ich es leben und genießen und glücklich sein.

Wie hast Du gestern zu mir gesagt: „Siehst Du, wie glücklich wir sind? Man muss dazu nicht in Urlaub zu fahren. **Einfach leben**, egal, wo wir sind, egal, was wir tun. Wir haben uns, unsere Nähe, wir lieben uns. War es nicht schön, als wir letztes Wochenende das Haus geputzt haben? Wir waren zusammen, haben uns gegenseitig geholfen, am Abend haben wir ein Henderl draußen am Griller zubereitet, dann haben wir die Nacht am Lagerfeuer verbracht. Wir haben ein Vollbad genossen, wir haben uns geliebt und die ganze Nacht gekuschelt. Was geht uns ab? Kann es einem besser gehen? Ich kann dir nur sagen, nie ist es mir besser gegangen. Ich bin sehr glücklich. Und das machst DU!“

...... Ich küsse Dich, das ist meine Antwort, von ganzem Herzen.

16. Juni - Samstag in der Hängematte, 1 Uhr 33.
Wotan, du hast mich geweckt. Musst du ausgerechnet neben meinem Ohr bellen? Herz in der Hose. Und Marcinho, musst du wirklich bei mir in der Hängematte liegen? Vor meinem Gesicht? Oder auf meinen Beinen? Ja, ja, danke für eure tierische Gesellschaft. Und das Gefühl von Sicherheit. Hab das Feuerwerk von W. gehört und gesehen. Mirjam, Dominique und Elias sind dort. Ich genieße abseits vom Rummel. Toll. Sommersonnenwende. Du bist mit Gery auf einem Festival. Werden die Tage wirklich schon wieder kürzer?
Hab das Gelächter von einer Party unten am Bach gehört. Höre das Gebell von Füchsen. Oder von Rehböcken? Hm. Hör die Kürbisse wachsen. Au, eine grüne Zwetschke ist mir auf den Kopf gefallen. Unglaublicher Sternenhimmel mit einem zunehmenden Mond, der die Wiesen bescheint, sodass es den Anschein von Schnee oder Raureif erweckt. Die Grillen zirpen. Was war das? Eine Eule oder ein Käutzchen? Bin glücklich. Und müde.

17. Juni - Und vom Sonnenschein in die Traufe.....

Sms .... Ich: „DU hast mich gelehrt, wie sehr Worte verletzen können. Du hast sehr recht! Und auf das SCHEISS ich auch: *Sogar gekocht hab ich für dich* ...... Deine Worte .... phu!
... Danke. Ich erlebe bereits ein Leben lang, wie es ist, bekocht zu werden, die einzige Art mancher Menschen, Liebe zu zeigen." ...
Ich hab gespürt, wie lieblos Du mir vorgestern die Decke hingeschmissen hast. Hatte so etwas wie eine Kolik - ziemlich überraschend heftige Schmerzen. So was kenn ich gar nicht.
Keine Wärme, keine Fürsorge, kein streicheln. Die Arbeit war Dir wichtiger. Ich hätte Deine Nähe so sehr gebraucht! So sehr. Du warst so mit Deiner Arbeit beschäftigt, dass Du meine Sehn-

sucht nach Dir nicht einmal aus einer Distanz von zwei Metern gespürt hast. Nur eine Minute Deine geliebten Hände, Dich. Eine Minute!

Zwei Ereignisse an einem Tag, ... Und zwei zusätzliche Enttäuschungen. Keine Wienbegleitung - Arbeit ist wichtiger .... Keine Freitagabfahrt - Arbeit ist wichtiger. Meine Kindheitserinnerungen ...... Muss nur noch dies und das erledigen, nur noch kurz die Welt retten .... Ich liebe Dich, weißt Du! Aber an manchen Tagen, an denen ich schwach bin, sehe und spüre ich nur eines: .... wie soll ich es erklären? ...... ein Beispiel: wenn ich Dir etwas schreibe, wenn ich über Dich schreibe, dann schreibe ich **D**ich, **D**u, **D**eine, **D**ir. Das ist mein Respekt, meine Wertschätzung Dir gegenüber. Du schreibst mir **d**ich **d**u **d**eine **d**ir. Du sagst, auf die Kleinigkeiten kommt es an ..... Und ich schlucke manche Deiner Worte nicht mehr runter - Dukannstmichmal!!! Ist sterbe beinahe bei solchen Worten. Weine jetzt schon wieder. Meine Seele weint. Die ist eine blöde, sensible Kuh. Ich wär eh hart, ha. War kein guter Tag heute. Ich werde mich TUNLICHST von Dir fernhalten, wenn Du Arbeit hast. Und an meinen schwachen Tagen. Ich liebe Dich so sehr. Aber manchmal muss ich egoistisch sein und auf mich achten, NUR auf mich. Wenn ich weise und klug und verständnisvoll und unegoistisch und fit und in meiner Stärke und in meiner Mitte bin, dann passt alles mit uns. Wenn ich einmal - nur kurz-aufbegehre, dann passt nichts. Nächstes Mal schütte ICH Deine Arbeit ins Klo, so wie DU damals die Karotten! WIR sind wichtig. Sonst gar nichts. Scheiß Karotten!!! Weißt Du noch? Ich scheiß auf „Du bist wie alle Frauen“ und auf „ich bin nicht wie mein Vater“.

Ich sag nur: Weißt Du NICHT mehr, wer ich bin? Ich lass mich nicht mehr kränken.

ABER: In meinem ganzen Leben war ich nicht annähernd so glücklich und frei und auf dem richtigen Weg wie jetzt. Das habe ich alles Dir zu verdanken. Ich liebe und vermisse Dich. Und bin Dir so dankbar und werde es nie vergessen. Ich hasse es, wenn Dir „Karotten“ wichtiger sind als ich. Du hast mich gelehrt, was wichtig ist. Hast Du es vergessen? …. Ich liebe Deine Seele, Deine Sanftmut, Dein Wissen, Deine Weisheit, Deinen Körper, wenn Du kochst ...... und manchmal kommt uns Dein schwarzer Zwilling in die Quere. Ich möchte mein Leben mit Dir leben. Mir ist kalt ohne Dich. Ich sterbe, wenn ich Deine Liebe nicht spüre. Wieder ein Tag und eine Nacht verschissen. Schade. Vielleicht meldest Du Dich, wenn die „Karotten“ ... verarbeitet sind, ha. Lass es Dir gut gehen. Ich tu es auch ..... Du bist mein Mann. Was soll ich tun, für mich gibt es nichts schöneres, als meine Freizeit mit Dir zu verbringen. Und das mit der Arbeitszeit kriegen wir auch noch gemeinsam hin. Ich liebe und vermisse Dich, obwohl ich ganz in Deiner Nähe bin.

Übernächster Tag: ……Oh! Alles geklärt. Meine Kolik letztens …. Na, so was. Eine Dir sehr nahestehende Dame – nennen wir sie ruhig beim Namen, Deine Mutter - hatte andauernd Wehwechen. Du reagierst sehr heftig und lieblos – äußerst lieblos - auf kränkelnde Frauen …. Ich verstehe. Das wusste ich ja nicht. Ja, ja, **die Vergangenheit prägt**, hm. Liebe Dich. Bin froh, dies nun auch zu wissen. Fürs nächste Mal tu ich mir dann viel leichter. Dann werde ich Dich nämlich verstehen. Und nächstes Mal wirst auch Du darauf achten: unsere Vergangenheit wird uns keinen Strich durch unsere Liebe ziehen. Alles ist ein Lernprozess. Verwechsle mich nicht mit anderen Menschen. Bitte.

19. Juni - Sitze gerade bei meiner lieben Freundin Natalie auf der Gartenbank und genieße die letzte Abendsonne. - Du hast mich soeben angerufen: „Das war gestern wieder unglaublich schön mit uns beiden. Was für ein Glück“, sagst Du, „ dass Du mir in mein Leben hineingerannt bist. Sonst hätt ich diese Gefühle niemals kennen gelernt. Diese Liebe. Unglaublich mit dir, so ein Glück. Das war gestern wie ein buntes Feuerwerk für mich. Viele, viele Farben. Danke, lieber Gott, dass ich das erleben darf .....“. – Wie lieb Du bist.

Ah, und jetzt kommt die liebe Natalie. Wir tauschen gegenseitig Gartenpflanzen aus: Salat, Himbeeren, Liebstöckl, Oregano usw.

Letzten Sonntag war Vatertag. Es war ein harmonischer Tag, Du mit mir im Kreise meiner Familie. Abends haben wir Deine Eltern besucht. Auch sehr gemütlich.

e-mail an Dich: Will mit Dir tanzen

Ich
liiiiiiiiiiiiiiiiiiiiiiiiiiiiiiiiiiiiiiiiiiiiiiiiiiiiiii
iiiiiiiiiiiiiiiiiiiiiiiiiiiiiiiiiiiiiiiiiiiiiiiiiiiiiii
iiiiiiiiiiiiiiiiiiiiiiiiiiiiiiiiiiiiiiiiiiiiiiiiibe Dich.

So groß ist meine Liebe zu DIR (und mein Monitor, hi.)
...... unauffällig und unspektakulär tust DU mir immer wieder Gutes. Ich danke DIR.
DU wirst es sehr gut haben bei mir.

„Du brichst mir das Herz, wenn Du nicht bei mir bist", sagst Du zu mir ....
Weil ich in der Nacht von Dir gegangen bin. Nur für kurz gegangen bin, weil Du mich verletzt hast oder weil ich mich von Dir verletzt gefühlt hab .....

Ich liebe Dich, Du weißt es. Aber manchmal glaub ich, mich schützen zu müssen, oder brauche Zeit, um alles wieder richtig zu sehen. Du wolltest mich nicht verletzen, ich weiß. Ich bin manchmal sensibel, ich weiß, dass Du mich liebst, und wie. Ich glaub manchmal, mir nichts gefallen lassen zu müssen.
Dreht sich manchmal ein altes Rad in meinem Kopf.
Wenn mich die Vergangenheit einholt.
Ja, **die Vergangenheit prägt** .... Nicht nur positiv. Leider

Operation mit Vollnarkose ... Und ich kann nicht schlafen, sitzen und liegen war schon mal angenehmer. Morgen bin ich wieder zu Hause. Du hast mich heute Morgen ins Krankenhaus gebracht ... und sehr lange auf mich gewartet, bis ich aus dem OP- und Aufwachraum wieder ins Zimmer gebracht worden bin. Als ich – hab viel zu lange in der Narkose weiter geschlafen – aufgewacht bin, sagte der Pfleger zu mir: „Na, Ihrem Mann können Sie nun neue Schuhe kaufen! Die hat er sich in den letzten vier Stunden nämlich löchrig marschiert. Gang rauf, Gang runter, Gang rauf, Gang runter." Hab vorhin mit Dir telefoniert. Du armer, das hat Dich etwas mitgenommen, die Sorge um mich. Du bist, nachdem ich aufgewacht bin, dann nach Hause gefahren und hast drei Stunden geschlafen. Wie lieb Du bist. „Ich liebe Dich", hast Du zu mir vor der OP gesagt. Und ich Dich auch.

Am Abend hast Du mich noch einmal angerufen: „Mir ist soeben eingefallen, dass ich dich liebe und dass ich dich vermisse." .... Ich hab Dir vorhin mein Lieblingsfoto von Dir - *der Bolivianer* - gemailt, mit den Worten: „Danke für Deine Liebe. Und schau, welch schönen Mann ich an meiner Seite habe! Unglaublich. Hab mich schon wieder in Dich verliebt". Vorhin kam von Dir zurück: „Schön, dass ich an deiner Seite sein darf. Aber jetzt müssen wir aufhören, immer so schöne Worte von uns zu geben. Denn sonst wissen wir in zwanzig Jahren nicht mehr, was wir zueinander sagen sollen (｡◕‿◕｡). Ruh dich aus, mein Schatz und genieße dein Leben, hi, mit mir!" Kann es einer Frau besser gehen? Heute ist die längste Nacht des Jahres, Sommersonnenwende. Das muss gefeiert werden, das holen wir nach!

„..... Ich bin der erste Mann, der sieht, wie intelligent du bist. Und wie lernfähig. Unglaublich, wie schnell du lernst. Beim Computer, bei deiner Mutter, in der Arbeit. Und du hast etwas getan, was noch nie jemand für mich gemacht hat, du hast auf deinen Namen für mich eine F.... angemeldet. Und ganz uneigennützig auf deinen Namen für mich ein .... eröffnet, in vollstem Vertrauen. Ich danke dir, und du hast es aus eigenem Antrieb getan, ich war sogar schockiert, du erinnerst dich, das war ja unter anderem dein Geburtstagsgeschenk an mich. Du hast mir damit dein Vertrauen gezeigt. Verzeih, ich hab es nicht gleich verstanden. Du weißt, ich bin mit meinem Vertrauen in der Vergangenheit nicht gerade glücklich gefahren. Ich danke dir. Entschuldige meine heftige, unpassende Reaktion. Obwohl man sich NIE bei jemandem entschuldigen sollte ..... Und wie du das mit der Buchhaltung beider F...... machst, ist unglaublich. Du bist so clever. Ich bin sehr stolz auf dich"

Eine weitere sms kam vorhin von Dir: „Du meine Tapfere, ich liebe und vermisse dich."
Wir haben letzten Samstag Deinen Geburtstag im Kreise Deiner Familie gefeiert. Zum ersten Mal seit zehn Jahren, sagst Du, sind alle bei Deinem Geburtstag vereint. „Das habe ich alles dir zu verdanken", hast Du immer und immer wieder von Dir gegeben. Und zu Deiner Familie hast Du, und das nicht einmal, gesagt: „Ich liebe meine Frau. Ohne ihr wärt ihr jetzt alle gar nicht da. Ich bin sehr glücklich. Ich habe die beste Frau, die man nur haben kann." Es war ein wunderschönes und sehr langes Fest.

Ich habe Dir auch letzte Woche beim Arbeiten geholfen. Ich mag es sehr, gemeinsam mit Dir zu arbeiten. Es läuft und läuft. Und bei meiner Arbeit, es läuft und läuft. Schön.

Sms kam gerade von Dir: „Hoffe, die Schmerzen sind erträglich, mein Schatz. Bin bei Dir". – Danke.

Versuch jetzt noch mal, zu schlafen. Kann nicht mehr sitzen - wenn man das überhaupt so nennen kann .....
Sesselkantenberührung (｡◕‿◕｡)
„Wenn der Sessel dann aufhört, zu sitzen", würde Gery sagen.

39. Teil Wachsen und sterben 23. Juni 2012

4 Uhr morgens - Ich kann nicht schlafen, diese bartholinische Zyste ….
Es war nicht vorhergesagt, dass es heute Nacht regnen würde, die Hängematte hängt draußen! Im Fernsehen ist nur Scheiße, irgendwann werd ich mich auch dieses Kastens entledigen ….. Buch interessiert mich gar keines im Moment ……

Meine Mutter verwöhnt mich. Ein riesiger Obstteller mit meinen Lieblingsfrüchten steht an meinem Bett. Danke sehr.

Kurze Gedanken an das Sterben vor der OP. Was für ein glückliches Leben ich führe.

Du hast vorige Woche zu mir gesagt: „Wenn ich heute sterben müsste, würde ich glücklich sterben. Ich habe alles erleben dürfen und durch Dich bin ich endlich glücklich. Ich danke Dir."

Musste letztens den beeindruckenden Zucchiniwald, diese grüne, zu üppige Blätternatur köpfen. Es tat weh. Eine Scheib—truhe, voll mit wunderschönen, riesigen, grünen Blättern, landete am Komposthaufen. Der Kompost wird ein wunderbarer Dünger. Die gute Erde. Für die Zucchini im neuen Jahr. **Wachsen und sterben**, wachsen und sterben. Manchmal muss man das Wachstum in andere Bahnen lenken!? Die Früchte, das Ziel, die Ernte, würden sonst nicht reifen. Sie hatten keine Sonne mehr. Vier Stück sind bereits verfault. Der Garten lehrt mich. - Aha, ja, vieles! - Die Gurken und Bohnen würden völlig unterdrückt werden, wenn ich die Kürbisblätter nicht täglich in ihre, nein, meine Bahnen lenken würde. Und die zweite Radieschenaussaat streckt mir die Zunge heraus. Wenn du mich zu spät aussäst, dann mach ich alles, nur keine Knollen! Und die Gurkenpflänzchen sind traurig und lassen ihre Köpfe hängen, wenn ich sie bei Hitze entwurzle und ihnen einen neuen Platz gebe. Und der Salat sagt, wenn du mir nicht genug Platz lässt, dann wachse ich natürlich trotzdem, und wie! Aber in die Höhe, die Salatköpfe kannst du dir denken! Ah, sagt der Salat, jetzt hast du mich verstanden. Das ist gut so. Denn in einer Woche kannst du alle hundert Köpfe auf einmal ernten! Und der Garten ist nicht für die Vögel angelegt! Oder? Hat der „Vogerlsalat“ seinen Namen aus einem bestimmten Grund? Was machen wir im Herbst mit mindestens hundert Kürbissen? Und mit der Petersilie könnten wir eine ganze Kompanie versorgen, aber der Schnittlauch reicht nicht einmal für eine Familie. Warum würde das Unkraut immer gegen die Gartenpflanzen siegen, immer? Und warum muss ich bei den Sellerieknollen sooo viel Geduld aufbringen?

Die Vögel sind auch schon wieder wach. Laut wach. Sie übertönen den Morgen.

Du warst vorige Woche ungeduldig beim Arbeiten, nicht ganz fair zu mir, wirklich nicht. Du hast es später eingesehen und mich um Geduld gebeten. Du bist Deinen Sologang gewohnt, Du geliebter Single-Zwillingmann. ..... Wieder einmal ...... Das wird schon. Ich hab ein wenig zurück gestochen – mein Skorpionstachel übernimmt manchmal die Führung über mich.
Aber mein Stachel hat gegen Dich keine Change. Du hast mich in die Arme genommen und mir gesagt, dass Du mich liebst, jede Falte in meinem Gesicht dazu (welche denn? (｡◕‿◕｡)). Und dass Du nie wieder alleine im Bett liegen willst, weil ich einige Male in der Vergangenheit nach Hause oder ins Wohnmobil oder in ein anderes Zimmer geflüchtet bin.

„Wir lieben uns“, sagst Du, „wir haben schon so vieles gemeinsam erreicht, es freut mich nicht mehr, mit dir zu streiten! Ich liebe dich und ich habe immer noch das Geräusch vom vorigen Jahr in mir, damals, als du das Auto gestartet und mich einfach allein gelassen hast. Ich will das nie, nie, nie wieder erleben. Nie wieder, versprich mir das!“
Ich verspreche es Dir sehr gerne. Schön, Deine Weisheit zu spüren. Wir lernen.

40. Teil Ambivalente Seelenlandschaften 28. Juni 2012

Donnerstag. Hm,.....noch zwei Wochen Ruhephase, dazu hat mein Arzt mich verdonnert. Heilungsprozess nicht stören sondern fördern. Na, gut.
Liege abwechselnd in der Hängematte zwischen den Zwetschenbäumen oder auf der Decke in der Wiese. Hinter mir die riesige Palme, die Du mir am Sonntag geschenkt hast. Geborgt, hast Du eigentlich gesagt, denn irgendwann wirst Du der Palme nachfolgen.

Freitag. Und mir geht es bedeutend besser. Genieße den ganzen Tag bei strahlendem Sonnenschein im und um den Gemüsegarten. Unkraut jäten, lesen, gutes Essen. Elias, mein Jüngster hat heute die Pflichtschule abgeschlossen. 21 Jahre hatte ich Schulkinder. Ein neuer Abschnitt beginnt. Schön.

Ein Anruf von Dir kam am Abend, als ich den Abschied des Tages in der Hängematte ausklingen hab lassen:
„Weißt du eigentlich, dass ich dich sehr, sehr liebe? Und weißt du eigentlich, wie sehr meine Freunde dich schätzen? Schätzen sie dich in erster Linie, weil du eine so tolle Frau bist, so geradlinig, so unkompliziert? Oder schätzen sie dich in erster Linie, weil du mich so gut aushältst? Weil du schon so lange an meiner Seite bist? Weil du die Erste nach über zehn Jahren bist, die ich zulasse? Weil du die erste überhaupt bist, die mich so nimmt, wie ich bin? Die mich auch aushält? Mittlerweile bin ich mir nicht mehr sicher, ob nicht alle wegen dir zu mir kommen. So wie gestern Leopold: Ah, wenn deine Noja bei Dir ist, dann schaue ich schnell bei euch vorbei. So wie heute Wolfgang: Welch eine tolle Frau, weißt Du das eigentlich? So wie vorige Woche meine Eltern und meine Schwestern und meine Schwagern: So eine kriegst Du nie wieder. - Weiß ich eh. Ich hab mir nur gedacht, ich muss dir schnell sagen, wie sehr ich dich liebe. Ich vermisse dich. Halt es gar nicht mehr alleine zu Hause ohne dir aus. Da fehlt etwas. Du fehlst. Du fehlst beim Schlafen gehen, du fehlst beim Aufwachen, du fehlst beim Essen, du

fehlst mir beim Arbeiten. Ich bin gestern alleine ausgegangen, weil ich es zu Hause ohne dich nicht mehr ausgehalten habe. Nicht noch eine Nacht ohne dich alleine zu Hause! Und was glaubst du, wie ist es mir gegangen? Ich hab mich gefragt, was ich da ohne dich tue! Was reden die da alle für belangloses Zeug, Blödsinn. Du hast mir gefehlt. Und wie".

... Ah, eine sms um 23 Uhr: „ Liebe dich, meine Frau".

Und um 3 Uhr 33 : „Bussi, mein Schatz."

Ich kann mich nur immer wieder wiederholen: Ich bin so glücklich und zufrieden wie nie in meinem Leben auch nur annähernd. Du hast Dich unglaublich geändert. Mein hartnäckiges Ausharren aus Liebe zu Dir hat sich gelohnt. Du bist mein Herzensmann.

Habe gestern **There is a river* (The story of Edgar Cayce -Thomas Sugrue) endlich fertig gelesen. Eine unglaublich beeindruckende Geschichte. Ich hab die englische Fassung gelesen. Möchte/ muss es in deutscher Sprache auch noch mal inhalieren. Habe ich das alles richtig verstanden? Ein weiteres Buch ist bereits auf dem Weg zu mir. Habe ich gestern spontan bestellen müssen. Hoffe, es kommt bis Dienstag, denn am Mittwoch fahren wir beide für vier Tage ins Waldviertel zum Holzmühlenteich auf ein Afrikan-Fest namens KASUMAMA. ... das ist Suaheli ..... übersetzt: zu einem wichtigen Impuls der Völkerverständigung und des kulturellen Austausches.

Zum ersten Mal wir zwei ganz alleine auf einem Festival. Die Vorfreude ist groß. Und da möchte ich für die Hängematte was zum Schmökern haben. Geplant wären eigentlich fünf Tage gewesen, aber am Sonntag ist der fünfte Todestag meines Vaters. Und meine Mutter hat eine Messe am Sonntagberg (Wallfahrstkirche) – bestellt. Es ist mir ein großes Bedürfnis, dass meine gesamte Familie geschlossen die Messe besucht. Meine Mutter, mein Bruder mit seinen Kindern, meine Kinder, Du und ich.

Habe Dir heute Vormittag eine sms gesendet: Bin so zufrieden und glücklich. Freu mich sooo auf den Sommer mit Dir. Und auf das ganze Leben. Ich liebe Dich.

Oh, Mirjam ist soeben aus Wien gekommen. Mamadienst Haare färben. Mach ich gerne, hab dich schon lange nicht mehr gesehen. Haben wir endlich Zeit, ein wenig zu plaudern. Wie schön du bist!

„Mir ist gerade bewusst geworden, dass das wohl die letzten Sommerferien meines Lebens sind. Die Diplomarbeit steht vor der Tür. Jetzt ist mein Leben vorbei. Arbeiten, schlafen, kein Spaß mehr. Ich will nicht erwachsen sein.“, bemerkst du wehmütig.

„Mein liebes Kind, du hattest nun 20 x Sommerferien. Jeder Lebensabschnitt hat seine positiven und negativen Seiten. Und wie du selbst sagst, dann verdienst du endlich Geld. Freu dich doch. Aber ich verstehe dich trotzdem. Doch schau dir deinen kleinen Bruder an ....., hm. Obwohl er zwölf Jahre jünger ist als du, hat auch er heuer seine letzten Sommerferien. Siehst du, wie gut du es hattest?“

Nachts kommen manchmal eigenartige Anrufe. Wotan, unser Hund, bellt manchmal des nächtens wie ein verrückter .... warum? Meine Mutter hat Angst.

„Hast du auch Angst? Soll ich ab und zu bei Euch schlafen?“, fragst Du. Nichts lieber als das, aber ich möchte Dich nicht zum Zusammenziehen animieren. Das muss ganz alleine von Dir kommen. Ich möchte Dir (mir?) noch Zeit lassen, so viel als möglich. Du hast mit einer Ausnahme von zwei Jahren Dein ganzes Leben alleine gelebt.

Die Gründe eines gemeinsamen Zuhauses aber sollen Freundschaft, Geborgenheit, das Leben einer Sehnsucht, Freude, der Wunsch, etwas gemeinsam zu schaffen, gemeinsam ein Nest zu bauen, gemeinsam zu arbeiten, den Garten zu bestellen, gemeinsam zu kochen, gemeinsam aufzuwachen, gemeinsam schlafen zu gehen usw. usw. sein. Und die Liebe! Der Beweggrund unseres gemeinsamen Zuhauses soll nicht ANGST heißen!

Ich liebe den Sommer. Bin nun schon den dritten Tag seit den

Morgenstunden draußen unter freiem Himmel. Hinter mir Marcinho, Dein Hund, neben mir Wotan, mein Hund. Klein und weiß und groß und schwarz. Gegensätze, die sich lieben. Oh, die Palme bekommt drei neue Blätter! Wie schön!

Weißt du, wo uns unsere Zukunft hinbringen wird? Ich denke nicht, dass ich noch fünfzehn Jahre Versicherungen verkaufen werde, oder doch? Ich denke nicht, dass du noch zwanzig Jahre Grafiken entwerfen und verkaufen wirst, oder doch? Werden wir gemeinsam eine Idee haben, irgendwann?

Habe vorgestern eine Interessante homepage entdeckt. Ökologische Dörfer, verstreut auf der ganzen Welt. Mit humanitärem Vordergrund. Alle sind auf den Vorteil des anderen bedacht und auf sich natürlich auch. Gute, alte Idee. Ökonomische Landwirtschaft, umweltfreundliche Energiegewinnung, es gibt nicht nur eine Religion, die die richtige ist, usw. Aber ich mag keine Nachbarn, ich Einzelgänger. Du?

Du bist sehr polarisierend und Du hast viele Fähigkeiten. Und du bist außergewöhnlich, und du kannst sehr mächtig sein.
Du sagst über mich, dass ich die intelligenteste Frau bin, (nicht dumm, dumm, dumm?) die Dir jemals untergekommen ist (was bei einer Schlagzahl von 1.000 an der Zahl ja schon ein Kompliment ist, ha), und die, die die Liebe lehren kann, und die, die beängstigend schnell lernt und eine unglaubliche Auffassungsgabe hat. „**1.000 und eine Nacht**" nennst Du mich seit neuestem. Schön.

Das Drehbuch ist geschrieben. Wir müssen uns nur für das richtige, das für uns richtige entscheiden. Ich bin gelassen. – Heute. Ich freue mich mit ganzem Herzen auf unsere gemeinsame Zukunft. Es wird ein einzigartig schönes und glückliches Leben sein. Sei nicht traurig, dass wir uns nicht schon vor zwanzig Jahren begegnet sind. Es hätte nicht funktioniert, Du weißt es besser als ich.

Du sagst: „Beobachte uns beim Arbeiten! Unglaublich, was wir beide zustande bringen. Unglaublich, wie schnell wir sind. Und unglaublich, wie ich plötzlich geschätzt und ernst genommen werde, jetzt, da du an meiner Seite bist. Unglaublich, deine Ideen in Kombination mit den meinen. Du bist meine rechte Hand. Ich schätze deine Ratschläge. Und wie klug du bei der Buchhaltung und mit Zahlen bist. Hab ich dir schon gesagt, wie sehr ich dich liebe? Hab ich dir schon gesagt, dass ich der erste Mann bin, der erkennt, wie intelligent, wie clever du bist? Gott sei Dank bin ich der erste ….."

…. Und ich liebe Deine Grübchen. Wenn Du schmunzelst, würde ich mich am liebsten darin verkriechen.

Ich sollte nicht so schnulzig schreiben. Puh! Aber es ist ein Tatsachenbericht, wie auch immer. Aus dem das Schmalz tropft (｡◕‿◕｡). Und manchmal sind Tatsachen eben Liebesgeschichten. Schön. Und manchmal sind Tatsachen eben Streit - nicht so schön, aber sehr lehrreich. Bestimmt wiederhol ich mich auch manchmal. Ich denke aber schon, dass, wenn ich diese Zeilen in dreißig Jahren wieder lese, ich dann sehr gerührt sein werde. Du bestimmt auch! Ich stell mir das lustig vor, wenn wir beide, alt und faltig, aber immer noch schön und anmutig, jung im Herzen, rank und schlank, hoffentlich weise, gesund und aktiv, vor dem Kamin bei einem Glaserl Wein sitzen und uns gegenseitig die Kapitel vorlesen. Schön.

Der zunehmende Mond über mir, eine Kerze, der Wind weht vom Waldesrand das monotone Glockengebimmel der Kühe herauf, ein Glas Wein, es duftet nach Heu, die Hunde nun zu meinen Füßen. Ich werde heute Nacht wieder in der Hängematte schlafen. Ja, würde ich in dieser Nacht sterben, ich wüsste nichts, was ich noch unbedingt erleben hätte wollen. Natürlich, ja, der weitere Lebensweg meiner Kinder, natürlich, ein gemeinsames Zuhause mit Dir leben, aber ich bin zufrieden und sehr glücklich. Bin im Moment in meiner Mitte. Ich danke Dir von ganzem Herzen.

Quergedanken: Sterben ist so negativ behaftet. Den menschlichen Körper, nichts weiter als die Hülle der Seele, abwerfen, um in neue Hemisphären aufzusteigen. In die vierte Dimension? Zu Gott, zu den Engeln? Zu meinem Vater? Zu meinen Großeltern? Ich freu mich schon so darauf! In anderen Lebensbereichen/Galaxien gibt es zum Beispiel keinen freien Willen, nur kollektiven; keinen Sex, man ist androgyn usw. Und ich bete zu Gott, dass ich die Fehler, die ich in diesem Leben begangen habe (und noch begehen werde!!!) im nächsten Leben NICHT mehr machen werde. Will nicht wieder von vorne beginnen, bitte! Warum dauert es eigentlich so viele Jahre, bis man sich dessen besinnt, wer man ist und was man von früheren Leben schon weiß? Warum verlernt man bereits als Kleinkind, als Schulkind, auf sein Herz, seine Intuition, seine Seele zu hören? Wird es einem verlernt? Oder ist es dieser Grund: „Stell dir vor, du wirst wiedergeboren in dem Bewusstsein, in einem deiner Vorleben Beethoven gewesen zu sein und kannst nun nicht mal Blockflöte spielen ......“ oder so ähnlich hat Dominique mit mir philosophiert.
Und wo wäre ich heute, wenn Du mir nicht geschickt worden wärest?

Und ich denke, über meinem Tagebuch sollte dick und fett stehen: Achtung Kitsch! Und manchmal denke ich, da sollte stehen: Beziehungskrimi; Kein Meister fällt vom Himmel oder **Ambivalente Seelenlandschaften**. Das auf jeden Fall!!!

Was mache ich eigentlich eines Tages mit meinen Memoiren? Verbrenn ich sie? Und wann hör ich wieder auf, alles niederzuschrieben? Vielleicht findet es jemand in hundert Jahren und wundert sich, wie dumm doch die Frauen im 21. Jahrhundert waren .... Solange es nur keiner zu meinen Lebzeiten findet. ...

41. Teil Irrtümlich zurückgelassen 12. Juli 2012

Wir waren am Kasumama- African-Fest im Waldviertel.

Zuhause erzählst Du überall ganz stolz: „Zum ersten Mal war ich allein mit einer Frau auf einem Festival…." Schön. Am zweiten Tag hast Du mir beim Kraftplatz bestimmt drei Stunden Komplimente gemacht. Mir gesagt, wie glücklich Du mit mir bist. So schön. Danke!

Du hattest gestern ein kleines Tief. Es hat Dich geschleudert. Zukunftsängste? Das Zusammenziehen beschäftigt Dich.

Ich frage Dich: „Hast du Angst vor einer Beziehung?"

„Nein", sagst du, „im Gegenteil, ich freue mich darauf".

Ich frage weiter: „ Hast Du Angst vor dem Zusammenziehen?"

„Nein", sagst du, „im Gegenteil, ich freue mich darauf. Nein, das ist ja lächerlich. Ich hab außerdem nie auch nur vor irgendetwas Angst. Das weißt du doch!".

„Vielleicht bist Du noch nicht so weit", überlege ich laut. „Wir haben ja sowieso keinen Zeitdruck".

Und Du sagst: „Ich hab SCHON einen Zeitdruck. Ich bin nicht mehr glücklich alleine! Ich will mein Leben mit Dir verbringen! Wir haben uns gern. Worauf sollen wir denn noch warten?"

Nun, hör einfach auf Dein Herz und Dein Gefühl. Das ist der rechte Weg, denke ich. Sagen tu ich es aber nicht.

„Du hast mit beängstigender Geschwindigkeit Nägel mit Köpfen gemacht", sagst Du. „Das macht mir manchmal beinahe Angst ...".

Wie auch immer, wir lieben uns, wir sind uns unglaublich nahe und verstehen uns blendend (bis auf einmal im Monat. Das nenn ich ab nun aber nicht mehr Streit, sondern Zusammenraufen, Kennenlernen, gegenseitige Seelen/Tiefen-/Psychologieerforschung. Lernprozess eben). Seelenpartner oder Zwillingsseelen würde *Edgar Cayce dazu sagen.

Wie oft schon haben sich unsere Seelen getroffen? Im Moment habe ich das Gefühl, schon mal Deine Mutter gewesen zu sein, was auch immer das heißen mag. Kein Ödipuskomplex aber! Ich hatte auch schon die Gewissheit, dass Du mal mein Vater warst. Und mein Bruder. Und vielleicht mein Lehrer. Aber auch sicher schon mein Schüler. Und mein Mann, das ist ganz gewiss. Und dies öfter als einmal. Und mein Geliebter.

Ich will Deine Frau werden. Du sprichst schon auffällig oft davon, zu heiraten. Gerne, mein Schatz. Du bist mein Mann, ich bin Deine Frau. Schön.

Am African-Fest kam uns eine ältere Dame entgegen. „Oh", sprach sie uns ganz spontan im Vorbeigehen an. „ Was für ein hübsches Paar!" Im Festzelt sagte eine Dame, die uns mit ihrem Mann gegenüber stand: " Mach doch mal ein Foto von diesem schönen Paar!"

„Das ist meine Frau", gibst du ganz nett zur Antwort. Ich schau Dich mit großen Augen an. „Das ist doch ganz etwas anderes, als MEINE FREUNDIN zu sagen. Mir gefällt das", gibst

Du von Dir.
„Mir aber auch.“ Ich stelle mich auf die Zehenspitzen und küsse Dich.

„Du musst mich immer und überall berühren und streicheln. Ganz egal, wo wir sind. Ich liebe es, dich zu spüren. Wenn du nur aufs WC gehst, vermisse ich dich schon. Ich vermisse dich eigentlich immer. Na, das Verliebt sein hat halt den Nachteil, dass man alleine nicht mehr klar kommt. Aber sonst hat es NUR Vorteile“, schmunzelst Du. „Gibst du deine Hand wieder auf meinen Oberschenkel, aber schnell! … Wirst du deine Hand auf meinem Rücken lassen, aber schnell! ....“

Ich mag das ….. Du bist ein Schatz.

Manchmal aber muss ich auch alleine sein….. Manchmal aber bekomme ich eine Krise. Wie schaffen wir die Balance, irgendwann einmal glücklich und harmonisch unter einem Dach zu leben? Du sagst, wir brauchen nur ein Bett. Ich will aber mein eigenes Bett, mein eigenes Zimmer. Einmal besuch ich Dich in Deinem Zimmer, ein andermal umgekehrt, einmal gar nicht, oder? Ich weiß auch nicht. Will nicht, dass unsere Liebe zur Gewohnheit, zur Selbstverständlichkeit wird. Liege ich falsch? Oder richtig? Will manchmal keinen Fernseher sehen und hören. Sorry. Mag nicht immer Musik, geht mir manchmal auf den Geist. Sorry. Will/muss mal um acht Uhr abends schlafen gehen und nicht erst um zwei Uhr morgens.

Du bist so lieb, Du hast solche Freude daran, wenn Du mir um Mitternacht Shrimps mit Nudeln und Salat kochst. Ich liebe es. Und Dich. Manchmal aber brauche ich meine Einsamkeit. Ich kann nicht immer lieb und nett sein, manchmal muss man raus laufen und brüllen, ich zumindest. Manchmal will und kann ich niemanden in meiner Nähe ertragen. Nicht einmal Dich. Entschuldigung, aber das ist auch Teil meiner Seele.

War kurz nervös. Mein Computer ist abgestürzt! Nach zehn Minuten - endlich! Alles wieder da. Schnell die externe Festplat-

te nehmen und alles speichern. Ist das ein Omen? Soll ich solche Worte nicht schreiben? Bin aber so. Und trotzdem: Ich kann und will mir ein Leben ohne Dich nicht mehr vorstellen.
- Oh, sms kam soeben von Dir: „Bussi, mein Schatz, sorry, dass ich dich vorhin geweckt habe." ....

Du bist der Meinung, dass ich manchmal Streit brauche. Disharmonie. Weil ich das von früher so gewohnt bin. Blödsinn! Ich hasse Streit und liebe Harmonie. Wenn ich einen Streit vom Zaun breche, dann wohl deshalb, um zu sagen, jetzt will, jetzt muss ich alleine sein. Sofort und auf der Stelle. Muss noch mehr auf diese Stimme hören. Mich noch besser kennen lernen. Es aussprechen! Ah, ich hab schon wieder etwas verstanden!

Du bist ein kostbarer Schatz. Ich liebe Dich von ganzem Herzen, mit meinem ganzen Hirn, meiner ganzen Seele, meinem Körper, meinem Geist. Brauche nur ein Eckchen Freiheit.
So wie Du.

Wie hab ich gestern gesagt: „Manchmal hab ich den Eindruck, man hat Dich **irrtümlich zurückgelassen**. Das UFO ist abgeflogen, aber ohne Dich, Du Armer! Und Du hast viele Jahre unter großem Leiden, in Einsamkeit und Nichtverstandenwerden nach Deinem Stamm gesucht. Jetzt hast Du zumindest ein Stammesmitglied gefunden – mich".

„Ich bin Deine Erde" gebe ich von mir.

„Nein", sagst Du und schmunzelst. „Du bist nicht meine Erde, du bist mein Schatz in der Erde!" - Oh!
Wir bauen uns gemeinsam ein schönes Nest, und Du wirst der beste Ehemann von allen sein, das bist Du ja jetzt schon.

Wir werden gemeinsam glücklich sein, bis einer von uns beiden die körperliche Hülle verlässt. Dann werden wir uns wieder suchen und finden. Und wieder lernen und glücklich sein. Jedes Mal einige Stufen höher. Ja. .....Vielleicht sollte ich mal Pillen schlucken, um nicht so hoch zu fliegen ... ?

42. Teil **Bin ich verrückt?** **16. Juli 2012**

Ich darf Dir nicht weh tun. (Solltest Du irgendwann einmal diese Zeilen lesen, bitte, bitte verzeih mir. Und lies bis zum Ende weiter, bitte).

Habe mir soeben alle Fotos von unserer Nilkreuzfahrt angesehen. Ich bin verzweifelt. Wenn ich ehrlich bin, zu mir ehrlich bin, seit Monaten. Ich muss mir das jetzt von der Seele schreiben. Nicht immer, aber immer wieder. Seit wann genau? Ich glaube, seit der Schlüsselübergabe des Hauses. Was aber mit dem Haus nichts zu tun hat. Wir hatten einen furchtbaren Streit. Einen ganz, ganz furchtbaren. Ich hab darüber geschrieben. Der Alkohol war wohl schuld, oder die Angst, ich weiß nicht. Da ist etwas in mir gestorben. Und es stirbt immer mehr. Und ich kann es nicht aufhalten. Ich will es aber aufhalten!!! Mit aller Inbrunst meines Herzens.

Ich überlege schon, wieder regelmäßig in die Kirche zu gehen, zu beten. Ich will meine Liebe zu Dir nicht verlieren. Was kann ich nur tun?

Du liebst mich, ich weiß es. Du sagst es mir sooo oft. Ich kann es Dir gar nicht mehr sagen. Ich sag es, wenn ich weiß, dass es wieder mal an der Zeit wäre. So will ich das nicht. Ich spür Dich - wieder einmal - nicht mehr. Gar nicht mehr. Ich freu mich nicht mehr, wenn ich Dich sehe, ich freu mich nicht mehr, wenn ich weiß, dass Du kommst, ich mag nicht mehr zu Dir fahren. Ich überlege, Dir für übermorgen abzusagen. Geplant ist: Wir fahren für vier Tage auf ein Festival campen. Warum nur freu ich mich nicht? Warum sind meine Gefühle tot? Warum? Warum nur?

Habe mir ein Foto von Dir, ich glaube, das war vor dem Abu Simbel Tempel, angesehen. (Da fällt mir ein, im Horustempel war es, bei dem es mir soooo schlecht ergangen ist). Da sind Deine Augen beinahe gebrochen. Da hatten wir auch Streit. Weiß gar nicht mehr, warum. – Vielleicht sollten wir mal eine Rückführung machen. Ein paar Tausend Jahre zurückwandern.

Ich will Dir nicht weh tun. Das hast Du nicht verdient. Ich habe Dir ewige Liebe versprochen. Irgendwann einmal hab ich zu Dir gesagt: „Ich werde Dich immer lieben, auch wenn ich Dich einmal nicht mehr lieben sollte". Damals habe ich mich selber gefragt, was ich da daherrede. Jetzt verstehe ich.

Ich bin so traurig, kann es nicht in Worte fassen. Du hast mir so viel Gutes getan, mir meinen Weg gezeigt. Das ist nicht fair. Habe immer mehr das Bedürfnis, ganz alleine zu sein. Wie konnte es so weit kommen? Ich möchte das Negative fallen lassen, vergessen und nur das Positive vor Augen haben. Das Positive überwiegt bei Dir bei weitem. Mindestens zu 98 %. Warum bekomme ich die 2 % nicht aus dem Kopf, aus dem Herzen?

Du sagst mir vier Stunden lange Komplimente und gibst Liebeserklärungen ohne Ende ab. Eine Woche später sagst Du diesen einen Satz: „Vielleicht sollte ich mir eine jüngere, eine andere suchen, die keine Kinder und keine Mutter bei sich hat. Eine, mit der ich ganz einfach zu zweit zusammen ziehen kann, ganz easy." Du wolltest eigentlich nur einen Scherz machen. Hab ich Angst, im Stich gelassen zu werden? Wieder einmal enttäuscht zu werden? Ich vertraue Dir .... aber, mein altes, böses Muster .... Und was merke ich mir, was brennt sich in meine Seele ein? Nur dieser eine Satz, der vielleicht 20 Sekunden gedauert hat. 20 negative Sekunden löschen bei mir 14.400 positive Sekunden. Heben sie einfach auf, als wären sie nie da gewesen. Ich bin nicht normal und nicht fair. Das hast Du nicht verdient. Und das habe ich nicht verdient. Ich muss erwachsen werden. Meine Gedanken, meine Gefühle steuern. Und nicht umgekehrt mich von meinen Gedanken und Gefühlen steuern lassen. Ich will Dich lieben bis ans Ende meiner Tage, will für Dich da sein, will Dich glücklich sehen. Ich darf mein Glück, Dein Glück, unser Glück nicht wegschmeißen, bitte nicht. Bitte, bitte. Herrgott, ich flehe Dich an, hilf mir!

Wie hat meine Gynäkologin gesagt: „Wenn der weibliche Körper auf Grund seiner monatlichen Menstruation zu viel Blut und infolge dessen Eisen verliert, was bei Ihnen massiv der Fall ist, dann streicht er automatisch das, was er nicht zum Überleben braucht. Das ist in erster Linie der Sex. Dadurch spart er jene Energien, die er zum Überleben aber braucht ...."

Ich nehme seit sechs Wochen Eisenpräparate und bewusst eisenhaltige Nahrung zu mir. Und Vitamin C, das dem Körper die Eisenaufnahme erleichtern soll. Und alle möglichen Arten an Aphrodisiaka auf Nahrungsmittelbasis.

Ich will wieder die Alte sein! Die, die maßlos in Dich verliebt ist. Die, die sich vor Sehnsucht nach Dir verzehrt. Die, die Purzelbäume schlagen möchte vor Freude, wenn sie Dich sieht. Die, wenn sie weiß, dass wir gemeinsam etwas unternehmen werden, es tagelang vor Vorfreude schon nicht mehr erwarten kann. Die, die eine Gänsehaut bekommt, wenn Du sie nur an der Hand nimmst.

Irgendwann hab ich einmal gelesen, dass ich auf die Erde geboren worden bin, um zu lieben, aber nicht, um geliebt zu werden ...... Scheiß Astrologie!

Mein Herz ist ambivalent: Ich kann gerade nicht lieben, aber ich werde geliebt. Mein Gefühl sagt mir, ich kann gerade nicht lieben, ich kann es aber auch nicht glauben, dass ich geliebt werde. Obwohl ich es weiß .....

Was ist nur los mit mir? Was ist nur los mit mir? Am liebsten wäre ich alleine. Werde ich wunderlich? **Oder bin ich verrückt??? (ver-rücke** ich mich *aus* der – oder *in* die – Mitte? In wessen Mitte? Meine? Eure? .... Mein **Rück**en wechselt seinen Platz. Oder **ver**rückt sich mein **Rück**grad?)

Vielleicht hast Du recht, Du sagst, ich bin ganz furchtbar von meinen vergangenen Beziehungen geschädigt. Du sagst, auch Du bist geschädigt und hast überhaupt keine Ahnung davon. Du hast bestimmt in beiden Punkten recht. Du sagst, ich muss die Klügere von uns beiden sein. Ich werde das jetzt sein.

Es ist nicht immer leicht mit mir. Ich sollte lockerer, lustiger, humorvoller werden. So wie früher. Da ist bei mir oft der Schmäh gelaufen ...... Vielleicht bin ich viel zu grüblerisch, empfindlich und tiefgründig. Hat nicht vor dreißig Jahren schon eine Pädagogin zu meinem Vater über mich von himmelhoch-jauchzend/zu Tode betrübt gesprochen? .... Und ich bin nachtragend. Und ich bin rachsüchtig. Aber immer nur ganz, ganz kurz. Trotzdem. Wer einem Skorpion Schmerz zufügt, dem wird tausendmal mit dem Stachel zurück gestochen! Obwohl er zehn Minuten später alles verziehen hat.

Du sagst immer: „Lebe einfach, genieße das Leben und freu Dich, dass es Dir so gut geht. Ja, Du hast so recht. Ich bin undankbar und dumm. Ich will nicht negativ und depressiv sein. Ich will himmelhochjauchzend aber nicht zu Tode betrübt sein!!! Ich weiß so viel, ja, ich weiß, dass ich viel weiß. Mein Vater hat vor 27 Jahren bei meiner Hochzeit (oh Gott!) gesagt: „Passt gut auf meine Tochter auf, sie ist etwas ganz Besonderes!"

Ja, das bin ich. Nun werde ich diesem Ruf, meiner spirituellen Wahrheit gerecht werden. Das bin ich dem Schöpfer, Unserem Vater schuldig. Und Dir. Und mir. Und meinen Kindern. Und meiner Mutter. Und meinem Vater. Und meiner Seele. Und allen Geschöpfen, die mit mir in Kontakt kommen. Und den Leben, die ich noch vor mir habe.

Zieh dich an den eigenen Haaren nach oben! Reiß dein Haupt in die Höhe zu himmelhochjauchzenden Sphären! Es ist an der Zeit! Sei nie mehr egoistisch! Denke nicht so viel an dich! Denke an das Wohlergehen deines geliebten Mannes, deiner Familie! Lerne so viel als möglich noch in diesem Leben, du wirst es später gut gebrauchen können! Und mache andere glücklich.

Ich werde morgen zu Dir fahren und Dich glücklich machen. Früher hast Du zu mir immer *Mein Sonnenschein* gesagt. Das möchte ich morgen wieder von Dir hören. Und ich möchte Deine Augen vor Glück strahlen sehen.

Ich werde Dich immer lieben, das ist ein heiliges Gelübde, über den Tod hinaus, den es sowieso nicht gibt. Wir haben eine jahrhunderte, jahrtausende alte gemeinsame Geschichte und wir werden noch viele haben. Ich krieg das schon in den Griff - in meinen.

43. Teil Auf dem Scheiterhaufen verbrannt 24. Juli 2012

Ein Traum hat mich geweckt. Kein schöner:
Ich stehe in einem großen Raum, in einem großen Saal. Überall stehen Tische herum - mit weißen Kleidern darauf. Weiße Kleider für 250 Mädchen. Und jedes Mädchen hat mindestens zwei, wenn nicht sogar sechs Kleider zur Auswahl, zur Verfügung, je nachdem .... Weiß nicht, wozu das gut ist. Eine Frau erklärt den Mädchen den Sinn der Kleider. Sehe die Kleider vor mir. Alle bodenlang. Manche schneeweiß, andere avery. Manche mit verspielten Taschen, manche mit Tüll besetzt, manche glänzend, manche matt.
So viele Mädchen, so viele Eltern?

Plötzlich sehe ich mich eine Etage höher in einem kleinen Raum, zusammen mit jener Frau, die soeben die Kleider erklärt hatte. Sie will irgendetwas von mir. Ich soll irgendetwas tun. Weiß nicht mehr, was. Sie kommt mir immer näher. Ich weiche zurück. Sie kommt noch näher. Ich weiche wieder zurück. Sie kommt mir zu nahe. Ich will das nicht! Habe ein Gefühl, als würde sie mir die Luft abdrücken. Mich ekelt. Bin innerlich aggressiv und sage ihr, sie solle Abstand halten und mir in Ruhe erklären, was sie von mir will. Böses geht von ihr aus, ich spüre es ganz instinktiv. Ich traue ihr nicht! Plötzlich ist sie so nahe, dass sie mit mir Hautkontakt hat. Und im selben Moment verwandelt sie sich in eine graugetigerte Hauskatze. Sie sieht mich mit treuherzigen Augen an. Aber die Treuherzigkeit ist gespielt. Niemand würde das sehen, aber ich sehe es. Und ich sehe noch etwas, sie hat ekelig verklebte, eitrige Augen. Die sollen vom falschen, gespielt treuherzigen Blick ablenken, Mitleid erwecken. Das zieht bei mir aber nicht. Sie beginnt zu schnurren und schmiegt sich immer enger an mich. Ich weiche wieder einen Schritt zurück, um den Hautkontakt zu unterbrechen und gebe noch einmal, zum x-ten Mal, mit Strenge meine Bitte weiter, Abstand zu halten. Sie gehorcht nicht und presst sich noch enger an mich. Da drehe ich völlig durch. Mir ekelt so derartig, ich empfinde solchen Hass auf diese Frau, auf diese Katze, dass ich beginne, auf sie einzutreten. Ich trete und trete. Und trete und trete mit all meiner Kraft auf sie ein. Ich bin so schockiert von dieser Wut, von dieser Kraft, dass ich aufwache. Aufwache, weil ich weiß, sonst würde ich sie töten .... Was bedeutet das denn nun wieder??? Wo sind Freud und Jung? Hilfe!

Eva Maria sagte mal zu mir: „Wenn man etwas weiß, dann braucht man nicht mehr nur daran zu glauben. Man weiß es auch!“ Ein wahrer Spruch, wohl so alt wie Sokrates.

Ich glaube nicht an Wiedergeburt, ich weiß es. So wie Eva Maria einmal zu mir gesagt hat: „Egal, ob es um Liebe oder andere Dinge geht, manches IST.“

Spirituelle Rückführung in vorherige Leben und Zwischenleben. Zwischenleben! Faszinierend. Die Seele macht eine Lebenspause von den irdischen Leben und lässt das Vorleben gemeinsam mit ihrem Seelenmentor (Schutzengel) Revue passieren .....Was habe ich nicht richtig gemacht? Was habe ich noch zu lernen? (aus Ursula Demarmels´ Buch - **Wer war ich im Vorleben?*)

Muss meinem Leben noch einmal eine Wende geben. Kann nicht die nächsten fünfzehn Jahre Versicherungen verkaufen. Wie oft sage ich mir das mittlerweile vor? Das geht sich nicht aus. Habe anderes zu tun. So viele Menschen zum Beispiel haben Angst vor dem Sterben, Angst vor dem Tod. Das ist nicht notwendig. Wir kommen immer wieder. Beschäftige mich nun seit meinem sechzehnten Lebensjahr damit. Und begreife immer mehr. Bereits mit achtzehn Jahren hatte ich meine erste Konfrontation mit Mitmenschen bzgl. dieser Intuitionen, dieser Überzeugung, die ich in mir trage, die ich aber damals noch nicht richtig verifizieren konnte. Und darum habe ich nur selten mit jemandem darüber gesprochen. Wohl fehlten mir auch die richtigen Worte. Ich ging der Konfrontation aus dem Weg. Ich hatte keine Gleichgesinnten. Oft habe ich gedacht, nicht normal zu sein. Vielleicht aber bin ich nur eine der wenigen, die die Wahrheit nicht vergessen hat. Oder der die Wahrheit wieder tröpfchenweise ins Bewusstsein rückt. Muss ich es anderen mitteilen, damit sie keine Angst mehr haben müssen? Soll ich das?

Jetzt bin ich mit dieser Anschauung Gott sei Dank nicht mehr allein. DU bist bei mir.

Ich habe vor Jahren in dem Buch **Das Erlebnis der Wiedergeburt - Heilung durch Reinkarnation* von Thorwald Dethlefsen folgendes gelesen: [....] Alle Großreligionen und die Mehrzahl aller Philosophen lehren die Wiederverkörperung. Im Christentum wurde die Reinkarnation erst beim Konzil in Konstantinopel im Jahre 553 abgeschafft [........]. (Ich suche und werde auf Seite 59 fündig).

Welch ein Verbrechen an der Menschheit, an uns Christen!!! Wie viel Leid wäre unseren Religionsanhängern erspart geblieben oder zumindest gemildert worden. Ein Vergehen sondergleichen! Unfassbar!

Zum Glück wird man ja heute nicht mehr so schnell **auf dem Scheiterhaufen verbrannt**. Die Zeit der Inquisition ist vorbei. Ha, ha.

Die Wahrheit, ja. Die Seele lebt ewig. Viele, viele Erdenleben. Dazwischen Himmel, Wolken, in der Atmosphäre, in der Stratosphäre, wie immer das auch jeder nennen mag. Im Universum. Bei Gott. Die Seele stirbt nie.

Wenn ich nur an die Kirche denke. Wissen Pfarrer, Priester davon? Sind sie im Laufe ihrer Tätigkeit dahinter gekommen - so wie ich - dass manches anders ist? Dürfen sie nicht reden? Mit dem Sterben des Körpers stirbt die Seele nicht. Ja, die römisch-katholische Kirche glaubt an die Auferstehung. Das ist gut so. Aber es ist kein einmaliges Erlebnis! Wir bleiben doch nicht im Himmel, wir bleiben nicht auf den Wolken sitzen! Das ist ja lächerlich! Weiter geht´s! Wieder zurück, wieder lernen. Und noch einmal zurück, um zu lernen, und noch einmal und noch einmal.

Zurück? Vielleicht ist *nach vor* die richtigere Aussage.

Ist es nicht ein schönes Gefühl, zu wissen, dass mit dem Tod gar nichts zu Ende ist? Ich liebe diese Gewissheit. So viel Leid würde verschwinden. Und lasst die Toten gehen, ihr Lebenden! Lasst sie los! .... Es gäbe so viel zu tun .....

Ironie: Muss jetzt schnell noch mal schlafen gehen. Bin seit vier Uhr morgens wach. Nun ist es beinahe sieben Uhr und ich bin sehr, sehr müde. Aber ich brauche später einen klaren Kopf, um mit dem Verkauf von Versicherungen das Geld zu verdienen, das ich benötige, um leben zu können. Um uns ein gemeinsames Nest hier zu bauen. Meiner Mutter Sicherheit geben zu können. Um mit Dir wieder weg fahren zu können. Um meinen Kindern unter die Arme greifen zu können. Um nicht zu erfrieren. Um Lebensmittel kaufen zu können, um nicht zu verhungern.

Heuer werde ich sechsundvierzig! Es ist an der Zeit, meinem Ruf zu folgen, meinem Weg. Unserem Weg. Wir werden gemeinsam den richtigen Weg einschlagen. Viele werden den Kopf schütteln. Man wird mich wieder einmal für verrückt erklären. Man wird sagen, DU bist schuld, DU hast mich umgepolt. Das stimmt nicht. DU hast mir die Augen geöffnet, in vielen Dingen, ja, aber umgepolt hast DU mich nicht. Oder doch? Eher richtig gekoppelt!

Als wir letzte Woche campen waren, hast Du folgendes zu mir gesagt:
„Du bist ein ganz besonderer Mensch, Du weißt es nur noch nicht! Du hast unglaubliche Gaben, Du bist unglaublich stark, viel stärker als ich." - Hm.
Das glaube ich nicht, vielleicht in gewisser Hinsicht.
Ich glaube eher, dass wir GEMEINSAM stark sind.
Aber nicht die Stärke ist das wichtigste.
Das wichtigste ist die Liebe.
Ich hab Sehnsucht nach einer meiner Lieblingsbibelstellen:

Das Hohelied der Liebe

Wenn ich in den Sprachen der Menschen und Engel redete, hätte aber die Liebe nicht, wäre ich dröhnendes Erz oder eine lärmende Pauke. Und wenn ich prophetisch reden könnte und alle Geheimnisse wüsste und alle Erkenntnis hätte; wenn ich alle Glaubenskraft besäße und Berge damit versetzen könnte, hätte aber die Liebe nicht, wäre ich nichts. Und wenn ich meine ganze Habe verschenkte und wenn ich meinen Leib dem Feuer übergäbe, hätte aber die Liebe nicht, nützte es mir nichts.

Die Liebe ist langmütig
die Liebe ist gütig
Sie ereifert sich nicht
sie prahlt nicht
sie bläht sich nicht auf
Sie handelt nicht ungehörig
sucht nicht ihren Vorteil
lässt sich nicht zum Zorn reizen
trägt das Böse nicht nach
Sie freut sich nicht über das Unrecht
sondern freut sich an der Wahrheit
Sie erträgt alles, glaubt alles
hofft alles, hält allem Stand
Die Liebe hört niemals auf

[....] Als ich ein Kind war, redete ich wie ein Kind, dachte wie ein Kind und urteilte wie ein Kind. Als ich ein Mann wurde, legte ich ab, was Kind an mir war. Jetzt schauen wir in einen Spiegel und sehen nur rätselhafte Umrisse, dann aber schauen wir von Angesicht zu Angesicht. Jetzt erkenne ich unvollkommen, dann aber werde ich durch und durch erkennen so wie ich auch durch und durch erkannt worden bin. Für jetzt bleiben Glaube, Hoffnung und Liebe, diese drei.
Doch am größten unter ihnen ist die Liebe.

44. Teil Ein Zeichen erkennen 25. Juli 2012

Tränen hatte ich, mein Herz, meine Seele, meine Brust
Tränen der Freude, der Erkenntnis
Tränen auf Grund so vieler Geschenke

Und weil ich Dich vermisse?/Ja, weil ich Dich vermisse
Und weil ich Dich wieder spüre?/Ja, weil ich Dich wieder spüre

Und weil Du, egal, wo Du auch seist,
immer in meinem Herzen zu spüren bist?
Weil Du, egal, wo Du auch seist,
immer in meinem Herzen zu spüren bist.

Deine Seele in meinem Herzen
So ist es
Wir haben uns wieder gefunden
So ist es
Unsere Liebe währt schon ewig
So ist es
Schön, nach Hause zu kommen

Die Weite von Allem
Schön, es zu sehen, schön, es zu wissen
So viele Seelenleben, um zu lernen
Schön, es zu sehen, schön, es zu wissen
Ein immer wiederkehrendes Sehen der Seelenfreunde
Schön, es zu sehen, schön, es zu wissen
Die **Zeichen erkennen**

Sms von Dir vom Schiederweiher: „Wir fahren noch mit dem Boot raus. Ich träume von Dir – Bussi." Und noch eine sms: „Guten Morgen, meine Liebe. Freu mich auf Dich".

Zeilen von Ursula Demarmels' Buch / **Er** war ich im Vorleben? ... Freud'scher Vertipper? Wollte schreiben: ******Wer** *war ich im Vorleben* ... Wer ist „**ER**"??? **Ein Zeichen erkennen!**
Seite 108 aus ihrem Buch: Krankheit, Schmerz und Leid:
„[.......] Unsere Wertungen stoßen schnell an Grenzen, wenn sie nur die irdischen Dimensionen von Leiden beachten. Jedes einzelne Schicksal ist in einen tieferen Sinn eingebettet, der es zum Ziel hat, den Menschen mit seinem höheren Lebensplan zu verbinden. Oftmals ist uns das aber erst sehr viel später zu erkennen möglich, manchmal erst nach dem Tod [......]."

Mein Vater. Hat er es davor bereits gewusst? Habe damals so viel verabsäumt, oh, mein Gott. Das möchte ich wieder gut machen. Reue. Das werde ich wieder gut machen! Wie dumm und unwissend und hilflos ich damals war. Um fünf Jahre zu dumm. Mindestens. Aber es geht Dir gut jetzt, hoffe ich.

Bei Euch gibt es keine Strafe, nur Verständnis. Wir werden uns wiedersehen. Hast DU Oliver zu mir geschickt? Natürlich, aber das stand alles schon lange so geschrieben. Ich danke Dir in Demut und neige das Haupt vor Euch allen und Eurer Weisheit. Vielleicht hab ich damals beim Niederschreiben auch ein wenig mitgesprochen? Ja ......

Eine verrückte Boheme bin ich, die ihre Finger zur Verfügung stellt, damit Ihr mich auf der Tastatur als Sprach/Schreibrohr verwenden könnt. Bitte sehr, gerne.

Und von der Seele zum Kopf und vom Kopf, dem westlich-weltlichen Leben wieder zurück zur Seele, zum Geist, zum Ich, zum Innersten. Von Dir habe ich das: Von aufrührenden, aufwühlenden Gedanken umschalten auf ein Autorennen. So hab ich es von Dir gelernt. Sehr, sehr gut. Vom wohligen Vollbad in den Schnee, Du Kluger! Danke. Gleichgewicht. Nicht hinein kippen ist wichtig für die Balance des Lebens. Ich wiederhole immer wieder, immer wieder, um es für alle Zeiten in meinen Zellen zu speichern.

Ich spüre Dich, sehr. Wie wird das einmal sein? Weiß, wie es sein wird, Dich, mein Geliebter, nach dem Wegfall der körperlichen Hülle wieder zu treffen, in einem späteren Leben. Wir werden uns wieder erkennen. Dann aber bestimmt früher!

Mein Vater und ich, wir zwei brauchen noch eine Aussprache, glaube ich ....

Statt Arbeit nun Garten - sinnvolles momentanes Gleichgewichtsziel.

Amaranth - eine interessante Geschichte. Äußerst. Ein Hobbygärtner erzählt: Amaranth war einmal eine heilige Opfergabe für die Götter. Inkas und Azteken glaubten an dessen große Kraft. Der Name der senfkorngrossen Körner stammt aus dem Griechischen, klärt Erni mich auf. Amaranthus bedeutet "unsterblich" bzw. "nicht welkend". Ballaststoffe, Zink, Eisen, Magnesium, Calcium, ein Weltnahrungsmittel.

Werde mich nächsten Frühling damit beschäftigen, wenn ich nicht vergesse. Biolandwirtschaft würde mich interessieren. Auf die Natur achtgeben, nicht ausbeuten, den natürlichen Verlauf der Erde nicht stören. Andere Menschen mit dieser Einstellung anstecken. Kein Kunstdünger, keine Massentierhaltung .....

Wenn ich ein Mitspracherecht bei den Landwirtschaftsgründen meiner Mutter hätte, würde KEINER der Pächter Kunstdünger oder Pestizide streuen dürfen. NIEMAND dürfte die Wiesen mähen, die Äcker bestellen, außer für die eigene Nahrung, niemand dürfte den Wald zusammenräumen. Oder Bäume fällen. Außer für das eigene Brennholz. Nur Tiere würde ich auf den Weiden laufen lassen. Aber nicht Nutztiere. Nein, solche, die sich ihre Gnadenjahre verdient haben. Solche, die in unserer Gesellschaft keinen Wert mehr haben, weil sie keine Leistung mehr bringen (kranke,leistungsunfähige Menschen werden ja auch nicht ins Schlachthaus gefahren). .... Ich weiß, dass man für die Weltbevölkerung Nahrung erzeugen muss. Das tun aber weltweit sowieso alle. Außerdem erzeugen sie nicht Nahrung für die Weltbevölkerung sondern Nahrung für die Massentierhaltung. Und ich weiß, dass man bei uns in Österreich im Vergleich zu Deutschland, den USA usw. nicht wirklich von Massentierhaltung sprechen kann. Und trotzdem. Ich stelle mir vor, wie farbenfroh unsere Wiesen und Äcker nach einigen Jahren aussehen und welche Tiere sich wieder ansiedeln würden. Eine verloren geglaubte Fauna und Flora. Schön wäre das. Aber meine Mutter ist in der Generation des Aufbaus aufgewachsen. Nach dem Motte „mehr und mehr". Eh verständlich. Alleine bei dem Wort „Amaranth" jedoch verfällt sie in Panik, rauft sich die Haare und nennt es lästiges Unkraut. Und ich verfalle in Panik, wenn man diese heilige, geschichtsträchtige Pflanze so nennt. Es trotzt dem mächtigen Monsanto und Roundup (Herbizide). Ätsch! Amaranth kann man nur händisch beseitigen. Ha. Konventionelle Landwirtschaft hinterlässt ihre Spuren. Leider.

Vielleicht hätte ich das Erbe damals, 1999, angetreten, hätte man mir davor bereits freie Hand gelassen. Aber dies war nicht der Fall. Genauso wie heute. Gut so. Sehr gut sogar. Denn sonst hätte ich Dich wohl nie kennen gelernt. Alles hat seinen tieferen Sinn. Nicht auszudenken, wie mein Leben ohne Dich verlaufen wäre! Alles hat sein Gutes. Anscheinend auch der Dickschädel anderer Menschen. Da muss ich mich ja bei dir bedanken, liebe Mutter, bedanken und mich nicht über deine Sturheit ärgern (außerdem versteh ich dich auch in gewisser Weise). Nie mehr darüber ärgern. Es tut mir auch von Herzen leid, weil ihr, Vater und du, dadurch sehr, sehr gelitten habt. Es tut mir wirklich leid für dich, für Euch, von ganzem Herzen, aber ich muss meinen Weg gehen .... Und du den deinen ...... So hab ich das noch gar nie gesehen! Über mein Gesicht zieht soeben ein breites Erkennen. Danke. Welche Ironie des Schicksals!
Also: Nicht, WARUM?, WARUM nur?, sondern, WAS IST DER

GRUND, WAS will man mir aufzeigen? **Ein Zeichen erkennen.** Und die Menschen aufklären: Du musst keine Angst vor dem Sterben haben. Den Tod gibt es nicht. Es gibt die Auferstehung. So ist es. Du warst schon da und du wirst wieder kommen, so lange, bis du alles verstanden hast. Und dann? Ja, dann darfst du andere begleiten und ein wenig auf ihren wahren Weg stupsen. Welch eine Ehre. Aufstieg zum Schutzengel. Und in den Pausen mit dem Lieben Gott Kaffee trinken.

Sobald wir zwei ein gemeinsames Zuhause haben, sobald unser gemeinsames Ziel konkret wird, bin ich so weit. Vielleicht. Hoffentlich. Wir haben schon Meilensteine zurück gelegt. Wir können stolz auf uns sein. Vertrauen und Harmonie; wir gehören zusammen; Achtung und Respekt; der Wille, gemeinsam weiter zu lernen, bis über dieses Leben hinaus ….

Mir fällt noch etwas ein! Mir viele noch so vieles ein! Eines noch, aber dann ab ins Bett. Mitternacht ist lang vorüber.

Oh, message from you: „Kuschel mich jetzt in Gedanken zu dir"

….. Also, letzte Woche, als wir campen waren und am Jazzfestival, ging ich mit Marcinho alleine in den Wald. Natürlich musste ich vom Wanderweg abweichen und einen Forstweg entlang gehen. Hm. Wie immer …… Nach langer Zeit kam eine Lichtung. Mit einem Hochsitz, einer betonierten Wassertränke (wozu?) und einer leeren, riesigen, völlig deplatzierten Kabeltrommel. Ende des Forstweges. Und weiter ging´s. Der Wald wurde immer dichter und der gesamte Waldboden wirkte wie durchgeackert. Eigenartig. Nach einer weiteren halben Stunde: Endlich wieder Licht. Eine Lichtung. Mit einem Hochsitz, einer betonierten Wassertränke (wozu?) und einer leeren, riesigen Kabeltrommel. Und weiter ging´s. Da dämmerte es mir, das war dieselbe Lichtung wie davor! Ok, verlaufen. Und der durchgewühlte Waldboden? Wildschweine! Hunderte? Ja, den Spuren nach zu schließen. Der Hochsitz und davor die Wassertränke. Alles klar, ihr klugen Jäger…. Der Weg kam mir endlich vertraut vor. Ah, bestimmt bin ich endlich auf dem Rückweg. Marcinho zieht wie verrückt an einer Gabelung nach rechts. Hunde haben eine gute Nase. Also, ab nach rechts. Ich gehe und gehe und werde immer schneller, die Wildschweine. .... Der Wald lichtet sich. Eine Lichtung, eine betonierte Wassertränke – oh, bitte jetzt kein Hochsitz! Ein Hochsitz. Oh, bitte jetzt keine Kabeltrommel. Und eine Kabeltrommel ….. Irgendwann, nach über zwei Stunden - für vier Kilometer? - endlich eine Wiese und unser Wohnmobil mit Deiner Stimme im Vordergrund ….. Ein bisschen wie mein Leben. Ein wenig im Kreis herum gelaufen, meine Liebe? Nicht an die Regeln gehalten? Dem Falschen nachgegangen? Keinen Plan und keine Vorbereitungen getroffen? Und keinen Kompass eingesteckt?

Aber nun bin ich angekommen. Tut das gut, Dich zu hören, Dich zu sehen, Dich zu spüren. Das Steak brutzelt bereits über dem Feuer. Wir essen aus EINEM Teller, lieber Herr Khalil Gibran, lieber **Prophet* (ich schätze Sie sehr), aber auch das ist nach Hause kommen.

Und ganz, ganz, ganz etwas Wichtiges: Ich spür Dich wieder und noch immer voll und ganz. Endlich. Und ich freu mich wieder auf Dich, voll und ganz. Danke Lieber Gott! Oder wem auch immer. Danke, danke, danke. Dem Eisensaft, den roten Rüben, meiner Gynäkologin, Gautama Buddha, der Schulmedizin, meinem Heilungsprozess, allen guten Energien.

Du hast mir soeben von Sina Vodjani *Straight to the Heart* gemailt - So schön. Und erst der Text! Hast Du mir dieses Lied bewusst geschickt!? Hm. Danke, mein Mann …..

Hab gestern ferngesehen. Ein schöner Seelenfilm. Eine Seelenwanderung, vor und zurück. Ein Zeitreisender. Der seltsame Fall des Benjamin Button mit Brad Pitt.

45.Teil Wahrheit, Ehrlichkeit und Respekt 31. Juli 2012

VOLLGAS - e-mails

Ich: Ich liebe Dich. Und ich sterbe ohne Dir – ist so. Eine Woche schon haben wir uns nicht gesehen!
Du: Auch ich liebe dich, aber du musst einiges klären und da kann ich dir nicht mehr helfen, sorry. – Ich habe auch nur ein Leben. Du denkst, ich will etwas zerstören .... in deiner Familie. Dabei aber möchte Ich dir helfen!!! - Und das macht mich etwas unsicher, dass du mir nicht vertraust. Ich will nicht mehr nachdenken. Aber mit MIR an Deiner Seite nützt Dich keiner mehr aus, das sag ich dir ....!!! Und Ich lass mich auch nicht benützen – Sorry. Ich stehe ein wenig über den Dingen und sehe das Ganze mit anderen Augen als du. Das Recht, **Wahrheit, Ehrlichkeit und Respekt** - das sind die Dinge, die Ich in MEINEM LEBEN haben möchte!!! Also lass mich da von Deiner Familie fernhalten, solange das nicht geklärt ist. Wenn Dir Lügen und Schmäh wichtiger sind, um so Deine Ruhe zu finden, dann bitte. Aber halte mich fern von so etwas! Ah und noch was: Ich habe Dir gesagt, dass du aufpassen sollst, dass Dich keiner mehr verascht. Und du wirst verarscht, wie IMMER ...... Mit Deiner Liebe allein .... Gescheit oder? Hat sich nichts geändert, ha. Aber genug dem Ganzen. Danke für Dein Verständnis. Bussi

Meine e-mail-Antwort:
Ich liebe Dich, Deine Sanftmut, Deine Weisheit, Deine Klugheit. Ich liebe Dich, AUCH, wenn Du energisch bist. Und im Recht bist. Aber, bitte, vergiss die Liebe nicht - und Deine Sanftmut. Ich werde diesen Sommer noch alles in die Wege leiten und klären. Aber lass mir den richtigen Zeitpunkt und die richtigen Worte wählen. Bin schon dabei. Habe gestern zwei Stunden mit meiner Mutter gesprochen bezüglich unseres Zusammenziehens. - Mein ganzer Körper schmerzt, so sehr vermisse ich Dich. Jeden Tag führe ich nun Gespräche mit meiner Mutter. Phu!

Aber bis Ende August wissen wir, wo wir unser Nest bauen werden. Versprochen. Bin gut drauf und stark und weiß, was wir wollen. Nämlich zusammenziehen. Ob da oder da, es wird sich bald herausstellen. Freu mich auf Dich.

Du: Ja super! Weißt du, Ich liebe Dich und ich möchte, dass es uns gut geht. Aber keine Veraschung ...... sorry - es ist an der Zeit, dass auch Deine Familie und andere wissen, wer du bist, und da helfe Ich Dir gerne. Auch eine neue Ära beginnt für Dich. Jetzt werden auch alle anderen merken, dass es Zeit ist!!!!! Du weißt, was ich meine. Möchte mit Dir leben und auch mit Deinen Kindern und deiner Mutter, aber vorab gehört Respekt her! Und wenn nicht, dann müssen Sie es eben lernen. So lange, bis Sie im Leben stehen. Sie wird ihnen guttun, die eigene Selbständigkeit, glaub mir! Ich weiß, es ist nicht leicht für eine Mutter, die alleinerziehend ist. Doch eines kannst du mir glauben, es wird auch Dir unglaublich gut gehen dabei. Glaube mir. Das ist das Neue Leben, das du Dir verdient hast. Sei stark und clever, es geht um unsere Zukunft! Bin bei Dir. Bussi. Oliver -

Ich: ..... danke für Deine Worte, wow (｡◕‿◕｡) ... Ein unglaubliches Foto von mir von zu Beginn, das Du mir da soeben gemailt hast furchtbar! (◕︵◕) unglaublich, ich glaub´s nicht! ...... Und ein unglaubliches Foto von mir von jetzt .... schön! Wow, wie oft wechselst Du eigentlich Deine Freundinnen? (｡◕‿◕｡) Ist das wirklich ein- und dieselbe? Danke, mein Künstler. Macht das die Liebe oder das Kopfwaschen? Es ist wirklich kaum zu glauben!!! Ich danke Dir und freu mich auf Dich, seeeeeeehr!!! Bussi. Noja

Du: Es tut mir immer am meisten weh, aber Ich kann es Dir nicht anders sagen. Aber du siehst anhand der Fotos, dass sich was verändert, wenn man WILL und selber glücklich ist dabei. Deine Fotos sprechen Bände. Und alle anderen müssen sich auch ändern, sonst werden Sie nicht glücklich sein. Nicht alle in Deinem Umfeld wollen sich ändern, leider. Ich denke und weiß, du machst das richtige, aber irgendwann einmal - jetzt nämlich

musst du an Dich denken! Und deine Pläne verwirklichen - mit allen Konsequenzen! - Um Deinen Weg zum Glück zu finden. Bussi
Ich: Danke. Ich küsse Dich
Du: Schlaf gut. Morgen will ich MIT Dir schlafen! (｡◕‿◕｡)
Ich: Schlaf gut. Ich auch mit Dir!
Du: Aber es ist gut, wenn wir ein wenig alleine sind. Eigentlich möchte ich unbedingt bei Dir sein, aber die Zeit ist noch nicht so weit. Ich denk an Dich. Bussi

Lange dauert es nicht mehr, dann wohnen wir zusammen. Ich fühle es. Ein paar Schmerzen wird es am Weg noch geben. Mit anderen, nicht zwischen uns. ODER ? Aber, wie Nitzsche schon sagte, ohne geht es nicht und wäre auch nichts wert.

Du hast vorhin am Telefon zu mir gesagt: „Wenn alles geregelt ist, wenn du dazu stehst, was du willst, …. nämlich mit mir ein Leben zu führen in den eigenen vier Wänden – (ja, was denn sonst?!)- dann, ja dann fahren wir beide, wie versprochen, wieder in Urlaub. Und ich lade dich ein. Ich freu mich darauf. Und wie. Das haben wir uns dann beide sehr wohl verdient."

Das wird eine sehr schöne Zeit, ich spür das jetzt schon. Und was danach kommt, und davor, unser gemeinsames Zuhause kreieren, Wände aufstellen, Wände umreißen, isolieren, dekorieren, harmonisch machen, planen,… hm.

Warum kann ich nur unter Schmerzen lernen?
Warum kann ich nur unter Schmerzen wachsen?
Warum kann ich nur unter Schmerzen die richtigen Gedanken, die richtigen Worte, die richtige Einstellung, die Erkenntnis schlechthin erfahren, gebären?
Warum fallen mir die Schuppen nur nach Sturm und Gewitter von den Augen? Und nie nach einer lauen Sommernacht oder einem warmen Sommertag? Hart, aber herzlich?

Puh, Du gibst mir ganz schön Gas. Manchmal. Aber wie gut Du mir den Kopf doch immer im richtigen Moment wäschst! Nur weiß ich es dummerweise nie, dass es genau DER Moment schlechthin ist. Du bist unglaublich. Es tut mir leid, wenn ich Dich manchmal mit meinen Worten aus der Bahn werfe. Du hast es vorhin so schön gesagt, niemals, niemals, niemals zweifelst Du in solchen Momenten an unserer Liebe. Manchmal nur musst Du Dich von mir entfernen, weil Du nicht glauben kannnst, dass ich nicht sehe, was Du siehst, was Du ahnst.

„Du bist dumm. In manchen Momenten. Und du bist unglaublich gutmütig. Und du bist manchmal feig. Und du bist dumm, dumm, dumm!!! Wirklich! In so manchen Situationen. Schreib das ja auch in dein Tagebuch rein! Ja, das sage ich zu Dir, für heute zumindest gilt das! Und du sollst aufpassen. Auf dich! Und du sollst endlich DU sein!!! Jetzt ist es soweit! [.......]“ hast Du am Sonntag zu mir gesagt. Au!

Oh, sms kam von Dir: Danke, dass Du wieder bei mir bist.
Ich: Voll und ganz.

Ich bin eine ganz, ganz andere als zu Beginn. Unglaublich.
Du bist ein ganz, ganz anderer als zu Beginn. Unglaublich.
Gemeinsam haben wir uns in die Lüfte erhoben.
Gegenseitig haben wir uns reifen lassen.
Wir sind sehr glücklich und stolz auf uns, ja, das sind wir.

46. Teil Das Drehbuch ist geschrieben 6. August 2012

Danksagung

Ich bedanke mich bei Dir für die letzte Woche
Für Deine Liebe
für das Schleifen und Streichen der Gartengarnituren
für die schöne Bergwanderung
dafür, dass Du mir aufzeigst, nicht nur mit Liebe
sondern auch mit Strenge meine Kinder auf ihren selbständigen
und richtigen Lebensweg zu bringen
für den relaxten Nachmittag auf der Luftmatratze im Pool
für die Kürbiscremesuppe
dafür, dass Du meine Mutter wieder zum Leben erweckst
für den saftigen Kürbiskuchen
für die Rückenwäsche
für die Apfelernte
für die viele Zeit, die Du mit mir verbringst
für den ausgezeichneten Kürbissalat
für unsere gemeinsamen Pläne bezüglich des Zusammenziehens

Ich kann nicht mehr schlafen ohne Dich! Dabei sind wir nur einen Tag getrennt. Bald sind wir für immer zusammen, ich kann es kaum mehr erwarten und noch kaum glauben. Bitte, beeile Dich. Ich hab meinen Teil erledigt. Alles ist vorbereitet und geebnet. Jetzt muss nur noch die Zeit für Dich reif werden. Du sagst auch, ja, die Zeit ist reif. Wir sind reif dafür. Wir sind bereit. Warum auf einmal wollen wir so rasch als möglich zusammenziehen? Weil wir uns lieben. Keiner kann und will ohne den anderen mehr kochen, noch schlafen oder was auch immer tun. Welch ein Wandel!
Komm zu mir. Herzlichst willkommen. Sehnlichst erwartet. Lebensnotwendig. Das, was geschrieben steht, endlich, endlich leben. Es ist an der Zeit, denn **das Drehbuch ist geschrieben**.

47. Teil Wir haben uns verlobt 23. August 2012

Es gab einen runden Tisch. Von Dir ins Leben gerufen. Du, meine Mutter, mein Jüngster und ich. Sehr energisch. Der Prophet spricht:
„[...] Es kann nicht sein, dass du mit beinahe 46 Jahren und deiner zarten Figur, deine Mutter mit beinahe 70 Jahren und ich auf Vollgas arbeiten, dafür Sorge tragen, dass Euer Zuhause wieder auf Vordermann gebracht wird und du, Elias, 15 Jahre jung, gesund und kräftig, gemütlich einkaufen fährst! Entweder wir helfen alle zusammen, wie es sich für eine Familie gehört, oder ich lasse alles liegen und stehen und mache mir auch einen gemütlichen Tag! Ja, ja, du hast schon Recht, deine Mutter hätte dich rechtzeitig darüber informieren können, dass deine Hilfe benötigt wird, du musst deinen Freunden nun kurzfristig absagen. Das ist dumm. Aber hättest du nicht auch von selbst auf die Idee kommen können? Zum Beispiel mit der Frage, ob du auch etwas dazu beitragen kannst? Zum Beispiel, ob es nicht angebracht wäre, deine Oma zu entlasten, die täglich für dich kocht, deine Wäsche macht, von der du alles, wirklich alles haben kannst? Nicht zu reden von deiner Mutter, die zufällig MEINE Freundin ist, die dir alles ermöglicht. Dir nichts in den Weg legt? In einer Familie hilft man zusammen. Da schaut einer auf den anderen. Zumindest stelle ich mir eine Familie so vor. Vielleicht seht ihr das anders?! Und ich möchte, dass es meiner Freundin, also deiner Mutter, gut geht. Auch noch in 20 Jahren will ich sie so gesund und fit sehen, so wie jetzt. Darauf passe ich ganz sicher auf! Ich will nicht, dass sie die schweren Hölzer, die schwere Leiter trägt. Ich erwarte von dir, dass du ihr das abnimmst! Ohne dafür mit 10 € in der Stunde entlohnt zu werden (strenger Blick an die Oma). Ja, da sprech ich jetzt dich an! …… Was ist das für eine Familie, in der der Enkelsohn mit Geld gelockt wird, zu helfen? In einer Familie darf es doch nicht ums Geld gehen! Man hilft, weil es ein Bedürfnis sein muss! Man ist gegenseitig füreinander da! Das ist für mich Familie! Man be-

ginnt bei Tisch auch erst zu essen, wenn die Oma dabei sitzt! Sie hat immerhin alles gekocht. Für uns! Das ist das mindeste, das man tun kann! Das nenne ich Respekt. So, genug jetzt. Ich werde übrigens deinen Geschwistern dasselbe sagen, Elias. Nur – heute bist eben nur du da. Ich hoffe, du verstehst, ihr versteht, was ich meine. Elias! Komm, schlag ein in meine Hand! Ich sehe, du verstehst. Ich möchte, dass wir alle zusammenhelfen und füreinander da sind. Und noch mal zu dir, meine Freundin, meine Frau: Du hast als Mutter Verantwortung zu tragen! Deine Aufgabe ist es, deine Kinder einzubinden, konsequent zu sein. Zu sagen, nächste Woche brauchen wir deine, eure Hilfe. O.k.? Helfen wir uns gegenseitig, entlasten wir uns gegenseitig, greifen wir uns gegenseitig unter die Arme .....".
Nicht mal eine Fliege hätte es gewagt, Deine zu Recht gehaltene Predigt zu stören. Oh. Oh ......

Wir sind wieder mal im Burgenland bei einem Festival. Im Moment aber am Badesee in Forchtenstein.
.... Ich blicke zurück: Viel ist wieder geschehen. Und so viele Worte - gute - sind gefallen, von Dir natürlich.

Wir waren unglaublich fleißig in den letzten zwei Wochen. Vor allem Du. Du hast - mit meiner Mutter, meinem Jüngsten und mir als Helfer - die zwei Balkone erneuert. Beinahe 40 Laufmeter. Eine unglaublich gelungene, schöne und schnelle Leistung. Du bist ein Genie! Wahnsinn. Mir fehlen ein wenig die Worte dazu und überhaupt zu Dir. Lottosechser? Traummann? Das sowieso. Schönheitskönig. Fleiß und Ausdauer, Spaß am Tun, unglaublich praktisch und geschickt veranlagt, gepaart mit logischem, intelligentem Handeln. Das alles sind überhaupt keine Übertreibungen, keine Lobhudeleien. Du bist so. Hat nichts damit zu tun, dass ich in Dich verliebt bin, mich immer wieder neu in Dich verliebe. Du bist unglaublich und überrascht mich immer wieder POSITIV aufs Neue. Meine Mutter ist beeindruckt von Deinem Fleiß. Und Deiner Ausdauer. Ist offen-

offensichtlich. Auch ohne Worte. Das ist gut so.

Gestern hab ich mich schon wieder in Dich verliebt. Nachdem wir hier angekommen waren, machte ich einen Rundgang auf der Seeterrasse. Und beim Rückweg zu unserem Tisch viel mein Blick auf Dich. Ich liebe Dich, oh und wie! Manchmal würde ich Dich am liebsten auffressen, hi. So was Ähnliches hast auch Du gestern zu mir gesagt.

Komm, mein respekteinflößender Mann! Es ist heiß in der Sonne. Lass uns eine Runde schwimmen gehen! Mein *Alles in die richtigen Bahnen Lenkender*. Du bist meine rechte Hand. Du ergänzt, was mir fehlt. Ich verneige mich vor Dir und den großen Mächten und sage schlicht nur DANKE, nehme gerne an und lerne.

Badesee Forchtenstein .... 22. August 2012 - nachmittags

„Hast Du das vorhin gehört, als ich bei der Kellnerin die Bestellung aufgegeben hat? Dieses *meine Freundin* hört sich so billig an, findest Du nicht? Ich liebe es, Dich *meine Frau* zu nennen. Du bist ja auch meine Frau und nicht mehr, schon lange nicht mehr meine Freundin! Oder mein Freizeitpartner. Weißt du noch?" schmunzelst Du. „Ich möchte von dir auch lieber *mein Mann* und nicht *mein Freund* genannt werden!"

-„Ja, mich stört es auch schon lange, wenn ich das sage. Oder *mein Lebensgefährte*. Ich verziehe mein Gesicht.

„Was hältst Du davon, wenn wir uns verloben?" schlägst Du ganz nüchtern vor. ????? ...... Ich schnappe wie ein Karpfen an Land nach Luft. JAAAAAAA!!!

.... Nun sind wir verlobt. Ich kann es noch gar nicht glauben!

Meine ersten Worte heute Morgen waren: „Guten Morgen, mein Mann. Hab ich das gestern geträumt oder sind wir wirklich verlobt?"

„Natürlich hast du nicht geträumt. Ja, wir sind verlobt. Aber sicher! Guten Morgen, meine Frau!" .....

Wir sind nun in Wiesen am Sunsplash. Wir haben vorhin

unser riesiges Vorzelt an unser Wohnmobil drangebaut.

Wir richten uns gemütlich ein - Schön ist mein Leben mit Dir - Mit einem von Dir selbstgebauten Holztisch in der Mitte des Zeltes, auf rotem Teppich, das Zelt mit Tüchern und Kerzen verziert. Lampions. Das Kisterl mit Kräutern und Vogerlsalat steht auch davor. Unser mobiler Garten. Und morgen kommen Deine Freunde nach. Zehn oder zwölf an der Zahl. Wir freuen uns.

WIR HABEN UNS VERLOBT!!! WERDEN WIR HEIRATEN? Irgendwann. Oh, mein Gott!!! ICH KANN ES FAST NICHT GLAUBEN!!! ICH FREUEUEUEU MICH SOOOOOOOOOO!!!

Ich erinnere mich noch sehr gut, als ich Dich zum ersten Mal gesehen hab. Dort in dem Gasthaus in Krummnussbaum. Das war im Sommer 2009. Du hast mit Marcinho in der Ecke links vor dem Eingang gestanden. Das, was mir sofort ins Auge gestochen ist, waren Deine Augen. Unglaublich! Und unglaublich, was ich darin alles gelesen hab. Du hast mich nicht einmal bemerkt. Ich war wie elektrisiert, wie vom Blitz getroffen. Aber ich habe mir weiter keine unnötigen Gedanken gemacht. „Bei so einem hätte ich sowieso niemals eine Change", waren meine Gedanken. Und dann hab ich Dich am 14. August 2010 wieder gesehen. Du hast Maria, die zufällig eine gute Bekannte von uns beiden ist, beim Vorbereiten einer Benefizveranstaltung geholfen. Dieses Datum hab ich mir deshalb gemerkt, weil ich in der darauffolgenden Nacht mit Natalie, ihren Kindern und meinem Elias nach Kroatien in Urlaub gefahren bin. Nach Baska.

Oh, war das ein herrlicher Urlaub .... Schade, damals hab ich meine Memoiren noch nicht niedergeschrieben.

Aber vor allem hat sich mir dieses Datum eingeprägt, weil mir sehr wohl aufgefallen ist, dass Du mich bemerkt hattest. Mein Stolz hat mir natürlich auf keinen Fall erlaubt, dass ich Deinen Blick auch nur einen Moment mit Aufmerksamkeit gewürdigt hätte. Außerdem starren alle Männer auf Frauen, die mit hochhackigen Schuhen und einem Minirock über den Stadtplatz spazieren .... Und wieder hat mich der Blitz getroffen.

Hab ich überhaupt schon niedergeschrieben, wie wir uns dann tatsächlich kennen gelernt haben?

Also, das war so. Da kommt Maria schon wieder ins Spiel. Da ich ihrer Benefizveranstaltung nicht beiwohnen konnte, musste ich ihr versprechen, sozusagen als Trostpflaster, dass ich mich sofort nach der Rückkehr aus Kroatien mit ihr treffen würde. Was ich dann auch tat. Und als wir dann von einem Cafe in eine Cocktailbar überwechselten, rief sie Dich einfach an. Ohne mich zu Fragen! „Hallo, Oliver. Du, ich bin gerade mit Noja unterwegs. Du weißt schon, die hübsche aus P., die immer mit High Heels herumstolziert. Hi, hi. Wir gehen gerade zu Moritz. Magst auch kommen?" Sehr billig, hab ich mir damals gedacht. Über meinen Kopf hinweg einfach so über mich zu bestimmen. Eine Frechheit! Ich hab mich innerlich sehr geärgert.

Ja, und dann warst Du da. Maria hatte mich ja sozusagen vorgewarnt: „Du weißt, Noja, ich hab dir ja schon sehr viel von ihm erzählt. Das ist dieser Verrückte aus P. Du wirst staunen.

Aber lieb ist er. Und auffallend. Und ein Träumer. Und vielleicht ein Spinner. Hast du schon einmal - außer im Fernsehen - einen Mann gesehen, der sich schminkt? Na, mach dir selbst dein Bild von ihm!"

Und wieder hat mich der Blitz getroffen. Aber keine Sekunde hab ich Dir Deine sanfte Stimme, Deine Sanftmut abgekauft. Ganz genau hab ich gesehen, wer Du wirklich bist. Nämlich, dass Du sehr stark und energisch bist. Und dass Du sehr beherrscht sein kannst. Und deshalb hauptsächlich sanft. Keine Frage. Und einfach unglaublich. Ein Unikat. Und ich hatte furchtbar weiche Knie. Und noch einmal hat er mich getroffen, der Blitz. Aber das hab ich Dir damals ganz bestimmt nicht gezeigt. Du wolltest mit mir einen beruflichen Termin vereinbaren. So einfallslos geht das bei mir nicht, mein Lieber, dachte ich bei mir. Und außerdem hatte ich erst vor Kurzem beschlossen, für IMMER in diesem Leben alleine - ohne Partner - unglaublich glücklich zu sein und zu bleiben. Nach einer Stunde hab ich irgendetwas von einer Terminvereinbarung erzählt und bin ganz cool und hoch erhobenen Hauptes geflüchtet. Vor Dir. Mit klopfendem Herzen. Aber ich hatte nicht das Gefühl, mich verliebt zu haben. Du hast mich einfach nur völlig durcheinander gebracht. Und ich hatte den Hauch von einer Ahnung, dass da Gravierendes auf mich zukommen würde. Und ich wollte ENDLICH meine Ruhe haben. Nichts desto trotz habe ich meine inoffizielle, illegale Beziehung zu einem Mann, die schon über vier Jahre angedauert hatte, anschließend innerhalb eines Monats beendet. Ich konnte nicht mehr mit ihm beisammen sein, seit ich mit Dir da bei Moritz an einem Tisch gesessen hatte. Es war nicht richtig, hatte mir meine, ja, was? - meine innere Stimme? - eingegeben.

Ja, und zwei Mal hattest du mich dann in den nachfolgenden Wochen angerufen. Du brauchest unbedingt einen neuen Versicherungsberater, hattest Du gemeint. Ha, ha, ha. Wie fadenscheinig. Ich hab jedes Mal abgelehnt. Dann kam eines abends ein weiterer Anruf zu einer Essenseinladung. Ich gehe mit alleinstehenden männlichen Kunden niemals essen! Schon gar nicht bei ihnen zu Hause! Eine sms kam dann eine Woche später auch noch von Dir: „Entweder du arbeitest zu viel, oder du hast mich vergessen". Was bildet der sich ein, hab ich gedacht, so privat, mir gegenüber so persönlich zu werden. So eine Frechheit! Sicher nicht! Niemals!

Aber irgendwann dann, ich kann mich noch genau erinnern, hat sich - Gott sei Dank - mein Versicherungsgewissen gemeldet: Wenn er wirklich keine Absicherung hat, so, wie er es mir erzählt hatte, stehe ich in der Haftung. Ich weiß davon und tu nichts, ... Maklergesetz, qua, qua, qua. Und dann hatten wir unseren beruflichen Termin. Herr Blitz war wieder mit von der Partie. Das ist er immer noch, hm.

Hans war bei Dir - ein Kunde. Nach einer halben Stunde sagte er zu Dir:„Warum guckst Du die Dame denn so an? So hab ich Dich auch noch nie gesehen. Bist Du etwa verliebt?"

Du hast ein wenig überlegt, mit: „Ja, das bin ich" geantwortet und begleitend genickt, so, als wärst Du selber überrascht darüber ..... Und ich erst! ...

Zurück ins Burgenland: Du hattest eine schöne Idee. Gestern. Anstatt eines Verlobungsringes bekomme ich von Dir einen ähnlichen Armreifen, wie den, den Du - seit 20 Jahren? - trägst. Die Nabe eines Rades (oder so ähnlich) aus einem Deiner Afrika-Urlaube, oder so. Schönes, schweres Silber. Oh, das freut mich sehr. Ist mir eine große Ehre! Danke.

„... Gleichweit", sagst Du, „sind so viele Menschen ...."

„Gleichweit?" frage ich stirnrunzelnd.

„Ja, gleichweit", gibst Du zur Antwort. „Gleichweit mit ihrem Horizont, wie sie vor fünfzehn Jahren auch schon waren, oder vor fünfundzwanzig. Stehen geblieben, nichts dazu gelernt. Hängen geblieben, würde dein Elias sagen. Das heißt: haben wir es mit solchen Menschen zu tun, müssen wir uns umstellen, weghören, herunterschrauben. Sie werden sich uns zuliebe nicht ändern, nichts dazulernen wollen. Nein, das werden sie nicht. Und wir haben oft mit solchen Menschen zu tun!"

„Ich kann nicht mehr ohne Dich schlafen", sagtest Du vor einigen Tagen zu mir. „Jetzt hab ich zwei Nächte ohne Dich geschlafen - und nicht geschlafen. Ich vermiss Dich so! Ich glaub, wir müssen heiraten. Was sagst Du dazu? Ja, Du willst auch? Na, das trifft sich ja super. Also, heiraten wir? Ja? O.k.! Toll! Wer hätte das vor einem Jahr gedacht? Bis dahin war mir klar, dass ich ganz bestimmt alleine alt werden würde. Und wolle. Meine feste Überzeugung. Wir zwei haben uns unglaublich verändert. Und ich bin so stolz auf dich! Und auch auf mich." Du küsst mich und drückst mich ganz fest an Dich. Und ich mich an Dich. Weiche Knie. Dein geliebtes Grübchengrinsen.

Manchmal bin ich ein wenig unruhig, jetzt hab ich genau das, was ich nie wollte: Von jemandem abhängig zu sein. Mein ganzes Glück hängt von Dir ab. Es steht und fällt mit Dir. Ich weiß, ich spreche auch für Dich.

Du sagst: „Es ist so eigenartig. Bei Dir zu Hause, also bei deiner Mutter, geht mir alles so von der Hand. So stimmig ist das alles für mich. So, als hätte man auf mich gewartet. So, als müsste ich was vollenden. So, als hätte man (Mann?) mich geschickt. Noch vor einem halben Jahr hab ich für mich da oben gar keinen Platz gesehen. Hab mich gar nicht da oben gesehen. Konnte mir auf keinen Fall vorstellen, mit dir da oben zu wohnen. Und nun … Nichts ist mehr GLEICHWEIT, ha, ha. Alles, aber wirklich alles ist UNGLEICHWEIT. Auch unsere Liebe. Ich finde, sie wächst jeden Tag und jeden Tag werden wir klüger. Ja, Du siehst das auch so? Schön. Weißt Du noch, wie oft und wie viel wir gestritten haben? Fast ausschließlich aufgrund von Blödheiten! Will nie mehr mit Dir streiten! Ich liebe Dich. Und du bist für mich die schönste Frau." Du lachst schallend.

Ich frage Dich: „Warum lachst Du so?"

„Ich bin schon ganz heisrig vom vielen zuhören…! - hast Du soeben zu mir gesagt!"

48. Teil   Vollmond und Hexenröhrlinge   Oktober 2012

1. Oktober - Ich sende Dir eine e-mail - Entschuldigung (wieder einmal): Vollmondgeist (böse, gefährlich und zerstörerisch)
1. von Freitag, dem 26. bis Montag, dem 29. Oktober 2012
2. von Montag, dem 26. bis Donnerstag, dem 29. Nov. 2012
3. von Mittwoch 26. bis Samstag 29. Dezember 2012 usw.
.... werde ich weder auf meine Gedanken noch auf meine Intuition hören. Denn das ist definitiv der Teufel. Der Teufel namens **Vollmond.** Und ich werde mich von Dir fernhalten, um uns und vor allem DIR nicht mehr weh zu tun. Ich will und kann und werde alles Mögliche und Unmögliche lernen, damit wir gemeinsam glücklich alt werden. Bitte verzeih mir! Bitte! Das bei Vollmond bin nicht ich. Ich liebe Dich. Ganz bewusst mit dem Kopf, mit meinem Körper und von ganzem Herzen und mit meiner ganzen Seele.

Sms von Dir: „Du würdest mir immer fehlen. Und Bussi. Bin eh nicht mehr gekränkt - schlaf gut - bin bei dir .... Ja, aber schon lieb sein in Zukunft und bei Vollmond zu Hause bleiben! Bzw. ich im Wohnmobil (｡◕‿◕｡)
Und noch eine: „ .... die Milch ist sauer und .... danke für deine Liebe ...... Die Mama hat uns zum Essen eingeladen, wann hättest denn Zeit?“

7. Oktober - Ich war gestern - alle Jahre wieder - am „Rauen Kamm“ am Ötscher. Unglaublich schönes Herbstwetter da oben! Respekt vor Gefahr. Schönheit der Heimat, Aussicht.

Dann waren wir beide in der Wachau. Und nun schläfst Du. Du bist krank. Warte schon mit Sehnsucht auf Dein Erwachen. Das Frühstück steht bereit.
Wir lernen sehr an unserer Liebe. Ich an mir in Bezug auf Dich. Du an Dir in Bezug auf mich. Ich an mir in Bezug auf mich. Du an Dir in Bezug auf Dich. Wir an uns in Bezug auf das UNS. Das Beste, das mir geschehen hat können. Eine sch..... Beziehungsar-

beit ist das aber schon! Echt! Ja, wirklich!

Irgendwie hab ich im Moment wenig Lust zum Schreiben. Meine letzte Eintragung war vor zwei Monaten! Ich dreh mich im Kreis, trete am Stand. So empfinde ich es, wenn ich manchmal zurückblättere und lese ...... denken und empfinden, denken und fühlen. Aber im Moment ohne handeln, so scheint es mir. Es muss Fortschritte, Ergebnisse vorzuweisen geben. Wenn diese eingetreten sind, werde ich weiter berichten. So ist zumindest mein derzeitiger Plan. Um hinter ein Kapitel unseres Lebens mal einen Punkt zu setzen. Wann? Ich weiß nicht. Nächstes Jahr werden auf jeden Fall große Weichen gestellt: WO wir gemeinsam wohnen werden. Nicht WANN. Und ich möchte im Moment nicht weitere zweihundert Seiten darüber, wie sehr wir uns lieben oder streiten - *Lernprozesse* und *Aha-Effekte* nenne ich das ab sofort anstatt *streiten* - schreiben.

Hab ich schon erwähnt, dass ich ROTE ROSEN von Dir bekommen hab? Irgendwann einmal, dachte ich, ist DIESER Moment der richtige, unsere Geschichte fürs erste in Schriftform zu beenden. Um ein neues Tagebuch zu beginnen. Teil zwei sozusagen. Das sehe ich nun ganz, ganz, anders.

8. Oktober - Du schläfst, Du bist noch immer krank. Wieder erwarte ich mit Freude Dein Erwachen. Viel Tee, viel Honig, viel Suppe, das wird schon wieder. Letze Woche habe ich wieder so viele schöne Komplimente von Dir bekommen. So wie ein Thermenaufenthalt den Körper verwöhnt, so sind Deine Worte für meine Seele.

11. Oktober - Einen großen Korb **Hexenröhrlinge** (flockenstielige) gesammelt..... Besuche meinen pilzbewanderten Onkel und zeige ihm meinen großen, stolzen Fund. Seine Antwort: Die essen wir nicht. Das sind vielleicht Satanspilze. Weiß nicht genau. Aber die Angela .... Ich besuche Angela. Die erste, die von meinem Fund begeistert ist. Und die mich in die Pilzalchimie und Hexenküche einweiht. Danke. Hi. Vor dem Putzen ca. 3 kg.

Danach nur vier Sackerl in der Gefriertruhe! Sehr giftig im Rohzustand. Bei den großen Pilzen Schwamm und Stiel entfernen. Bei den kleinen nur waschen. Unterseite rot. Kappe samtbraun und trocken. Stiel wird beim Abschneiden sofort schwarzblau. Genauso wie der Pilzkopf beim Kleinschneiden. Sieht echt sehr, sehr giftig aus! Wenige geschnittene Röhrlinge in viel ungesalzenem Wasser mindestens fünf Minuten kräftig kochen. (Dampf nicht einatmen, mir war schwindlig!) Das braune Wasser abseihen und die Pilze - die nun die schwarzblaue Farbe ans Wasser abgegeben haben, die Pilze sind nun gelb, das Wasser braun - unter fließendem kalten Wasser solange schwemmen, bis das Wasser klar ist. Danach einfrieren bzw. verarbeiten wie Steinpilze & Co. Schmeckt ausgezeichnet! Und wir leben nach dem Genuss immer noch, hi. Nicht nachahmenswert! Giftig! Nur bei professioneller Handhabung genießbar und nie in Kombination mit Alkohol genießen! Zumindest ist das bei mir so und steht auch so im Internet.

33 Goldregenbabies umgesetzt, 78 Parasole gesammelt und

dabei 26 Feuersalamander gesichtet.
Süßholzgeraspel bis zum * Mitte nächste Seite: Viele sms von Dir: „Du bist mein größter Schatz in meinem Leben." (Wenn ich das lese, beginnt mein Herz schneller zu schlagen. Auch noch nach zwei Jahren). Und „Hey, Bussi - träume von mir! ……. und

ich von dir - esse gerade Mandarinen ...ohjjj sind die sauer. Und ich kuschel mich in Gedanken jetzt zu dir". „.... Schatz aufpassen, dass die Schwammerl auch genießbar sind! ...Bussi mein Engel".

„Guten Morgen ...... hallo, meine Liebe ... bin gerade aus der Wanne und hab eingeheizt. Morgen sehen wir uns! Bussi, Bussi, Bussi, Bussi. Hilfe .... weil ich dich vermisse. Tust eh aufpassen wegen der richtigen Pilze?"

„Hallo mein Schatz - fehlst. Hi, freu mich schon auf heute Abend mit dir!" (Meine sms lass ich weg. Viel zu kitschig. Brrr!)
*Ende des Süßholzgeraspels

16. Oktober: Ich sende Dir eine sms: „Arte TV anschauen. Jetzt! Bussi - Die Zukunft pflanzen ..... von Marie-Monique ROBIN / Mexiko / Mais, Bohnen und Kürbis auf einem Acker anbauen. Keine Monokultur! Milpa-System / Mayas / Unkraut ist kein Unkraut sondern Futter für unsere Tiere. Usw. usw. UNGLAUBLICH. Eine neue Idee für unser Leben? Ich bin begeistert. Anschauen, kann ich Dir nur sagen, mein Schatz!

Sms von Dir: „... unglaublich, hab´s gesehen, bin froh, dass ich dich hab."
Letzte Woche ca. 20 kg Hexen-, Maronenröhrlinge und Parasole gesammelt und mit meiner Mutter verkocht, tiefgefroren und getrocknet. Dein Misstrauen gegenüber meiner Pilzkenntnisse ist verschwunden. Nach Vorführung und unglaublichem Genuss hast Du das Misstrauen in Vertrauen umgewandelt.

Gestern haben wir beide 35 kg Kürbisse geerntet. In Summe des gesamten Sommers also ca. 58 kg. Nicht schlecht für den ersten Versuch im Hochbeet mit nur zwei eingepflanzten Kürbiskernen! Und ca. 140 Gurken, vielen, vielen, vielen Bohnen und Fisolen, vielen, vielen Datteltomaten usw.

Heute haben wir gemeinsam mit Onkel Hubert und Leo 24 m^3 Reisig für den Winter gehechelt (ha, ha, Tippfehler: gehäckselt). Phu. Du hast ein paar kräftige Hiebe abbekommen. Das tut mir leid. Aber „gehechelt" haben wir wirklich, ha, ha.

23. Oktober - Heute ist ein Jahrestag für uns. Der ZWEITE! Wir haben ja mehrere. Diesen nenne ich *Erstes Frühstück.* Wir wollten eigentlich feiern. Um 8 Uhr frühstücken, um 12 Uhr zum See auf die Bank .... so, wie vor zwei Jahren. Doch aus Zeitknappheit wird das auf übermorgen verschoben. Arbeit, pha! So was Blödes!!! Morgen Jahrestag *Erster gemeinsamer Nachmittag*. Übermorgen Jahrestag *Erste gemeinsame Nacht.*
Zwei Jahre sind wir schon ein Paar, unglaublich. Du kaufst ein neues Wohnmobil. Wir werden ein paar Tage in eine Therme fahren. Noch vor meinem Geburtstag? Wir klopfen in den nächsten Tagen die dumme Ytongverkleidung vom Ofen herunter, sonst erfrieren wir im Winter.

Wir haben letzte Woche die Wohnungen meiner zwei Großen in Wien besichtigt. Toll, ich bin stolz auf euch. In der großen Stadt zufällig im selben Stiegenhaus. Schön. Das beruhigt mich schon, ganz ehrlich! Ich liebe euch. Dominique, mein Sohn, endlich hast du Arbeit, die dir Spaß macht, die dich fordert, gefunden. Bin ich froh! Und endlich „Kohle", weil du einen zwar anstrengenden, aber lukrativen Job hast. Und das mit dem Studium machst du doch mit „links". Mirjam, meine Tochter, endlich hast du deine letzte Prüfung auf der UNI absolviert, und das äußerst positiv. Bravo! Gas geben und Diplomarbeit schreiben, hopp, hopp! Das Leben wartet, Frau Magister!

Sms von Dir: „Ich denk an dich, meine Liebe. Und schlaf gut. Ich schlaf heute im Freien auf der Liege ..... vermisse dich. Und danke für die Pflanzen."

Wir ziehen 2013 zusammen. Jaaaa. Ja! Ja!

Bin seit 4 Uhr wach, nun ist es 6 Uhr 30! Klappe, die hundertste?

24. Oktober – Im Fernsehen lief vorhin eine Doku über Sterbehilfe. Sehr interessant. Die Ärzte - beinahe alle - sind dagegen. Sie mögen Recht haben. Aber Hut ab vor jenem Arzt, der sich

dazu bekennt, seit vielen Jahren eben diese Sterbehilfe zu leisten. Ein Mann, der seine Patienten jahrelang begleitet, ihr Leiden, ihr flehentliches Bitten so hautnah miterlebt, die vom Leid gezeichneten Eltern oder Ehepartner - alles dokumentiert. Ich kann ihn nicht verurteilen, das nenne ich Zivilcourage. Sehr viel Mut gehört dazu, sehr viel Kraft. All diese Anschuldigungen verkraften zu können. „Nur wer jemals solches Leid selbst erlebt oder bei einem sehr nahe stehenden Menschen mit erlitten hat, darf darüber urteilen", sagt jener Arzt.

Aber vielleicht könnte Sterbehilfe auch Menschen interessieren, die in erster Linie gar nicht vom Leid fliehen wollen, sondern bereits alles Glück dieser Erde erleben durften, die weise sind, zufrieden und reif für das nächste Leben, die primär ihre Angehörigen nicht noch zehn Jahre mit ihrer Pflege belasten wollen? Da wir leider in unserer westlichen Welt verlernt haben, ohne fremde Hilfe einfach sterben zu gehen (wie die Tiere zum Beispiel, die haben es nämlich noch nicht verlernt), ... auf meditativem Wege ihrem Körper einfach einzuflüstern: aufhören zu atmen! um sich endlich in der Zwischenreinkarnation (Bardo) auf die nächste Lebens/Lernaufgabe vorbereiten zu können ....
...... Alte Menschen sollten nur weise hinübergehen.

Sonstiges: Ich hab einen gewaltigen Klopfer!!! Nein! Mehrere.

Und bei Hofer (Einkaufsmarkt) krieg ich schon am Parkplatz überhöhten Blutdruck. Ich hasse die Geschwindigkeit an der Kassa! Irgendwann geh ich da nicht mehr hin. Da ich beinahe nie einen Einkaufswagen benütze (kauf immer nur das nötigste, also wenig), *dersteß* ich mich dann beim Einräumen in mein Stoffsackerl und gleichzeitigem Bezahlen.

In meinem Garten hab ich niemals Stress.

49. Teil Uneben 19. November 2012

„Weißt du", sagst Du später zu mir, „die Hübsche da zum Beispiel mit dem roten Minikleid, mit dieser tollen Figur, die mir schon drei Mal angeboten hat, wenn ich mal jemanden für meinen Hund brauchen sollte, wäre sie gerne bereit, aufzupassen, bla, bla, bla. Solche habe ich zu hunderten in Brasilien voriges Jahr am Strand gesehen, mit derselben tollen Figur. Ich aber hab nur an Dich gedacht, du weißt es. Also, was soll ich mit der dann anfangen? Du hast mindestens auch so eine tolle Figur, Du bist unglaublich sexy - sorry", grinst Du mich spitzbübisch lächelnd an. „Und du bist eine unglaubliche Seele. Was mach ich da mit diesem jungen Gemüse, das von nichts eine Ahnung hat? Du bist meine Frau und du weißt, wie ich zu Treue stehe. Wir wollen ein Leben gemeinsam verbringen, niemals würde ich das auf Grund einer unnötigen Dummheit kaputtmachen. Soviel Honig kann mir gar niemand ums Maul schmieren!"

Ich danke Dir für das Vertrauen, das ich in Dich habe, unerschütterlich. Das ich getrost haben kann, weil es so ist.

Liebe Mutter!

„Ich bin dankbar, endlich einen tollen Mann an meiner Seite haben zu dürfen. Ich bin dankbar, wenn ich ganz selbstverständlich ein Stück Holz holen und in den Ofen schieben kann, damit ich es warm habe. Ich bin dankbar, wenn ich ein Glas Milch trinken kann, eine Suppe essen. Dankbar für das gute Bauernbrot, freu mich über die Sonnenstrahlen, die durch das Fenster herein blinzeln. Schau, welch schönes Muster die Sonne durch die Vorhänge auf den Tisch wirft! Die Hasen und die Rehe kommen bis an unsere Haustür, laufen über deine Wiese. Die Vögel ziehen ihre Jungen unter unserem Dach groß. Und du jammerst und bist nur unzufrieden. Ich hab mein Haus verkauft, damit DU nicht mehr alleine leben musst. Und was bist du? Traurig, weil ich keine 100 Stück Rindvieh in den Stall stelle, keinen Acker betreue!"

Du sagst: „Das verstehst du nicht."
Ich sag: „Dir wird der Bauernhof immer wichtiger sein, als deine Kinder."

Du sagst: „Ja, wenn man ein Leben lang etwas aufbaut, aufbaut nur für die Kinder, dann versteht man das. Du verstehst mich nicht. Ich bin nicht so hart wie du, ich würd am liebsten sterben, weil du von uns gegangen bist, weil Ludwig mich allein gelassen hat, weil er gestorben ist."

Ich: „Ja, ich versteh ja auch, dass du deinen Mann, meinen Vater vermisst. Aber Millionen Menschen verlieren durch den Tod ihren Partner, du hast kein Einzelschicksal. Warum bist du stattdessen nicht froh, dass du eine so gute Ehe hast erleben dürfen, dankbar, für alles, was du Schönes erleben durftest? Einen Mann, der dich nie betrogen, geschlagen, der dich nie mit Alkoholkonsum in Konfrontation gebracht hat .... Du hattest einen Mann, der ein toller Vater zu euren Kindern war, ganz im Gegensatz zum Vater meiner Kinder.... Du musstest nicht wochenlang im Sommer mit einem Rollkragenpullover herumgelaufen, um so die Würgemale am Hals zu verdecken.
.... Egal jetzt. Ich will nicht von mir sprechen.... Ich möchte dir nur aufzeigen, wie schön du es hattest, trotz all der vielen Arbeit. Warum bist du nicht dankbar für die gemeinsame, schöne Zeit? ... Und was ist mit unserem Autounfall, hast du daraus nichts gelernt? Ich bin sehr dankbar, ihn überlebt zu haben! Und viel daraus gelernt zu haben. Und du? Du jammerst: „warum musste das passieren?". Der Autounfall hatte doch einen Sinn! Und wir leben noch!

Du, meine liebe Mutter jammerst weiter: „Das Leben ist furchtbar, am liebsten würde ich sterben. Ich bin halt so. Und welchen Sinn soll dieser Autounfall gehabt haben? Was redest du da nur daher?"

Ich: „Glaub mir, der Herrgott und auch der Vater, die sind nicht stolz auf dich, das weiß ich. Hast du noch nie etwas von Demut, von Dankbarkeit gehört? So viele Menschen leiden Hunger, haben todkranke Kinder, oder gar keine, oder welche,

die in Amerika leben und die sie nur alle zwei Jahre sehen können. Meine Kinder und ich sind beinahe rund um die Uhr bei dir. Wieder andere sind selber schwer krank oder behindert, haben kein Geld und so weiter und so fort. Warum kannst du nicht dankbar sein für das ausgefüllte Leben, das du führen durftest und immer noch darfst?"
Du, meine liebe Mutter: „Wo hab ich ein ausgefülltes Leben? Der Stall steht leer und fremde Traktoren fahren auf meinen Wiesen, meinen Äckern auf und ab!"
Ich: „Ich hab dir schon einige Male gesagt, ich will, ich kann nur neben Menschen leben, die glücklich sind. Und ich kann dich nicht glücklich machen. Auch deine Enkelkinder können es nicht. Ja, außer wir würden deinen Bauernhof wieder in Betrieb nehmen. Du bist nicht glücklich. Schade. Dann werde ich wieder weggehen müssen, denn im Paradies zu leben und nicht glücklich zu sein ist für mich ein Frevel. Ich versteh dich wirklich nicht.
Und jeden Sonntag in die Kirche zu gehen, das reicht nicht, glaub mir das. Das ist eine Einführung der römisch - katholischen Kirchenmänner, das hat nicht viel mit dem Christentum zu tun. Für mich bedeutet Christ sein, den nächsten glücklich zu machen. Da ich das aber anscheinend bei dir nicht kann, werde ich gehen müssen..... Was sagst du da? Nein, das ist keine Drohung und kein Druckmittel, nein, das stimmt nicht! Aber ich kann über dein Unglücklichsein nicht hinwegsehen. Ich kann nicht damit leben, denn es tut mir weh und sehr leid und ich verstehe es nicht.
[….] Wir räumen mein 30 Jahre altes Jugendzimmer aus und du bist beleidigt. Ich will mir doch nur ein Schlafzimmer neu einrichten! Mit 46 Jahren! Damit ich mit dir unter einem Dach wohnen kann, damit du nicht mehr alleine in diesem riesigen Haus leben musst. Damit du keine Angst mehr haben musst! […] Wir, Oliver und ich, wollen zwei Mauern zum Teil wegreißen, damit wir einen gemeinsamen großen Raum zum Leben und Arbeiten bekommen. Und du bist beleidigt. Aber wie! Ob-

wohl du, zwar zögernd, aber dann doch erleichtert zugestimmt hast, dann doch der Meinung warst, dass die Idee, dass ich mit Mirjam, Dominique und Elias wieder zu dir heraufziehe, vielleicht doch eine gute ist. Und dies gleichzeitig natürlich auch den Zweck erfüllt, dass du dich nichts mehr zu fürchten brauchst, weil ja das Haus dann wieder voll ist. Und du auch wieder eine Menge an Beschäftigung bekommst, kochen, die Wäsche erledigen, einkaufen, Elias von und zur Arbeit fahren usw. usw. .... Du, meine liebe Mutter sagst zu Oliver: Bist du größenwahnsinnig? ..... weil wir aus drei Zimmern einen schönen, sonnendurchfluteten großen Raum machen ..... Aber hast nicht du ein Haus mit 10 Zimmern, drei WC´s, drei Bädern und unzähligen Vorräumen usw. gebaut? ... Ach ja, natürlich, alles nur für mich. Und trotzdem hab ich euch im Stich gelassen, sagst du .... Bitte? Was, was hast du soeben gesagt? .... Oh! Ja, ich verstehe, ich bin schuld ..... Du sagst: Ich bin schuld, dass mein Vater gestorben ist? .... Du sagst, ich hab ihm das Herz endgültig gebrochen, als ich wieder ausgezogen bin und eurem, seinem Erbe endgültig den Rücken gekehrt habe? Ich denke, es ist besser, wenn ich jetzt aufstehe und den Raum verlasse .... Und ich soll nicht schon wieder so böse werden, so laut? Ich? Du wirst mich nie verstehen. Und ich dich auch nicht. ... Wie bitte? ... Ohja, Du hast recht. .... du bekochst uns alle, das ist ganz, ganz lieb von dir. Du machst die Wäsche, das ist ganz, ganz lieb von dir. Du bist sehr fürsorglich, wirklich. Und ich sag das auch jedem. Immer wieder erzähle ich, dass meine Mutter mich oder meine Kinder sogar um Mitternacht von Wien holen würde, wenn es notwendig sein sollte. Man kann alles von dir haben, wirklich. Aber warum lässt du nicht allen ihren freien eigenen Weg, das zu tun, was sie wollen, warum willst du jedem - vor allem mir - deinen Willen aufzwingen? Ich würde daran zerbrechen. Warum bist du nicht froh darüber, dass ich endlich mit einem Mann glücklich bin, mit einem, der mich gut behandelt? Und vor allem, der darauf pocht, dass die Tochter auf die Mutter zu achten hat. Der dafür verantwortlich ist, dass

ich mit meinen drei Kindern nun mit dir, bei dir unter einem Dach wohne .... Warum sagst Du: Wenn du zumindest jetzt einen Bauern genommen hättest. Warum sagst du zu Oliver: Schade, dass du kein Bauer bist. Phu!!!
Und glaubst Du wirklich, dass dein Mann, mein Vater, der geliebte Großvater meiner Kinder, als er im Sterbebett lag und du ihm angeblich das Versprechen abnehmen musstest, „Der Hof soll der Hof bleiben“, damit meinte, ein Leib-und Seelenbauer solle den Betrieb genauso wie gehabt weiter führen, auch wenn das ein Fremder sein sollte, da anscheinend niemand aus der Familie Interesse oder das Zeug dazu habe?
Ich glaub das nicht. Und Daniel, dein Sohn, genauso wenig. Und meine Kinder sehen das auch so. Eigenartig. Findest du nicht?
Kannst du wirklich verantworten, seinen geliebten Enkelkindern die Heimat zu nehmen, verantworten, unsere, deine Heimat an Fremde zu vergeben? Der Autounfall jedenfalls hat dies verhindert. Eigenartig, findest du nicht?
Vielleicht hast du recht, ich verstehe es nicht: Denn mir sind meine Kinder näher als jeder Besitz, jeder Eigenwille. Es tut mir leid. Es wird schon seinen Sinn haben, so oder so .... Ich bin voller Emotionen? Stimmt. Und an Vorwürfen? Stimmt. Ich lass das nun bleiben mit meinem Redefluss. Es hat keinen Sinn.

Du, meine liebe Mutter weinst: „Warum nur verstehst du mich nicht? Überall rundherum wird an den Bauerhöfen gebaut, gearbeitet. Egal, wo ich auch hin schau. Überall sind die Jungen am werken. Nur bei uns hat es nicht funktioniert. Kannst du dir vorstellen, wie weh uns das getan hat, dem Ludwig und mir? ... Du hast doch von Anfang an gewusst, dass du diejenige bist, die den Hof übernehmen wird! Und immer kommst du mit den falschen Männern. Wir haben doch all die langen Jahre nur für dich all das aufgebaut. Nur für dich! Haben uns nichts gegönnt. Nur gearbeitet. Aber immer schon haben uns alle gefragt, warum wir uns das antun. „Bleibt ja sowieso keiner von euren Kindern daheim“, haben sie andauernd zu uns gesagt [...]“

Ich stehe auf und verlasse den Raum. Mag sein, dass ich unhöflich bin. Und nichts verstehe. Und hart. Und unsensibel. Und undankbar. Doch die vorangegangenen Aussagen und die, die nun folgen würden, kenne ich zur Genüge – auswendig. Hab ich sie doch in meinem Leben wohl schon hundertmal gehört. Und trotzdem und immer wieder und jedes Mal bricht es mir beinahe das Herz, wenn ich meine Mutter, die ich so sehr liebe, die so fürsorglich und hilfsbereit ist, von der man wirklich alles haben kann, die mir das Leben geschenkt hat, alleine mit ihrem Kummer zurück lasse, im Stich lasse, sie nicht trösten und ihr kein Verständnis entgegen bringen kann. Ich kann es nicht! Es ginge über meine Kräfte. Das tut es im Übrigen schon. Ich muss mich schützen. Denn sonst breche ich. Es tut mir so leid.

Und dies war hoffentlich mein letztes Anklage – und Jammerkapitel. Pfui an mich ..... Musste es mir halt einmal von der Seele schreiben. So ist es eben. **Uneben.** Leider.

Du, mein Schatz, hast mir heute gemailt: „Kein Zuhause, aber einen Staubsaugerroboter hab ich, hi". Wie treffend.

Wir haben unsere Liebe, wir brauchen nur mehr das passende Dach über dem Kopf. Ein Platzerl im Paradies unterm richtigen Baum. Wo wird der sein? ..... Im Moment weiß ich gar nichts!

Du hast mich soeben angerufen – es ist kurz vor Mitternacht: „.... Du bist mein bester Freund, und mein einziger Sexpartner, der beste, den ich je hatte. Und durch dich bin ich groß geworden. Ich habe gerade Xandi und ihren Freundinnen erzählt, dass wir beide nach der Party am Freitag zwei Tage nur im Bett waren, hi. Ich bin so stolz darauf, erzählen zu dürfen, wie gut es mir mit dir geht, wie gut es uns geht. Ich finde es sehr wichtig, dies auch den anderen zu zeigen und mitzuteilen.

... Ach ja! Und sei weise! Du hast es nicht nötig, dich mit irgendeiner Frau zu messen oder zu vergleichen, das kannst du mir glauben, weder bezüglich Aussehen, noch Alter, noch von Deinen Erfahrungen oder dem, was du bereits gemeistert hast.

Und du bist obendrein noch mein aller-allerbester Freund! So ist das eben. Also: Sei nicht **Uneben,** hi! Das ist für mich sehr, sehr, sehr wichtig. Ich liebe dich. Und ich brauche noch ein wenig Magie, was deine Mutter anbelangt. Oder was auch immer. Das werde ich auch bis Ende dieser Woche nicht mehr schaffen. Aber dann. Hoffentlich. Ich durchschaue jeden Menschen. Aber jemanden wie deine Mutter hab ich noch nie erlebt. Im Moment, das geb ich ehrlich zu, bin ich ziemlich ratlos. Aber das wird schon. Ja, und wenn alles besprochen, entschieden ist, wo wir gemeinsam wohnen werden, dann verspreche ich dir, dann machen wir die lange schon versprochene Reise. Wir setzen uns ins Flugzeug. Dann sind wir ganz frei. Weil wir eine Entscheidung getroffen haben. Und ab geht´s in die neue Zukunft. Und wie du so schön gesagt hast, dann feiern wir, weil nun ein anderer Wind weht! .... Bezüglich deiner Mutter .... Wir werden sehen. Klappt das Zusammenwohnen bei ihr, mit ihr, dann haben wir alle unseren Platz gefunden. Kommt sie aber von selbst nicht dahinter, dass sie dankbar sein kann, - weil sie ja nicht alleine leben möchte - dass sie unser Dasein und das deiner Kinder schätzt, sondern weiterjammert bezüglich des Bauernhofs, oder bezüglich des sterben Wollens, dann, ja dann müssen wir wieder gehen. Es wäre so schön und einfach. Einer hilft dem anderen. Eine richtige Familie. Wir schätzen ja auch ihr Kochen, das Erledigen der Wäsche, dass sie dir manches abnimmt. Zum Beispiel, dass sie Elias von der Arbeit abholt oder hinbringt, von Freunden holt usw. usw. .... Du glaubst nicht wirklich daran? Ich weiß. Ich fände es schade, aber, wie du richtig sagst, dann müssen wir beide uns eben ein Häuschen kaufen. Wir zwei ganz alleine. Aber warte ab. Hab Geduld mit deiner Mutter. Wer weiß, wie alles kommt.... Hab Geduld."

50. Teil Weisheit braucht Zeit und Narben 22. Nov. 2012

Alte seelische Verletzungen
Trauer, Wut und Zorn
vieles tief verwurzelt
manches frisch –
verlassen mich, lass ich los

Herz fließt und Tränen klopfen
Weisheit braucht Zeit und Narben
leben und leben lassen.
Reifezeit, wie ein roter, süßer Apfel
Weise werden geht auch nur im Herbst

Gedanken, Gefühle …... Wusste nicht, dass man sich selber strömen kann. Füße und Hände schwer wie Blei.

Shiddartha als Film in nichtdeutscher Sprache angesehen. Buch besser. Viel besser. Samsara in fremder Sprache angesehen. Ja… Samsara eben …. Sünde, leben und sterben. Tod und Leben.

Meide im Moment - alle Monate wieder - Kontakt zu Menschen so gut als möglich. Kraft und Ruhe - Ruhe und Kraft - Einkehr - Rückzug - November, mein Monat - Sinnlichkeit - Okkultismus - Mystik - Nebel - Blätter fallen von den Bäumen - Sterben der Natur - Winterschlaf - Allerheiligen - Allerseelen.
In der Stille hörst du dein eigenes Herz.
In der Badewanne. Mit den Ohren unter Wasser.
Ein unglaubliches Erleben.
hhhhhmfffff hhhhhmfffff hhhhhmffffff hhhhhmffffff, der Atem;
Bbum bbum, bbum bbum, bbum bbum, bbum bbum, das Herz;
hhhhhmfffff hhhhhmfffff hhhhhmffffff hhhhhmffffff, der Atem.
Mein Herz ist mir nahe. Ich bin meinem Herzen nahe. Herzschlag, voluminös, Ehrfurcht. Noch nie so wahr genommen -

wow. Und tieeeef ein- und ausatmen. Ein rauschender Sturm in der Lunge, den Ohren, ein beruhigender Orkan. In den Schlaf wiegend bis zu den Zehenspitzen. Mutterleib. Gnädiger, demütiger, noch ruhiger werden. Die anderen leben lassen, scheint es auch noch so dumm, oberlächlich, unweise, material-/ kapital-/egoistisch.
Bin ich denn ein Richter?

Ein Auto fährt zum Haus. Die Scheinwerfer projizieren durch das Fenster Umrisse der Bäume in mein heimeliges Zimmer, an den Plafond, auf mein Bett, über mein Gesicht. Stille. Holz knackst im Ofen. Feuerschein verfärbt die Wände.
Wie im Märchen.

Jede gute Tat, jedes Verbrechen wird über deine Zukunft, dein nächstes Leben bestimmen.

.... Da kenne ich jemanden sehr gut: Hör auf, sagt er, Dich für Deine nicht guten Taten zu schämen. Dann kommst Du in diesem Leben zu nichts anderem mehr!

Der Dalai Lama sagt: Wenn Du merkst, dass Du einen Fehler gemacht hast, korrigiere ihn so RASCH als möglich.

Josef Zotter (Schokolade) sagt: Das Glück liegt im Scheitern ...

Liebe die Momente, wo ich DICH so nah, so innig, so sehr, so intensiv spüre, fühle, in Dich eintauche, Du mich ein/ausfüllst/fühlst, umhüllst. - Egal, ob Du bei mir oder weit weg. - Egal, ob körperlich, geistig oder seelig weit weg von mir oder nah ..... Seelisch? Seelig?

Liebe die Momente, wo ich MIR so nahe, wo ich MICH so innig, so sehr, so intensiv spüre, fühle, in mich eintauche, mich in mich hineinfühle, mich selber ausfülle, mich umhülle.

51. Teil Sklaven der Meinung anderer 11. März 2013

Letzte Eintragung war vor 4 Monaten!
Habe heute beim Abstauben von Büchern Notizen von mir gefunden. Von 2005, 2006 und 2007. Irgendwo abgeschrieben, auf Servietten und Tankrechnungen niedergekritzelt, herausgerissene Zeitungsausschnitte, eselohrige Spruchpostkarten, ….. wohl, weil sie mir damals ans Herz gegangen sind. ….. War wohl zu jener Zeit schon leicht verrückt oder lyrisch oder philosophisch ….. oder hab zu begreifen begonnen ……

Die Zukunft hat viele Namen.
Für die Schwachen ist sie das Unerreichbare.
Für die Furchtsamen ist sie das Unbekannte.
Für die Tapferen ist sie die Change.
*Victor Hugo

Klage nicht so sehr
über einen kleinen Schmerz,
das Schicksal könnte ihn
durch einen größeren heilen.
*Christian Friedrich Hebbel

Das Leben soll kein uns gegebener,
sondern ein von uns gemachter Roman sein!
*Novalis

Man muss Neues machen,
um etwas Neues zu sehen.
*Georg Christoph Lichtenberg

Glücklich,
wer mit den Verhältnissen zu brechen versteht,
ehe sie ihn gebrochen haben.
* Franz Liszt

Der Langsamste,
der sein Ziel nicht aus den Augen verliert,
geht noch immer geschwinder als jener,
der ohne Ziel herumirrt.
*Gotthold Ephraim Lessing

Hinter jeder Verzweiflung
steht eine Vergötzung.
*Viktor Frankl

Von mir gekritzelte Zusammenfassungen bzgl. *Gespräche über das SEIN* von *Jiddu Krishnamurti:

.) Die meisten von uns sind die **Sklaven der Meinung anderer**.
.) Um moralisch zu sein, muss man die Moral der Gesellschaft verleugnen.
.) Ich lebe nur, wenn ich der Vergangenheit und der Zukunft sterbe.
.) Autorität, Gehorsam und Vorurteile haben viel Elend in die Welt gebracht.

Wenn ich allen Dummheiten,
jeglicher Brutalität,
Arroganz,
Stolz, Gewalt,
Vorurteilen
sterbe,
stelle ich mich außerhalb der Gesellschaft

Selbsterkenntnis – Selbstfindung
Du musst Dich verstehen
Und kein anderer
Hör nicht auf das
was andere über Dich sagen
Wenn wir uns selbst verstehen
hört die Autorität anderer auf

Ein Krishnamurti - Anhänger hat im Jänner 2008 zu mir gesagt: Sei endlich realistisch und wage das Unmögliche!

Und dann hab ich das aufgeschrieben:

So war die Vergangenheit	**So soll meine Zukunft aussehen**
Beeil Dich!	Geh langsamer!
Sei immer fleißig!	Sei auch mal faul und gib es zu!
Nimm dich nicht wichtig!	Ich bin wichtig!
Was Du willst, ist nicht wichtig!	Was ich will, ist wichtig!
Du bist an allem schuld!	Ich bin nicht an allem schuld!
Geld ist nicht wichtig!	Geld ist wichtig!
Sag nie, was Du denkst und fühlst!	Ich sag alles!
Jammern gehört dazu!	Lache! Lache! Lache!
Setz Dich immer unter Druck!	Scheiß auf Druck!
Das Leben ist nun mal schwer!	Das Leben ist schön!
Sag, was die anderen hören wollen!	Ich sag meine Wahrheit!
Ich bin authentisch! Ich bin ich!	Ich bin authentisch! Ich bin ich!

Notizen aus 2005: Mein Tierkreiszeichen steht für Tod = Leben = Auferstehung = Wiedergeburt = Reinkarnation = Geschenk des neuen Lebens = Geschenk der neuen Möglichkeiten. Nach dem Sommer kommt der Herbst; nach einem Regen kommt manchmal ein Regenbogen. Gottes Bund mit Noah (Genesis).

2005 - Buchberg in Reinsberg

31. März -
Der schönste Winter meines Lebens! Schnee von Oktober bis nach Ostern, aber wie!
Ostersonntag und ich sehe um fünf Uhr morgens aus dem Fenster: Tiefster Winter, die schönste Schneelandschaft, die man sich nur vorstellen kann! So liebe ich den Winter. So sollte er jedes Jahr sein!
6:22 .... Ich gehe jetzt langlaufen.
8:48 - War mit den Langlaufskiern bei meinem Vater auf dem Friedenshof (so hat Elias, mein Jüngster einmal dazu gesagt – schön). Ich bin zurück und glücklich. Jetzt werde ich mit meiner Mutter ein ordentliches Osterfrühstück einnehmen.
Und dann fahr ich zu Dir!

FROHE OSTERN, MEIN SCHATZ
Weil Du die richtigen Werte für das Leben erkennst
weil Du anders als die anderen bist
weil Du mich das Leben gelehrt hast
weil Du mich - (meistens (｡◕‿◕｡) - verstehst
weil Du meiner Familie gut tust
weil Du spirituell bist
weil Du mich liebst
weil Du schön bist
weil Du klug bist
weil manche Deiner Eigenheiten,
mit denen ich nicht immer klar komme (｡◕‿◕｡)
verschwindend gering sind im Vergleich
zu den oben genannten Punkten
liebe ich Dich
Danke

8. April 2013 –
...... Wir beginnen mit dem **Nestbau** – Jaaaa!!! Baustelle .....

Was hast Du da heute gesagt?: „...... Und im nächsten Leben heirate ICH Dich und kein anderer!!!" - Oh! Ich danke Dir. Die Nacht davor im Bett: „Du bist die schönste Frau, die ich jemals gesehen hab." - Oh, ich danke Dir, Du Schmeichler, Du Charmeur, Du!
Und: „Im nächsten Leben beginnen wir früher mit unserem **Nestbau**! Spätestens, wenn ich 25 Jahre bin." – Jawohl, mein Meister. Zu Befehl. Nur zu gerne!

Was ich letzte Woche alt/neu gelernt hab:
Negatives liegen lassen, Positives aufheben.
ALLES Negative liegen lassen, ALLES Positive aufheben!!!
Nicht so egoistisch, nicht so empfindlich, nicht so sensibel sein.
Humor!!! Leichtigkeit!!! Spaß!!! ..... Liebe Grüße an Oliver!
LACHE, LIEBE, LEBE LEICHT .... Liebe Grüße an Eva Maria!

Und ich hab mich schon wieder in Dich verliebt.

Die Baustelle geht voran. Ein Container beladen mit Bauschutt.

Anständig essen – Doku im TV: „[....] Mir tut so viel weh, was anderen nur leid tut [.....] und warum sollte ein Filmchen etwas bewirken, wenn Tschernobyl auch nichts bewirkt hat? [......]"

Super, sag ich, jetzt hat ein Batteriehuhn endlich mehr Platz zur Verfügung als die Fläche einer A4 Seite groß ist! Nämlich eine A4 Seite plus einer Postkartengröße .... Neue Gesetze. Ha.

Warum bin ich vor einem Jahr zum Bio-Vegetarier avanciert? Aus moralischen Gründen ..... Menschenrechte, Tierliebe, fair trade, Umweltbewusstsein, Verantwortung, Vorbild, unsere Erde .... , die Kinder, die Kinder unserer Kinder. Kann es nicht mehr verantworten, Eier aus Legehennenbatterien zu essen; Tierquälerei, Spaltenboden, tote Hühner, Schweine, Truthähne usw. zwischen lebenden; Stierbabies, die am dritten Tag ihres

Lebens um 50 Cent (!) pro Sück (!) von der Farm weggeholt werden, um SCHONEND (human!!!) getötet und zu Hundefutter verarbeitet zu werden. Warum? Liegt ja wohl auf der Hand, was macht eine Milchfarm mit Stieren? Ach, ich verstehe, klar doch.

Wie war das noch mal mit Ethik und Moral?
Oder Kapital- / Material-ISMUS? (IS it a MUSt? ISs lieber MUS!)

Übrigens .... Stichworte zum Nachdenken: Ich bin ein Fan vom neuen Papst. Er will die verschiedenen Religionen in Kommunikation einander näher bringen;
Franz von Assisi: vom Kapitalismus zur Armut übergewechselt. Plädiert: Kirche für die Armen, lehnt jeglichen Luxus, jeglichen Komfort ab - Wasser mit Feuer in einem Topf ..... geht nicht: Also entscheide Dich zwischen Ethik und Moral oder Kapitalismus und Materialismus! Zurückhaltung, Demut, Treue, beschützen ..... Keine Kirche bauen! Kirche nicht mit Steinen, sondern mit Menschen .... - Gilt für alle Christen und alle Religionen.
Wachen über der gesamten Schöpfung. Genesis!
Verantwortung für jeden Menschen. Herz trocknet sonst aus.
Verantwortung gegenüber der Natur. JEDER ist Wächter und Beschützer der Schöpfung! Jeder!
Sich kümmern und zärtlich sein ist nicht Schwäche, sondern Liebe. Lebet die Liebe! Liebe leben mit Ausländern, Sträflingen, den Ärmsten, der Umwelt, der Ökologie! Den Anders-artigen ....
Fürbitten bei der Papstweihe in arabisch, Suaheli, chinesisch, jüdisch usw.
Mahnung an alle Politiker: Verantwortung!
Kollegialität und Dezentralisierung .... Usw ......

Wie kann ICH was bewirken? Was kann ICH tun? Wie bewirke ICH effizient und nachhaltig Veränderung, Verbesserung?

53. Teil **Homo Sapiens** **26. August 2013**

Harmonie – Die Mitte - Der Herbst kommt -
Ca. 2 kg Himbeeren, einen riesigen Korb Sellerieblätter zum Trocknen und Einfrieren, einige Tomaten, 12 Riesenkarotten für die Karottensuppe, einen Korb Äpfel, eine große Schüssel Ringlotten (meine Mutter hat sie bereits zu Marmelade verkocht) und Zwetschken zum Trocknen geerntet. Dein Zuckermais ist auch prächtig geworden. Und gut! Drei Wäschekörbe Urgrünkohl letzten Sonntag tiefgefroren. Sehr, sehr lecker, enthält Folsäure und sämtliche Vitamine. Und Berge an Zuckerhut ebenfalls tiefgefroren. Das freut mich nicht so, aber es sind alle Samen, die Du im Frühling gesät hast, aufgegangen und ich will nichts verderben lassen. Im Winter werden wir uns darüber freuen.

Geh jetzt zum ersten Mal seit dem Frühling wieder in die Sauna. Der Sommer geht zu Ende. Hab ein bisschen Wehmut …... So, liege in der Sauna. Herrlich! Die hab ich von Dir/vom Osterhasen bekommen. Bussi. Danke. Hab Dir soeben eine sms gesendet: „Bussi aus der Sauna. Liebe Dich. Bist mein Herzensschatz. Danke für die Sauna!"

Hab solange schon das Tagebuch nicht zur Hand genommen! Vier Monate. Hatte keine Lust, zu schreiben. Anderes war mir wichtiger. Unsere Baustelle in ein gemütliches Heim zu verwandeln zum Beispiel. Du hast Deinen Dir ganz persönlichen Stil wunderbar eingebracht. Und Deine tollen Ideen. Und natürlich viele, viele Arbeitsstunden. Schwielen haben wir beide auch davongetragen. Aber es hat (meistens) unglaublichen Spaß und Freude gemacht. „Eine richtige Lounge habt ihr da herbei gezaubert", hat Dominique es treffend beschrieben. Ja, wir sind zusammen gezogen. Hab ich darüber überhaupt schon geschrieben? Im Juli war das. Wir haben Dein großes Haus in P. innerhalb einer Woche ausgeräumt und geputzt. Phu! …

Und mit dem Gemüsegarten war ich auch sehr beschäftigt. Hab ihn um vier weitere Beete vergrößert. Und unsere Arbeit hat uns immer wieder vom Umbau abgehalten. Ohne Geld ka Musi, heißt's ja bekanntlich bei uns.

Dies ist unsere fünfte gemeinsame Woche. Wir leben unter einem Dach! Kann es immer noch nicht richtig realisieren! Oliver und Noja wohnen zusammen. Und sind seit beinahe drei Jahren ein Paar! ... Du bist vorhin auf Termin gefahren. Freu mich schon wieder auf Dich! Turbulenzen hat es ab und zu gegeben im letzten halben Jahr - zwischen uns und bzgl. Baustelle usw. Wir haben drei Wände weggerissen - vier Tonnen Bauschutt. Meine Mutter hatte eine enorme Krise, Veränderungen haben ihr schon immer Angst gemacht. War nicht die leichteste Zeit. Ich danke Dir für Deine Geduld und Einsicht und Weisheit, Dinge und Menschen immer wieder in die richtige Richtung zu lenken.

Hab bzgl. *Tag und Nacht* gemeinsam mit Dir unter einem Dach zu wohnen anscheinend mehr die Krise bekommen als Du. Aber die große Aussprache - hab Dich drei! Tage nicht zu Gesicht bekommen, Du warst irgendwo mit dem Wohnmobil unterwegs ..... - hat alles wieder in Harmonie gerückt.

Weisheiten......
Von Kleopatra zu Mutter Teresa...................... ein weiter Weg
Vom Vogel Strauß zu Jiminy Grille .... ein weiter Weg
Von der Egoistin zur Über/Hineinblickenden...... ein weiter Weg
Vom Bitzeln zum Stein der Weisen ... . ein weiter Weg
Viele Schritte sind getan. Viele Schritte werden noch folgen.

Welche Bücher mich heuer unter anderem sehr beschäftigt und geprägt haben: Jonathan Safran Foer - **Tiere essen*
Karen Duve - **Anständig essen*
T. Colin Campell - **The China Study* - (Jedem, der mir etwas bedeutet, schenke ich dieses Buch)
Maria Rollinger - **Milch besser nicht*

Stephane Hessel - **Empört Euch!*
Kafka - **Tagebuch/Dichter von Scham und Schuld* (von Saul Friedländer);

Und Themen wie Jainismus - 3.- größte Religion Indiens – Religion der Vegetarier;
Human Rights; Amnesty International; ..... usw. usw.

Das hab ich mal irgendwo abgeschrieben:
Cirka 10 bis 40 Kilogramm Regenwürmer leben auf einer Fläche von 100 m^2. Auf dieser Fläche schleusen sie pro Jahr etwa 2,5 Tonnen Boden durch ihren Darm und hinterlassen dabei beste, mit Mikroorganismen belebte Erde.

In einer Handvoll lebendigem Boden befinden sich angeblich mehr Lebewesen als Menschen auf der Erde.

Was mich unter anderem bodenlos EMPÖRT:
.... Das hab ich im Radio gehört ....
Der menschliche Einfluss auf Kulturlandschaft durch bestimmte Anbaumethoden (unsere moderne Landwirtschaft!) oder Verbauung oder Errichtung von Straßen fördert Erosion. In manchen Fällen erodieren jährlich in Österreich bis zu 80t/ha Boden, dadurch gehen 5 mm Bodensubstanz verloren. Die Neubildung von 1 cm fruchtbarem Boden dauert 100 Jahre. 17 % der Böden in Europa sind durch Erosion stark gefährdet.
Und:
Fleischkonsum im Zeichen des Klimawandels: Laut einer Studie hat sich der Fleischkonsum in den letzten 50 Jahren mehr als verdoppelt. Im Vergleich zu 1950 betrug der Fleischkonsum in Mitteleuropa ca. pro Kopf 25 kg. In Österreich werden heute pro Kopf im Jahr knappe 90 Kilogramm Fleisch (Schwein, Huhn, Rind) konsumiert (laut Lebensministerium). Die Bewohner industrialisierter Staaten (also wir) essen um 4 Mal mehr Fleisch, als die Menschen in Entwicklungsländern.
Und:
Der größte Landnutzer der Erde ist die Viehzucht, über 30 Prozent der Landoberfläche und 70 Prozent !!! des landwirtschaftl-

ich genutzten Landes entfallen auf ihr Konto.
Und:
1 kg spanischer (importierter) Tomaten benötigt 180 l Wasser!!!
Oder
Bienenvölker sterben wegen Pestiziden - ich sage, AUFGRUND der Gier der Menschen = Mammon! Man bedenke, was Einstein über den Zusammenhang von Mensch und Biene gesagt hat .....

Meine bodenlose Empörung geht weiter:
ORF 2 – Doku „Weltjournal"
Vom Bauernhof zur Tierfabrik ...Billigfleisch hat auf den gesamten menschlichen Organismus Auswirkungen - von Fettleibigkeit über Depression bis hin zu Krebs und Resistenz gegen Antibiotika ..... Allein in Österreich wurden im Vorjahr 53 Tonnen Antibiotika an Nutztiere verfüttert...... Jedes Jahr nehmen die Europäer 42 Millionen Tonnen Fleisch zu sich, das sind 1,3 Tonnen in der Sekunde!

Schmutzige Schokolade - Kinderarbeit in Kakaoplantagen; Dritte Welt im Ausverkauf usw. usw. usw....

Vegan, die gesündeste Ernährung - * *Der religiöse Grund*

Nachfolgender Text ist nur für die Menschen geschrieben, die an (einen) Gott glauben. Die konkrete Religion ist dabei nicht relevant, weil der Text sich nur auf das Gemeinsame aller (grossen) Religionen stützt.

Gott erschuf nach den Vorstellungen aller Religionen die Welt, die Menschen und die Tiere. Gott hat dem Menschen seinen Körper, seinen Geist und seine Gesundheit geschenkt. Gott hat eine intakte Umwelt mit den darin lebenden Tieren erschaffen.

Ist es vorstellbar, dass Gott Wohlgefallen daran hat, dass ...

.... seine Schöpfung missbraucht und zerstört wird?

.... der Mensch die ihm geschenkte Gesundheit mit schädlicher Ernährung ruiniert?

.... der Mensch seinen Mitmenschen in der Dritten Welt die Nahrung vorenthält, sie verhungern lässt und mit der vorenthaltenen Nahrung stattdessen gequälte „Nutztiere" mästen lässt, weil ihm ein egoistischer Gaumenkitzel mehr wert ist als ein Menschenleben?

.... der Mensch die Umwelt zerstört und eine Klimakatastrophe verursacht?

.... die von ihm erschaffenen Tiere ausgebeutet und gequält werden?

Alles dies geschieht durch den Konsum von Fleisch, Wurst, Milch, Käse, Eiern und anderer Tierprodukte. Wer diese tierlichen Produkte isst, beteiligt sich an einem System, welches Gottes Schöpfung beschädigt und zerstört. Wohlgemerkt eine bewusste Beteiligung bei voller Kenntnis der Zusammenhänge [.....]. Für einen Gläubigen könnte es im [......] enden, dass er die Schöpfung mit Füssen getreten hat, wenn er nach den wenigen Jahren seines irdischen Daseins vor seinen Schöpfer treten muss. Ist ein profaner Gaumenkitzel das alles wert?

Betrachtet man die Fakten, dann steht man fassungslos vor der Boshaftigkeit, Ignoranz, Dummheit und dem Egoismus der Menschheit. Ich empfinde unerträglichen Schmerz und endloses Mitgefühl für die Wehrlosesten, die den Verbrechen der Menschen hilflos ausgeliefert sind: Verhungernde Kinder und grausamst gequälte Tiere. Täglich schwanke ich zwischen Wut, Trauer und Hilflosigkeit, wenn ich mit diesen alltäglichen Verbrechen konfrontiert werde. Aber ich möchte und kann nicht wegschauen, wie die meisten, die das Leid hinter den Mauern der Tierfabriken und Schlachthöfe nicht interessiert. Ich verabscheue das verbrecherische Treiben, das dazu führt, dass täglich etwa 40.000 Kinder an den Folgen von Hunger und Unterernährung sterben, weil man mit der pflanzlichen Nahrung lieber die gequälten Tiere füttert, um Fleisch, Milch und Eier zu gewinnen. Mit diesen tierlichen Produkten (fr)essen sich die Wohlstandsbürger ihre Wohlstandskrankheiten an, die dann als Gipfel der moralischen Verwahrlosung in der Gesundheitsindustrie zu fast immer nutzlosen Tierversuchen führen.

Joaquin Phoenix sprach mir voll aus dem Herzen, als er am Ende des Dokumentarfilms „Earthlings“ über die geschilderten Verbrechen sagte: „Das systematische Quälen und Töten von empfindungsfähigen Wesen zeigt den tiefsten Punkt an Entwürdigung / Würdelosigkeit, den die Menschheit erreichen kann.“ ("The systematic torture and killing of sentient beings show us what is the lowest point of debasement mankind can reach.") In Anlehnung an die Aussagen des jüdischen Literatur-Nobelpreisträgers Isaac Bashevis Singer bin auch ich längst zu der Überzeugung gelangt, dass die Art und Weise wie der Mensch mit Mitgeschöpfen umgeht, der sogenannten „Menschenwürde“ und dem sogenannten „Humanismus“ Hohn spricht. Ich meine: „Das Bezahlen für das systematische Quälen und Töten von empfindungsfähigen Wesen zeigt den tiefsten Punkt an Würdelosigkeit, den ein Konsument erreichen kann.“

Werden Sie vegan. Es ist ganz einfach. Sie ändern lediglich Gewohnheiten. Es ist die wirksamste Methode um auf friedfertige Weise den wichtigsten Beitrag für Klima, Umwelt, Tiere, Menschen und die eigene Gesundheit zu leisten.

.... geschrieben von Dr. med. Ernst Walter Henrich -

**Aktuelle Studie des WorldWatch Institute* - Die extreme Bedeutung der Tierhaltung für den Klimawandel: Das renommierte WorldWatch Institute hat am 21.10.2009 eine Studie über die Bedeutung der Tierhaltung und des Konsums tierlicher Produkte für den Klimawandel veröffentlicht. Demnach ist der Konsum von Fleisch, Milch und Eiern für mindestens 51% der weltweiten von Menschen ausgelösten Treibhausgasemissionen verantwortlich! Das Unglaubliche an dieser Situation ist nicht nur die extreme Bedeutung der Tierhaltung für den Klimawandel, sondern auch, dass die Tierhaltung in fast allen TV-Diskussionen zu diesem Thema totgeschwiegen wird. Dies geschieht, obwohl die beteiligten Politiker, Wissenschaftler, Journalisten und andere Diskutanten um die verheerende Wirkung tierlicher Produkte für das Klima wissen. Oder haben diese Leute sich nicht mit dem Thema beschäftigt und diskutieren trotzdem? Denn ohne eine Umstellung der menschlichen Ernährungsgewohnheiten hin zur veganen Ernährung werden alle anderen Maßnahmen zur Treibhausgasreduzierung so gut wie nichts bewirken und die Klimakatastrophe nicht verhindert werden können. Trotzdem äußern diese Personen ihre große Besorgnis über den Klimawandel und seine verheerenden Folgen. Man hört ihnen fassungslos zu, wie sie den alles entscheidenden und damit wichtigsten Faktor bei der Klimakatastrophe einfach nicht ansprechen. Diesen Leuten ist ihr Gaumenkitzel durch tierliche Produkte offensichtlich wichtiger als die Rettung dieser Welt. Und alle Beteiligten wissen, dass sie vor den Zuschauern eine große Show veranstalten, indem sie Besorgnis äußern, in Wahrheit aber eine Vereinigung bilden, die auf Kosten der Welt nicht von ihren tierlichen Produkten lassen will. Denn sie wissen genau, dass der Klimawandel sie persönlich wahrscheinlich nicht mehr treffen wird, sondern insbesondere die ärmsten Entwicklungsländer und die nachfolgenden Generationen.

*1, *Die Weltmeere* werden zunehmend leergefischt, so dass viele Fischarten kurz vor dem Kollaps stehen. Die Weltmeere werden in einem gigantischen Ausmaß als Müllkippe für Chemikalien und Plastik missbraucht. Ein Großteil der Fische ist mit Giftstoffen erheblich belastet, sodass der Konsum dieser Fische ein erhebliches gesundheitliches Risiko für den Menschen darstellt.

*2, Wie berechtigt *Albert Einsteins Skepsis* bei der Beurteilung der menschlichen Intelligenz war, wird immer deutlicher. Die Situation ist so dramatisch, ja pervers, dass die Menschen durch den Verzehr von tierlichen Produkten nicht nur ihre eigene Gesundheit schädigen, die tierlichen Mitgeschöpfe brutal ausbeuten und den Hungertod von Erwachsenen und Kindern verursachen, sondern auch die Umwelt massiv schädigen, obwohl diese zum Überleben auf der Erde zwingend notwendig ist. Die Menschen sägen den Ast ab auf dem nicht nur sie selbst, sondern insbesondere auch ihre Kinder und Enkel sitzen.

*3, *Die Sache mit dem Welthunger*
Fleisch- und Milchprodukte sind Lebensmittelverschwender Nummer eins. Zur Produktion **einer** tierischen Kalorie werden je nach Tierart 5 bis 16 pflanzliche Kalorien verfüttert. Wertvolle pflanzliche Kalorien werden so verschwendet. Land, Wasser und andere Ressourcen, die für den Anbau von Nahrungsmitteln für den Menschen eingesetzt werden könnten, werden stattdessen für den Anbau von Futtermitteln für sogenannte Nutztiere vergeudet. Nach einem Bericht der Compassion in World Farming wird „Getreide, das dazu genutzt werden könnte, die Hungernden zu ernähren, stattdessen dazu verwendet, Tiere für Nahrung zu mästen."

Weltweit hungern über 1 Milliarde (1.000.000.000) Menschen.

Jede Sekunde stirbt auf diesemein Mensch an Hunger, 30 Millionen (30.000.000) Menschen im Jahr.

Täglich sterben bis zu 43.000 Kinder an Hunger, während ca. 50 % der weltweiten Getreideernte und ca. 90 % der weltweiten Sojaernte an die „Nutztiere" der Fleisch- und Milchindustrie verfüttert werden! Die Verfütterung von pflanzlicher Nahrung zur Erzeugung gesundheitlich bedenklicher tierlicher Produkte ist eine Absurdität, ein Skandal und eine Verschwendung der Superlative: Für die Erzeugung von nur 1 kg Fleisch sind je nach Tierart bis zu 16 kg pflanzlicher Nahrung und 10 - 20 Tonnen (10.000 – 20.000 Liter!) Wasser notwendig.
Jeder entscheidet jeden Tag als Konsument an der Ladentheke, ob er mit dem Kauf tierlicher Produkte zur Zerstörung der Umwelt und zur Klimakatastrophe beiträgt.

Es ist kein Zeichen geistiger Gesundheit, gut angepasst an eine kranke Gesellschaft zu sein. – *Jiddu Krishnamurti

Ich, Noja, appelliere an meine Mitmenschen! Empört Euch (ich verwende Stephane Hessel´s Aufruf) über unsere maßlose Konsumgesellschaft! Und tut etwas dagegen!!! Sofort!!!

Herr und Frau Österreicher werfen jährlich 157.000 Tonnen (!!!) Lebensmittel und Speisereste in die Mülltonne. Das entspricht einem Wert von 1 Milliarde Euro.

Empört Euch gegen die Nutztierhaltung - **Glass Walls* ansehen! Pflicht!!! Ich bin mittlerweile vom Vegetarier zum Veganer geworden - ein harter Versuch. Ich geb es ehrlich zu .... Das geht NICHT ganz leicht! Aber ich kann im Moment dies alles nicht mehr verantworten … und hoffentlich halte ich durch …..

Empört Euch! 286 Millionen Tonnen Tiere werden jährlich weltweit gegessen (gefressen). Das sind mehr als 9 Tonnen Lebewesen pro Sekunde. Schande über uns. 9 Tonnen Fleisch pro Sekunde!

Empört Euch! Der alte funktionierende Fernseher wird ersetzt durch einen Riesenmonitor .... Werft einen Blick nach Ghana auf die Mülldeponien!

Empört Euch! Aufbegehren gegenüber den Medien - Lasst Euch weder von Politikern, Tragödien, negativen Schlagzeilen noch von aktuellen Modetrends oder der alle und alles einlullenden Gehirnwäsche-Werbung manipulieren!

Meine kleinen Schritte:
Habe die praktische Kaffetabsmaschine auf den Speicher gestellt. Jetzt wird wieder mit der alten Filtermaschine Fairtrade-Kaffee gemacht. Oder mit den Kaffepads. Kompost statt Restmüll. Rechnet man 8 Mio Einwohner x 1 Taps pro Tag ergibt das 2.920.000.000 Taps = 2.920 Millionen pro Jahr, liebe Österreicher!
Der Einkauf kommt statt ins Papier- oder Plastiksackerl in die mitgenommene Stofftasche – oder in den Korb.
Keine Erdbeeren, Tomaten, usw. aus weit entfernten Ländern.

Treffen sich zwei Planeten im Weltall.
Sagt der eine zum anderen:
„Du siehst furchtbar aus!"
Antwortet dieser:
„Ja, mir geht´s gar nicht gut, ich habe **Homo Sapiens**."
„Oh, mein Gott! Aber mach dir nichts draus", beschwichtigt der erste Planet, „das hatte ich auch mal, das vergeht!"

Die Zeit lehrt uns,
dass es die Einfachheit ist,
die noch am ehesten die Wahrheit
ans Tageslicht bringt
(unbekannt)

54. Teil **Sebastian** **21. November 2013**

Familienaufstellung vom Juni 2013

Danke an Christina und ihre Schamanenkolleginnen und Kollegen. Und an alle beteiligten. Herzlichen, herzlichen Dank.

Sebastian ………..... viele große Tränen. „Ich wär so gern in eure Familie hineingeboren worden." Du weinst. „Warum hast du mich getötet, mich nicht leben lassen? Ich hätte so gerne zu dieser deiner Familie dazu gehört! Ich hab euch auserwählt, aber Du wolltest mich nicht!"

Kein Vorwurf, keine Anklage, aber große tiefsitzende, verzweifelte, um Erklärung flehende Trauer .... Du wartest auf tröstende Worte von mir, Worte, damit Du verstehen kannst, warum ich Dich so verletzt habe, warum ich diese große Sünde begangen habe. An Dir. An Euch allen. An mir. An uns.

Verständnis, unendliche Liebe, unbeschreibliche Akzeptanz und eine riesige Seele hast Du. Du hast mir verziehen. Auch wenn man diese Größe nicht, gar nicht nachvollziehen kann. Ich beuge in großer Demut mein dummes, dummes, unwissendes Haupt vor Deiner Gnade. Vor Gottes Größe. Vor der Güte des Universums. Vor der unermesslichen Toleranz des Geheimnisses. Ich liebe Dich aus ganzem Herzen. Immer schon. Du hast es gespürt. Es tut mir so leid! Es tut mir so leid! Es gibt keine Worte dafür. Verzeih mir, bitte. Wie kann ich das je wieder gut machen? Nie wieder?

Sei bitte nicht traurig, es wird alles wieder gut. Ich verspreche es Dir. Dieses Leben aber habe ich Dir verwehrt. Wie konnte ich nur. Diese Change kommt nie wieder, nein.

Du weißt es viel besser als ich: Alles hat seinen Sinn, auch wenn ich ihn nicht in Worte zu fassen wage, wohl aber erahne. Du kennst das WARUM. Ich hatte mich intuitiv - auf Grund dieser großen, unbegreiflichen Vorahnung - so entschieden.

Wann kommt der Mut, Deine von so großem Herzen, mit so viel angefüllter Liebe - sie ist in Deinen Augen zu lesen – herzlichen Grüße an Deinen Erdenvater und an Deine Erdengeschwister „[.....] vor allem an meinen ältesten Bruder", sagst Du, „er wäre mein bester, mein allerbester Freund gewesen", mitzuteilen.

...... Und ich dachte immer, Du bist ein Mädchen, Victoria. ....Verzeih mir bitte, Sebastian. Ich werde, wenn es so geschrieben steht, meine mir angemessene Buße antreten.

Oh, Gott, verzeih mir bitte, bitte, bitte.
Mein geliebter Vater, verzeih mir bitte, bitte, bitte.
Meine geliebte Mutter, verzeih mir bitte, bitte, bitte.
Meine geliebte Mirjam, verzeih mir bitte, bitte, bitte.
Mein geliebter Dominique, verzeih mir bitte, bitte, bitte.
Mein geliebter Elias, verzeih mir bitte, bitte, bitte.
Mein geliebter Sebastian, verzeih mir bitte, bitte, bitte.

Ich habe niemals bedacht, dass, wenn ich eine Seerose mit einem Stein im Wasser versenke, die daraus entstehenden Wasserkreise und aufspritzenden Wassertropfen noch andere als mich, nämlich meine mir am nächsten stehenden Seelen, auch benetzen würden.
Es betrifft nicht nur die aufblühende Rose und mich. Nein. Alles ist miteinander verbunden. Und alle sind es.

Dummheit und Unwissenheit und Nichtweisheit begünstigen Sünden und schützen nicht vor Strafe.
Es gibt keine Entschuldigung.

Wir haben uns umarmt, Sebastian, ganz, ganz lange und aus tiefstem Herzen. Wir haben unsere Herzen aneinander gedrückt.
Du hast mir ein Wiedersehen versprochen.

55. Teil Der einsame Wolf und la loba 22. Nov. 2013

Kraut und Rüben – Quergedanken, wieder einmal, viele Ufer:

Heute hast Du Deine Koffer gepackt und bist ausgezogen, wieder einmal ……

Beschreibe keine Details, wären womöglich Wiederholungen. Nun, einen **einsamen Wolf** mit einer **la loba** auf engstem Raum zusammen zu sperren ist ja auch relativ ungewöhnlich, nicht wahr? Wie kann man überhaupt auf so eine unnatürlich blöde, blöde Idee kommen? Aber manche Dinge sind, wie sie sind. Die Wolfsfrau wird zu keinem Schaf, auch wenn man ihr ein Schaffell überzieht, la loba bleibt. Und dasselbe Naturgesetz gilt natürlich auch für Dich, mein einsamer Wolf.

Vielleicht kommst Du wieder, auf jeden Fall! - wenn ja: wir brauchen Freiraum, jeder sein Territorium, am Rande gezeichnet von den Furchen, die durch das Ablaufen des eigenen Bereiches regelmäßig überwacht, und wenn nötig, mit Zähnen und Klauen verteidigt werden.
Nicht nur den räumlichen, nein, auch den geistigen Freiraum müssen wir uns gewähren.

Hab zur Abwechslung in der Numerologie Hilfe gesucht und auch gefunden. Ich liebe Dich. Aber auch Du musst meine Grenzen zu akzeptieren lernen. Und ich Deine (bzw. nicht vergessen!). Gekoppelt mit Verlaub und Respekt und Anerkennung. Bin trotzdem sehr stolz auf uns. Wir lieben/kämpfen uns tapfer vorwärts und nach oben und zusammen.

3 Uhr 35 morgens und noch immer kein Schlaf. Ich vermisse Dich so sehr. Herz hat Reifekummer.

Wieder einmal uralte Notizen gefunden: Ein erfülltes Menschen-

leben ….. Verschiedene Charaktere: Für den einen ist das ……
(um meine derzeitgen Gedanken in Klammern ergänzt):

1, das Schaffen von Werten (z. Bsp. ein Bauernhof, eine Firma, eine Erfindung, ein Haus, eine Stiftung, ein Garten ……...)
2, die Liebe (zum Partner, zu den Kindern, zu Tieren, zur Natur, zu Gott ...)
3, der Sinn des Lebens (seine eigene Wahrheit leben, einfach leben und glücklich sein. Oder z. Bsp. todkrank sein und gerade deshalb riesige Lebensfreude haben, bewusster Umgang mit Allem und Allen… Ich kannte jemanden, der bezeichnete diese Zeit für sich „als die Schönste seines Lebens". Oder bewusst einfach, nachhaltig, ökologisch leben - dem Asket angelehnt. Oder à la Mutter Teresa oder Karlheinz Böhm für Arme Gutes tun. Oder z. Bsp. einen klitze-, klitzekleinen Meilenstein legen bzgl. Kastanienwaschpulver selber herstellen …. Das würde bedeuten:
Keine Waschpulver-Plastikflasche mehr, kostenlos (mit Zeitaufwand) / Gedankenspielereien / Bei einer 4-köpfigen Familie: 1 Flasche pro Monat x 12 Flaschen pro Jahr = 120 Flaschen in 10 Jahren = 240 Flaschen in 20 Jahren .... Wien (2013) 1,7 Mio Einwohner .... angenommener Durchschnitt von 425000 Familien a 4 Personen je Haushalt ....
wären in 20 Jahren 102.000.000 Flaschen = 102 Mio (!) Flaschen bei einem Gewicht pro Plastikflasche von je 10 dag = 10,2 Mio kg an Plastik = 10.200 Tonnen!!! ergibt bei einen Kaufpreis pro Flasche von (angenommen) € 10.- = € 1.020.000.000.- = € 1,02 Milliarden !!!)
Bestimmt wiederhole ich mich bei der Frage: Bin ich verrückt?

Wieder mal **Siddhartha* von Hermann Hesse gelesen. Mein männliches Seelenbuch – Und anschließend **Eine Hütte für mich allein* von Joan Barfoot. Mein weibliches Seelenbuch. Und zweimal **Vom Systemtrottel zum Wutbürger* von Eugen Maria Schulak und Rahim Taghizadegan - passend zu meinem soeben korrigierten Pensionskonto. Liebe Grüße an unseren Demokratiestaat! Kommt *Zehent* nicht von *ein zehntel für das Gemeinwohl? Muss* wohl an meinem Taschenrechner liegen. Ha.

Und im Moment bin ich mitten in **WALDEN oder Leben in den Wäldern* (Henry David Thoreau). Dieselbe Thematik vor 160 Jahren wie heute? Alles eine einzige Farce? Eine einzige Wiederholung? Du und ich, und das System, und der Rest der Welt. Mich wundert, dass ich so fröhlich bin, ha. Ah! Und Roland Düringer´s und Clemens G. Arvay´s **Leb wohl Schlaraffenland* ist ein sehr, sehr gelungenes Buch. Um- und Ausbruch in Sicht!

Mein Ausbruch ist vorprogrammiert, nix mehr Hamsterrad. Grüße an Thoreau, Schulak, Taghizadegan, Düringer, Arvay und an alle, die ich schon erwähnt hab und vielleicht noch erwähnen werde, von ganzem Herzen! Der eigene Lebensgarten wird bald bestellt, die Planung läuft auf Hochtouren. Ihr schreibt mir aus der Seele.

**Über die Pflicht zum Ungehorsam gegen den Staat* (ebenfalls Thoreau). Ich hoffe, man sperrt mich nicht mal ein, oder: wenn man die Seele nicht treffen kann, dann muss der Körper eben herhalten oder so (bin krank).

Du, liebe Eva Maria Sophia sagst, dass an meinem Geburtstagsmorgen eine Botschaft an mich gebracht werden hat müssen: Viel Sonne und Licht brauche und bekomme ich. Die Sonne wird mich wärmen und mir Licht in Hülle und Fülle bescheren. Klarheit und Wahrheit als Überschrift. Und der Wind flüstert mir mit mahnender Brise die Wichtigkeit der Leichtigkeit des Lebens um die Ohren. Ja, ja. Hab verstanden. Glaube ich ......

I am, what i am, sagt Thoreau, sagt der Club der toten Dichter. Man verwechsle Gesellschaft nicht mit Freundschaft, mahnen die Philosophen.

Hat sich bald ausgesellschaftet. Zenit erreicht. Bald, bald, bald lebe ich in einer einsamen Hütte am Waldesrand, mit Wasser und Garten. Und ohne Hamsterradsystem. Mit Dir. Wir ...... Ist mir scheißegal, wenn manche der Meinung sind, allem, das mir nicht gut tut, aus dem Weg zu gehen, – und allen, die mir nicht gut tun - falle unter Resignation, oder Bequemlichkeit, oder Flucht. Ich nenne es Notwendigkeit. Und man habe Verantwortung gegenüber denen, die noch etwas zu lernen haben. Bla, bla. Renn doch nicht freiwillig den ganzen Tag gegen eine Mauer! Nö.

Siddhartha (übersetzt: DER das Ziel erreicht hat) ist mein Vorbild und Du, mein großer, manchmal egoistisch erscheinender, zurzeit dich Vermissender. Aber auch Du musst lernen.
Und auch der, der das Ziel erreicht hat, hat es nur aus seinem eigenen wahren Grund dorthin an den Rand des Flusses, mitten in seine Seele geschafft. Das hat nichts mit fremden Lehren oder Lehrern zu tun, gar nichts aber auch.

Diese Maßlosigkeit unserer Gesellschaft, Werbung, Konsum, Erfolg, Oberflächlichkeit, hasten nach den falschen, falschen Zielen, Kapitalismus – wie sagt *Dorothee Sölle: „Wir können uns doch nicht auf das geistige Niveau des Kapitalismus zurückschrauben und ständig *Sinn* mit *Erfolg* verwechseln."

Raubbau unserer Mutter Erde. Stopp!!!
Immer und überall Nachrichten, Lärm, Fernsehen, Radio, Verkehrsgeräusche. Verbale und nonverbale Manipulation Tag und Nacht. Und sobald ich meinen Zufluchtsort verlassen muss .... diese Hektik auf den Straßen! Hilfe! Rückzug! Seele, ich beschütze dich. Diese Gesprächsinhalte! Erdlinge - **earthlings*!!! (dies ist eine äußerst schockierende Dokumentation über den Konsum von Fleisch und die Nutzhaltung von Tieren – unbedingt, unbedingt, unbedingt ansehen!) - das kann doch nicht euer Ernst sein, wo liegen Eure Wertigkeiten?

Und Weihnachtswerbung Anfang November. Und so viel unnötiger Müll, diese Verschwendung der Ressourcen. Milliarden gequälter, schlachthausgefolterter Tiere. Nein, wir essen doch keine Tiere, nur Fleisch, ha. Und die Nutztierhaltung entspricht den *humanen* Kriterien - oh ja, das ganz bestimmt! Ja, und Vegetarier essen Eurem Essen das Essen weg, ich weiß. Bin ganz eine böse! Und erst die Veganer!

I am not crazy. My reality is just different than yours!

Die saisonale, ambivalente Misanthropin. Gibt es einen weiblichen Rübezahl? Ja, seit heute. Ach ja, und ich flüchte nicht! ich resigniere nicht! ich beschütze nur meine Seele und lasse sie in der Stille der Einsamkeit, der Natur, der Harmonie, im Einklang mit mir selber stärken, reifen, im Einklang mit Dir reifen und wachsen inmitten unseres Lebensgartens. Und weise werden, und leise.

Aber die Botschaften werde ich hinausposaunen - das habe ich soeben beschlossen - in Worten, ohne zu sprechen. Nicht aufdringlich, einfach zur freien Verfügung, für jene, bei denen die Zeit reif ist.

Säe nur auf fruchtbarem Boden! Asphalt und Beton, Lärm und Hektik machen Deine Scheune nicht voll. Spar Dir einfach die Mühe und geh lieber Unkraut jäten .... oder Kastanien sammeln für Dein Waschpulver, oder Socken stopfen, oder Musik machen oder bau einen Tisch, oder weiß der Kuckuck, was. Das, was dir Spaß macht! Dies sind die wahren Burnoutkiller. Seelennahrung und Seelenheilung.

Bin müde des ewigen Widerstandes, der Selbstverteidigung, der Rechtfertigungen; müde der leeren, SINNlosen Reden, der Angriffe des Mainstreams, gefährlich müde. Will in Deckung gehen, mit gesträubten Nackenhaaren. Nonverbaler Rückzug.

Ja, und vielleicht sollt ich mich schämen dieser Worte, dieses Empörens, dieser undamenhaften Ausbrüche. Ich tu es nicht! All dies kommt aus meinem Innersten, stelle nur meine Finger der Tastatur zur Verfügung. Wie immer. Voila!

Meine Seele hat viele Räume, große, kleine, unordentliche, Blaubartkammern, aufgeräumte, kalte, warme, dampfende, duftende, sterile, kuschelige, düstere, sonnendurchflutete.

Und gute Nacht.

56. Teil Mammon 6. Dezember 2013

Warte seit zwei Stunden beim Arzt. Kontrolle wegen Lungenentzündung - angeblich. Sitze und liege mehr schlecht als recht im Vorraum auf der harten Bank. Lieber Rückenschmerzen als Tinnitus (notwendiges Übel als Seelenschutz). Warteraum ist mir zu voll. Und zu laut. Und zu dumm. Worüber redet ihr Menschenkinder nur! Jammern, oberflächliche Dinge .... irdische Sachen. Oder redet ihr nur in den eigenen vier Wänden DAS Tiefe, in die Tiefe? Pass nicht mehr in diese Gesellschaft. Sag´s ja, Misanthropin..... Step by step. Würd es wohl aufhalten, wenn es in meiner Macht stehen würd. Geht nicht. - Trotz Schmerzen: Fühl mich sooooo wohl seit fünf Tagen. Bettruhe/Hängemattenruhe und kein arbeiten müssen, kein Menschenkontakt nach draußen. Meine Welt. - Liebe Mutter, danke, du nimmst mir alles ab. Elias zur Arbeit fahren, einkaufen, kochen. Das Paradies auf Erden. Und natürlich Du. Der angenehmste, unkomplizierteste Weg- und Lebensgefährte überhaupt. Mein Seelenpartner. Ein Traum. Nur lesen und schaukeln. Und nichts von da draußen in meine Welt eindringen lassen. Nichts, nichts! Elias, du bist so lieb, unkompliziert und verständnisvoll. Danke.

Danke, Herrgott für meine Wegweiser.
Oder für die Pause. Namens Krankheit.

Quergedanken: Aufwendiges Kochen ist meines Erachtens ein unnötiger Zeit/Lebensmittel/Energie-Luxus. Ein 3/4/5 - gängiges Menü - Luxus. Nicht notwendiges neues Gewand kaufen - Luxus. Weihnachtsbeleuchtung usw. usw. usw. Und Luxus ist Verschwendung. Ich suche in der Bibel nach Worten für meine Empfindungen. Und werde fündig:

Mammon nennt das Matthäus in der Bibel in seinem Evangelium: Kapitel 6, Vers 24:

> Niemand kann zwei Herren dienen; er wird entweder den einen hassen und den andern lieben oder er wird zu dem einen halten und den andern verachten. Ihr könnt nicht bei-

den dienen, Gott und dem **Mammon**.

Kapitel 6, Vers 26:

Seht euch die Vögel des Himmels an: Sie säen nicht, sie ernten nicht und sammeln keine Vorräte in Scheunen [....]

Kapitel 6, Vers 28:

Und was sorgt ihr euch um eure Kleidung? Lernt von den Lilien, die auf dem Feld wachsen: Sie arbeiten nicht und spinnen nicht.

Aus **Walden* (Thoreau): Höhere Gesetze: Seite 214/215 „[...] Ich bin überzeugt, dass der Mensch, dem es je einmal ein Anliegen war, seine höheren und poetischen Anlagen auf ihrer höchsten Stufe zu erhalten, sehr geneigt war, sich animalischer Kost und vieler Nahrung irgendwelcher Art überhaupt zu enthalten. [......] dass manche Insekten mit Fresswerkzeugen ausgestattet sind, von denen sie keinen Gebrauch machen, [...] dass fast alle Insekten in diesem Zustand viel weniger fressen als im Larvenzustand. Die gefräßige Raupe, welche sich in einen Schmetterling verwandelt, und die gierige Made, welche zur Fliege wurde, begnügen sich mit ein paar Tropfen Honig[....]. Ein starker Esser ist ein Mensch im Larvenzustand. [...] so bezweifle ich nicht, dass es einen Teil der menschlichen Bestimmung in ihrer allmählichen Entwicklung bildet, einst auf das Verzehren von Tieren zu verzichten; [......]"

Geschrieben 1845!!! (Der Vorreiter von Jonathan Safran Foer´s **Tiere essen*? Oder Karen Duve´s **Anständig essen*? Oder Marcili Cronberg´s **Wie ich verlernte, Tiere zu essen*? usw.

Von der Arbeit - aus **Walden* - Baker Farm: Seite 208

„ [....] Mach deinen Lebensunterhalt nicht zur Arbeit, sondern zum Spiel! Genieße das Land, doch besitze es nicht [....].

Ich, Noja, ich frage mich: Der Mensch frisst und frisst - bleibt er ewig in den Kinderschuhen stecken? Im Kokon? Ewig eine Raupe/Made ohne Entwicklung? Schade.

Ist fliegen nicht der Traum beinahe eines jeden Menschen?

57. Teil Der gute Hirte 27. Dezember 2013

Hilfe, man hat mir ganz schön tief in den linken Daumen geschnitten. Was sagt denn die Esoterik dazu:

Der Daumen steht angeblich für Lebens- und Tatkraft. Für meine Intelligenz. Für mein Durchsetzungsvermögen: „Da hat er den Daumen drauf!“ ... so sagt Christine.

Muss ich mich jetzt sorgen? Eine Lungenentzündung hat doch auch mit Lebenskraft, Tatkraft und Durchsetzungsvermögen zu tun, oder? Hm.

Danke, Christina, Du ausräuchernde Schamanin, Du! Ich war besetzt, wie auch immer ...... Ob von verirrten Seelen oder anderen Energien ist im Moment nicht wichtig. Ich bin wieder ich. Oder? Wie konnte es passieren, dass weder Du, mein Geliebter, noch ich dies je in Erwägung gezogen haben? Soll und will und darf mich im Moment nicht näher damit beschäftigen, sagt Christina. Später einmal. Ja. Aber in Zukunft werde ich auf der Hut sein und Deine Kräfte, Dein Sehvermögen des Öfteren in Anspruch nehmen, liebe Christina, bitte und danke!

Und ich bin trotzdem und noch immer ziemlich krank. Mein Körper? Mein Geist? Meine Seele? Seit beinahe zwei Monaten. Will mir diese hartnäckige Krankheit etwas sagen? Aber was???

Mein geliebter Jüngling – der wirst Du für mich auch noch sein, wenn Du 70 Jahre und darüber bist. Ich kann nicht erklären, warum ich das so empfinde, vielleicht aufgrund Deines wunderschönen Körpers. Bestimmt aber, weil für mich Deine Seele so jungfräulich und unschuldig ist. Oder weil Du bereits jetzt - mit seltenen Ausnahmen (｡◕‿◕｡) - so weise bist, wie ein 70-jähriger Mensch es sein sollte. Ich spüre, Du bist sehr, sehr alt. Hunderte/tausende an Jahren. Du hast letztens so, so schön zu mir gesprochen und sehr weise. Zu Deinen unglaublichen Worten fällt mir einer meiner Lieblingsbibeltexte ein. Weil Deine Worte und Taten mir so viel Sicherheit und Geborgenheit, Liebe und unumstößliches Vertrauen vermitteln wie der 23. Psalm.

*Aus der Bibel:

Der 23. Psalm - Ein Psalm Davids

Der gute Hirte

Der Herr ist mein Hirte
mir wird nichts mangeln
Er weidet mich auf grüner Aue
und führet mich zum frischen Wasser
Er erquicket meine Seele
er führet mich auf rechter Straße um seines Namens willen
Und ob ich schon wanderte im finstern Tal
fürchte ich kein Unglück
denn du bist bei mir, dein Stecken und dein Stab trösten mich
Du bereitest vor mir einen Tisch im Angesicht meiner Feinde
Du salbest mein Haupt mit Öl und schenkest mir voll ein
Gutes und Barmherzigkeit werden mir folgen mein Leben lang
und ich werde bleiben im
Hause des Herrn immerdar

Ich habe Vertrauen, in Dich, in meine Kinder, in meine Mutter, in mich, in die Zukunft, in die Reinkarnation und darauf, dass alles einen tieferen Sinn hat.

Ich bitte darum, Dich immer lieben zu dürfen,
Dich immer lieben zu können.
Ich bitte darum, Dich immer spüren zu dürfen,
Dich immer spüren zu können.

Und ich bitte darum, dass es umgekehrt ebenso sein wird.

58. Teil Krankheit 6. Jänner 2014

Schöner heiliger Drei-Königstag, ha. Wir hatten den ganzen Tag Krieg. Will nicht in Details gehen, aber……
Ich weiß nicht, ob es je wieder so wird, wie es mal war. Ich kann das nicht. Mir ist das zu viel Nähe, Du übertrittst viel zu oft meine Grenzen. Die, die ich ein Leben lang um mich aufgebaut hab. Ich kann so nicht leben. Ich will so nicht leben. Wollte mit Dir den Korintherbrief lesen, zur gemeinsamen Hilfe. Du sagst, Du kennst das alles. Gut.
Ich sage Dir, misch Dich nicht in meine Familienangelegenheiten ein! Das geht nicht gut. Lass mir meine Sonnenbrille aufsetzen, wann ich es will. Schreib mir nicht vor, wann ich meine Jacke ausziehen soll. Sag mir nicht, was ich nicht zu sagen hab.

Und ich kann in keines Menschen Schatten gehen. Und ich kann mich nicht unterordnen. Und ich will essen oder nicht essen, was ich will. Und ich bin nicht die liebe, gehorsame Frau. Scheiß drauf.

Ich kann und will nicht immer nur „ja" sagen. Ich hab meine eigene Meinung und ich kann sie nicht *des Lieben Frieden Willlens* unterdrücken. Da ersticke ich. Was hab ich vom Frieden, wenn ich krank werde? Ich bin schon krank! Seit neun Wochen! Und ich bin kein liebes handsames Weibchen. Ich bin dominant, so wie Du. Und da weder Du noch ich uns kleinmachen können, wirst Du wohl recht haben mit einer Trennung. Das sind keine guten Voraussetzungen für ein gemeinsames Leben, nein. Es tut mir leid, aber ich kann nicht anders. Da ersticke ich. Du trittst mir andauernd auf meine Füße.

Ich treffe im Moment auch keine endgültigen Entscheidungen, vielleicht würde ich diese morgen bereuen. Ich spreche aus Erfahrung. Und meine **Krankheit** kostet mir zu viel Energie, um wirklich klare Gedanken fassen zu können.

Aber wenn Du morgen wieder – zum x-ten Mal - davon sprichst, Dir eine eigene Wohnung zu suchen, werde ich Dir nicht mehr widersprechen. Wenn Du morgen wieder davon sprichst, Dir eine Hütte zu suchen, in der ich Dich jederzeit bebesuchen kann, werde ich Dir nicht widersprechen. Aber ich denke nicht, dass ich Dich besuchen werde.

Und wenn Du wieder - so wie heute - sagst, dass ich Dich offensichtlich nicht liebe, werde ich Dir auch nicht mehr widersprechen. Ich bin nicht für eine Partnerschaft geboren. Ich kann das nicht. Du wohl auch nicht (mit mir).

Ich will keinen Fernseher mehr dulden. Weil es mich innerlich zerreißt. Diese blöden, saublöden Bilder und Laute. Weil ich meine Ruhe brauchen würde, ich aber Dir zuliebe den Mund halte. Ich will keine Musik mehr dulden, die mich einfach nur nervt. Weil ich meine Ruhe brauchen würde. Ich will nicht mehr darüber hinweg lächeln, wenn Du Dich verkriechst, weil der und die kommen ..., egal, warum auch immer. Ich will keine Gäste empfangen, nur weil Du es willst, weil und wenn es über meine Kräfte geht.

Mich fragt keiner. Ich werd es ab sofort sagen. Führ Du Dein Leben weiter. Und ich – dank Deiner mir die Augen öffnenden Beeinflussung - mein neues, gutes, besseres Leben.

Aber ich will nicht in ewiger Dankbarkeit alles über mich ergehen lassen, nur weil Du mir in der Vergangenheit vieles beigebracht hast. Dieses „nur" ist natürlich eine maßlose Untertreibung, entschuldige bitte. Das hast Du nicht verdient, aber ich kann nicht anders. Es tut mir so leid, ich hoffe, Du leidest nicht zu sehr wegen mir, aber ich kann nun nur mehr ehrlich sein. Meine Lunge sticht schon wieder. Wenn ich nicht ehrlich lebe, werde ich nicht lange leben.

Ich brauche eine Hütte für mich allein. Ironischer Weise komme ich immer mehr darauf, dass ich diese ja bereits jetzt schon habe bzw. hätte, wenn ich nur mit meiner Mutter und meinen Kindern so wie jetzt unter einem Dach leben würde. Die kommen mir nicht so nahe wie Du mir und ich ihnen auch nicht.

Ich bin kein Beziehungstyp. Wir können uns gerne arrangieren, wenn Du damit leben kannst. Unter einem Dach. Aber nur mehr einmal pro Woche wie ein Paar. Ansonsten leben wir einfach wie in einer WG. Und ansonsten bist Du frei wie ein Vogel. Und ich auch. Wenn das nicht funktioniert bzw. Du das nicht willst, dann müssen wir uns auf jeden Fall räumlich trennen.

Und ich höre ab sofort dann Musik, wann ich es will und die, auf die ich gerade Lust habe! Und der Fernseher bleibt auf *aus*, solange ich das will.....

Irgendwie - trotz aller Trauer - erinnert mich das ironischer weise an **Die Braut, die sich nicht traut* mit Julia Roberts und Richard Gere, welcher vorgeworfen wird, dass sie nicht mal weiß, wer sie ist, weil sie sich jedem Partner anpasst. „Du weißt ja nicht mal, welche Zubereitung der Frühstückseier dir am liebsten ist, weil du dich immer dem jeweiligen Partner unterordnest", wird ihr zum Vorwurf gemacht.
Bei Julia Roberts waren es dann *Eier Benedikt*, nachdem sie alle Variationen durchprobiert hatte. Ich will damit nur sagen, dass Dich keine Schuld trifft. Ich esse zurzeit gar keine Eier. Ha.

.... Dies alles werde ich ab morgen praktizieren. Vielleicht merkst Du dann, wie sehr ich sehr wohl in all den Jahren auf Dich Rücksicht genommen hab. Klar, dass ich der erste und einzige Mensch bin, der Dich noch nie gestört hat! Ist ja kein Kunststück bei einer Frau, die überall dem Mund gehalten hat. Fast. Ich hab Dich in die Irre geführt, das wollte ich nicht. Das tut mir wirklich leid. Wird nicht mehr passieren. Ich wollte nur lieb und nett sein. Das aber geht nicht gut und ist nicht ehrlich.

Trotz all dieser Worte bin ich sehr traurig. Ich hätte nie gedacht, dass nach all den Jahren bei uns noch mal so die Fetzen fliegen würden. Du bist sehr nachtragend und überempfindlich. Ich bin gar nicht mehr nachtragend, aber auch überempfindlich. Mir ist es aber zu blöd, zu blöd, zu blöd, drei Tage wegen einer Toastscheibe, eines Staubwedels, einer Sonnenbrille, oder falsch geschnittener Zwiebel etc. zu streiten. Dazu bin ich mir zu alt und zu weise. Schade um jede Minute! Bei mir ist nach zehn Minuten das Friedensangebot auf dem Tisch. Umgekehrt biete ich Dir drei! Tage das Friedensangebot an, das aber meines erachtens von Deiner Seite hätte kommen sollen. Ja, ich bin sehr traurig und Du auch. Ich weiß. Aber ich brauche Distanz. Täglich - wöchentlich ....

Du fliegst nächste Woche in den Süden. Geplant ist, dass ich zwei Wochen später nachkomme. Ich überlege, zu stornieren. Und wenn nicht, werde ich diese meine vier Wochen ganz nach meinem Geschmack gestalten. Verzeih meinen Egoismus, aber ich brauch Natur und Ruhe und Ruhe und Natur und keine Gesellschaft. Ich muss endlich zu mir selber finden. Und herausfinden, ob und wie das mit uns beiden funktionieren könnte und ob ich das noch will. Und herausfinden, ob ich dich vermissen werde und würde und umgekehrt. Oder ob ich alleine glücklicher bin. Oder ob Du alleine glücklicher bist.

Oder ob Du - wie Du immer, immer, immer, immer wieder betonst - mit einer anderen, jüngeren, blonden, kinderlosen glücklicher bist.

Ich für meinen Teil versuch es entweder noch einmal mit Dir - aber nie, nie, nie mehr unter den gegebenen Umständen - oder ich werde 1000 % -ig alleine alt und glücklich und das ganz, ganz sicher!

Du sagst, ich hab keinen Respekt mehr vor Dir. Du hast Recht. Dies beruht auf Gegenseitigkeit. Und lass endlich, verdammt noch mal, meine Vergangenheit ruhen!

Vielleicht ist dies auch alles der Alltag. Vielleicht ist es meine Lungenentzündung oder was auch immer das ist.
Eine **Krankheit** *als Sprache der Seele,* ein Wegweiser, wie Dahlke, Dethlefsen und Fricke schreiben, ich weiß. Aber im Moment verstehe ich nicht, was mein Körper mir sagen will. Oder meine Seele. Oder ob ich dabei bin, verrückt zu werden. Anscheinend hat diese **Krankheit** nicht nur meinen Körper, sondern auch meinen Kopf und mein Herz in Mitleidenschaft gezogen. Und die Liebe.

Schade, wenn wir zu dumm waren.
Wo ist sie nur hingekommen, unsere Liebe?

59. Teil Wenn Herzen bluten 7. Jänner 2014

Ich nehme ALLES von gestern zurück! Oder? Ich bin krank .... Bin ich das? Scheiße. Ich hab's wieder mal verbockt. Ich bin nicht normal. Oder?

Du sprichst wieder mal zu mir, und wie! Der zornige Prophet, erzürnt wie Göttervater Zeus:
„[....] Du bist krank – im Kopf! Schau mal, wie ich schwitze! Im sitzen! Du ruinierst mein Leben! Meine Gesundheit! Ich kann nicht mehr! Ich kann Dich nicht mehr sehen! Was Du mir alles vorwirfst! Ich schau böse, weil Du das Toastbrot nicht genug getoastet hast. Blödsinn! Ich bin böse auf Dich, weil Du am Feiertag unbedingt Sonnenbrillen bei irgendeiner Tankstelle auf dem Weg in die Berge kaufen musst. Blödsinn! Und sieh endlich ein, dass du krank bist! Auch körperlich! Da kann man nicht mit Gewalt auf „gesund" spielen, nur weil du unbedingt zumindest einmal im Winter in die Berge fahren willst. Und wo ist dein Schmäh von früher? Wie wär's mit "Hey, für jeden Stopp lad ich Dich zur Entschädigung auf ein Frühschoppenbier ein"? Ja, und ich reg mich auf, wenn jemand seine Spuren im Bad oder im WC hinterlässt! Ich will keine Fremden in meiner Wohnung haben! Ich hab immer allein gelebt. Ich kann damit nicht umgehen! Und ich kann nicht mehr mit Dir lachen! Nicht mal mehr ohne Dich! Du ruinierst mein ganzes Leben! Ich war so glücklich allein! Warum nur bin ich mit Dir zusammen gezogen? Hätt ich nur mein Haus nie aufgegeben. Das mit Dir da ist ja eine noch größere Scheiße als mit meinem Konkurs ... egal! Ich Trottel. Wie konnte mir das nur passieren? Sag mir, warum ich das gemacht hab, sag's mir! Und wo ist dein Dank für alles, was ich dir beigebracht hab? Du bist deine Schulden los, das alte Haus, das dir die nächsten 20 Jahre deine Lebensenergie gekostet hätte. Und dann wärst Du 65 gewesen. Super! Und dann wären die Heizung, die Fenster, das Dach zu sanieren gewesen. Wo hast Du vor 2 1/2 Jahren gearbeitet? Und vor allem, für wen? In wessen Taschen hinein, ha? Kein Dank, alles selbstverständlich. Wer

hat dir das Arbeiten am Computer beigebracht? Wer ist die Ursache dafür, dass du nun gemütlich von zu Hause aus dein Geld verdienen kannst? Ich, oder? Kein Dank! Wer hat sich je um dich so gekümmert? Einer deiner Trottel? Einer meiner Vorgänger? Und du wagst es, zu sagen, ich sei genauso wie die anderen? Du blöder Trampel. Ich such mir wirklich eine andere. 1000 Frauen würden mir die Füße küssen, wenn ich mit ihnen beisammen wär. Aber nein, ich sitz da bei einer kleinen alten, schwarzen Hexe. Und ja, auch ich hab Fehler. Aber musst Du immer meine 2%, die negativ sind – wie du letztens zu mir gesagt hast - betonen? Was ist mit den anderen 98 guten Seiten an mir? Ich hab das nicht verdient. Ich hab dir am Samstag Schuhe und Parfum gekauft. Wo ist der Dank? Und mach mir ja nie, nie, nie wieder Kaffee! Hörst du! Nie wieder. Und massieren geh ich in Zukunft auch woanders hin. Greif mich ja nicht mehr an! Keine Gefälligkeiten mehr. Und wenn du in Zukunft beim Computer Hilfe brauchst, frag mich ja nicht mehr! Bezahl du nur einen Fachmann. Vielleicht schätzt du mich dann wieder. Und wer schneidet die Holzberge da draußen? Ich wieder? Neihein! Sucht euch einen anderen Trottel. Bezahlt nur schön. Gutmütigkeit wird nur ausgenutzt. Jetzt wirst du mich von einer anderen Seite kennen lernen .....

Wenn ich mal weine, dann heißt das was. Du, du hast schon tausendmal geweint und bist wahrscheinlich am Boden herum gekrochen.

Und iss endlich wieder Fleisch! Vielleicht lachst du dann wieder so wie früher. Und hör endlich auf mit dieser Scheiße, die Welt verbessern zu müssen. Du wirst es nicht schaffen! Glaub mir das! Ich kann die Gespräche übers Essen nicht mehr hören. Und dein Gejammere ..... Ich mag nicht mehr kochen ..... ich hab so viel Arbeit ..... ich will keine Freunde einladen, ich will meine Ruhe haben ..... Und nimm mich nicht mehr zu denen und denen mit, die reden nur Blödsinn und saufen, schade um meine Zeit. Nein, zu denen will ich auch nicht .....

Merkst du was? Du hast zu nichts mehr Lust! Dir fehlt jede Energie..........“

……. Hab das soeben geschriebene, und gestern erlebte, noch mal durchgelesen. Mein Herz springt mir fast aus der Brust heraus.
Das geht über meine Kräfte. Darf mich nicht mehr damit beschäftigen.
Du magst mit vielen Dingen recht haben. Manche Deiner Vorwürfe mögen stimmen. Aber Dein Ton! Dieser Zorn, diese Raserei ... Ich bin vielleicht gestern überempfindlich gewesen. Drei Minuten! Mag sein. Aber daraus ein dreitägiges Drama zu machen, das ist mir zu viel. Denn das würde es werden, wenn ich es nicht jetzt, nach eineinhalb Tagen, für mich beendet hätte. Und das habe ich. Eineinhalb Tage meines Lebens gerettet. Na, also.

Du bist soeben nach Hause gekommen. Oh, oh. Nach sechs Stunden noch genauso geladen und böse.

Mein Herz sticht. Deines sicher auch. Vor Zorn. Und vielleicht vor Einsicht. Zu spät. Aber nur um neun Stunden. Nun, wer zu spät kommt, den bestraft das Leben. Kann nicht mehr.

Bin ja bis Mittag – wie immer und wie Du gesagt hast, – auf den Knien herum gekrochen. Wer bin ich, mich so zu vergessen.

Mein Herz sticht, weil es keinen anderen Weg mehr gibt. Es ist aus. Ich kann und will mir das nicht mehr gefallen lassen. Und: Oh ja, ich fliege ganz bestimmt nach La Gomera. Diese vier Wochen brauch ich für mich. Ich mir scheißegal, ob dir das gefällt oder nicht.

Und die Zeiten, in denen ich **Dich, Dir, Du, Dein** großgeschrieben hab, sind nun auch endgültig vorbei. Ich bin nicht krank im Kopf. Beinahe hätte ich **d**ir geglaubt! Vielleicht passen wir einfach nicht zusammen. Und noch was! Oh ja! Ich werd wieder unglaublich glücklich sein. ALLEINE!!! Das spür ich. Und in meiner Mitte. Du siehst, ich widerspreche **d**ir ununterbrochen. Aber nicht, weil ich **d**ich rasend machen will.
Das liegt mir so fern, wie das Kap der Guten Hoffnung, sondern

WEIL ICH NIEMANDEM NACH SEINEM MUND REDEN KANN, WENN DIES NICHT KONFORM MIT MEINER MEINUNG, MEINEN GEFÜHLEN, MEINER INTUITION, MEINEN ERFAHRUNGEN GEHT.

Bestimmt hätte man mich mitsamt meinem Sturkopf früher auf dem Scheiterhaufen verbrannt. Schon wieder. Sei´s drum. Ganz sicher aber neben **d**ir.

Und den Dank, den zahle ich **d**ir gerne in Euro zurück. Ich kann es nicht mehr hören! Wie viel willst **d**u? Das, was **d**ir zusteht, kann ich **d**ir leider nicht bieten. So viel hab ich nicht. Ich warte auf **d**einen Vorschlag.

Ja, und danke. Du hast recht. Ich esse wieder Fleisch. Seit gestern. Wenig, aber doch. Danke. Leben als Fleischesser ist angeblich lustiger (aber am Lustig sein werde ich dich nicht mehr teilhaben lassen können). Liebe Tiere, ich werde nur mehr bewusst einkaufen. Und nur ab und zu Tiere essen. Einmal pro Woche oder so. Versprochen.
Und schon wieder steh ich in **D**einer Schuld.
....Siehst Du, ich schreib **D**ich schon wieder „groß". Mein Respekt **D**ir gegenüber kehrt schön langsam zurück. Du hast ihn **D**ir weiß Gott verdient.

Ja, Du hast recht. Ich hab nur wenige Freunde. Nur zwei Freundinnen. Aber nicht, weil ich nicht zu Freundschaften fähig bin, wie Du sagst, hab ich so wenige. Nein, weil ich dreißig Jahre meines Lebens mit Familie und Arbeit verbracht hab. Und weil ich auf Qualität stehe. Und glaub mir, ich hab keine Freunde vermisst.

So, Du sagst, Du kannst mich ruinieren, wenn Du willst. Nun, ich lebe ein paar Jährchen schon länger als Du. Und ich bin ein Skorpion. Aber ich werde mich hüten, Deinem Spiel zu folgen. Du sprichst im Zorn. Die Reue und die Wehmut würden kommen. Wir haben so viele schöne Zeiten erlebt. Aber uns auch sehr viel Kummer und wahre Herzschmerzen – so wie jetzt

- zugefügt. Doch sind diese Schmerzen nicht die wahren Lernprozesse im Leben, jene, die uns mit Quantensprüngen und Meilenstiefeln nach vor katapultiert haben? Ja, wir haben bereits eine enorme Strecke gemeinsam zurück gelegt. Mit Dir hab ich in drei Jahren mehr gelernt und viel, viel, viel mehr Freude und Glück und Qualität und Seelentiefgang erlebt, als mit allen anderen Partnern. Wenn ich bedenke, dass ich eine 17 – jährige Ehe hinter mir habe, ist das eine unglaublich aussagekräftige Erkenntnis.

Ich habe Dich heute um fünf Uhr morgens aus dem Wohnzimmer kommen sehen. Das Herz ist mir fast aus dem Leib gesprungen. Ich war selbst überrascht. Wenn ich Dich sehe, dann weiß ich, ich liebe Dich immer noch. Oh, mein Gott! Und wie! Mein Herz gehört zur Gänze Dir. Und du bist wunderschön. Aber darum geht es gar nicht. Ich liebe Dich so sehr. Trotz meines, unseres Zorns kann ich nichts anderes, als zu spüren, dass ich Dich liebe. Sehr. Herz und Kopf liefern sich einen Kampf. Blöder Kopf.

Aber ich kann keinen Alltag mit Dir teilen. Mir geht die Qualität verloren. Und auf Quantität hab ich noch nie gestanden. Und der Respekt geht absolut verloren. Sowohl bei Dir als auch bei mir.

Die gemeinsame Adresse war ein großer Fehler. Es tut mir leid, Du bevormundest mich zu viel. Das macht mir keinen Spaß. Soeben hast Du das Internet ausgesteckt, ohne mich zu fragen. Ich hasse es, wenn man (Mann) über meinen Kopf hinweg bestimmt. Ich kann das nicht ertragen. Ich kann es nicht. Muss ich es eben im nächsten Leben lernen. In diesem mag ich nicht mehr. Ich liebe dich. Aber aus der Distanz. Keine Nähe, keine Tuchfüllung. Kein Muss mehr. Will alleine leben. Verzeih mir bitte.

Aber ich fühle mich so verantwortlich Dir gegenüber! Meine Seele, meine Intuition, meine Gefühle flüstern mir ganz, ganz etwas anderes ein, als mein Hirn. Meine Zellen, alle, meine Nerven sagen: stopp! Stopp diesen Wahnsinn! Hör auf dein Herz

Herz! Scheiß auf das Ego! Scheiß auf dein Ego! Und scheiß auf das Hirn! Ich liebe Deine jugendliche Seele. Aber Dein nüchternes, rationelles Denken ist mir zu nüchtern. Und Du bist mir zu herrisch und dominant. Ich kann mich nicht beugen. Ich kann es nicht. Und ich kann keine Beschimpfungen mehr ertragen. Zu viele sind im Topf gesammelt. Viele auch von vor Deiner Zeit. Sehr viele.
Wie ambivalent ich bin. Zerrissen.

Und ich hasse es, wenn man (Mann) mir / mich befiehlt. Da krieg ich keine Luft. Und Alphawölfinnen haben aus ganz einem bestimmten Grund ihren Namen!

Verzeih mir, mein Herz blutet so sehr, auch Deines. Ich weiß. **Wenn Herzen bluten,** sollte man vielleicht keine endgültigen Entscheidungen treffen. Der Dalai Lama sagt, man soll eine große Freundschaft nicht durch einen kleinen Disput zerstören lassen. Ist das ein kleiner Disput? Will nicht in die Tiefe gehen und an all die unglaublich, unglaublich schönen Momente denken. Ich muss das verdrängen. Auch das mit dem Seelenpartner. Muss standhaft bleiben. Es ginge nicht gut.

Ach ja, und ich soll endlich Kohle machen? Sprach der Nichtmaterialist? Sprach der Lebenskünstler? Was ist denn in Dich gefahren??? Nicht der Heilige Geist.

Vielleicht können wir die Situation von VOR unserem Zusammenziehen wieder herstellen. Ich weiß es nicht. Ich brauche Abstand. Vielleicht für immer. Vielleicht nur, bis wir beide ruhiger und alt sind. Aber ich denke, es würde auf dasselbe hinauslaufen.

Ich will Dich aber nicht alleine alt werden sehen! Das kann ich nicht! Vielleicht hab ich Dich auch nur deshalb die Liebe, das *die Nähe zulassen,* das Kuscheln gelehrt, damit du all dies mit einer anderen Frau endlich leben kannst. Mit einer undominanten, unburschikosen, unselbständigen, zahmen, unsturen, lieben Frau.
Ich bin dominant, burschikos, selbständig, wild, stur, temperamentvoll. Und das möchte und muss ich auch bleiben.

Ich helfe Dir gerne, ein neues Heim zu suchen. Eines, in dessen Bad Du alleine baden gehen kannst. Zu jeder Zeit. Eines, das Du mit keinem meiner Familienmitglieder teilen musst. Ich helfe Dir gerne, ein neues Heim zu suchen. Eines, in dessen Küche Du allein der Chef sein wirst. Ich helfe dir gerne, ein neues Heim zu suchen. Eines, dessen WC nur Du allein benützen wirst und keine Spuren von anderen werden Dir den Tag versauen, weil sie in dein WC scheißen gegangen sind - Deine Worte!

Eines hab ich nicht geschafft: Deinen Egoismus manchmal zu Bette zu tragen. Eines hab ich nicht geschafft, dass Du Toleranz mit Ausdauer lebst.

Ich dachte, dies wird eine Liebesgeschichte wie im Traum. Wie naiv. Ich dachte, dies wird eine Weltveränderungsgeschichte. Wie naiv.

Ich bin keine Ehefrau. Ich bin keine Hausfrau. Ich bin keine Frau im herkömmlichen Sinn. Ich bin höchstens zur Geliebten geeignet. Will kommen und gehen und meine Geheimnisse für mich behalten. Will meine Stunden und Tage alleine verbringen. Ich in Harmonie und Einklang mit meiner Seele.

Will die Freude des Wiedersehens, das Seltene. Und die Sehnsucht auf ein Wiedersehen und das Vermissen spüren. Niemand ist schuld. Höchstens ich.

Ich werde Dich immer lieben. Das geht gar nicht anders. Du wirst immer die große Liebe meines Lebens sein und bleiben. Auch wenn Du sagst, das hab ich schon bei so manchem gedacht und gesagt. Du hast recht. Aber Du bist der letzte auf dieser kurzen Liste. Und der Erste. Ich hab den Überblick. Und Du bist mein großer Schatz. Und zusammengezählt wird immer am Ende.

Vielleicht treffen wir uns im nächsten Leben. Und haben gemeinsame Kinder. Dann wirst Du verstehen, warum man tolerant sein kann und unegoistisch. Vielleicht. Du hättest Kinder so sehr verdient. Es ist noch nicht zu spät für Dich.

Ich werde Dich immer in meinem Herzen tragen.

Kann Dir gar nicht sagen, wie sehr **mein Herz blutet**, weil ich so viele Versprechen Dir gegenüber nicht einhalten konnte und nun nicht mehr kann. Mir ist nur nach heulen.

Aber die ewige Treue, die verspreche ich Dir bis zu meinem Ende. Von ganzem Herzen.

Und dass ich immer für Dich da sein werde, wenn Du mich brauchst, das verspreche ich Dir auch bis zu meinem Ende.

Ich werde in Gedanken und im Herzen immer Deine unglaublich wertvolle, jungfräuliche und verletzliche Seele beschützen und tragen. Behutsam wie zwei Hände, die einen Schmetterling vor dem Sturm beschützen.

Du bist mein Seelenpartner. Du bist mein Herzenspartner. Weißt du noch? Meine Interpretation der zwei Schildkröten, die

sich gegenseitig vor der Außenwelt beschützen? Wir haben etwas ganz Gravierendes übersehen: Wir haben uns gegenseitig an den empfindlichsten Stellen so sehr verletzt, dass eine Heilung wohl nicht mehr möglich ist.

Wie konnte das nur passieren?

Wohl hat mich das Leben zu sehr gelehrt, ALLEINE mit allem zurecht zu kommen. Das hat eben nichts mit Dualität, mit Bipolarität zu tun. Nein. Und diese Bipolarität, so steht es in meiner Numerologie geschrieben, ist meine vorrangige Lebens-

aufgabe. Mein Ziel. Habe ich versagt? .... Ja, weil ich zu schwach, zu egoistisch, zu dumm, zu unweise war.
Ich kann leider keinen Gebieter und Herrscher über mir dulden. Verzeih mir. Ich hab es wirklich versucht.
Wir sind zu spät gekommen. Vielleicht aber erleben wir das große Glück als Freunde auf gleicher Höhe.
Irgendwann.

Ich bin zutiefst verletzt.
Und ich vermisse Dich jetzt schon.

Du hast recht. Ich bin nicht die richtige Frau für Dich. Ich entspreche nicht Deinen Erwartungen. Ich bin nicht zur Partnerschaft geboren.

Deine Trauer spüre ich so sehr. Aber ich kann sie Dir nicht abnehmen oder ersparen. Du hast meine Grenzen überschritten. Kann im Moment Deine Worte, Deinen Ton Dir nicht verzeihen. Eigentlich sind es weniger Deine Worte, vielmehr ist es der Ton, der die Musik macht oder auch nicht .....

Ich möchte und muss allein leben. Es zumindest versuchen. Der erste Versuch wird auf La Gomera sein. Nehme mir vor, eine Woche alleine in der Natur zu verbringen. Dann weiß ich, ob ich ohne Deine Gesellschaft leben kann und will. Vielleicht geht alles ganz anders aus. Wer weiß.

Ich liebe Dich so sehr.
Ich danke Dir für alles.
Ich stehe ewig in Deiner Schuld.
Ich werde es nicht vergessen. Nie.

Und ich werde Dich nie vergessen.

Hiermit löse ich unsere Verlobung

60. Teil Nicht mal wir selber 8. Jänner 2014

Du: „Nichts von dem, was ich gestern zu dir gesagt habe, entspricht der Wahrheit. Nichts von dem, was ich gestern zu dir gesagt hab, meine oder denke ich wirklich. Mich hat diese eine Aussage von dir so rasend zornig gemacht: „Du bist genauso, wie all die anderen….."

Du hast alle Deine Worte von gestern und vorgestern zurück genommen - fast alle - und Dich entschuldigt. Du hast mich in Deine Arme genommen und mir versprochen, mir dies nie wieder anzutun. Und auch Dir nicht.

Ich hab Deine Liebe zu mir so sehr gespürt. So sehr.

Ich hab meine Liebe zu Dir so sehr gespürt. So sehr.

Und mit wehenden Fahnen und hüpfendem Herzen und weichen Knien bin ich in Deinen Armen versunken. Das Herz ist stärker als das Hirn. Gott sei Dank! Ich danke Gott. Alle Entscheidungen von gestern und heute Nacht waren auf einen Schlag wie ausgelöscht.

Wir sind nicht klug, wir zwei. Gar nicht. Bitte nie, nie, nie wieder! Aber mein Herz sticht gefährlich in meiner Brust. Au! Und Dein Herz sticht gefährlich in Deiner Brust. Bitte nie wieder solche Albträume, bitte, bitte nicht! Wofür war das denn wieder gut??? Das fragen wir uns beide.

… Ich wache schweißgebadet auf. Ein böser, böser Traum. Es war nur ein Traum. Es war nur ein böser, böser Traum. Der nichts mit Schlaf zu tun hatte. Auch nicht mit Alb. Oder doch. Im Wachzustand. Eher mit Trauma.

Welch ein Lernprozess.

Keine innere oder äußere Bipolarität, kein Ego kann uns trennen. Keine Energien und keine Besetzungen. Und keine verirrten Seelen. Auch keine Krankheit, kein Zorn. Kein Mammon. Nichts und niemand kann uns trennen.

Nicht mal wir selber.

Habe beim Aufräumen wieder einmal uralte Notizen von mir gefunden - von 2006:
Was ist überhaupt so schlimm daran, momentan verloren, verirrt zu sein?
11. November 2006 – Dürrenstein …. Wir irren seit zwei Stunden im Schneechaos herum und landen nach einer Stunde des Suchens wieder bei jener Wegmarkierung, auf der steht: 45 Minuten bis zur Legsteinhütte. Eine Stunde im Kreis gelaufen! Scheiße! Es ist 18 Uhr 45. Stockdunkle Nacht. Mindestens 70 cm Neuschnee, der uns waagrecht ins Gesicht geschleudert wird. Durch den starken Wind wie Nadelstiche jede einzelne Flocke. Eisige Kälte, kein Mondlicht, kein Kontakt zur Außenwelt (fünf Handy´s mit null Empfang). Ein Schritt voraus bedeutete, bis zum Popo im Schnee zu versinken, heraus kämpfen, nächster Schritt. Wie es Elias, meinem Kleinsten und Jüngsten dabei ging, - mit neun Jahren - erwähne ich erst gar nicht. Obwohl er angesichts dessen, dass er der einzige war, der die Gefahr nicht erkannte, anscheinend auch noch Spaß daran hatte. Weitere 30 Minuten vergehen im Chaos. Nachdem die Panik mittlerweile alle Beteiligten erfasst hat, und Dominique bereits vom Sterben spricht - nicht per Spaß - meine Aussage: „Ich weiß, ich hab einen ausgezeichneten Orientierungssinn, auch wenn ich nichts sehe. Die einzige Change, die wir jetzt noch haben, wenn wir nicht alle sechs erfrieren wollen, ist folgende: Ich gehe ganz einfach meinem Gefühl nach und ihr geht hinter mir! Ausnahmslos! Und kein Wort, damit ich mich konzentrieren kann! Ich kenne den Weg noch von früher. Keine Sorge!" Darauf Paul (ein Freund meines Ältesten) zu Dominique: „ Jetzt spinnt deine Mama komplett. Wenn die glaubt, dass ich ihrem Gefühl folge, dann hat sie sich aber ganz gewaltig getäuscht! Ich bleib hier sitzen und geh keinen Schritt mehr weiter." Wir gingen weiter. Geschlossen.
Weitere 15 Minuten später, nach Todesängsten mal sechs ohne

Übertreibung, nach drei Stunden Irrsinn, stehen wir vor der ersehnten Hütte. Unsere Rettung. Mehr erfroren als lebendig ...

.... Ich hatte unbeschreibliche Angst um uns alle. Nur wer wirklich schon mal in Todesangst war, nämlich um seine Kinder, nicht um sich selbst, weiß, wie es da in einem ganz drinnen aussieht. Sah die ganze Zeit schon die Schlagzeilen vor mir: Tragödie am Dürrenstein fordert sechs Todesopfer – Verantwortungslose Mutter treibt ihre drei Kinder sowie zwei Freunde ihrer Kinder in den Tod. Die fünf jugendlichen Opfer waren zwischen 9 und 21 Jahren jung. Für das sechste Opfer sollte es die 40. Geburtstagsfeier werden....

.... Dominique läuft wie ein Verrückter auf die Hütte zu, tritt nach der Markierung, die erste seit über drei Stunden, die nicht vom Neuschnee verdeckt ist. „Arschloch! Jetzt brauchen wir dich nicht mehr", brüllt er in die dunkle Nacht hinaus.

Paul hatte während der Wanderung einen Turnschuh verloren und es nicht mal bemerkt, weil seine Füße bereits beinahe erfroren waren. Auch Tränen der Verzweiflung habe ich gesehen. Meine waren innerlich. Wir hatten 1000 Schutzengel.

Die Bergrettung hatte den Rettungshubschrauber alarmiert, erzählte man uns am nächsten Tag via Funk. Um uns zu suchen und zu bergen, doch angesichts des heftigen Wintereinbruchs wurde die Suchaktion abgebrochen bzw. gar nicht erst gestartet. Zu gefährlich und hoffnungslos.

Nun, den dreistündigen Anstieg über den Stiegengraben hatten wir bei 25 Grad Celsius, Sonnenschein und mit kurzen Hosen und T-Shirts begonnen. Und das im November.

Wie übermütig wir alle waren. Mirjam, Dominique, Elias und Paul sind bei jeder Pause auf sämtliche Bäume geklettert, während Doris - eine Freundin von Mirjam - und ich Fotos gemacht haben. Doch kurz vor Sonnenuntergang hatten wir schlagartig Minusgrade und einen Schneesturm. Und nach zwei Stunden im Kreis laufen auf Höhe der Ybbstalerhütte (die vernagelt und verschlossen war!!!) lagen bereits 70 cm Neuschnee. Wetterprognose und dreifache Info der einheimischen Bergrettung währrend der letzten Tage hatte gelautet: Hoch bleibt aufrecht. Keine Sorge, kein Schnee in Sicht.

Eigentlich hätte uns ein Bergführer begleiten sollen, der jedoch sagte uns am Fuße des Berges kurzfristig ab.

Der Abstieg am Sonntag hatte uns wieder mit der Natur versöhnt, obwohl der Schock noch in unseren Knochen weilte. Am nächsten Tag, meinem 40. Geburtstag war Kaiserwetter, strahlender Sonnenschein, blauer Himmel und eine unglaublich märchenhafter Winterlandschaft.

Ist das eine Vorwarnung für 2007?
Bin ich generell am falschen Weg?
Oder war das Gottes Liebe?
Gottes Gnade?
Oder der Hinweis, dass meine Hütte in Sicht ist?
Denn das Chaos, das Verirren haben wir hinter uns
- vorerst zumindest. Oder?

Es war **5 vor 12**. Danke an all unsere Schutzengel. Danke, vor allem wegen der Kinder. Oh, mein Gott.

17. Jänner - Jetzt bist Du weg …… Es ist 2 Uhr morgens und ich kann nicht schlafen.

Du, meine große Liebe, bist bereits unterwegs Richtung Süden. Für sechs Wochen. Ich komme in zwei Wochen nach. Und vermisse Dich jetzt schon ganz heftig. Hoffentlich bin ich bis dahin wieder gesund.

Es tut mir so leid, dass Du Dich gar nicht über Deine Reise freuen konntest - aus Sorge um meine Gesundheit. Hab wieder oder noch immer Lungenentzündung und sämtliche andere Beschwerden. Proteinspuren da, wo sie nicht hin gehören, Nierenschmerzen – sehr heftig – oder Schmerzen von irgendwoher. Morgen gibt es die große Untersuchung mit Computertomographie und Röntgen. Seit November geht das so.

Fühl mich sehr schwach und müde und krank. Ich will unbedingt am 2. Februar zu Dir fliegen! Ich will wieder gesund und vollgetankt mit Energie sein. Bitte.

Ja, und ich esse wieder ein wenig Fleisch und Milchprodukte. Ein wenig Tier ….. Es geht nicht anders. Ich brauche wieder Kraft und Lebensfreude und die Freude aufs und übers Essen. Irgend etwas habe ich bei meiner veganen Ernährung im letzten Jahr nicht richtig gemacht. Danke, mein Schatz. Du hast mir ganz schön den Kopf gewaschen.

Du fehlst mir jetzt schon so! Kann nicht mal mehr schlafen ohne Dich. Ich liebe Dich so sehr. Wie steh ich die nächsten zwei Wochen nur ohne Dich durch? Bist mein großer, großer Schatz. Wir sind seit elf Stunden getrennt und schicken uns wie verliebte Teenager Nachrichten zu. Weiß nicht, was das war, da Anfang Jänner ….. Zumindest gibt es keine greifbare, weltlich erklärbare Antwort. Oder doch? Das wirkt alles ein wenig unglaubwürdig. Zuerst ein Streit mit Weltuntergangsstimmung und vielen nicht schönen Worten und Gedanken an Trennung und dann wieder überschwappende Gefühle. Aber so war es nun mal. Als hätten wir uns beide ausgeklinkt.

….. Eva Maria Sophia hat gesagt, rotes Fleisch, vor allem Wild und Rind soll ich zu mir nehmen. Ganz dringend. Dies haben ihr meine Meridiane vermittelt. Wird gemacht. Wild kommt aus der puren Natur. Und hat nichts mit Massentierhaltung zu tun. Ja, und wenn Rind, dann bestimmt nur Weiderind – wenn überhaupt. Das versprech ich mir selber.

Und dass mein veganer Geist meinem Körper leider 200 Jahre voraus sei. Der Geist ist willig, doch das Fleisch ist schwach. Ich glaube nicht, dass ich dieses Jahr überlebt hätte, wäre ich weiterhin vegan oder meiner Weltverbesserungseinstellung treu geblieben.

Selbstgespräche, wieder einmal: Zügle deine Maßlosigkeit! Hör endlich mit diesen Extremen auf! Weniger Fleisch, weniger Eier, weniger Käse usw. statt kein dies und das! Ich schimpfe mit mir selber. Mache mir ernsthafte Sorgen um meine körperliche Gesundheit. Und Du erst! Ich werde mich bestimmt wieder erholen. Du bist so fürsorglich mir gegenüber. Mach Dir keine Sorgen. In zwei Wochen bin ich wieder topfit.

Du bist ein wunderbarer Mann. Ich habe so sehr das Bedürfnis, Deine Frau zu werden. Du fehlst mir! Ich möchte noch so viele Jahre mit Dir verbringen. Mindestens 40. Wir haben noch so viele Pläne.

Was hast Du zu mir gesagt, bevor Du nach La Gomera geflogen bist? Wie war das nochmal?

„[….] Deine sexuelle Ausstrahlung hat mich von Beginn an berührt. Und bei unserem letzten - hoffentlich wirklich allerallerletztem Streit hab ich ernsthaft überlegt, ob es der Sex ist, der mich an dich bindet. Ob er es ist, weshalb ich bei dir bin. Ich hab zwei Tage überlegt – ernsthaft überlegt. Du weißt, wenn ich sage *zwei Tage*, dann meine ich auch *zwei Tage*. Also 48 Stunden nachdenken. Wäre es so, ich wäre gegangen. Aber nein. Es ist die Liebe, die mich an dich bindet. Ich liebe dich von ganzem Herzen. Und ich hab bei unserem ersten Treffen damals in diene Augen geschaut. Und gelesen, wer du wirklich bist. Deshalb bin ich noch da. Ja, und weil ich dich sehr liebe. Und ich passe auf dich auf. Als wärst du mein Augapfel. Ich liebe dich."

18. Jänner - und jeden Abend zünde ich unsere Kerze an
19. Jänner - Popcorn ohne Dir schmecken besch.........eiden
20. Jänner - Heute brennt die Kerze besonders schön.
Moonlight Sonata. Gute Nacht, mein Schatz.

Danke, Eva Maria Sophia. Stimmt, ich mag dumme Menschen nicht. Aber ich mag behinderte Menschen. Und ja, das Leben geht so viel einfacher: Menschen (ich denke da an ganz bestimmte!!! und so viele, viele) nicht als dumm, sondern als behindert anzusehen. Damit kann ich umgehen. Danke! Behindert daran, weise zu werden, behindert daran, an sich, am Leben zu lernen. Behindert daran, das Schöne zu sehen. Behindert daran, Demut zu empfinden. Behindert daran, anderen zuliebe etwas NICHT zu tun, also etwas zu unterlassen .....
Du hast gesagt: „Du kannst doch zum Beispiel von einem behinderten Kind nicht erwarten, dass es nach 15 Jahren über Nacht plötzlich *normal* ist!"
Aber was ist schon normal? Für behinderte Menschen empfinde ich Liebe und Verständnis. Nicht aber für Dumme (mit *dumm* meine ich lebenslernfaul).
Welch eine Lebenshilfe! Ich danke Dir.

Danke, Christina. Ja, du hast recht, ich muss meinen Platz wechseln. Egal, ob jetzt vier Wochen auf nach La Gomera. Egal, ob den Schlafplatz – Strahlen – Computer – Wasseradern – Fernseher – energieraubende Energien, Wesen und Seelen. Wechseln! Vielleicht sind sogar größere Schritte notwendig. Ganz große Schritte. Vielleicht muss ich auch meine Adresse, meinen Standpunkt, meine Ansichtspunkte wechseln. Ganz bestimmt sogar.

Danke, mein Bruder. Ich hab dich heute angerufen, während du eine Esoteriksitzung hattest. - Nicht die Kartenlegerin vom

letzten Mal. Eine andere Dame, am anderen Ende unseres Bundeslandes. Bei wie vielen warst du eigentlich schon? - Das habe ich aber zum Zeitpunkt meines Anrufs natürlich nicht gewusst. Du hast dein Handy zur Hand genommen, dich bei deinem Gegenüber entschuldigt, und es abgeschaltet, nicht mal meinen Anruf entgegen genommen. Verständlich.
Deine Esoterikdame fragte: „Wer war das? Ah, Ihre Schwester. Wie heißt sie denn? .... Ihrer Schwester geht es nicht gut, nicht wahr? Besorgniserregend nicht gut. Sagen Sie ihr folgendes:

Hör auf, dich um alles kümmern zu wollen!
Hör auf, die Welt verändern zu wollen.
Hör auf, alles wissen zu müssen.
Hör auf, alles können zu müssen.
Hör auf, die Welt retten zu wollen!
Hör auf, die Menschen zu bekehren! Egal, worum es geht ....
Hör damit auf! Auf der Stelle!

[….] Ihre Schwester hat den Boden unter den Füssen verloren. Sie schwebt in der Luft, mit ausgestreckten Armen gen Himmel. So sehe ich sie, so spür ich es. Sie ist nicht mehr geerdet. Sagen Sie ihr das! Sie wird wissen, was ich meine. Sagen Sie ihr, sie hat nur EINE Aufgabe auf dieser Erde, nämlich: glücklich zu sein! Und sagen Sie ihr, das Wichtigste ist und bleibt die Liebe. Und sonst gar nichts. Die Liebe ist das einzige, das zählt! Und sie hat ja die Liebe. Das genügt. Sie hat ja die Liebe und sie weiß es! Sie kann sich glücklich schätzen! Sagen Sie ihr das. Ausdrücklich! Die Liebe und das Glück, das ist ihre Aufgabe in diesem Leben. Und Punkt! Sie müssen ihr das mit meinen Worten richtiggehend eintrichtern!“

Ich danke dir, mein Bruder. Ich danke Ihnen, meine mir unbekannte Dame. Bist du, Daniel, für irgendjemanden das indirekte Sprachrohr an mich? Keiner kennt den direkten Sender, die Esoterikdame ist die Frequenzwelle, Du, Daniel, bist das Radio und ich die Empfängerin. Hm.

Ich vermisse Dich, mein Schatz. Habe bereits zu packen begonnen. Bald komme ich zu Dir! Laut Schulmedizin bin ich anatomisch top gesund. Die allerbesten Werte. Hab mir eh gedacht, dass kein Arzt, keine Schulmedizin mir helfen kann. Wär zu leicht gewesen mit ein paar Tabletten.
Umkehr ist angesagt. Umdenken. Beinahe hätte ich mich vergaloppiert. Aber gravierend. Lebensbedrohend. Du hast es mir schon vor langer Zeit und so oft gesagt, alles, was zählt, ist glücklich zu sein, einfach zu leben. Und Du hast es mir erst vor kurzem gesagt, vehement: Alles mit Maß zu tun. Ich danke Dir, mein großer Meister.

Mein Herz braucht noch etwas, auch Deines, um wieder zu Kräften zu kommen. Wir haben Geduld. Und ich werde achtsam mit Dir, mit unseren Herzen, mit meiner Lunge und mit anderen Dingen und Menschen umzugehen lernen. Müssen und wollen. Und mit meiner Seele. Ich danke euch allen.

21. Jänner - *Hugh Kingsmill sagte: "Friends are God's apology for relations." .... Aha.

22. Jänner - Sms kam von Dir !!!: (｡◕‿◕｡) „Unglaublich, wie du mir fehlst“
Und unglaublich, dass ich mich nach über drei Jahren darüber soooo (｡◕‿◕｡) freuen kann wie ein frisch verliebtes Mädchen. Mit Herzklopfen. Und wie.

23. Jänner - Ich bin – wenn ich ehrlich zu mir selber bin - bereits die elfte Woche krank und es ist kaum eine Besserung bemerkbar. Au, mein Herz sticht oder die Lunge. Hab kaum Energie. Ich muss dringend weg. Was ist es, was mit mir nicht stimmt? Und ich will wieder zu Dir! Kann kaum Stiegen steigen, geschweige denn, irgendetwas tun. Ausnahmslos liegen, schlafen, lesen, ab und zu Musik hören oder einen ausgewählten, für mich qualitativ hochwertigen Film anzusehen ver-

krafte ich. Nachrichten und Werbung bringen mich regelrecht um den Verstand, machen mich rasend aggressiv und erhöhen meinen Pulsschlag enorm. Oder nur ein kurzes, dummes, seichtes, für mich inhaltloses, sinnloses Gespräch. Ich reagiere übersensibel. Sobald ein Anruf eines Kunden auf meinem Handy eingeht – ohne diesen Anruf überhaupt entgegen zu nehmen - brauch ich einen Tag, mindestens, um dies nervlich zu verkraften. Handy wurde also abgedreht. Für zwei Monate! Meine Nerven liegen blank.

24. Jänner - Sms kam von Dir (｡◕‿◕｡) „Ich liebe dich von ganzem Herzen und erwarte dich sehnsüchtig" – Ohh (｡◕‿◕｡)

Beim Strömen: Ich wälze mich auf deinem Hängebett, liebe Eva Maria Sophia. Du sprichst zu mir:

„[…] Lass es raus, bleib bei dir, bleib bei deinem Kummer!"

Ich heule wie ein Schlosshund. Mein Herz bedient sich meiner Augen, meiner Tränen. Meine Seele bedient sich meines Körpers, um sich endlich von ihren Schmerzen zu befreien. Zumindest zum Teil. Von meinem Kummer? Welchem denn?

„Natürlich, ja, ja", sagst du.

„Aber ich bin doch so glücklich!" erwidere ich. – Du seufzt.

„Natürlich bist du das jetzt. Aber wie lange denn schon? Drei Jahre, ja, drei Jahre kennst du nun die Liebe deines Lebens. Und wie lange hat es gedauert, wie lange hast du benötigt, um wirklich daran zu glauben, an ihn zu glauben, an euch beide gemeinsam zu glauben? Es anzunehmen, WIRKLICH geliebt zu werden? ...... Siehst du, und wie lange hast du davor darunter gelitten, nicht gut behandelt zu werden? ……. Ja, ja, was du damals gedacht und was wirklich war, sind zwei Paar Schuhe. Deine Seele aber wusste Bescheid. …… Immer bist du lieb und nett gewesen, … ok., fast immer" - du lächelst - „aber in Wirklichkeit hast du nie von einem deiner Partner wahre, echte Gegenliebe empfangen, nicht wahr?! Mehr als zwei Drittel deines

Lebens also. Und du denkst, dass dein Körper, dein Herz, deine Seele diese dreißig Jahre oder mehr einfach so abschütteln konnten? Wo denkst du hin, meine liebe Noja! Dieser Kummer, Tag für Tag .... Und es ist nicht nur dein Kummer. Dein Vater ist so sehr da. So präsent! Du lebst seine nicht erwiderte Liebe ebenso - seinen daraus resultierenden unglaublichen Schmerz - über dein Herz aus. Er wartet so sehr auf eine Umarmung. Er ist sehr präsent ... Gepaart mit deinem in deinen Zellen gespeicherten Kummer, ist das ein unglaublicher, unglaublicher Schmerz in deinem Herzen. Herzensschmerz. Herzschmerzen. Das muss man mal aushalten. Du tust es. Aber jetzt lass ihn raus, lass ihm freien Lauf, diesem Schmerz! Er raubt dir sonst jegliche Lebensenergie. Tut er ja schon. Tut er dir seit Monaten ... Ein großer, großer Schritt. Deinem Vater wird es jetzt besser gehen. Und vor allem auch dir. Wieder ein Schritt weiter, du weißt es."

-Du seufzt, als wären es deine Schmerzen. -

„Noja. Noja. Was musst du dich auch überall zur Verfügung stellen ....." Du tätschelst augenzwinkernd meinen Arm.

„Kein Wunder, dass die Ärzte bei dir vor einem Rätsel stehen. Alles picobello, aber du kannst nicht mal schlafen, weil der Schmerz es nicht zulässt .... Nun, den Schrei der Seele hat noch nie jemand auf Ultraschall festhalten können. Und dass man an gebrochenem Herzen sterben kann, weißt du mindestens seit 2007 ... dein Vater ...., nicht wahr? .... Und deine Mutter ist auch nichts anderes als ein riesiger Lernprozess für dich. Du weißt es. Dein Spiegel. Was will dein Freund, der Spiegel - was will er dir sagen, dir beibringen, dich lehren? Dich weiterbringen, dich weiser machen, dich deinem Ziel näher bringen! Auch das weißt du bereits. Hör endlich auf zu jammern! Das passt doch gar nicht mehr zu dir! Und wenn sie dir 100 schlechte Nachrichten pro Tag vor die Nase knallt, und wenn du 100 Mal dagegen aufbegehrst, und wenn du sie 100 Mal darum bittest, es nicht zu tun, und wenn 100 Mal dein Herz aufbrüllt, DU bist es, die falsch liegt! DU! Und nicht sie. Das ist DEIN Problem, nicht ihres, nicht sie muss sich ändern, umdenken, sondern DU! Ich geb dir nun ein Beispiel, vielleicht ein dummes, aber ein anderes fällt mir im Moment nicht ein: Du liegst bei mir auf dem Hängebett und ich ströme dich. Wie soeben. Und so, wie wir es seit zehn Jahren immer wieder machen. Plötzlich siehst du mich an und sagst: „Eva Maria Sophia, was du da machst ist einfach nur Scheiße und bringt gar nichts." Du stehst auf, kehrst mir den Rücken zu und fährst nach Hause. So, meine Liebe. Welche Möglichkeiten hätte ich nun?

A, Ich könnte in Depressionen verfallen, mir denken, wenn die Noja nicht mehr an mich glaubt, dann tun es die anderen auch nicht. So hat mein Leben keinen Sinn. Denn „strömen" ist ja mein Lebenssinn. Und ich bringe mich um mein Leben.

B, Ich könnte über deine Aussage nachdenken. Hast du recht? Was steckt dahinter? Hab ich mich vergaloppiert? Nein, ich bin auf dem richtigen Weg. Gut, Noja hat mich für kurze Zeit verunsichert. Aber nein, für mich ist mein Leben in Ordnung. Schade, anscheinend hab ich eine weniger, die nun an Rangdröl, an mich glaubt, an das, wofür ich lebe, aber so ist es nun mal. Ich lebe für mein Energiezentrum, für mein Haus der Liebe. Ich glaube an mich. Vielleicht kommt Noja wieder mal zurück zu mir. Vielleicht auch nicht. Ich bleibe, die ich bin.

C, Oder aber mich beschäftigt deine Aussage GAR NICHT! Sie dringt gar nicht in mein Innerstes ein! Warum? Weil ich weiß, wer ich bin, was ich will. Weil ich in meiner Mitte stehe. Weil ich gefestigt bin. Weil ich weise bin und über solchen Dingen stehe, schon lange darüber hinweg bin."
Autsch.

Heute zünde ich unsere Kerze für meinen Vater an. Und für meine Mutter. Und für Dich. Und für mein Herz. Und für Dein Herz. Und für uns. Und noch gleich für einige dazu.

Mein Herz beginnt zu heilen, zaghaft .... Höre Vivaldi, Bach, Yann Tiersen, Beethoven in mich hinein und lass mich in meiner Hängematte schwingen.

26. Jänner - Es schneit! Es schneit! Endlich! Ich liebe den Winter.

Ist Balsam für meine Seele, wenn meine Augen nun endlich das Weiß inhalieren können. Endlich. Tut so gut.

Buddhisten sagen KEIN SELBST - KEIN KUMMER

Elefantenohrpalme bekommt schon wieder ein neues Blatt. Und das im Jänner!

Sms von Dir: Ich liebe dich und du bist mein Leben, mein Herz

Habe heute einen Teil des Geschriebenen - also des Gelebten - gelesen. Es ist noch zu früh, muss noch weiter analysieren, aber mir ist da etwas sehr wichtiges über uns beide klar geworden, glaube ich .... Unglaublich viele Parallelen! ...... Wir sind in manchen Punkten wie Zwillinge - eineiige ... Ist ja kein Wunder, dass bei uns kein Stein auf dem anderen bleibt - der Stein der

Weisen, ha, ha - wenn wir uns gegenseitig un-unterbrochen den Spiegel unter die Nase knallen ..... Du kennst nur schwarz oder weiß. Ich kenne nur schwarz oder weiß. Wir haben keine Grauzonen. Und wir beide haben immer noch ein viel zu großes, ausgeprägtes, egoistisches (furchtbar!) Ego. Weit weg von Weisheit. Zumindest im Duett. Allein, ja, jeder für sich, sind wir zwei unglaublich Weise. Aber was nützt uns das? All-ein zu leben wäre für uns kein Kunststück. Aber wir wollen gemeinsam leben. Und wir vermissen uns und wir gehören zueinander und wir lieben uns. Aber wir sind trotzdem – oder gerade deshalb? - auf dem besten Weg, das spüre ich. Und Du spürst das genauso, ich weiß. Schön langsam dämmert mir, warum meine Numerologie mir zum Ziel setzt, die Bi-Polarität zu erfahren (ich wiederhole mich) und zu verstehen; zu zweit glücklich zu werden uvm. Ok., ok., ich hab´s ja verstanden ...... Bitte etwas Geduld. Mein Herz liegt noch ein wenig gebrochen in meinem Brustkorb. Aber ich bin am Zusammenbauen und glaub mir, la loba, ich weiß genau, wie es geht und auch den Gesang werde ich anstimmen, damit der richtige Rhythmus sich wieder einstellt. Und Dir, mein Schatz, werde ich genauso zur Seite stehen, auch Dein Herz benötigt sehr, sehr viel Liebe und Heilungsbalsam, ich weiß.

Ich liebe Dich aus ganzem Herzen und es tut mir unsagbar leid, aus meinem Innersten leid, was Du durch mich an Schmerzen hast erleiden müssen. Wie oft hab ich Dein Herz gebrochen. Bitte verzeih mir.
Ich für meinen Teil hab Dir schon lange alles verziehen. Weil es gar nichts zu verzeihen gibt. Nur zu lernen.
Es gehört zu unserem REIFEN dazu, das Lernen.

Zum REIFEN unserer Seelen.

Das REIFEN der Frucht.

REIFEN – wie die Räder eines Autos, um vorwärts zu kommen .....

Ja, wie wahr. Um vorwärts zu kommen.

Das, was wir da haben, ist eine DICKE Liebe, ja. Ich schrei´s jetzt zu Dir auf die Kanaren rüber:
Ich lieeeeeeeeeeeeeeeeeeeeeebe DICH!!!!!!!!

27. Jänner - Jetzt wird's schön langsam eng. Hiiiiilfe! Du fehlst mir so! Hab mir Deine Weste ins Bett geholt. Sie riecht nach Dir. Ich vergrabe meine Nase darin. Ohhh .... Und ich hab Deine Yam-Nudelsuppe mit Stäbchen gegessen, hmmm ... Wird schon sehr lang, die Zeit ohne Dich, zu lang. Phu.
6 Tage noch ... Hoffentlich erdrück ich Dich nicht, wenn ich von der Fähre dann direkt in Deine Arme fliege. Bin verliebt.

Nächtliche Quergedanken ..... Wieder mal kein Schlaf um drei Uhr nachts. **Alpha & Omega.** Das wichtigste sind der Beginn und das Ende. Die Geburt und der Tod. Nämlich, DASS ich überhaupt *eingestiegen* bin und WIE ich *ausgestiegen* bin. Dazwischen liegt nichts anderes als die Summanden einer Addition. Zusammengezählt wird immer zum Schluss. Es ist am Ende auch völlig egal, ob ich mit 30 oder mit 70 Jahren jemandem verziehen habe. Abgesehen davon, dass ich mir und dem anderen 40 Jahre des Lebens erleichtern hätte können, gibt es nur eine Frage: Hast du oder hast du nicht?

Das *Wie kamen wir zum Omega* ist relevant, ja. Ja, wie man gelebt hat, hat Tragweite, keine Frage. Aber was zählt, ist nun mal immer das Endergebnis .... Im Mittelteil lag ich in Führung, aber dann kam ich zu Sturz und infolge dessen nicht ins Ziel. –

Bin ich aus-, aufgestiegen als weiser Mensch, habe ich zumindest versucht, weise zu sein, habe ich meine Fehler rechtzeitig korrigiert, hab ich Menschen, denen ich böse war, die mir böses, dummes getan haben, rechtzeitig verziehen, habe ich gelernt, die Liebe zu leben, war ich glücklich und zufrieden, habe ich voll Dankbarkeit, Zufriedenheit und Demut das Leben genossen? Habe ich andere zum Lachen gebracht oder habe ich

gejammert? Kann ich mit Nicken und Lächeln am Sterbebett liegend auf mein Leben zurückschauen? Oder stellt es mir die Haare auf? Oder schäme ich mich? Habe ich es wie Sisyphus gemacht? Scheiße, dann kann ich nur mehr eines hoffen: das nächste Leben hoffentlich besser zu nützen.
Alphageburt & Omegatod .... Zum Ursprung ....

28. Jänner - Ich war heute wieder bei meiner Rangdröl - Eva Maria Sophia. Mein Vater ist sehr präsent .... - 70 % meines Herz- und Lungenstechens sind nicht meine, sondern Deine Trauer, mein geliebter Vater. So spürt es Eva Maria Sophia. Sie fasste in Worte, was ich schon seit längerem vermutet, befürchtet hatte.
.... Das darf doch nicht wahr sein! Ich soll Dir helfen, endlich gehen zu können. Was machst Du noch da bei uns? Du solltest seit 6 ½ Jahren beim Lieben Gott Karten spielen oder mit Deinen Eltern Tee trinken!!! Oder dich erholen, ausruhen. Oder was auch immer. Als Schutzengel anderen die Augen öffnen. Dich auf ein neues Leben einstellen. (Oje. Ich .... hab ich dich daran gehindert, am neuen Leben behindert? .... Oder bin ich nun vollkommen verrückt?) Aber nicht so lange Zeit zurückschauen! Nein!!! Ich schließe Dich in meine Arme und drück Dich an mein Herz. Es ist alles gut. Ich liebe Dich. Wir alle lieben Dich. Sogar Oliver, der Dich in diesem Leben leider nie hat kennen lernen dürfen, liebt dich aus ganzem Herzen. Sei nicht traurig. Freu Dich! Und jetzt hör endlich damit auf, Trübsal zu blasen, zu grübeln, zu hadern, weg mit dieser dummen Depression! Komm! Steh Deinen Mann wie ein spiritueller Krieger, wie ein weiser Alter, der Du für mich zu Lebzeiten schon warst! Steh auf und mach Dich auf den Weg zum Lieben Gott. Er wartet schon sehr lange auf Dich. Ich werde für Dich beten.

Hatte gestern Abend Wut, aber eine gesunde, produktive. Und Tatkraft – danke, Eva Maria Sophia, auf dich ist immer Verlass. Und auf dein gestriges Strömen. Mein Herz, die Lunge links .....

ES sticht aber immer noch beängstigend und raubt mir viel zu viel Energie.

Habe sämtliche Räume ausgeräuchert und später dann ganz, ganz lange alle Fenster und Türen aufgerissen. Wie eine Irre mit einem ägyptischen Tuch herum gefuchtelt. In alle Ecken, an die Wände, an den Plafond geschlagen, gewachelt, immer Richtung Türen und Fenster. Hab EUCH hinaus gescheucht.

„Bitte geht weg. Geht dahin, wo ihr hingehört. Auch Du, mein geliebter Vater, wenn Du dabei bist, und das spüre ich, glaube ich. Es tut mir so leid, aber ihr hattet in eurem Erdenleben die Möglichkeit, alles zu schlichten und alles zu leben. Ich lasse meinen Körper nicht mehr von euch benützen! Schluss jetzt! Sucht euch eine sinnvolle Aufgabe! Ich muss euch des Platzes verweisen, denn ihr kostet mir zu viel Energie. Und dies hier ist nicht euer euch zugewiesener Platz!
Wer auch immer ihr seid. Ich hab nichts gegen euch. Aber bitte! Das ist mein Körper, das ist mein Herz. Das ist meine Lunge, das ist mein Leben. Ich bitte alle Schutzengel, den Lieben Gott, alle Energien, alle Erzengel und Gautama Buddha darum, dass sie euch helfen, den richtigen Weg zu finden. Ich bete für Euch. Ich zünde euch am Balkon Kerzen an, damit ihr den Weg nach draußen leichter findet. Und wünsche euch alles Gute. Von Herzen. Aber kommt nicht mehr zurück. Ich lasse euch nicht mehr herein. Bleibt draußen! Ich brauche meine Energie für mein eigenes Leben. Danke".
Ich weine. Ich schluchze. Als wäre ein Damm gebrochen.

Habe dann beim zu Bett gehen ein richtiges Bollwerk aus Kerzen rund um unser Bett aufgestellt, zum Schutz. Oh, ich hab mich danach zwar unglaublich schwach und müde, aber auch sehr beschützt und wohl gefühlt. Es hat funktioniert, da bin ich mir ganz sicher.

31. Jänner - Du hast mich angerufen (｡◕‿◕｡) Nach über zwei

Wochen hab ich endlich, endlich wieder Deine Stimme hören dürfen! Vor Freude ist mein Herz beinahe in die Hose gerutscht! Und Du hast mir gesagt, dass ich Dir so fehle. Und dass es Dir gut geht und dass es mir auf der Insel bestimmt gefallen wird und dass Du Dich schon sehr, sehr auf mich freust.

.... Christina, du hast mich von einer Besetzung befreit. Hildegard hast du diese Seele oder Energie oder was auch immer genannt. Warum auch immer. Hab´s zur Wintersonnenwende noch nicht verstanden. .... Alles klar! – Jetzt, nach über einem Monat ...... *Hildegard* steht symbolisch für Hildegard von Bingen. Ein Synonym! Wie dumm ich bin!!! Ich hab diese Energie unterschätzt oder mich zu sehr damit beschäftigt. Wie auch immer .... Sie hat mich beinahe in die Knie gezwungen.

Meine Mutter hat mich heute von einer alten Dame „wenden" lassen. Diese sagt, ich habe seit Monaten einen enorm hartnäckigen Virus in der Lunge. Und dieser habe auch meine Herzmuskeln angegriffen. Jene Herznerven, die für die Fröhlichkeit stehen, genauso wie jene, die für die Trauer stehen. Was auch immer das heißen mag. Ich solle das sehr ernst nehmen, mich schonen und in Geduld üben. In vier bis fünf Monaten (!) werde ich wieder gesund sein. Und die heute Abend stattfindende Herzuntersuchung beim Internisten könne ich mir sparen. Kein Schulmediziner wird sehen, wie sehr meine Herznerven, die, die für die Freude und die, die für die Trauer zuständig sind, angeschlagen sind. - ???
Und kein Schulmediziner wird sehen, wie tief der Virus in meinen Lungenspritzen steckt. Sie wird mich „wenden". Danke, liebe, alte, weise Frau.

5 Uhr morgens - Wo fliegen die Vögel eigentlich abends hin? ....

„[.....] Wenn du jemals mit einer Frau beisammen sein solltest, die zu gut für dich ist, dann heirate sie. Das hat mein Vater zu mir gesagt", gibt Ashton Kutcher bei dem Film *Valentinstag* von sich.

Qi, Qi, Qi, ... Hab davon geträumt. Was soll das denn wieder?? Meine Yoga-Andrea klärt mich auf: Temperament, Atem, Kraft, Luft ... Lebensenergie, ja, all dies wäre mir beinahe abhanden gekommen. Wie konnte es nur so weit kommen?! Egal jetzt. Ich hab sehr, sehr viel gelernt. Außerdem bezeichnet Qi die Emotionen des Menschen. Soll ich mein Temperament, meine Emotionen zügeln?

„Danke, dass du mich entdeckt hast", hast Du letztens zu mir gesagt. -
Gerne. War eh nicht immer ein Honiglecken mit uns beiden, puh, aber GEMEINSAM haben wir den Gipfel erklommen.

1.Februar - Und egal, ob es Dein Anruf war. Deine Stimme zu hören tat mir so von Herzen gut, egal, ob es meine – unterstützt von Eva Maria Sophia- wieder aktivierten Energieströme waren, egal, ob es meine zeitverzögerte Erkenntnis über Christina´s herbeigeführte Befreiung war, egal, ob es das „wenden" der alten Dame war.....
.... Ich bin heute Morgen aufgewacht und hatte zum ersten Mal seit beinahe drei Monaten kein Stechen, keine Schmerzen mehr in Herz und Lunge! Nichts! Und ich fühlte mich gesund und voller Tatendrang. Und so fühlte ich mich zumindest für zwei Stunden. Jetzt geht´s gerade wieder steil bergab. Ab ins Bett. Müde. Kraftlos. Aber trotzdem ein Lichtblick.
Danke an Euch alle.

Xandi hat auch eine interessante Aussage von sich gegeben: Vielleicht genügt allein die Gewissheit, dass deine Mutter sich um deine Gesundheit Sorgen macht ..... kümmern will ....

Neue Lebensregeln, Die in mir gereift sind und mir sehr, sehr wichtig sind:

Dir gebührt Respekt von mir
- UNBEDINGT und IMMER
Dir gebührt Dankbarkeit von mir
- UNBEDINGT und IMMER
Dir gebührt Liebe von mir
- UNBEDINGT und IMMER

Die Leichtigkeit des Seins
lachen
lustig sein
immer lächeln
immer gute Laune haben

Das wichtigste ist die LIEBE
Das wichtigste ist die LIEBE
Das wichtigste ist die LIEBE

Weise werden
Leben und leben lassen
Reden ist Silber, Schweigen ist Gold

Jede Krankheit, jede Sorge
jedes Problem hat seinen Sinn
Löse Deine Aufgaben!
Es gibt KEIN Problem
es gibt nur Rätsel
die du lösen darfst
um zu reifen

Keine Extreme mehr
NIE wieder!
NIE wieder!
NIE wieder!

Genieße alles, was Du tust und lebe im Moment

Die letzte Regel ist auch soooo wichtig! Wichtig für mich. Sonst läuft mir das Leben davon. Sonst zerrinnt mir mein Leben unter den Fingern bzw. sonst laufe ich dem Leben voraus. Ein großer, großer Fehler! So vermeide ich nun Stress. Und schone mein Herz. Ich hätte mich beinahe verirrt und verlaufen und vergaloppiert. Mit Volldampf voraus und in die Scheiße hinein oder viel zu früh in den Tod ....

Wieder ein Kapiterl (ha, ha, Tippfehler - sehr witzig, fand ich gar nicht so winzig, oder!?) abgeschlossen. Ok. Alles klar ..... Liebe im Herzen besiegelt, Krankheit in Lernprozess umgewandelt. Danke. Mit geheiltem Herzen, geheilter Seele in das nächste Kapiterl .....

Das hat mein Arzt gesagt: Mädel, flieg, wenn du zu Hause bleibst, stirbst sowieso und wenn du den Flug nicht überlebst, kommt´s aufs selbe raus.
Denn die Schulmedizin kann dir leider auch nicht helfen.

Mein Rucksack ist gepackt. Um 15 Uhr 53 beginnt mein nächstes Abenteuer, da steig ich in den Zug Richtung DU!!! Juchhu!! Und frühmorgens am Sonntag fahren Nina und ich zum Münchner Flughafen. Und am Abend drück ich Dein Herz an mein Herz. Morgen Abend! Ich kann´s kaum glauben! Ich bin schon sooo nervös! Weil ich mich mit großem Herzklopfen so auf Dich freu! Bumbum Bumbum Bumbum.

Behutsam sein, sehr. Seit unserem Trauma. Das letzte Erdbeben. 100 % -ig das letzte Erdbeben. Die letzten neun Tage vor Deiner Abreise waren wie mit Samthandschuhen. Gegenseitig. Bewusstsein großer Liebe. Pflegen, lieben, Sanftmut.
Nie wieder anders.

La Gomera, ich komme!
Oliver, ich komme!

Dienstag, 4. Februar : Sitze mit Dir am Pier von Alajero. Tosende Brandung. Wütendes Meer. Ein beeindruckendes Spektakel. Die Nachmittagssonne liebkost uns.

.... Endlich nach über zwei Wochen haben wir uns vorgestern wieder umarmen können. Unser Wiedersehen war überwältigend. Unglaublich, zu Tränen berührend, viele Gefühle, sooo groooße Freude. Herzklopfen. Ohne Zweifel, das ist die Liebe.

Donnerstag, 6. Februar : Am Strand von Taguluche, wo wir im Ort einen tollen Bungalow für eine Woche gemietet haben, liege ich an die Felsen gelehnt in der Sonne. Du sitzt hinter mir und bereitest Dich aufs Angeln vor. Unser Freund Florian hat gestern einen Thunfisch, eine Dorade und eine farbenprächtige Krabbe gefangen. Mir ist beim Abendessen jeder Tierbissen im Hals stecken geblieben. Ging gar nicht. Die veganen Zellen brüllen auf in mir. Der Thunfisch schreit beim Erschlagen!
Mich hat heute gleichfalls die evolutionsbedingte Sammel-Jagdleidenschaft gepackt und ich hab 21 Muscheln mit dem Messer von den glitschigen Felsen geknackt. Laut Valleboten (Lokalzeitschrift auf **La Gomera**) sind diese Muscheln eine La Gomera-Spezialität und stehen unter Naturschutz. - Dies hab ich erst später am Abend gelesen, ups. - Und dann lagen sie da. Mit dem Fleisch nach oben in der Sonne. Zum Trocknen. Hab euch alle wieder ins Meer zurück gelegt. Ich verspürte so großes Mitleid und Mitgefühl. Entschuldigung. Du hast das angeln auch bleiben lassen .....
Vegetarische und vegane Ernährung mit einer Unterbrechung ab und zu ist leider im Moment vonnöten, bis ich wieder zu Kräften komme. Meinen geschwächten Körper zuliebe. Im Moment zumindest. Leider.
Gestern überkam es mich: im Alleingang von Taguluche aus Arore erklommen. Im Eiltempo von 2 1/2 Std. hin und retour. Musste meine körperlichen Kräfte, Grenzen austesten. Mein Körper ist wieder grandios in Form. Lunge und Kondition und

Gesundheit endlich wieder beim alten. Fast. Sehr gut. Danke. Eigentlich unglaublich, wenn man bedenkt, dass ich vor vier Tagen noch mehr tot als lebendig zu Hause im Bett verbracht habe. Wie ein Wunder. Eigenartig.

Du sitzt über mir in einer schattigen Felsnische. Danke für das leckere Frühstück, mein Schatz. Das Meer tobt und brüllt und lässt uns aufgrund der Flut - die wir einkalkuliert haben - wohl erst in etwa drei Stunden den Rückweg antreten. Respekteinflößender, unaufhörlich brüllender, an den Felsen zerschellender, weißschäumender, im Hintergrund trügerisch friedlich blau dahin glitzernder Atlantik. Wild zerklüftes **La Gomera**, welch ein Eiland.

Wir bestaunen täglich den traumhaft schönen Sonnenuntergang vor unseren Augen, während wir gemütlich auf unserer schönen, in oranges Abendlicht getränkten Terrasse sitzen, vor uns bis zum Horizont das Meer, nur unterbrochen von einer perfekt gewachsenen Riesenpalme. Eingebettet in einen Garten

Eden, wie mir scheint aus einem Gemisch von Machu Picchu-Hawai- und Ecuadorbotanik. Im Garten wachsen Papageienblumen, ha. Alles ist eine Augenweide. Und Du.

Von den hiesigen Karotten und Erdäpfeln könnte ich süchtig werden.

Samstag, 8. Februar : Gestern unternahmen wir beide eine Tageswanderung von Corros de Epina nach Vallehermoso. Und weiter, also wieder rauf auf ca. 700 Höhenmeter, auf Chijere. Wir kamen aus dem Staunen nicht heraus. Diese Landschaft! Diese traumhaften jahrhundertealten Fußpfade! Man benutzte sie früher, um mit den Eseln von A nach B zu kommen. Streckenweise durchquerten wir üppige, grüne Hänge, dann plötzlich war der Boden vor Chijere wüstenähnlich orangerot,

karg, mediterran, unterbrochen von unverschämt saftig grünen Sukkulenten. Und am gegenüberliegenden Hang erweckte es den Anschein, als blickten wir in terrassenübersäte Wachauhänge, gespickt mit Palmen …
Und runter ging´s zum Playa de Vallehermoso zum Kastillo del Mar. Zum Fürchten gruselig! 1.400 Höhenmeter haben wir in nicht mal sechs Stunden hinter uns gelassen. Und ich bin tatsä-

sächlich wieder die Alte. Warum auch immer meine Genesung (=Genesis=genese!!!) so überraschend schnell eingetreten ist, wir freuen uns riesig. Das leise Stechen in der Lunge überatme ich geflissentlich.

Heute sind wir zum Puerto del Trigo runter gewandert. Wie im Paradies. Zur Abwechslung mal schwarzer Sandstrand. Ein Bächlein teilt den Strand in zwei Hälften. Einige Jugendliche haben hier offensichtlich für einige Wochen ihr Lager aufgeschlagen. Nur zu verständlich. So stelle ich mir Robinson Crusoe´s Leben vor. Mit Lidl- und Billasackerl im Hintergrund.

Der Atlantik tobt sich aus. Wie immer.
An schwimmen ist trotz der Wärme nicht zu denken. Aber ein vorsichtiges hineinlegen in die mächtigen Ausläufer der Wellen ist schön. Du behältst mich ja sowieso im Auge.
Danke, mein großer Schatz.

„Nie wieder fahr ich ohne Dich weg, nie wieder! Wie kann man nur so dumm sein! Ich hab Dich so sehr vermisst, so sehr!" sagst Du. „Am dritten Tag war die Sehnsucht bereits nicht mehr auszuhalten."

Deine Freude, als Du mich Sonntagabend in San Sebastian bei der Fähre in Empfang genommen hast, war Dir ins Gesicht geschrieben. Und ich war so glücklich, endlich wieder bei Dir sein zu können. Sooooo glücklich.

„..... Vielleicht heirate ich Dich schon bald", sagtest Du beim ersten gemeinsamen **La Gomera**-Sonnenuntergang.

„Und ich überlege, ob ich mit dir im Winter nach Bali fliege. Ich hab immer gesagt, wenn ich mal richtig verliebt bin, dann mach ich mit dieser Frau Baliurlaub. Und ich bin verliebt!"

Sonntag, 9. Februar :

Vor vielen, vielen Jahren .... Ein Dir unbekannter "Orientale" spricht zu Dir: „Du bist von einem anderen Planeten. Dort, wo du herkommst, gibt es keine Liebe. In deiner Heimat zählt nur die Technologie, der Fortschritt. Die Materie. Deine Aufgabe auf diesem Erdenplaneten ist es, die Liebe zu erkennen. Und die Liebe zu spüren. Und die Liebe zu leben. Vergiss das nicht!"

.... Und das erzählst Du mir erst jetzt? Klar doch, glaub ich sofort. Wirklich. .... Die Bauerntochter und der Außerirdische. Auch gut. Warum nicht?

Mittwoch, 12. Februar : Am Strand von Valle Gran Ray: Ruhigere See, viele, viele Touristen im Vergleich zu Taguluche (falsch, in Taguluche gab es gar keine Touristen). Musikalisches Nachtleben mit Lagerfeuer. Tolles Apartment, mit Meerblick sogar vom Bett aus. Oh.

Wir sind am Montag von Arore zu Fuß nach Valle gegangen. Schön war das. Nina und Florian sind mit unserem Mietauto samt Gepäck voraus gefahren.

Freitag, 14. Februar : Seit gestern trampen wir. Start war Chipude. Erstes Ziel: Playa de Iguala mit Übernachtung unter Vollmond mit Sternenhimmel mitten am Strand. Weil ich die von Dir vorgeschlagenen Höhlen direkt am Wasser abgelehnt hab. Zu gruselig. Diese vorspringenden, überhängenden Felsen flössen mir enorme Angst ein. Eine wunderschöne Nacht war das. Nur wir beide. Und der Himmel war unser Baldachin.

Im Moment aufgelassene Fischfabrik bei La Dama. Stürmischer Atlantik - wie gehabt. Zugang ins Meer mit Leiter als Rettungsanker. Unglaubliche Kraft des Atlantiks. Und Sommerhitze. Und Möwen. Und wir sind verliebt. Und wie. Ich freu mich so. Du auch. Ganz kurz haben wir über unser Intermezzo vom Jänner gesprochen. Und uns gegenseitig versprochen, dass etwas in der Art nie, nie, nie wieder passieren darf. Wir sind beide vor Kummer beinahe an gebrochenem Herzen gestorben. Wir zwei Sensibelchen. Schwamm darüber. Vorbei. Aber mit Speicherung als Mahnung.
17:21 - Jausenpause. Und Schlafplatz für die Nacht gerichtet. Ca. 400 m über Meereshöhe unter freiem Himmel. Wir sind ganz alleine auf dieser Welt. Schön! Weit und breit kein Haus, keine Menschen. Nichts. Nur Du und ich. Und das endlose Meer. Herrrrrlich! Wie hab ich mich, nach zwei Monaten wegen Krankheit eingesperrt im Haus, nach der Natur gesehnt!
Wolkenwand galoppiert aus Westen kommend (hab gestern im Valleboten gelesen: Kommen die Wolken vom Westen her, scheint die Sonne drei Tage nimmer mehr. Oh, oh!) mit sehr kalter Windböenbegleitung über uns hinweg, obwohl wir vor einer halben Stunde noch nach Schatten Ausschau gehalten hatten, um vor der extremen Hitze flüchten zu können. Steine als Windschutz aufgestapelt. Hoffentlich kommt kein Regen. Die nächsten Häuser sind in einer Entfernung von ca. einer Fußstunde. Arguayoda. Der Atlantik liegt wie ein riesiger Silbersee vor uns. Gewitterstimmung. Oh, oh. Du beobachtest. Und lehnst Dich wortlos wieder zurück. Ich bin beruhigt und weiß, Du wirst mich zu gegebener Zeit in Deine Gedanken einweihen.
19:00 - Wir sind doch nicht alleine. Spektakulärer Sonnenuntergang inmitten einer Ziegenherde. Ole!

„Plan B", sagst Du, „falls es zu regnen beginnt, lege ich dir zum Schutz meine Jacke und deinen Rucksack auf den Schlafsack."
Natürlich haben wir kein Zelt mit. Wozu auch. Wir wollten ja

ganz auf „Natur pur" nur in Höhlen Schlafen. Meine Angst aber war größer als meine Vorstellung von Höhlenromantik. Na, ja. Und wir sind auf DER Sonneninsel. Das mildeste Klima weltweit.
22:40 - Du weckst mich. Ich war so erschöpft vom Wandern. Körper schwächelt ein ganz klein wenig. Und Du zwingst mich, sämtliches Reservegewand anzuziehen. Du sagst kein Wort, aber die Sorge um mich ist Dir ins Gesicht geschrieben. Es hat zu regnen begonnen. Plan B durchgeführt.
1:12 - Vollmond bescheint unsere Schlafsackmumienkörper. Regen ade. Gott sei Dank. Wir sind nicht nass geworden. Nur unsere Rucksäcke und Jacken, die Du uns als Schutz über die Schlafsäcke gelegt hattest. Du öffnest nun unsere Schlafsäcke und wir kuscheln uns ganz eng zusammen, damit wir uns gegenseitig wärmen können.

„Ja, das kommt davon, wenn man sich zwei Mal dagegen wehrt, in einer Höhle schlafen zu wollen", entschuldige ich mich bei Dir. „Heute Nacht befolge ich Deinen Höhlenvorschlag. Schutz vor Regen und Kälte sind primär wichtiger als auf die Angst vor gruseligen Höhlen einzugehen", murmle ich wie ein Mantra diese Worte vor mich hin. Um sie mir für alle Zeiten einzuprägen. Werde nächste Nacht voll Vertrauen mit Dir **La Gomera**'s Felsenhöhlen zum Sternenhimmel erklären. Versprochen.

„Ist ja alles gut gegangen", tröstest Du mich leise. Du schläfst eng an mich gekuschelt ein. Das *auf mich Aufpassen,* zuerst wegen der äußerst neugierigen Ziegenböcke und dann infolge des Regens hat Dich müde gemacht. Ich dreh mich nun wieder zu Dir, damit unser Atem uns gegenseitig wärmt. Scheiße! Das Nass fällt wieder vom Himmel ....

Samstag, 15. Februar

Wieder im Apartment in Valle ...... Ich bin unsagbar erschöpft und friere. So müde. Du bist so lieb zu mir. Hast mir sofort ein Vollbad eingelassen, mir heißen Tee gemacht und mich ins Bett gesteckt. Unter Deckenbergen. Schlafen.

Bin kurz aufgewacht. Der Schreck von heute Nacht und heute Morgen und heute Vormittag .... Und der Barracuda! Erinnerungen .... Greife um mein Handy und schreibe:
Du kleiner Barracuda hast am Betonboden der aufgelassenen Fischfabrik gelegen und mir zugejapst:

„Ich kann auch mit einem Auge überleben." Ich hab - blind vor Tränen und Seelenschmerz - zu spät reagiert. Bitte verzeih. Du wurdest mit drei Steinschlägen auf den Kopf - weil du wegen des blöden Wobblerhakens so sehr aus deinem linken Auge geblutet hast und wegen des weiteren blöden Wobblerhakens in deinem Maul - getötet, quasi erlöst und wieder deiner Heimat, dem Meer übergeben, hineingeschmissen wie ein Stück Brot ..... Die Möwen haben es mit Freudengeschrei begrüßt. Ich nicht. Ein Stück meiner Seele schwimmt noch immer rücklings mit dir im Atlantik ... Jetzt nach 26 Stunden wohl im Bauch einer Möwe. Ashes to ashes. - Schlafen.

Sonntag, 16. Februar: Nach 14 Std. Schlaf sind wir wieder bei Kräften. Und trocken. Phu. In der Nacht auf Samstag hat uns eine Schlechtwetterfront überrascht. Aber eine echte! Nach sechs Stunden Dauerregen ist um 7 Uhr morgens der Regen dann in Hagel und Schnee! übergegangen. Eh schon egal, wir waren sowieso schon seit Stunden nass bis auf die Haut. Und bis in die Lungen. Unsere Schlafsäcke waren wie Schwämme mit Regenwasser vollgesogen. Tonnenschwer. So kam es mir vor. Denn wir hatten sie beim Gehen zweckentfremdet. Zum Umhängen. Da half auch die mitgenommene Plane nichts. Der Sturm peitsche den Regen von allen Richtungen über uns hinweg. Eine Stunde haben wir, beinahe erstarrt vor Nässe und Kälte, im Kampf gegen Regen, Hagel und Schnee und schieflagig aufgrund der Sturmböen, benötigt, um endlich Arguayoda zu erreichen. Wir haben so erbärmlich ausgesehen, sodass man uns jede Hilfe verweigert hat. Uns hat jeder die Tür vor der Nase zugeschlagen. *Jeder* ist gut. Von fünf Häusern waren nur zwei bewohnt. Ein Bauer hat sich dann unserer erbarmt, nachdem Du diesem irgendwie zu verstehen gegeben hattest, mit Armen und

Beinen gestikulierend - diese stolzen Spanier verstehen einfach kein einziges englisches Wort - dass ich sonst erfrieren würde. Aufgeweicht bis in die Knochen und zitternd vor Kälte hat er uns dann endlich nach Alajero gefahren. Mit einem Auto, bei dem das Gebläse wunderbar funktionierte. Aber nicht die Heizung. Diese Autofahrt werden wir so schnell nicht vergessen. Überglücklich waren wir, überglücklich, endlich nicht mehr dem Schnee und der Nässe ausgesetzt zu sein. Aber wir hatten das Gefühl, als wären wir nach einer kalten Dusche in einen Kühlraum gesperrt worden. Nach dieser beinahe einstündigen Fahrt, vor Schreck wie gelähmt von der vergangenen Horrornacht, hat uns dieser nette Spanier beim nächstmöglichen Cafe - das einzige Lokal, das um neun Uhr morgens offen hatte – dann abgesetzt. Die Kellnerin borgte mir ihr Handy, damit wir Florian und Nina bitten konnten, uns abzuholen. Was sie natürlich auch taten. Zwei Stunden zitterten wir wie Espenlaub, mit blauen Lippen gespickt, am Cafehaustisch. Bis uns die Einheimischen dann, wohl aus Mitleid gegenüber diesen armseligen, triefenden Gestalten, zu verstehen gegeben hatten, dass wir irgendeinen scharfen spanischen Schnaps trinken müssten, um uns von innen zu wärmen. Sie luden uns ein. Drei- oder viermal hintereinander. Endlich wurde uns warm und unsere Körper begannen regelrecht zu dampfen. Und wir hatten einen tollen Rausch und konnten auch wieder lachen. Und wie. Wir haben uns zerkugelt vor Lachen. Wir waren so dankbar. Wir hatten überlebt! Vorerst zumindest. Meine Lungen würden auch das überstehen. Aber Nina und Florian kamen und kamen einfach nicht. Wir hätten ganz dringend trockene Kleidung benötigt. Und draußen vorm Cafe fiel der Schnee und der Hagel donnerte an die Glasschiebetür. Als würde die Welt untergehen. Endlich kamen sie. Und waren völlig aufgelöst! Während sie uns die mitgebrachten Decken um die Schultern hängten, erzählten sie, dass sie im Nebelwald in der Nähe von Garajonay im Schnee hängen geblieben waren und einen einstündigen

Umweg fahren hatten müssen, um hierher kommen zu können! Auf **La Gomera** gibt es natürlich auf keinem Auto Winterreifen. Wozu auch.
Trotzdem schade, dass unsere Tour unterbrochen worden war. Das holen wir nach, wenn das Wetter wieder stabil ist.

Mittwoch, 19.Februar: Schneechaos auf **La Gomera** das gesamte Wochenende hinweg. Angeblich der erste Schnee seit über 40 Jahren! Das gibt´s doch nicht!

Gestern haben wir beide die geplante Wanderung fortgesetzt. Angeknüpft an Arguayoda. Da, wo unser Survivaltraining beinahe in die „Hose" gegangen wäre.

So stelle ich mir das Paradies vor! Rote Felsenhöhlen mit

tiefgrünen Terrassen davor. Wasserbecken, Palmen, kleine plätschernde Wasserfälle, atemberaubende Felsschluchten, jahrhundertealte, ausgetretene Pfade. Ich komme aus dem Staunen nicht mehr heraus. Wer diesen barranco nicht durchwandert hat, weiß nichts von **La Gomera**. Gar nichts!
Und dann waren wir in Alajero und haben herrlich geschmaust.

Ziel erreicht. Auf Etappen. Aber trotzdem. Danke, mein Schatz, für diese un-un-unglaubliche Tour. Für diese paradiesischen Eindrücke.

Vorgestern habe ich mit Nina den Valle-Wasserfallweg bezwungen. Durchwandert wäre die falsche Beschreibung. Viel Wasser, Schmelzwasser, ha, und durchwegs abenteuerlich, dschungelähnlich schön. Mit dir könnte ich Pferde stehlen, liebe Nina, du tolle, tolle Frau, du!

„[.....] Ich vermisse dich beim Fischen, beim Schlafen, beim Essen. Ich möchte gar nichts mehr ohne dich machen, weil du mir immer fehlst. Ich liebe dich. Und ich bin so froh darüber, dass du wieder gesund bist. So froh! Jetzt haben wir es geschafft. Und ja, wir werden heiraten. Die Liebe ist das Wichtigste und wir wollen gemeinsam alt werden [.....]", sprichst Du zu mir.
Wir sind sehr glücklich. Jetzt wissen wir endgültig, dass wir zwei zueinander gehören. Und beide wissen wir, keiner will mehr ohne den anderen sein. Es gibt nichts Schöneres.

Donnerstag, 20. Februar: Habe gestern bestimmt zwanzig Liebeserklärungen von Dir bekommen. Dicken, dicken Kuss.

Heute haben wir mit Nina und Florian eine gemeinsame Wanderung von Garajonay (höchster Berg, 1.487 m Seehöhe) durch den Nebelwald - hat sieben Stunden seinem Namen alle Ehre gemacht – zu Florian´s Leidwesen - nach Hermigua (250 m Seehöhe) gemacht, mit durchschnittlich 10 Grad Kälte. In der Mitte unserer Tour kehrten wir in einer urigen Hütte ein. Feuer im Kamin. Mindestens dreißig dampfende, vor Nässe triefende Touristen. Eine grantige, unfreundliche Kellnerin. Wie bei uns in den Bergen. Nur die Skier fehlten vor der Tür.
Zurück ins Tal der Könige nach Valle Gran Rey: Sommer, strahlender Sonnenschein, 25 Grad. Von der Winterjacke mit Haube und Schal in den Bikini. Unglaublich.

Inseleindrücke: ... Lorbeerwald – Nationalpark - Märchenwald. Rote und grüne Mojosoße; Barraquito (herrlicher Kaffee); Gomeron (mein neuer Lieblingsschnaps) .... Bananenplantagen in La Dama; unglaublich idyllisches, verschlafenes, grünes, palmenreiches, Gott sei Dank noch nicht von den Deutschen geprägtes (Entschuldigung aber auch) Taguluche. Traumstrand Trigo bei Alojera mit einem Bächlein quer durch den Sandstrand. Die hippieumwobene Schweinebucht. Mielm de palma (Palmenhonig), Gofio (herrlich), Lagerfeuer im Casa la familia in Valle, Casa Maria: Intreff am La Playa mit täglich spanischer Livemusik usw. usw.

Leider ist Valle mittlerweile nichts anderes als eine deutsche Kolonie. An allen - wirklich an allen - Ecken und Enden hörst du nichts anderes als deutsches "Palavere". Ich bin nicht rassistisch, aber in fernen Ländern will ich die Einheimischen schnattern hören .....

Eine nette Episode - von Nina am Nebentisch mitgehört: Ein deutsches Ehepaar zum Kellner im Restaurant in Puelto: "Sprechen Sie deutsch?"
Spanischer Kellner (wenigstens sind ALLE Dienstleister auf der Insel ausnahmslos Spanier): "No"-
Ehepaar: " Do you speak english?"
Kellner auf spanisch: „No, pero hablo español perfecto." (Nein, aber ich spreche perfekt spanisch!) .... Jäh!

e-mail von Dominique: Hey mum, wie geht´s euch im Urlaub, eh alles in Ordnung? Hab mir im Internet ein paar Fotos von **La Gomera** angesehen, schaut echt fein aus dort!
Na gut, viel Spaß auf jeden Fall und liebe Grüße an Oliver! Bussi
PS.: Hab die UNI-Prüfungsergebnisse gestern bekommen ... schau mal

Hallo, mein Sohn! Unglaublich deine Prüfungsergebnisse! Super!!! Bin echt stolz auf Dich. Da haben ja die meisten ein „Nicht genügend"!
... Ja, die Insel ist unvorstellbar schön. Wir hatten aber auch Schnee! Angeblich der erste seit über 40 Jahren .... Und viel, viel Sonne. Waren bereits einige Tage in den barrancos trampen. Manches ist wie im Paradies: Palmen, Wasserbecken mitten in

den Schluchten, Wasserfälle, Steilküsten, tosender Atlantik, rote Höhlen .... Tolle Livemusik, viele, viele Aussteiger, Tramper, übriggebliebene (teilweise total eingerauchte) Hippies und Eremiten. Einige Bernie´s und Wanda´s .... Du weißt, wen ich meine (｡◕‿◕｡). Bei einer Tageswanderung durchquert man in der Regel drei Schluchten mit insgesamt bis zu 1.400 m Höhenunterschied. Für zwei Kilometer Luftlinie entlang der Küste braucht man mit dem Auto ca. 30 km und eine! Stunde. Irre. ... und ich war bereits am dritten Tag pumperlg´sund... wie ein Wunder ... Gesundes Klima ...... Ich bin rieeesig stolz auf dich!!!! Liebe Grüße auch von Oliver. Übrigens, Oliver und ich sind von Montag bis Freitag wieder trampen. Wir kommen um ca. 00 Uhr von Freitag auf Samstag in München an. So schnell vergehen 4 Wochen (◕︵◕).
Dicke Bussis an Elias und Mirjam. Liebe Grüße auch an Omi und Daniel. Und passt gut auf euch auf! -

Ich sende Dominique noch eine e-mail: 83 Studenten, 55 x Nicht genügend, 17 x Genügend. 8 x Befriedigend, 3 x Gut, 0 x Sehr gut .... Du bist der 11.-Beste! Supertoll! Hast 72 Kollegen abgehängt! Und es ergibt aufgerechnet auf alle einen Gesamtnotendurchschnitt von 4,49!!!
Dicken Kuss - Deine stolze Mama -

Dominique´s Antwort: Haha. Und danke für die Fotos, sieht echt schön aus dort! Hört sich toll an, was ihr so macht. Bin eh gleich a bissl eifersüchtig. - Ich werd heut wieder nach Wien fahren und komm dann am 5. März wieder heim!
Viel Spaß noch und bis bald. Bussi

Samstag, 22. Februar: Gestern haben wir zwei verliebten Turteltäubchen großzügige fünf Stunden den Wasserfallweg in Valle bei strahlendem Sonnenschein und einer Flasche Weißwein genossen. Herrrlich.

Heute ist einfach nur Strandgenusstag. Seele baumeln lassen. Ist das Leben schön.

Dienstag. 25.Februar: Sitze am Playa de Santiago in der Mittagssonne. Der Atlantik erlaubt natürlich wieder mal kein Genussschwimmen. Aber bis zu den Knien im Meer zu stehen ist ja auch nicht schlecht. Die Gischt tut ihr übriges. Herrlich. Du sitzt hinter mir im Schatten eines Bambusdaches und genießt ein "kühles Blondes". Bin die einzige da am Strand.

Wir haben gestern Valle den Rücken gekehrt. Adios, du schönes Tal der Könige. Sind vom Garajonay über Imada steil - sehr steil - bergab durch den wunderschönen Barranco Guarimiar gewandert. Haben einen Vorarlberger getroffen. Dieser hat uns erzählt, dass die Gomerer voriges Wochenende alle in den Nebelwald gefahren sind, um Schnee zu gucken. Viele sahen zum ersten Mal in ihrem Leben Schnee!

Sind in Imada auf einen wunderbaren Barraquito eingekehrt. Endlich wieder nur mehr Einheimische. Endlich! Ein weißer Kleinbus fährt mit Lautsprecher mit plärrender Musik ums Eck. Die Frauen kommen aus ihren Häusern. Der Busboden ist angefüllt mit Eis. Und drei riesigen zirka einen Meter langen Thunfischen. Auf einem Schneidbrett am Busboden wird vom Fisch je nach Verlangen einfach herunter geschnitten. Eine fahrende Fischfrau! Die drei alten Gomeradamen schnattern wie ein ganzer Autobus. Und lachen und stoßen sich gegenseitig freundschaftlich in die Rippen.

Nach Guarimiar sehr, sehr steiler Aufstieg - ca. 500 Höhenmeter nach Targa. Phu. Aber unglaublich schöner Steig, Camino oder Piste, wie die Spanier sagen. Und Abstieg bis kurz vor Antoncojo. Übernachtung in einer schönen, windgeschützten Höhle mit richtigem Vorraum und Blick auf das Meer und einem blauen See zu unseren Füssen. Perfekt. Nur mit einer Kakophonie von anscheinend 1000 Fröschen von der Dämmerung bis nach Mitternacht hatten wir nicht gerechnet. Lustig und sehr laut. Wir haben trotzdem elf Stunden geschlafen.

Nach einer zweistündigen Wanderung haben wir heute Morgen inmitten von Spaniern gefrühstückt. Unter riesigen Ficus Benjaminis am Dorfplatz. Santiago haben wir zu unserer Lieblingsstadt auserkoren.

Geh jetzt wieder ins Meer. Und dann zu Dir. Abschiedsgomeron und weiter geht die Reise per pedes. Proviant für die nächsten drei Tage haben wir bereits in unseren Rucksäcken verstaut. Finden wir heute auch wieder so eine nette Höhle?

Donnerstag, 27. Februar- Obwohl ich mich nach beinahe vier Wochen nun schon sehr darauf freue, meine Kinder endlich wieder an mich drücken zu können, empfinde ich Wehmut. Der vorletzte Tag. Der schönste Urlaub meines Lebens geht zu Ende. Dank dieser bizarren, mich in seinen Bann ziehenden, klimaweichen, schluchtenzerklüfteten Inselschönheit. Aber vor allem dank Dir. Du bist ein Schatz, so fürsorglich. Wir wollen nur noch beisammen sein. Schön ist das.

Vorgestern: Schönen, vor Wind schützenden Felsgiganten als Nachtquartier im Barranco de Chinguarime gefunden. Megamegamegawanderung über Casas de Contrea (verlassenes, aber immer noch sehr beeindruckendes Herrenhaus), Morales - 542 m - über Fortalezzaabstieg - eher alpin als Wanderweg und sehr gefährlich - und Playa de la Guancha nach San Sebastian. Ein 24 km Tagestrip, phu! Nachtfahrt nach Playa de Santiago, um den letzten Tag unter Spaniern genießen zu können.

Ein spanisches Kind versucht am Marktplatz unter Gejohle seinen eigenen Schatten zu fangen. Drei alte Spanier sitzen schnatternd und gestikulierend auf Stühlen unter den riesigen Ficusbäumen. Der Atlantik brandet in nur wenigen Metern Entfernung an die Kaimauer. Die Sonne brilliert an der Oberfläche. Der Atlantik ist heute sanfter. Herrliches Wellenspiel. Endlich erlaubt er das Schwimmen wieder. Wie fliegen fühlt es sich heute an.

„Nur dort, wo du zu Fuß warst, warst du wirklich", steht auf dem T-Shirt eines deutschen Touristen. Wie wahr.

Wir leben das Leben in vollen Zügen. Dreimal Atlantikwasser in Nase und Mund abbekommen. Übermut. Heiß ist es und ein wolkenloser, blauer Himmel strahlt mit mir um die Wette und wir beide liegen nebeneinander im Sand und genießen unsere Liebe und das Meeresgeflüster, das gute Essen und das

Glücklich sein. Sand in der Hose - und neuer Schmuck an Hals und Arm von meinem Geliebten. Vom Vallemarkt mit dieser unglaublich gut improvisierten und chilligen Livemusik. Hab sie immer noch in den Ohren.

Du bist wieder in den Schatten geflüchtet. Deine Haut erlaubt kaum mehr das Genießen der Sonnenstrahlen.

Ich liege im Sand und träume mit offenen Augen dahin. Und lasse die letzten Wochen Revue passieren. Wie recht Du hast. Was braucht man mehr im Leben als glücklich zu sein. Das sind wir. Welch ein Glück. Viel Liebe, etwas gegen den Durst, ein wenig Essen, ein Dach über dem Kopf, nicht frieren, Gesundheit. Und fertig ist das perfekte Leben. Und trotzdem. Eine Aufgabe, ich will das jetzt nicht *Arbeit* nennen, gehört aber auch dazu. Ich hab sie nicht vergessen, Deine Gabe. Irgendwann heuer werden wir es zur Sprache bringen müssen. Ich will das auch so. Und überlegen, wie und wann und wo. Aber noch sind wir auf La Gomera. Lebe im Jetzt!
Ich schreibe *La Gomera 2014* in den Sand. Und halte auf einem Videofilm den Atlantik fest, während dieser versucht, immer näher an meine Worte heran zu kommen. Bis schließlich alles in den Wellen zerrinnt.

Ich drehe mich um und suche nach Dir. Du beobachtest mich und winkst mir zu. Mein Herz wird ganz weit, wenn meine Augen Dich erblicken. Ich liebe Dich. Ich komme!

„Könntest Du Dir vorstellen, hier zu leben?", empfängst Du mich. „Auf jeden Fall ist das Leben hier viel billiger als bei uns zu Hause. Keine Heizkosten. Alles ist viel preiswerter, als wir es gewohnt sind. Kannst du dich erinnern? Am ersten Tag haben wir um 40 Euro Lebensmittel eingekauft und sind beinahe eine Woche damit ausgekommen! Und das Klima ist das ganze Jahr über konstant mild. Aber jetzt, nach sechs Wochen freu ich mich wieder auf unser Zuhause. Ich könnte nicht ein Leben lang oder noch einen Monat faul sein. Ich brauche eine Beschäftigung, die mich ausfüllt. Du weißt es. Du nicht?"........ Natürlich, ja.

Bei unseren zahlreichen Wanderungen haben wir ununterbrochen verlassene Fincas gesehen. Alle in Einzellage. Das Herz tut einem weh, wenn man das sieht. So viele Schicksale stecken dahinter. Enttäuschte Eltern, weil die Erben ihr Glück/ Geld am spanischen oder afrikanischen Festland suchten. Oder auf Teneriffa. So viele, viele, viele Terrassen, von Steinen umsäumt, die noch in den Siebzigerjahren voll mit Tomatenpflanzen waren. Nun gibt es keine Landwirtschaft mehr auf **La Gomera**. Nicht mehr profitabel. Die Fincas verfallen der Reihe nach. Ganze Dörfer haben wir leerstehend vorgefunden. Mit unglaublicher Meerblicklage. Und rundherum nur Natur. Und ohne Zufahrtsstraßen. Drei Kühe haben wir auch entdeckt. Aber nicht mehr. Im Februar erntet man auf **La Gomera** bereits den schönsten Häuptlsalat unter freiem Himmel. Welch ein Klima.

Klaus haben wir auch kennen gelernt. Klaus kommt aus Deutschland und ist 79 Jahre jung. Die meiste Zeit des Jahres pendelt er zwischen dieser Sonneninsel und Kreta hin und her. So, wie es ihm in den Sinn kommt. Und immer hat er seine Mundharmonika dabei. Ganz alleine ist er unterwegs. Seine Frau ist vor 30 Jahren gestorben, so erzählt er uns.

„Ihr könnt euch glücklisch schätzen", hat er zu uns gesagt. „Das schönste im Leben ist die Liebe. Alles andere ist nicht so wichtig!" Wie recht du hast, lieber Klaus.

Ja, und einige liebe Freunde und Bekannte aus G., sozusagen aus unserer Heimat, haben wir auch in Valle Gran Rey getroffen. Es gäbe noch so viel zu berichten. Aber hauptsächlich hab ich einfach jeden, jeden, jeden Moment mit Dir genossen. Im Jetzt. Und bin genesen. Man kann das ruhig ein Wunder nennen. Möge es zu Hause so bleiben. Hoffentlich.

„Du weißt" hast Du des Öfteren zu mir gesprochen, „wenn du dann aber wieder krank wirst, dann müssen wir uns überlegen, ob es nicht an unserem Zuhause, an unserer Umgebung, an unserer, deiner Arbeit liegt. Denn dann müssen wir etwas ändern. Ich will dich nie wieder so krank, so schwach, so ohne Antrieb sehen. So ohne Lebensfreude und Elan. Du weißt, was ich meine!" ... Ja, ich weiß und gebe Dir voll und ganz recht.

Freitag, 28. Februar: Wir sind vor zwei Stunden mit der Fähre nach Teneriffa herüber gekommen. Ein riesiger Schwarm Delphine hat uns eine Stunde lang begleitet. Rührend! Große und kleine. Eine richtige Familie. Wir haben den Heimweg angetreten. Mit Wehmut im Herzen. Ich zumindest.
Und von der Individualistennaturinsel in den Massentourismus. Phu! Flash! Wie ich ihn hasse, diesen Massentourismus! Verboten sollte er werden. Per Gesetz! Abertausende Menschen! Abertausende!
Die letzten Sonnenstrahlen mit einem Barraquito genießen. Alte Menschen in Rollstühlen und auf Krücken. Junge Menschen, dicke, weiße Neuankömmlinge, braungebrannte Nachhauseflieger - so wie wir. Ein altes, sehr altes Ehepaar quert Hand in Hand die Fußgängerzone. Wer stützt da wen? Hunderte von Lokalen. Ein kunterbuntes Durcheinander. Tauben gurren. Der Seifenblasenhippie aus Valle ist auch mit unserer Fähre herüber gekommen. Zerrissene Hosen, 3-Tagesbart. Und ein Grinsen im Gesicht, obwohl die 28 €, die er für die Fähre bezahlt hat, wohl sein allerletztes Geld waren. Leben ohne Heimat? Scheint auch zu funktionieren. Und der Karneval beginnt. Ein himmellanger Transvestit schwankt auf High Heels über das Kopfsteinpflaster.

Ich wende mich geistig und visuell von diesem Rummel ab. Ich möchte die Kraft, die Ruhe, die Schönheit, die unberührte Natur von **La Gomera** als letzten Eindruck von diesem wunderwunderschönen Urlaub in das Flugzeug und bis nach Hause mitnehmen. Und unsere große Liebe, unsere Harmonie, unsere zufriedene Zweisamkeit, unsere Reife, unser gegenseitiges Glücklichsein und zukünftiges Glücklichmachen. Mögen wir die Weisheit finden, dies alles für alle Zeit zu hegen, zu pflegen und zu bewahren.

Das war der schönste Urlaub meines Lebens. Ich danke Dir von ganzem Herzen.

Seele

Habe abseits des Hauptstroms
ein Bächlein gefunden
mit gemütlicher Strömung
und friedlicher Richtung –
Ist die Quelle das Ziel?
Kehre zurück zum Ursprung!
In den Schoss Deiner Seele
die Deinen erwarten Dich -
Mit dem Wissen Deiner Erfahrungen
von sämtlichen Ufern und vielen Tagen
mit den Blicken in unglaubliche Tiefen,
speichere und merke und lerne -
Belohnt wurde der echte Weg
belohnt Dein Mut
trotz Angst dies Bächlein zu wählen
belohnt mit Friede -
Vergessen die zerrenden Hände
vergessen das Anderssein
vergessen das Kopfschütteln
vergessen das einsam sein -
Das Verzeihen
Deiner Sünden, Deiner vielen Verfehlungen
der Schmerzen, die Du anderen zugefügt
Demut krabbelt hoch an Dir -
Wasser umspült Deine Knöchel
Sonne wärmt Dein Gesicht
Mutter Erde ist Dein Kissen
Stille erzählt die Geschichte -
Feuer kocht Deine Suppe
Wind liebkost Deinen Rücken
Duft der Blumen und Kräuter
Rascheln des Waldes -
Ruhig wirst Du am Ursprung sitzen
alt und weise
auf Dein Innerstes zu horchen
es hat sich gelohnt

64. Teil Rückblicke / Resteverwertung

Liebe Natalie, Du hast mir 2010 anlässlich meines Geburtstags etwas geschenkt. Hab heute, am 1. August 2014 ein Buch gesucht und plötzlich dein Geschenk, ein Tagebuch, in Händen gehalten. Ich danke dir von ganzem Herzen! Eigentlich hast du mich dadurch auf die Idee des Schreibens gebracht. Das hatte ich total vergessen! Aber alle Blätter sind weiß und unbeschrieben, bis auf vier (ich erinnere mich, danach hab ich mir einen Laptop gekauft und die Tastatur dem Kugelschreiber vorgezogen). Habe mich nun spontan entschieden, das Ende meiner Memoiren um diese beinahe 4 Jahre alten Seiten zu ergänzen. Darauf steht folgendes – und das finde ich sehr interessant und aufschlussreich:

1. Jänner 2011: Mir ist ein Knopf aufgegangen. Übrigens nicht der erste und ich hoffe (befürchte) auch nicht der letzte …. und ich führe wieder mal Selbstgespräche:

X, Sei glücklich und zufrieden mit dir alleine (Weiß ich eh seit 100 Jahren) . … Und liebe dich um deiner selbst Willen, verwöhne dich, streichle deine Seele.

X, Konzentriere dich auf das Wesentliche: Körper, Geist und Seele als Einheit;

X, Achte auf deine Gesundheit!

X, Vergaloppiere dich nicht in spirituelle Richtungen. (!!!)

X, Überblick bewahren!

X, Extreme vermeiden (!!!)

X, Gleichgewicht, Gleichklang bewahren oder herstellen;

X, Mit deinen Kräften richtig haushalten;

……… Einige Zeilen lass ich nun, im August 2014, unter den Tisch fallen. Die sind mir (nach mehr als 3 ½ vergangenen Jahren) einfach zu blöd. Vier Seiten über Arbeit und Geld, man stelle sich das vor! Das war ich? Das war ich?

Quergedanken, immer wieder: Oliver - welch schöner Name,

kommt mir in den Sinn. Wer bist Du? Was ist das, was wir da haben? Eine, …. ja was? Eine Beziehung? Keine Ahnung …..

---

2. Jänner 2011: War bei IHM. Phu. Kenn mich gar nicht aus …..

……. Doch wohl eher wie der Zauberlehrling fühl ich mich. Die ich rief, die Geister ……

…. denn er wusste, dass der Ursprung einer jeden Geschichte eine Abwesenheit ist, und er wollte, das sie in Anwesenheit lebte ….. woher hab ich diese wahre Aussage nur wieder her?

Reifeprozess, Gärungsprozess, Vollmond? Neumond? Was? Stehe nach zwei Stunden Tiefschlaf *habt acht*. Das ist neu für mich. Will schlafen.

Schicksal, daran glaub ich nur bedingt. Sucht man sich vieles nicht selber aus? Oder? **SCHICK-SAL** = ge**SCHICK**tes Heil (Lateinisch **SAL**us = das Heil) ???

War alleine Langlaufen, schön – war mit meiner lieben Freundin Natalie im Fitnessstudio, gut – War alleine in der Sauna. Ein ganzer Tag ohne Gespräche. Herrrrlich!!! Abends alleine vor dem Fernseher, dann alleine zu Bett, einfach herrlich schön. Liebe das alleine sein. Ja, ich bin glücklich mit mir selber. Weiß nicht, ob ich mir das noch mal „antun" soll, noch mal eine Bindung mit einem Mann einzugehen? Mir geht´s alleine gerade so gut! …...

…. Das Wesentliche sagt man in 7 Sätzen, nicht in 7 Stunden??? In Gedanken: Geistige Grüße an den mir fremden und doch so vertrauten, Respekt einflößenden, äußerst autoritären, charismatischen, mich an meinen Vater erinnernden Oliver. Großer Lernprozess?

Er spricht ununterbrochen zu mir! Ununterbrochen!:
– Liebe ist eine Entscheidung? – AHA -
…. Gefühle nur mehr in Verbindung mit der Intelligenz - AHA, warum nicht. Das Nurgefühl hat mich bis dato sowieso nur immer wieder in eine Sackgasse geführt.

Hab heute folgendes gelesen: Mathematiker sind davon überzeugt, dass alles auf Zahlen basiert. Auch die Liebe ??? Quantensprünge, Quergedanken, Relativitätstheorie? – Gruß an Einstein bzgl. Liebe, ha, ha.

Wieder von ihm gesprochene Worte … wie war das noch mal?

…. Und wenn man dann einen Menschen kennenlernt und ganz bewusst und sehr ernsthaft beschließt, den Weg gemeinsam zu gehen …… (Wir kennen uns doch erst zwei Monate!!!)

……. sich gegenseitig in Zurückhaltung üben. Das Beste für später aufzuheben ……. (- ???)

……... und nicht gleich alles geben, weder Zeit, noch das tiefe, eigene Ich …….

…… eigene Geheimnisse bewahren …. Zurückhaltung bei der körperlichen Vereinigung ….. bis zum Höchsten

- Waaaaas ??? -

…… Zügel bewusst anziehen. Alles dosieren, um – bis dass der Tod uns scheidet - richtig hauszuhalten ……

- Bis dass der Tod uns scheidet???
- Hiiiilfe!!! -

….. Alle machen es falsch! Darum gehen auch beinahe alle Be-ziehungen in die Brüche. Mit Volldampf voraus und auf einmal ist man leergefahren …..

…. Das Gefühl - *das was fühle ich* - ist die Basis. Und SOFORT kognitives Denken dazu schalten, sofort ….

…… Wenn du willst, dass es ernsthaft funktioniert, kombiniere das Gefühl sofort mit deinem Kopf .....

-??? - ...... Mir brummt der Kopf. Ich verstehe nicht ganz .....

Gefühle bremsen? Hirn einschalten? In der Liebe? Phu, diese Welt kenne ich nicht .... Ich verstehe nur Bahnhof! Nur Bahnhof!

Außerdem hab ich mir selber versprochen, Extreme zu vermeiden. Ich denke, Du bist ein EXTREM!
Also: Noja, Hände weg von diesem Mann!!!

.... Ich weiß nicht, Du bist ein unglaublicher Mann, ein unglaublich schöner Mann, ein ausgezeichneter Redner, aber .... ich ..... ich bin ein Gefühlsmensch. Zugegeben, ja, der es beziehungsmäßig nicht sehr weit gebracht hat ...... Aber verwechselt da nicht jemand nüchternes rechnen mit Liebe?

Soll das Hirn das Herz in seine Schranken verweisen, oder gar zurückdrängen? Ich weiß gar eines, das Herz ist das wichtigste Organ. Das Herz kann auch ohne Hirn funktionieren – wie auch immer – aber das Hirn kann ganz bestimmt nicht ohne das Herz! ....

Oder beginnt so eine, ja was? .... Eine große Liebe ?

Na, ob das gut geht. Na, ob ich mir das antun werde. Eher nein. Ich bin so glücklich alleine.... so glücklich. Besser nicht antun.

Abschiedsbrief ans Haus vom 11.11.2011

4. August 2014/Gefunden beim Entrümpeln des Dachbodens:

Ich habe das Haus, in dem ich auf Miete mit meinen Kindern glückliche sechs Jahre verbracht hatte, im siebenten Jahr dann gekauft. Ich war sooo stolz darauf. Nicht wegen des Besitzes, vielmehr, weil ich meine Hütte gefunden hatte. Leider hatte ich nicht bedacht, dass diese Hütte in einer Siedlung steht. Und nach und nach rundherum neue Häuser hingebaut werden würden. Und natürlich war das auch eine Kurzschluss- und Trotzreaktion aufgrund des Autounfalls, den meine Mutter und ich 2010 hatten. Wie auch immer.

Leider hatte ich auch nicht bedacht – wie Du im Jänner richtig bemerkt hattest – dass die Heizung und die Fenster im Laufe der nächsten Jahre zu erneuern gewesen wären. Aber ich hatte mein ganz eigenes Reich! Niemanden, der fragte, niemanden, der beobachtete, niemanden, der mir auf die Finger schaute. Und dabei meine ich nicht Dich, mein Schatz. Und abgesehen von den Nachbarn ..... Ich liebte diese Unabhängigkeit grenzenlos. Und ich genoss sie auch, wo und wie ich nur konnte. Und ihr erst, mein geliebter Nachwuchs. Ich kann gar nicht mehr sagen, wie oft ihr Partys habt steigen lassen. Ich hab mich so für euch gefreut, dass ihr nun das Leben in vollen Zügen genießen konntet, ohne in Angstzuständen den Nachmittag abwarten zu müssen, wie *er* wohl heut wieder drauf sein würde - ihr wisst schon, wen ich meine - und ob nachts Ruhe herrschen würde, oder ...... Negatives liegen lassen.

Nicht nur einmal bin ich spät abends von der Arbeit nach Hause gekommen - ich war ja ein Workaholic - und unsere Hütte war vom Keller bis zum Dach vollgestopft mit euren Freunden, 20, manchmal mehr. Ich hab mich so für euch gefreut! Bei einer eurer Gartengrillfeiern hab ich 34 junge, fröhliche, unbeschwerte, lachende Menschen gezählt. Ich kann mich noch sehr gut erinnern ......

Freiheit nannte ich dieses Zuhause. Freiheit von jeglicher Beziehung zu anderen Menschen. Ich hab es soooooo genossen! Zum ersten Mal in meinem Leben! Kein Ehemann, kein Partner, keine Großeltern, keine Eltern. Niemand außer Mirjam, Dominique, Elias und mir! Zum ersten Mal in meinem Leben und das mit 40 Jahren. Ich hab sie sooo geliebt, diese Freiheit ...

Meine Kinder, ihr seid mein Fleisch und Blut. Und ich hoffe bei allen Fehlern, die ich gemacht habe, die wichtigsten Dinge im Leben, nämlich FREIHEIT und LIEBE habe ich Euch vermittelt. Hoffentlich. Aber ich denke schon. –

.... Ich hab damals bis 1 Uhr morgens im Bad die alten Fliesen herunter geklopft und wurde dabei von eurem Gelächter, das beim Gartenfenster hereinwehte, begleitet. Schön war das. ......

Ihr habt Fußball unter und zwischen den riesigen, alten Tannen- und Obstbäumen gespielt. Die Wäscheleine war perfekt für das Feder- und Volleyballspiel. Sogar Tennis haben wir stundenlange auf dem Rasen gespielt. Weißt Du noch, Elias? Viele Nachmittage lang. Wie eine Parkanlage war dieser wunderschöne Garten. Sogar einen klitzekleinen Teich hatten wir. Mit Goldfischen. Aber nur solange, bis unser Wotan dahinter gekommen war, dass man diese wunderbar fangen und vor die Eingangstür legen kann. ..... Lagerfeuer, zelten mit Freunden. Im Garten, einfach so. Und wie oft waren wir in der wunderschönen Erlaufschlucht im „Prater“ baden und wandern und joggen und grillen und zelten und Radfahren. Es war einfach so bequem, weil man dieses Naturschauspiel wirklich vor der Nase hatte. Diese gigantischen Felsen! Die versteckten Sandstrände zwischen diesen uralten Riesen. Das Schlauchbootabenteuer ....

Ihr hattet eine wunderschöne, unbeschwerte Kindheit dort. ... Ganz stimmt das nun nicht. Du, Dominique, stecktest tief in der Pupertät. Phu! Und du, Mirjam, du warst damals beim Einzug in das Haus bereits 19. Also, deine Kindheit war da schon vorbei. .... Nie vergesse ich den Tag, an dem ich dich nach Wien ins Studentenheim in die Pfeilgasse gebracht habe. Oh, mein Gott. Wie tapfer du warst. Ich hab die gesamte 1 ½ stündige Heimfahrt geheult wie ein Schlosshund. Das war das Ende deiner Kindheit. Und meiner Obhut über dich. Endgültigkeit. Nichts würde mehr so wie vorher sein. Und auch die Erkenntnis, was ich wohl alles verabsäumt hatte. An dir in Bezug auf meine Mutterschaft. ... Du warst so tapfer beim Abschied. Es hat dich rasch sehr selbständig gemacht. Und du hattest ja Deine regelmäßigen Wochenenden am Land.

Bestimmt hab ich auch ein ganz klein wenig geweint, weil das immer mein geheimer Traum gewesen war. Alleine nach Wien zu gehen, um zu studieren. Um die große Welt zu entdecken. Auch die der Philosophen und Intellektuellen. Um die Menschheitsgeschichte zu studieren. Eine eigene Wohnung nur für mich zu genießen ...... In den Bibliotheken alle möglichen Bücher vor- und zurück zu lesen. Ich wollte immer Archäologin werden. In Ägypten und Griechenland und auf jeden Fall in Peru in der Erde herum buddeln. Die Geschichte suchen - Ich schweife vom Thema ab. -

Und wir hatten zum ersten Mal in unserem Leben einen Ort, wir vier, an dem endlich Ruhe und Harmonie herrschte. Aus diesem und vielen anderen ähnlichen Gründen hatte ich so große Wehmut beim Verkauf. Nicht wegen der Grundbuchseintragung – das wär ja lächerlich .... Na, ja - ich fürchtete eben sehr um unsere Freiheit – vor allem um meine. Ich tu es immer noch!!! Ich liebe Freiheit. Ohne ihr ersticke ich.

Heute – 2014 - möchte ich auf keinen Fall mehr dort leben. Aus Gründen der Siedlungslage und weil ich ohne „ins Land einischauen" und ohne Sonnenauf- und Untergang nicht mehr wohnen möchte.

Manchmal überkommt mich aber große, große Wehmut. Das war der erste und einzige Ort, an dem ich mit meinen Kindern alleine gelebt habe. Diese Zeit kommt nie wieder und ist endgültig Vergangenheit.

Aber die Freiheit, ja, der „eigene Herr sein", das vermisse ich sehr. Immer noch und immer wieder. Und da meine ich nicht Dich, mein Schatz, Du weißt es.

---

6. August 2014 - Ich räume meine Gedanken zusammen/Memo aus meinem Handy, Schmierzettel, Handy- und Computernotizen, usw. Überall stolpere ich über Gedankenfetzen ....

Seele baumeln lassen - Zufriedenheit

Wie schön haben wir es hier in meinem Elternhaus. Das reinste

Paradies. Und das ist noch eine maßlose Untertreibung. 600 Meter bis zum nächsten Nachbarn. Herrlich! Und diese Aussicht! Wir sehen an klaren Tagen bis nach Tschechien, also weit über die Donau hinaus. Wir sehen Maria Taferl. Ich sehe beinahe jeden Morgen den Sonnenaufgang, an manchem Abend nehmen wir beide uns die Zeit und genießen den spektakulärsten aller spektakulären Sonnenuntergänge. Dabei sitzen wir unter einem bestimmt 150 Jahre alten Herrn. Birnbaum heißt er mit Nachnamen. Man hört die Rehböcke röhren. Krähenschwärme ziehen über unsere Wälder hinweg und machen so viel Lärm, dass man meinen könnte, sie schimpfen über die hereinbrechende Nacht.

Ein Steinkauzehepaar hat im Frühsommer seine Jungen gleich neben dem Haus hoch oben in einer Baumkrone großgezogen. Sie kreisen über uns und schreien wie kleine Kätzchen. Bei Einbruch der Dämmerung kommen auch die Fledermäuse hervor und zischen knapp über unsere Köpfe hinweg. Und im Hochsommer zirpen die Grillen um die Wette.

Frühmorgens treffen sich meist drei Feldhasen bei der Garage oder vor den Ribiselstauden. Sie sind riesig und haben unglaublich lange Beine. Und manchmal streiten sie. Dabei stehen sie auf den Hinterbeinen und geben sich regelrecht Ohrfeigen. Wir vermuten, dass dies zwei Männchen sind, die sich um das Revier oder das Weibchen streiten. Und manchmal sitzen sie einfach nur da und putzen sich und putzen sich. Sie chillen, würden meine Kinder das nennen.

Eher selten sehen wir zwei wunderschöne Eichkätzchen vor dem Küchenfenster. Eines hat ein rotbraunes Fell. Das andere ist pechschwarz. Da unser Wotan leider auf alles, das sich bewegt, Jagd macht, sind sie sehr auf der Hut.

Und ein Bachstelzenpärchen hat im Frühling ein Nest in eines unserer Balkonkisterl hinein gebaut. Und sechs Eier reingelegt. Wir haben täglich mit Spannung auf das erste Schlüpfen gewartet. Vier haben es geschafft. Furchtbar nackt und durchsichtig und wirklich hässlich. Aber die Schnäbel hatten sie sofort offen. Die tägliche Verwandlung war atemberaubend. Mama und Papa haben sich fürsorglichst um ihren Nachwuchs gekümmert. Beim Füttern zuzusehen war faszinierend. Der Stolz der Eltern, wenn sie alle paar Minuten mit Nahrung im Schnabel vor unseren Balkontüren auf dem Handlauf hin- und hergelaufen kamen, das Köpfchen schief legten und mit ihren kugelrunden Augen herein lugten, so, als wollten sie zu uns sagen: „Schaut, wie fleißig wir sind - wo bleibt das Lob?“ war entzückend. Der Handlauf war bis zu dem Tag, an dem die Jungen flügge geworden waren, übersät mit den Fußspuren dieser wunderschönen, kleinen, zarten Vögel. Wir hoffen nur, dass sie nicht den Raubvögeln samt deren Nachwuchs zum Opfer gefallen sind, die übrigens SEIT WOCHEN!!! von 22 Uhr abends bis 5 Uhr morgens in einer Regelmäßigkeit von exakt vier Sekunden einen Schrei von sich geben wie hungrige Herbstkätzchen (irgendwann vergesse ich meine Tierliebe und schieße sie herunter) und das in Höhe unserer Wohn- und Schlafräume, vermutlich in der Baumkrone des Kastanienbaumes.

Gedanken vom November 2013

Verantwortung

Au, das sind Wunden dort auf Madagaskar
tiefe Wunden, die wir Menschen unserer Erde zugefügt haben
Und auf Haiti haben 2 % der Wälder überlebt .....
... und unsere Gletscher schmelzen -
Losgelöst von Grönlands Arktis
donnern täglich mächtige Eisberge ins Meer
Der Tot in seiner schönsten Gestalt.
Süßwasser vereint sich mit dem Meer –

Und wir öffnen immer noch den Kühlschrank
und schließen ganz schnell wieder die Tür
Die Maßlosigkeit würde uns sonst vor die Füße fallen
Eines Tages wird diese Todsünde

uns allen auf den Kopf knallen
Oder unsere Bäuche zum Platzen bringen
Das tut sie übrigens bereits
Wir nennen dies Herzinfarkt
Und alle werden sich wundern

Wir schließen das Brüllen
der dem Tode geweihten Rinder
zivilisiert, wie wir intelligenten Homo sapiens nun mal sind,
rücksichtsvoll von der Öffentlichkeit fern -
Was wäre, wenn an den Kühlregalen in den Geschäften
Monitore angebracht werden würden
die uns mit voller Lautstärke
das Todesgebrüll verkünden
und uns in den leiderfüllten Augen
der kopfüber, blutüberströmt hängenden
600 kg schweren LEBEWESEN
deren Seelen erblicken lassen würden
wenn wir - sauber verpackt - zum Rindslungenbraten greifen

Was du nicht willst, das man dir tu
das füg auch keinem andern zu.

Alles auf unserer Erde ist miteinander verbunden
Wir haben das Buch Genesis vergessen
Und Sodom und Gomorra
Die Arche Noah
bietet keinen 7 Milliarden Menschen Platz

Ich schließe mich nicht aus
Doch, warum auch immer
täglich erwache ich mehr
Sind Zucchinilaibchen nicht köstlich?

Und ist es nicht deine Pflicht, Noja

und ist es dir nicht ein Bedürfnis
zumindest eine Handvoll Menschen wach zu rütteln?
Und kommst du mittlerweile nicht wunderbar
ohne Auto zurecht?
Und kommst du nicht wunderbar, ohne Tiere zu essen, zurecht?
Und kommst du nicht wunderbar ohne Konsumrausch zurecht?

Und ist es nicht Deine Pflicht, Oliver
und ist es Dir nicht ein Bedürfnis
und ist es Dir nicht ein Verlangen
Deine Gaben endlich zum Wohle anderer zu nutzen?
zumindest einer Handvoll Menschen zu helfen?

Und ist es nicht deine Pflicht, Noja
und ist es dir nicht ein Bedürfnis
und ist es dir nicht ein Verlangen
Deinem geliebten Mann endlich beizustehen
ihn endlich zu unterstützen
wo er nun doch schon seit so vielen Jahren auf dich wartet
um seine Gaben endlich zum Wohle anderer nutzen zu dürfen?

11. August 2014 …. Beim Durchlesen unserer LETZTEN Krise im Winter 2013/2014 – das liegt nun sieben Monate zurück - schleicht sich mir schon der Gedanke ein, dass wir beide wohl von nicht guten Geistern besetzt waren. Nicht nur ich. Ist es der Platz, an dem wir zurzeit wohnen? So schön es hier auch ist. Das hat viele Gründe ….. Müssen wir unsere Hütte finden?

Wir haben seit sieben Monaten Frieden, Harmonie, Ruhe, große Liebe und kostbare Freundschaft. Der zukünftige Lebensweg liegt glasklar vor uns. Mit großer Freude.

Und ich schwöre, als ich das Kapitel vom 7. Jänner 2014 gelesen hab, heute, am 11. August 2014, hatte ich sofort wieder dieselben Schmerzen, dasselbe Stechen im linken Lungenflügel, wie damals. Kalte Füße, kalte Hände. Ich weiß es zu deuten. Gefährliches Terrain. Ich gehe jetzt sofort meine Hände waschen. Symbolisch. Ganz gefährlich falsch war ich damals unterwegs.

12. August 2014 - Bi ... bi steht für zwei oder doppelt.
Hab soeben meine liebe Freundin Natalie - sie ist Psychotherapeutin - über **Bipolarität** ausgefratschelt. Und dann kamen wir auf **Bipolare Störungen** – Wow, wow, wow. ICH FASSE ES NICHT!!!
Auf jeden Fall gefällt mir die oben genannte Diagnose viel, viel besser, als *manisch depressiv*. Sie hat mir soeben Unterlagen zum Durchlesen vorbei gebracht: „[.....] Psychiatriepatienten könnte man zum Beispiel als Menschen bezeichnen, die nicht krank, sondern hochgradig sensibilisiert gegenüber Außenwahrnehmungen sind und von daher nicht an ihrer Krankheit, sondern an ihrer Umgebung leiden, wodurch weniger eine *Therapie* als eine Veränderung der Umwelt im Vordergrund stehen müsste. [.....]." Wie hilfreich. Hätte ich sehr gerne früher schon gewußt.

14. August 2014 - Ein Arzt verlässt spät abends die Irrenanstalt und steigt erschöpft in sein Auto. Beim Wegfahren merkt er, dass irgendetwas nicht stimmt. Er steigt aus. Man hat bei beiden Vorderreifen alle Radmuttern entfernt.
„Kann ich Ihnen helfen?" fragt ihn plötzlich ein Patient.
„Wie können Sie mir schon helfen!" erwidert der Arzt herablassend und geht genervt in die Klinik zurück.
Der Patient öffnet den Kofferraum, nimmt den Kreuzschlüssel zur Hand, löst jede zweite Mutter von den Hinterrädern, und schraubt diese bei jeder zweiten Schraube der Vorderräder hinauf. Telefonierend kommt der Arzt wieder zu seinem Auto.
„Bis nach Hause müsste das reichen", sagt der Patient und drückt dem Arzt den Kreuzschlüssel in die Hand. Dieser geht um sein Auto herum.
„Wie sind Sie denn darauf gekommen?" staunt er.
„Nur weil ich verrückt bin, heißt das lange noch nicht, dass ich auch dumm bin."

Mit Worten jonglieren. Wie mit einem Ball. Spiel und Spaß. Rauf und runter, nach links, nach rechts, trippeln, Squash - mit voller Energie an die Wand. Und mit doppelter zurück. Das Wort wie eine Seifenblase in die Länge ziehen, zerplatzen lassen. In tausend Teile zerkleinern. Aus einer Plastilinkugel 99 Murmeln kneten und mit farbigen Streifen verzieren. Die stachelige, aphrodisierende, halluzinogene Frucht des Stechapfels wie Worte dem Gegenüber an den Kopf werfen. Oder wie beim Federballspiel galant und mit Grazie die Wörter bis zu den Wolken federn lassen. Wie beim Botschaspiel in Lignano am Strand die Kugeln aneinander tuschen und in alle Himmelsrichtungen verlaufen lassen. Wie Pfefferkörner in der Mühle zermahlen. Atome und Moleküle, die sich gegenseitig anziehen, abstoßen ..... Nüsse, die als reife Früchte vom Baum fallen. Eine Perlenkette wie einen Satz an die anderen Perlenketten anknüpfen.
Tausend Seiten könnte ich so weiterschreiben ....
Ich streite schon lange nicht mehr ab, verrückt zu sein.

15. August 2014 – Schuppen fallen von den Augen

1. Du hast mit jungen 17 Jahren knallhart am eigenen Leib erfahren, gleich doppelt, was es heißt, auf einen Schlag anders als die anderen auszusehen. Abseits der Norm. Am Rande der Gesellschaft zu stehen. Das war wohl Deine größte Prägung.

2. Viele Jahre später: Du warst ein äußerst erfolgreicher Geschäftsmann und Firmeninhaber. Doch Dein Körper, Dein Geist, Deine Seele wurden ausgebrannt. Heute sagt man dazu *Burn out.* Das war´s dann mit der Hundert-Stunden-Arbeitswoche ...... Man könnte auch sagen, das war NICHT Deine Selbstbestimmung. Falscher Weg. Falsches Leben.

3. Ich - und fünf weitere Seelen - kamen beim Schneechaos am Dürrenstein 2006 beinahe ums Leben.

4. Ich hatte im November 2007 meine erste Lungenentzündung.

5. Mein Autounfall 2010.

6. Man hat Dir zweimal den Führerschein entzogen ....

..... Ist der Herr Oliver in die falsche Lebensrichtung gefahren?
7. Du hattest im Winter 2012/2013 ebenfalls eine Lungenentzündung. Eine äußerst hartnäckige.
8. 2013/2014 Virus in meiner Lunge und den Herzmuskeln
9. Wir beide sind im Februar 2014 auf der Sonneninsel La Gomera beinahe erfroren.

Auf wie viele Hinweise / Hilfestellungen wollen wir denn noch warten???
Du hattest von Juni bis dato - bis zu unserem letzten Gespräch vor zwei Wochen - ja - eine gravierende Erkenntnis. Einen Reifeprozess. Endlich bekenne auch ich mich zu Deinem Weg. Zu Deinen Gaben. Zu Deinen Fähigkeiten. Ich stehe Dir zur Seite. Versprochen. Hoch und heilig. Solange Du es willst.

Deine momentane Entscheidung ABER, Du hast sie mir heute mitgeteilt: Du willst sie nicht nützen, Deine Gaben! Jetzt; da ich bereit wäre! - ??? - Angst? Ist Angst die Ursache? ....
Ist lass das jetzt einfach mal so stehen.

Das persönliche Beziehungsglück war vor unserem Kennenlernen nicht wirklich unser beider Priorität. Aber wir haben es gefunden ohne danach Ausschau gehalten zu haben ....

Das Leben genießen. Die Suche nach dem Sinn des Lebens ist gefunden. Beinahe keine Fragen sind mehr offen. Jetzt gibt es nur mehr eines zu tun: Es zu erhalten, zu hegen, zu pflegen. Das Glück, unsere Liebe, unsere Zufriedenheit. Den Frieden. Die Harmonie.

Und Deine Gaben endlich anzuwenden. Dem Ruf folgen. Endlich. Es wäre aller-, allerhöchste Zeit. Nicht nur für die anderen. Das ist nun mal Deine Bestimmung. Wann auch immer.

27. Juli 2014 – Sonntagnachmittag in der Hängematte - Kraut und Rüben Hab gestern einigen Menschen beim „Jammern" zugehört. Ich empfinde großes Mitgefühl für Menschen, die sich täglich dazu überwinden müssen, zur Arbeit gehen zu

MÜSSEN, 10 bis 14 Stunden abseits der Familie, abseits des Zuhauses. Dies und das tun zu MÜSSEN. Den Partner aushalten zu MÜSSEN, die Kollegen, den Chef. Die Geldsorgen. Die Zukunftsängste bezüglich ihrer Kinder. Die Existenzängste, den Leistungsdruck, die Ratenzahlungen. Die Gemeinheiten von Mitmenschen. Kummer und Sorgen eben, Ängste, das falsche Leben, die falsche Arbeit, ...
Ich weiß, wovon ich spreche. Ich bin 17.377 Tage alt (｡◕‿◕｡).
Welche Freiheit, beinahe den ganzen Tag Dinge tun zu dürfen, die einem Spaß machen. Welch ein Luxus. Ich bin sehr reich beschenkt worden in diesem Leben. Danke. Danke. Weil ich auf Dich gehört hab!

Ich will und kann auf KEINEN Fall ein „Lebenshilfebuch" schreiben. Davon gibt es bereits mehr als genug. Und das, was mir das Leben, was ich mir selber und das, was ich von Dir gelernt habe, liest man hoffentlich aus den vorangegangenen Seiten heraus. Ich kann niemanden zu seiner ganz persönlichen Wahrheit bringen. Hab nicht die richtigen Worte dafür und kann nicht wirklich sagen, wie man das machen sollte. Da müsste man schon seinen eigenen Meister suchen. Ich bin nur der freche Zauberlehrling, der kurz vor summa cum laude steht, ha, ha.
In 400 Jahren. Oder 4.000.

Außerdem hab ich dieses Tagebuch nur aus einem Grund geführt: Um mich selber kennen zu lernen, um mich und andere zu verstehen und um der Weisheit näher zu kommen.

Für Marketingstrategien, beruflichen und finanziellen Erfolg gibt es zur Genüge Seminare. Ich weiß das aus eigener Erfahrung. Den spirituellen, wahren, inneren eigenen Seelenfrieden aber kann jeder nur individuell auf seine ganz persönliche Art und Weise herausfinden. Hart aber herzlich.

29. Juli 2014 - Und manche Menschen kann man nicht glücklich machen. Denn sie wollen gar nicht glücklich sein. Und manche sind einsam, auch wenn die gesamte Familie um sie herum ist.

Das muss man zu akzeptieren lernen. Wenn das manchmal auch sehr traurig stimmt. *Das Gelbe vom Ei* ist man nicht für jeden.

2. August 2013 - Niemand sollte sich das Sterben herbei sehnen mit der Begründung, aus diesem Leben fliehen zu wollen. Das ist nicht richtig und nicht so gedacht. Das ist ein Stolpern ins Ziel, ohne die Hürden bewältigt zu haben. Das ist vorbeischwindeln. Wobei wir Erdlinge vieles als Hürden betiteln. Dabei wären es hilfreiche Hände, die uns den richtigen Weg wiesen. Und man sollte nicht an Leben Hand anlegen. Weder am eigenen noch an fremden.

17. August 2014 - Eine Übung - zum Perfektionieren, um es mir selbst unter die Haut einzubrennen: Ich hab vor vielen Jahren gelesen, dass, wenn man etwas, egal, ob Sport oder Angewohnheiten, zwölf Wochen konsequent durchführt, dies sich dann für alle Zeit manifestieren wird. Ich werd ab heute bis Mitte November - also bis zu meinem Geburtstag - versuchen (und durchführen!), zwei Dinge täglich zu üben:

1,
Gelassenheit, Gelassenheit, Gelassenheit,
meine Emotionen fest im Griff haben, Gelassenheit;
2,
wenn ich stehe, dann stehe ich
wenn ich gehe, dann gehe ich
wenn ich sitze, dann sitze ich
wenn ich esse, dann esse ich
wenn ich spreche, dann spreche ich ......

denn mein ewiges Sei fleißig! Sei schnell! Beeil dich! hat mir immer wieder nur folgendes aufgezeigt: SO leb ich NUR in der Zukunft. Aber niemals im Jetzt, im Heute. So lebe ich gar nicht. So haste ich nur immer irgendetwas voraus. Oder hinterher. Und produziere Stress. Aber so lebe und genieße ich nichts.

wenn ihr sitzt, dann steht ihr schon,
wenn ihr steht, dann lauft ihr schon,
wenn ihr lauft, dann seid ihr schon am Ziel ... (östliche Weisheit)

Von irgendwann des nachts / Erkenntnisse ..... Du hast Recht, Oliver. Und wie! Manche Deiner Tagesverfassungen haben nichts, aber auch gar nichts mit mir zu tun. Was bilde ich mir eigentlich ein. Dein Charakter des Einzelgängers, eigene Gedankenwelt, der Zwilling, der Weise, eintauchen ins eigene Innerste, Vollmond, Deine seherischen Fähigkeiten. Deine Gaben. Sollst Du oder sollst Du nicht ..... Deine physischen Veränderungen. Deine neuesten Erkenntnisse. Über vieles und viele nachdenken usw. usw. Und hab ich Dir nicht Deinen ganz, ganz eigenen *Ich-Raum* irgendwann mal versprochen? Deine Zeit, meine Zeit. Schön, es zu wissen. Ich achte und respektiere mittlerweile diese Deine Zeit. Und wenn es eine Woche dauern sollte. Umgekehrt tust Du es genauso. Ich liebe Dich. Ich danke Dir für Deine riesige Toleranz. Freunde machen das so.
Und würde ich alles, was ich in den letzten Jahren aus Unwissenheit nicht richtig gemacht, falsch gesehen habe, und auch Du, also wir, in meinem Tagebuch nun korrigieren, würde sich die Seitenanzahl meiner, unserer Reifeprüfung verdoppeln. Ich lass es bleiben.

.... Es gibt nur mehr ein Ziel: Gemeinsam weise zu werden. In dem Wort *weise* ist alles enthalten. Einfach den richtigen Weg gehen. Um Alles wissend. Dann, in tausend Jahren oder so haben wir das Ziel hoffentlich gemeinsam erreicht. Ha, ha. Für immerdar. Und alle, mit denen wir Berührungspunkte haben, wer auch immer das sein mag, dürfen daran Teil haben. Und alles, mit dem wir Berührungspunkte haben, was auch immer das sein mag, darf daran Teil haben. Ein schönes Gefühl. Jetzt sind wir am richtigen Weg.

Ich liege richtig in der Annahme, dass ich glücklich sein darf, und soll. Und darauf hören werde, ob mir etwas Spaß macht.

Wenn nicht, dann ist das auch nicht meine Bestimmung, nicht für mich vorgesehen. *Man sagt leise Servus* ... werd ich dann an sanften Tagen denken oder *Hape Kerkelings *Ich bin dann mal weg* in die Tat umsetzen. Für die hartnäckigen Fälle (Menschen) gibt es zum Glück immer noch das Götz von Berlichingen Zitat ｡◕‿◕｡).

Ich werde keine Aufgabe, keine Hürde umgehen.

Resümee ziehen - Drei Jahre hatten wir launisches Aprilwetter. Vor sechs Monaten wechselten wir in eine klimagemäßigte Zone. Da sind wir heute noch und gedenken, auch zu bleiben. Wir versuchen uns in Dankbarkeit und Demut sieben Tage pro Woche in der wärmenden Sonne und lassen unsere Bäuche vom milden Wind streicheln. Ganz, ganz selten besucht uns Herr April mit einer kühlen Brise. Aber spätestens nach fünf Minuten verweisen wir ihn der Tür, wärmen gegenseitig unsere abgekühlten Füße und atmen trotzdem erfreut die frische Luft ein.

Der Garten ist bestellt - Wir sind im Herbst gelandet. Erntezeit. Die Früchte sind bald reif. Endlich. Den Garten zu bestellen war anstrengender, als wir gedacht hatten. Aber nun ist beinahe alles gesät. Vorerst. Ein bisschen jäten, viel gießen. Totes von Lebendem befreien. Oder umgekehrt. Dem Komposthaufen täglich Nahrung zuführen. Zur Vorbereitung für den nächsten Frühling ......
Und ernten. Immer wieder ernten.

Abendstimmung –
Das Leben ist schön. Ich lächle. Mein Herz schlägt im Gleichklang. Ich spür es im ganzen Körper. Und ein wenig nervös bin ich auch. Das ist die Freude, die mich durchfließt. Denn heute Abend haben wir ein Rendezvous.
Meine Seele und ich.

Danksagung

Hineingeboren in ein Boot namens Leben
Nach beinahe einem halben Jahrhundert auf hoher See mit
enormem Wellengang, Orkanen, Stürmen
wunderschönen Sonnenuntergängen
eingefroren im Packeis, streckenweise ohne Trinkwasser
mit vielen, vielen, vielen Sonnenstrahlen und ruhiger See
schuldig am Kentern eines kleinen Bootes
mit einigen Kollisionen, Begegnungen mit Seeungeheuern
wunderschönen Möwen, unglaublichen Sonnenaufgängen
und immer wieder glücklich
infolge der drei kleinen Boote an meiner Seite
bin ich endlich im ruhigen Hafen gelandet
Du warst und bist mein Leuchtturm

Hiermit bedanke ich mich bei meinen Eltern
die mir das Leben erst ermöglicht haben
von ganzem Herzen
Hiermit bedanke ich mich bei meiner Tochter Mirjam
Hiermit bedanke ich mich bei meinem Sohn Dominique
Hiermit bedanke ich mich bei meinem Sohn Elias
Hiermit bedanke ich mich bei meinem Sohn Sebastian
Meine vier Kinder
die meinem Leben Sinn gegeben haben und geben
von ganzem Herzen
Hiermit bedanke ich mich bei meinem Leuchtturm Oliver
der mich an der Hand genommen
und in dieses schöne Leben geführt hat
von ganzem Herzen

Und allen anderen
Und Allem

22. März 2014 - Psychosomatische Erscheinungsbilder. Oder Energien, die mir über die Schulter gucken und sich eingestehen müssen, dass sie den Platz zu räumen haben .... Meinen Platz! .... Und noch einmal von vorne alles durchlesen. Phu! Eigenartige Anwandlungen, Gedankensprünge und Verirrungen.

Manchmal erinnert mich mein Lebenslauf - mein Lebensverlauf - visuell an einen Tausendfüssler. Weg eingeschlagen, Ende, Sackgasse - und zurück. Dieser Weg, diese Sackgasse ist bildlich gesehen ein Fuß des Insekts. Und zurück zur Hauptstraße namens Rumpf. Nächster Weg eingeschlagen, Sackgasse - dieser Weg, diese Sackgasse ist ein weiterer Fuß des Tausendfüsslers. Und wieder zurück zur Hauptstraße ...... Zumindest hab ich symbolisch bestimmt schon 500 Füße bewandert. Wo ist der Kopf? Und was, wenn ich den Kopf finde, das Insekt aber mittlerweile die falsche Richtung eingeschlagen hat?

23. März 2014 - Wie weise Du bist!

24. März 2014 - Zwei Verliebte, hm.

25. März 2014 - Schon wieder zwei Verliebte (｡◕‿◕｡)

26. März 2014 – Ich ärgere mich gerade sehr. Weil ich so dumm war (◕︵◕) (war?).

27. März 2014 - Waren wir wirklich so böse zueinander? (◕︵◕)

28. März 2014 – Endlich!!! Mein Prediger, mein Prophet spricht zu mir - ENDLICH!!! – unglaublich! (｡◕‿◕｡)

3. April 2014 - Du wiederholst dich – ich zu mir - Du wiederholst dich - Du wiederholst dich ...... ich schimpfe mit mir .... Und das Wort „stolz" möchte ich nicht mehr verwenden. Nein.

8. April 2014 - She´s a maniac .... Rauch und Alkohol zwischendurch machen diese Lektüre für mich leichter erträglich .....Von *Himmelhoch jauchzend* bis *Zu Tode betrübt* - alles vorhanden - Von A wie Anomalie bis Z wie Zweifel.
Eine Hochschaubahn.

3. Mai 2014 - Die Vergangenheit wieder aufleben zu lassen macht mir im Moment gar keinen Spaß. Ein Gutes hat dies aber doch: Ich lerne mich und Dich noch besser kennen. Wow! Und es wird endlich Zeit, stabil zu werden und zu BLEIBEN. Aus der Vergangenheit endlich zu lernen. Ich knalle mir ununterbrochen beim Durchlesen den Spiegel vors Gesicht. Und ich bin/war verrückt. Und depressiv – eindeutig. Vielleicht der Wechsel, die Hormone? Jetzt schon?

20. Mai 2014 - Mir bleibt die Luft weg. So schön!

11. Juni 2014 - Wann ist der Gedanke entsprungen, mein Tagebuch zu veröffentlichen? Ich weiß es nicht mehr ...... Namen müssen geändert werden. .... Nichts Nettes hab ich heute darin gelesen! Aber ich werde nichts mehr löschen. War das wirklich ich, die diese Worte damals geschrieben, gedacht, gesagt hat?

13. Juni 2014 - Wie klug Du bist! (｡◕‿◕｡)

19. Juni 2014 - Schön ist es, zu lesen, als wir frisch verliebt waren. Heute bin ich froh (｡◕‿◕｡) darüber, vieles niedergeschrieben zu haben. Und morgen wahrscheinlich schäme ich mich wieder für mich oder uns .....

Manchmal sprichst Du zu mir wie der Rattenfänger von Johann Wolfgang v. Goethe. Manchmal wie ein Prediger. Dann wie ein Verliebter. Bisweilen kann ich Deine Sprache aber gar nicht verstehen. Und viele Hieroglyphen nicht entziffern.

Der Wandel unserer Personen ist ohne Zweifel enorm. Und ein Gefühlskarussell immer und immer wieder in zwei Extremen: enorme Liebe – geballter Zorn; große Nähe – eisige Distanz;

22. Juni 2014 - Oje, da hab ich einige meiner Versprechen Dir gegenüber vergessen, nicht immer eingehalten, sogar mein Wort gebrochen! Ich werde versuchen, mich zu bessern.

Und wie kann man sich nur so lange Zeit so intensiv mit sich selbst beschäftigen?! Der pure Egoismus! Andererseits bin ich nun, da ich bald mein 48. Lebensjahr erreiche, froh über mein Wissen bzgl. meines *Ichs*, meiner Eigenanalyse, meines Selbstkennens. Sieben Semester ohne Sommerpause und davor viele Jahre Schnupperkurse ..... ha, ha. Aber erst durch den richtigen Mentor bin ich nun da, wo ich jetzt stehe. Du hast mich mit schwindelerregender Geschwindigkeit nach vor katapultiert. Dahin, wo ich jetzt bin. Ich danke Dir von ganzem Herzen. -

23. Juni 2014 - Ohja, ich war depressiv. Eindeutig.

24. Juni 2014 - Jetzt versteh ich Dich! Hab beim Durchlesen soeben gespürt, wie Dir aufgrund einer meiner Aussagen regelrecht die Luft weggeblieben ist. Wie einem Karpfen an Land! Sorry, ich war nicht immer klug. Ich war weit weg davon. Du Armer! Trotzdem musste ich gerade schallend lachen! Es ist schön, zu verstehen, im Nachhinein nun die eigenen Fehler zu sehen. Und auch Freude darüber, bereits gelernt zu haben.
Von Dir. Handkuss.

1. Juli 2014 - Ups, schon wieder hab ich Dir gegenüber ein Versprechen gebrochen! Soeben gelesen ...

3. Juli 2014 - Zuckerbrot und Peitsche

4. Juli 2014 - Liebesgeflüster und Alptraum

5. Juli 2014 - Zwei Verliebte ......(｡◕‿◕｡) Und mein Prophet ist wieder da und spricht zu mir.

7. Juli 2014 - Schon wieder ein *oje*, wieder ein Versprechen nicht eingehalten. Das tut mir sehr leid! Bitte verzeih mir! Entschuldige! Wiederholungs- und Unterlassungstäterin, immer wieder ......

8.Juli 2014 Heutiges Kapitel sehr mühselig und langatmig zu lesen. War ich noch dumm vor zwei Jahren! Und im Moment halt ich das soeben gelesene Geschwafel aber auch gar nicht aus.

9. Juli 2014 - Ein unglaublich hilfreicher Trick: Ich korrigiere ab sofort, als wäre es **die Geschichte einer fremden Frau.** Halte den Gedanken, dass das alles ICH war, manchmal nicht aus. Nur so kann ich weiterlesen. Warum ist mir dieser begnadete Gedanke nicht schon viel früher gekommen?

11. Juli 2014 - Kann das ewige Geschreibe um meine Person, unsere Beziehung, meine Gedanken, meine Gefühlsküche, wieder mal NICHT mehr durchlesen! Hab vier Kapitel begonnen. Und wieder abgebrochen. Alles dieselbe Laier! - Und deshalb korrigiere ich ab sofort kreuz und quer. Gestern habe ich ein Kapitel von 2011 durchgelesen. Heute eines von 2013. Morgen

will ich gar nichts lesen!
... Ego, Ego, Ego – peinlich; Reifeprozess? Der Wechsel? Oder wie gesagt eine Depression? Ich suche nach Entschuldigungen.
.... Oder eine ausgewaschene Midlife-Crisis? Ich schlage in Natalies Unterlagen nach: "Während der Kindheit, der Pubertät und auch im Erwachsenenalter absolviert jeder Mensch **Entwicklungsstufen** und **Lebenskrisen** in Form von biologischen, psychischen und geistigen Veränderungen. Ohne sie könnte unsere **Persönlichkeit** nicht reifen. Auch bei der Midlife-Crisis, die ungefähr zwischen dem **45. und 55.** Lebensjahr einsetzt, handelt es sich um einen natürlichen und notwendigen Vorgang. Wie intensiv diese Phase erlebt wird und wie lange sie dauert ist allerdings **individuell** sehr verschieden".

Na, dann bin ich ja beruhigt!

1, Den biologischen Teil hab ich anscheinend übersprungen oder noch bevor;

2, Meine Persönlichkeit ist gereift, ja.

3, Ich war früher dran als der Durchschnitt! Ha, ha. Meine Midlife-Crisis hat exakt mit 41 Jahren begonnen und war exakt mit 47 Jahren plus 2,5 Monaten zu Ende! Und dabei bleibt es! Ich bin nun stabil, glücklich und zufrieden. Ich kenne mich mittlerweile sehr gut. Ich kenne DICH mittlerweile sehr gut! (｡◕‿◕｡) Ich weiß, worauf ich bei dem jeweiligen Stand des Mondes zu achten habe. Du auch ...... Ich weiß meine Kräfte gezielt einzusetzen und mit ihnen hauszuhalten, kenne meinen verrücktspielenden Hormonhaushalt und lasse mich nicht mehr von ihm dirigieren. Und Launen sowie Emotionen werden im Garten abreagiert oder sonst wo im Freien ....

14. Juli 2014 - Ich bin sehr gerührt! Und so froh, das meiste niedergeschrieben zu haben. Gilt zumindest für heute.

15. Juli 2014 Wo hat der Wurm zu fressen begonnen? Wir waren soooo verliebt und glücklich! Dann haben sich plötzlich Sonnenschein und Gewitter ununterbrochen abgelöst. Berg- und Talfahrten in rasender Geschwindigkeit. Jedes Mal ohne Vorwarnung,ohne sichtbare Wolken am Horizont war plötzlich im-

mer wieder ein Gewitter über uns.
Wir haben Hagelberge weggeschaufelt, Schneewechten zum Schmelzen gebracht, zig Hektoliter Hochwasser ausgeschöpft, den Sturm verbannt, sengende Hitze besiegt, eisige Kälte niedergeheizt. Und uns in den Pausen geliebt.
Der Hagel hat unsere Haut widerstandsfähiger werden lassen. Die Schneewechten haben uns nicht von unserem Weg abgebracht, das viele Wasser hat uns nicht davon- oder auseinandergetrieben, der Sturm unsere Liebe nicht verweht, die Hitze sie nicht versengt und die Kälte hat uns ganz eng zusammenrücken lassen.
Und egal, ob das nun mein Wurm war, Deiner oder unserer. Auf jeden Fall hieß er EGO.
16. Juli 2014 - Wenn zwei Verrückte sich im Westen treffen .....
Wer bist Du? Du hast mir Dinge vorausgesagt, als wir uns noch kaum gekannt hatten. Alle haben sich bewahrheitet!!! Alle! Mein Herz schlägt schon wieder schneller.
19. Juli 2014 – Tränen. Du bist ganz, ganz jemand Besonderer. Ein Auserwählter.
20. Juli 2014 – Unglaublich!!! Deine Worte vom 6. November 2010. Jetzt verstehe ich Dich. Ganz und gar. Nach beinahe vier Jahren. Danke für Deine Ausdauer und Engelsgeduld.
23. Juli 2014 - Wie bin ich aus diesem Gefühlschaos nur ohne wöchentliche Therapiestunden herausgekommen?
Ich will KEINEN Tag jünger sein!
24. Juli 2014 - Seelenlandschaft mit tiefen Kratern. Die Psychoanalyse wird 10 Jahre damit beschäftigt sein, die Seele dieser Frau zu analysieren. Oder aber nur eine Minute. Und Sigmund Freud oder C. G. Jung hätten mit diesem Tagebuch eine riesige Freude gehabt. Oder sich zu Tode gelangweilt.
27. Juli 2014 - Bei Süßholzgeraspel fühl ich mich genauso wohl, wie mit einer geblümten Bluse. Schmalz und Gesülze. Am besten wäre, solche Zeilen zu löschen.
28. Juli 2014 – Hab riesige Fortschritte an uns bemerkt. Endlich! Die Weisheit lugt manchmal bereits um die Ecke. Ich rieche und

spüre sie beinahe täglich. Schön! Und die Spiritualität schlägt Wurzeln. Oder Kapriolen. Und unsere Seelen beginnen Lichtwesen zu werden. Irgendwann.

29. Juli 2014 - Wie lieb Du zu mir bist! Wie recht Du hast! Ja, ja.

1. August 2014 -

Diese Frau war manchmal sehr dumm.
Diese Frau war manchmal sehr instabil.
Diese Frau war manchmal sehr unweise.
Diese Frau ist mir manchmal sehr unsympathisch.
Das Blöde daran ist nur, dass diese Frau und ich ein und dieselbe Person sind (◕︵◕)

4. August 2014 - Ich eingebildetes, unwichtiges, kleines Würstchen ich, mit Gedanken- und Gefühlsergüssen nonstop. Ein Teil von 7.250.600.000 Teilen bin ich. Läääääääääächerlich wiiiinzig. Nimm dich nicht so wichtig. Bitte.
Das halt ich nicht aus! (◕︵◕) Hab über 20 Seiten gelöscht.

22. August 2014 - Und es liest sich wie das Wetter. Oder wie das Leben. Manchmal spannend, dann wieder ruhig, sehr lehrreich, turbulent und schmerzhaft, auch unspektakulär, fad und kitschig. Es folgen Tage der Liebe. Glückliche und friedliche Zeiten wechseln sich mit leicht dahinplätschernden, tiefgründigen oder wortkargen, nach innen gekehrten Zeiten ab.
Und immer wieder sprudelt uns die Ungeduld aus den Augen, purzeln die Wörter über die Lippen und die Liebe aus dem Herzen, wie das Wasser aus der Quelle.
Ja, und manches ist einfach unglaublich.

27. August 2014 – DAS ist auch unglaublich: Gestern habe ich bei Neumond den letzten Text korrigiert und mein *Verrückt* - Tagebuch beendet. **Heute Morgen hatte ich einen Traum.** Ich bin drei- oder viermal mit heftigem Herzklopfen aufgewacht und ein Wort und zwei Ziffern waren in meinem Kopf:
Kanaan und **2** und **7** oder **7** und **2** oder **72** oder **27.** Ich wusste sofort, wie wichtig dieser Traum für mich ist. Ich spürte es. Mir war klar, dass ich dieses Wort und diese Ziffern bis zum

Morgen auf keinen Fall vergessen durfte. Ich saß im Halbschlaf wie eine Idiotin auf der Bettkante und murmelte immer wieder: Kanaan 2 und 7, Kanaan 7 und 2 ....

Was ist Kanaan? Ist das nicht irgendetwas aus dem Alten Testament? Ich hab das schon gehört und ich sehe ganz genau vor meinen Augen, wie man das schreibt. Ich hab aber überhaupt (überm Haupt?) keine Ahnung, wo dieser Traum herkommt. Gar keine. Oder warum.

29. August 2014 – Heute hatte ich Zeit und Muße und habe **Kanaan** und **2** und **7** und **7** und **2** und **72** und **27** gegoogelt und in der Bibel nachgeschlagen und habe nach Stunden einen ersten Zusammenhang zwischen **Kanaan und 27** gefunden:
Bibel - 1. Mose 9, **27**: Raum schaffte Gott für Japhet, in Sems Zelten wohne er, **Kanaan** aber sei sein Knecht.

.... Gut. Aber was hat das alles mit mir zu tun? ..... Ich suche weiter und .... bekomme mächtiges Herzklopfen.

Bibel - 1. Mose 9,18: Noahs Fluch und Segen. Die Söhne Noahs, die aus der Arche gekommen waren, sind Sem, **Ham** ....

Ham ..... war mein .... !!! Oh Gott! .... Ich beiße meine Nägel.

... und Japhet. **Ham ist der Vater Kanaans** .... Oh Gott!!!

9. September 2014 - Ham/ Kanaan/27 - Man hat mir einen Hinweis geschickt. Und was für einen! Man weist mich auf etwas hin ..... Schicksal ist geschicktes Heil .... Hm. Ich habe neun Tage überlegt. Soll ich weiterforschen? Ja! **HAM** - das erste Kapitel für mein zweites Buch! Obwohl ich Herzklopfen habe - aber wie - in diese meine Vergangenheit einzutauchen, verspüre ich große Freude. Und Neugierde. Es ist unglaublich. Ja, das ist es. Wie könnte ich mich dagegen wehren! Ich will mich gar nicht wehren. Im Gegenteil. Ich bin wirklich sehr neugierig, sehr gespannt, habe Herklopfen und bin wohl doch verrückt.

Literaturquellen (aktuell per Oktober 2014)

Seite 45 - Silbermond, Deutsche Pop-Rockband - *Das Beste* -
Seite 53 - Osho, bürgerlicher Name: Chandra Mohan Jain, 1931 – 1990, indischer Philosoph
Seite 55- Bukowsky, Charles, *Den Göttern kommt das große Kotzen* Kiepenheuer & Witsch Verlag, Köln, 2009, ISBN 978-3-462-03947-4
Seite 56 - Copyrightangabe: Adler, Gerhard, *Seelenwanderung und Wiedergeburt, Leben wir nicht nur einmal* © Verlag Herder GmbH, Freiburg i. Br. 1986
Seite 5 (She´s a maniac) und siehe weiter auf:
Seite 59 - Seite 32 (Gedanken)
Seite 47 (Manichäischer Psalm),
Seite 49 (Gedicht von Djalal al Din Rumi)
Seite 53/54 (Schiller´s Gedicht an Laura)
Seite 54/55 (Goethe an Frau von Stein)
Seite 61 - Thoma, Hans, Deutscher Maler und Graphiker, 1839 – 1924
Seite 63 - Arthus-Bertrand, Yann, *Home*, https://www.youtube.com/watch?v=TIYikJKTyb0
Seite 73 - *1 http://www.llll-he.com/
- *2 Barfoot, Joan, *Eine Hütte für mich allein*, Rowohlt Verlag, Reinbek bei Hamburg, 1981, 580-ISBN 3 499 14818 8
Seite 86 - Lord (George Gordon Noel) Byron - Britischer Dichter 1788 – 1824
Seite 89 - Into the wild - Spielfilm 2007 von Sean Penn / Jon Krakauer / mit Emile Hirsch
Seite 90 - Soundtrack zu *Into the wild* von Eddie Vedder - http://www.golyr.de/eddievedder/songtext-guaranteed693330.html
Seite 95 - Nietzsche, Friedrich, deutscher Philosoph, 1844 – 1900
Seite 97 - Coelho, Paolo, *Am Ufer des Rio Pedro saß ich und weinte,* Diogenes Verlag, Zürich, 1997 - ISBN 3 257 23146 6
Seite 140 - Foer, Jonathan Safran, *Alles ist erleuchtet,* Fischer

Taschenbuch Verlag, Frankfurt am Main, 2009, ISBN 978-3-596-51049-8

Seite 141 - Guru, http://wiki.yoga-vidya.de/Guru -Yoga Vidya e.V. - Volker Bretz. Guru. wikipedia - Yoga Vidya e.V.. 2015-06-30. URL:http://www.yoga-vidya.de . Accessed: 2015-06-30. (Archived by WebCite® at http://www.webcitation.org/6ZfYaAUJ8)

Seite 166- Groult, Benoite, *Salz auf unserer Haut* , Droemer Knaur Verlag, München, 1989, ISBN 3-426-19251-9

Seite 179 - *Die Shambhala Krieger:* Aus Joanna Macy 2009: Geliebte Erde, gereiftes Selbst – Mut zu Wandel und Erneuerung, Junfermann Verlag Paderborn, S. 118f (Originaltitel: World as Lover World as Self (1991), in deutsch erstmals 1994 im Theseus Verlag erschienen unter dem Titel: Die Wiederentdeckung der sinnlichen Erde S. 213f) http://wirundjetzt.org/die-prophezeihung-der-shambhala-krieger/

Seite 197 - Krishnamurti, Jiddu, indischer Philosoph, 1895 - 1986

Seite 214- Estes, Clarissa Pinkola, *Die Wolfsfrau*, Wilhelm Heyne Verlag, München 2004, ISBN 3-453-13226-2

- Hicks, Esther und Jerry, *The law of attraction*, Ullstein Taschenbuch Verlag, Berlin, 2009, ISBN 978-3-548-373230-1

Seite 232 - Sugrue, Thomas, *There is a river - The story of Edgar Cayce*, A.R.E.,Virginia, 1997, VA 23451-2061

Seite 238 - Todeschi, Kevin, *Edgar Cayse über Seelengefährten*, Schirner Verlag, Darmstadt, 2007, ISBN 978-3-89767-548-3

Seite 246 - Demarmels, Ursula, *Wer war ich im Vorleben,* © 2007 Südwest Verlag, in der Verlagsgruppe Random - House GmbH, München, ISBN 978-3-517-08299-8

Seite 247 - Dethlefsen, Thorwald, *Das Erlebnis der Wiedergeburt* - ©1976, C. Bertelsmann Verlag, München, in der Verlagsgruppe Random House (oder Arkana - ebenfalls Random House 1984, ISBN-13:978-3-442-11749-9)

Seite 249 - Der 1. Brief des Apostels Paulus an die Korinther 12, 31b-13,13 und Mt 19,03-12 , Das Neue Testament,
Seite 251 - siehe Seite 246
Seite 255 - Gibran, Khalil, *Der Prophet*, Patmos Verlag, Düsseldorf und Zürich, 2004, ISBN 3-491-50708-1
Seite 284 - Hugo, Victor, französischer Schriftsteller, 1802 – 1855
- Hebbel, Christian Friedrich, deutscher Lyriker, 1813 – 1863
- Novalis (Georg Philipp Friedrich von Hardenberg), deutscher Schriftsteller, 1772 – 1801
- Lichtenberg, Georg Christoph, deutscher Experimental-physiker, 1742 – 1799
- Liszt, Franz, österreichisch-ungarischer Komponist und Schriftsteller, 1811 – 1886

Seite 285 - Lessing, Gotthold Ephraim, deutscher Dichter, 1729 – 1781
- Frankl, Viktor: Österreichischer Psychiater und Neurologe, 1905 – 1997
- Krishnamurti, Jiddu – siehe Seite 197

Seite 291 - Foer, Jonathan Safran, *Tiere essen* – siehe Seite 140
- Duve, Karen, *Anständig essen,* Goldmann Verlag, München, 2012, ISBN 978-3-442-47647-7
- Campbell, T. Collin, *The China Study*, Verlag: Benbella Books, Dallas, 2006, ISBN 1-932100-38-5 und Verlag Systemische Medizin, Juli 2011, ISBN 978-3-86401-001-9 (Deutsche Version)
- Rollinger, Maria, *Milch besser nicht*, JOU-Verlag, Trier, 2011, ISBN 978-3-940236-00-5

Seite 292 - Hessel, Stephane, *Empört Euch!* Ullstein Buchverlage, Berlin, 2011, ISBN 978-3-550-08883-4
- Friedländer, Saul, *Kafka – Tagebuch / Dichter von Scham und Schuld,* C.H. Beck Verlag, München, 2012, ISBN-13: 978-3-406-63740-7

Seite 293 - Der religiöse Grund - Dr. med. Henrich ProVegan Stiftung. 2015-07-01.

URL:http://www.provegan.info/de/vegan/der-religioese-grund/. Accessed: 2015-07-01. (Archived by WebCite® at http://www.webcitation.org/6Zhh1iF7I)

Seite 296 - Vegan - Infothek - Aktuelle Studie des WorldWatch Institute. Dr. med. Henrich ProVegan Stiftung. 2015-07-01. URL:http://www.provegan.info/de/infothek/detailseite-infothek/aktuelle-studie-des-worldwatch-institute-die-extreme-bedeutung-der-tierhaltung-fuer-den-klimawan/. Accessed: 2015-07-01. (Archived by WebCite® at http://www.webcitation.org/6ZhiRF8nd)

Seite 297 - *1 u. *2: Dr. med. Henrich ProVegan Stiftung. 2015-07-01. URL:http://www.provegan.info/de/infothek/detailseite-infothek/die-nutztierindustrie-ist-der-hauptverursacher-des-klimawandels-aber-kaum-einer-weiss-es/. Accessed: 2015-07-01. (Archived by WebCite® at http://www.webcitation.org/6ZhjPjEzK)

*3: globalinformations.wordpress Dirk Hartstein – Fair-Trade Rhein-Kreis-Neuss. 2015-07-01. URL:https://globalinformations.wordpress.com/2013/09/16/die-sache-mit-dem-welthunger/. Accessed: 2015-07-01. (Archived by WebCite® at http://www.webcitation.org/6ZhkexvoY)

Seite 298 - Krishnamurti, Jiddu – siehe Seite 197

- *Glass Walls* - Paul McCartney - Video https://www.youtube.com/watch?v=Vkimy1tG30U

Seite 303 - Hesse, Hermann, *Siddhartha*, Suhrkamp Verlag, Frankfurt am Main, 1974, ISBN 978-3-518-36682-0

- Barfoot, *Eine Hütte für mich allein* – siehe Seite 73
- Schulak, Eugen Maria und Taghizadegan, Rahim, *Vom Systemtrottel zum Wutbürger*, Ecowin Verlag, Salzburg, 2011, ISBN 978-3-7110-0017-0

Seite 304 - Thoreau, Henry David - *WALDEN oder Leben in den Wäldern*, Diogenes Verlag, 1971, Zürich, ISBN 978 3 257 20019 5

- Düringer, Roland und Arvay, Clemens G. - *Leb wohl Schlaraffenland*, edition-a Verlag, Wien, 2013

- Thoreau, Henry David - *Über die Pflicht zum Ungehorsam gegen den Staat*, Diogenes Verlag, Zürich, 2004, ISBN 3 257 06460 eBook-ISBN 978-3-990010-78-5

Seite 305 - Sölle, Dorothee, deutsche evangelische Theologin, 1929 - 2003

- *Earthlings*, Monson, Shaun – https://www.youtube.com/watch?v=jWUAI_gywfM

Seite 308 - *Walden - Thoreau …* siehe Seite 304

- Foer, Jonathan Safran, *Tiere essen* - siehe Seite 140
- Duve, Karen, *Anständig essen* – siehe Seite 291
- Cronberg, Marcili, *Wie ich verlernte, Tiere zu essen,* Echo Verlag, Göttingen, ISBN 978-3-926914-54-5

Seite 314 - Dahlke, Rüdiger; *Krankheit als Sprache der Seele,* Bertelsmann Verlag, München, 1992, ISBN 978-3-442-21813-4

Seite 332 - Kingsmill, Hugh, britischer Schriftsteller, 1889 – 1949,

Weitere Bücher, die mich und meine Sichtweise geprägt haben:

- Moody, Raymond A., *Das Licht von drüben,* Rowohlt Verlag, Reinbek bei Hamburg,1989, Buchnr: 04308 3
- Bernstein, Morey, *Protokoll einer Wiedergeburt,* Wiener Verlag, Himberg bei Wien, 1973, Donauland Kremayr & Scheriau, Bestellnr. 05089 8
- Grof, Stanislav, Hal Zina Bennet, *Die Welt der Psyche,* Kösel Verlag, München, 1993, ISBN 3-466-34298-8
- Grof, Stanislav, *Impossible – Wenn unglaubliches passiert,* Kösel Verlag – Random Haouse, München, 2008, ISBN 978-3-466-34516-8
- sämtliche Bücher von: C. G. Jung, OSHO, Freud uvm.

Alle **Fotos** stammen aus meinem Privatarchiv.

Ich danke allen Autoren, Schriftstellern, Wissenschaftlern, Philologen und Philosophen aus tiefstem Herzen. Danke.